U0210370

★★★★★ 袖珍 ★★★★★
电工
技能手册

孙克军 主编 ┃ 王晓晨 马 超 副主编

XIUZHEN
DIANGONG
JINENG
SHOUCE

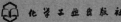

化学工业出版社
·北京·

图书在版编目（CIP）数据

袖珍电工技能手册/孙克军主编. —北京：化学工业
出版社，2016.2
ISBN 978-7-122-25894-6

Ⅰ. ①袖… Ⅱ. ①孙… Ⅲ. ①电工技术-技术手册
Ⅳ. ①TM-62

中国版本图书馆 CIP 数据核字（2015）第 306577 号

责任编辑：高墨荣　　　　　　　　　文字编辑：徐卿华
责任校对：宋　夏　　　　　　　　　装帧设计：刘丽华

出版发行：化学工业出版社
　　　　　（北京市东城区青年湖南街 13 号　邮政编码 100011）
印　　刷：北京永鑫印刷有限责任公司
装　　订：三河市胜利装订厂
850mm×1168mm　1/64　印张 10¾　字数 432 千字
2016 年 4 月北京第 1 版第 1 次印刷

购书咨询：010-64518888（传真：010-64519686）
售后服务：010-64518899
网　　址：http://www.cip.com.cn
凡购买本书，如有缺损质量问题，本社销售中心负责调换。

定　　价：48.00 元　　　　　　　版权所有　违者必究

　　随着我国电力事业的飞速发展，电动机、变压器、低压电器、变频器、可编程控制器、电工仪表、电气照明和低压配电线路在工业、农业、国防、交通运输、城乡家庭等各个领域均得到了日益广泛的应用。而电工操作技能是从事电工专业必备的基础，为了满足广大维修电工的需要，我们组织编写了这本《袖珍电工技能手册》。

　　本书主要介绍常用电工工具的使用、常用低压配电线路的施工工艺和常用电气装置的安装方法等，重点阐述电工基本操作技能。具体内容包括各种电工常用工具、电工测试工具、电工安全工具、电动工具和常用电工仪表的基本特点、主要用途、使用方法与注意事项；低压架空线路、电缆线路、室内配电线路的基本构成、线路路径和主要材料的选择、施工的方法步骤以及运行维护的方法；电动机、变压器、低压电器、变频器、可编程控制器的选择、使用与维护；电气照明装置和电风扇、防雷与接地装置的基本结构、主要特点、安装方法与使用注意事项以及安全用电的基础知识。

本书尽量联系生产实践，力求做到重点突出，以帮助读者提高解决实际问题的能力，而且在编写体例上尽量采用了图表形式，具有简洁明了、便于查找，适合自学的优点。书中列举了大量实例，具有实用性强、易于迅速掌握和运用的特点。

本书由孙克军主编，王晓晨、马超为副主编。第1章由孙克军编写，第2章由王晓晨编写，第3章由马超编写，第4章由张苏英编写，第5章由孙丽华编写，第6章由刘庆瑞编写，第7章由甄然编写，第8章由刘骏编写，第9章由严晓斌编写，第10章由商晓梅编写，第11章由薛增涛编写，第12章由刘浩编写，第13章由李川编写。编者对关心本书出版、热心提出建议和提供资料的单位和个人在此一并表示衷心的感谢。

由于编者水平所限，书中不足之处在所难免，敬请广大读者批评指正。

编　者

目录

第1章 电工常用工具与测量仪表的使用

第 2 章　低压架空线路

第3章 电缆线路

第4章　室内配电线路

第6章 常用电动机

第7章　常用低压电器

第9章 变压器

第 10 章　可编程控制器

第 11 章　变频器

第 12 章　防雷与接地装置

第 13 章　安 全 用 电

参 考 文 献

电工常用工具与测量仪表的使用

1.1 常用电工工具的使用

1.1.1 电工刀

（1）电工刀的结构、用途与分类

电工刀是电工常用的一种切削工具。普通的电工刀由刀片、刀刃、刀把、刀挂等构成，如图 1-1 所示。刀片根部与刀柄相铰接，不用时，可把刀片收缩到刀把内。刀刃上具有一段内凹形弯刀口，弯刀口末端形成刀口尖，刀柄上设有防止刀片退弹的保护钮。

图 1-1　电工刀的结构

电工刀可用来削割导线绝缘层、木榫、切割圆木缺口等。多用电工刀汇集有多项功能，使用时只需一把电工刀便可完成连接导线的各项操作，无需携带其他工具，具有结构简单、使用方便、功能多样等优点。

电工刀分一用（普通式）、两用和多用三种，电工刀的外形如图 1-2。两用电工刀是在普通式电工刀的基础上增加了引锥（钻子）；三用电工刀增加了引锥和锯片；四用电工刀则增加了引锥、锯片和螺钉旋具。电工刀的刀片用于削割导线绝缘层，引锥用于钻削木板孔眼，锯片用于锯割导线槽板和圆垫木，螺钉旋具用于旋动螺钉。

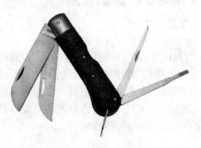

图 1-2　多用电工刀

（2）电工刀的使用方法

① 左手持导线，右手握刀柄，口口倾斜向外，刀口一般以 45°角倾斜切入绝缘层，当切近线芯时，即停止用力，接着应使刀面的倾斜角度改为 15°左右，沿着线芯表面向线头端推削，然后把残存的绝缘层剥离线芯，再用刀口插入背部削断。图 1-3 是塑料绝缘硬线绝缘层的剖削方法。

② 对双芯护套线的外层绝缘的剥削，可以用刀刃对准两芯线的中间部位，把导线一剖为二，如图 1-4（a）所示。然后向后扳翻护套层，用刀齐根切去，如图 1-4（b）所示。其他剖削方法同塑料硬线。

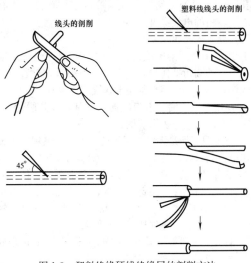

图 1-3　塑料绝缘硬线绝缘层的剖削方法

(a) 电工刀刀尖在芯线　　　　　(b) 扳翻护套层
　　缝隙间划开护套层　　　　　　　并齐根切去
图 1-4　塑料护套线绝缘层的剖削

③ 在硬杂木上拧螺钉很费劲时，可先用多功能电工刀上的锥子锥个洞，这时拧螺钉便省力多了。圆木上需要钻

穿线孔，可先用锥子钻出小孔，然后用扩孔锥将小孔扩大，以利较粗的电线穿过。

（3）电工刀使用注意事项

① 用电工刀剖削电线绝缘层时，可把刀略微翘起一些，用刀刃的圆角抵住线芯。切忌把刀刃垂直对着导线切割绝缘层，因为这样容易割伤电线线芯。

② 使用电工刀时，刀口应向外剖削，以防脱落伤人；使用完后，应将刀身折入刀柄。

③ 电工刀刀柄是无绝缘保护的，因此严禁用电工刀带电操作电气设备，以防触电。

④ 带有引锥的电工刀，在其尾部装有弹簧，使用时应拨直引锥弹簧自动撑住尾部。这样，在钻孔时不致有倒回危险，以免扎伤手指。使用完毕后，应用手指揪住弹簧，将引锥退回刀柄，以免损坏工具或伤人。

⑤ 磨刀刃一般采用磨刀石或油磨石，磨好后再把底部磨点倒角，即刀口略微圆一些。

⑥ 电工刀的刀刃部分要磨得锋利才好剥削电线。但不可太锋利，太锋利容易削伤线芯，磨得太钝，则无法剥削绝缘层。

1.1.2 螺钉旋具

（1）螺钉旋具的结构、用途与分类

螺钉旋具又称螺丝刀、改锥或起子，是一种紧固或拆卸螺钉的工具。螺钉旋具由旋具头部、握柄、绝缘套管等组成。

螺钉旋具是一种用来拧转螺钉以迫使其就位的工具，通常有一个薄楔形头，可插入螺钉头的槽缝或凹口内。十字形螺钉旋具专供紧固和拆卸十字槽的螺钉。

螺钉旋具尺寸规格很多，常用的分类方法有以下。

① 按头部形状的不同分为一字形和十字形两种，如图 1-5 所示。

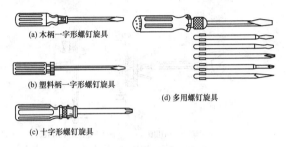

(a) 木柄一字形螺钉旋具

(b) 塑料柄一字形螺钉旋具

(c) 十字形螺钉旋具

(d) 多用螺钉旋具

图 1-5 电工常用螺钉旋具

② 按握柄材料可分为木柄和塑料柄两种。

③ 螺钉旋具按结构特点还可以分为以下几种类型。

a. 普通螺钉旋具。普通螺钉旋具就是旋具头部与握柄固定在一起的螺钉旋具，其外形如图 1-5 (a)、(b)、(c) 所示。

b. 组合型螺钉旋具。一种把螺钉旋具的头和柄分开的螺钉旋具，其外形如图 1-5 (d) 所示。要安装不同类型的螺钉时，只需把螺钉旋具的头换掉就可以，不需要带备大量螺钉旋具。

另外，有的螺钉旋具的头部焊有磁性金属材料，可以吸住待拧的螺钉，可以准确定位、拧紧，使用方便。

（2）使用方法

① 大螺钉旋具一般用来紧固较大的螺钉。使用时除大拇指、食指和中指要夹住握柄外，手掌还要顶住柄的末端，这样就可防止螺钉旋具转动时滑脱。如图 1-6（a）所示。

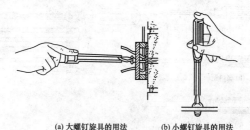

(a) 大螺钉旋具的用法　　　(b) 小螺钉旋具的用法

图 1-6　螺钉旋具的使用方法

② 小螺钉旋具一般用来紧固电气装置接线桩头上的小螺钉，使用时可用手指顶住木柄的末端捻旋，如图 1-6（b）所示。

③ 使用大螺钉旋具时，还可用右手压紧并转动手柄，左手握住螺钉旋具中间部分，以使螺钉旋具不滑落。此时左手不得放在螺钉的周围，以免螺钉旋具滑出时将手划伤。

（3）使用注意事项

① 根据不同的螺钉，选用不同规格的螺钉旋具，螺钉旋具头部厚度应与螺钉尾部槽形相配合，螺钉旋具头部的斜度不宜太大，头部不应该有倒角，以防打滑。

② 操作时，刀口应与螺钉槽内得当，用力适当，不能打滑，以免损坏螺钉槽口。

③ 用螺钉旋具紧固或拆卸带电的螺钉时，手不得触及螺钉旋具的金属杆，以免发生触电事故。

④ 为避免螺钉旋具上的金属杆触及皮肤或邻近带电体，应在金属杆上穿套绝缘管。

⑤ 一般螺钉旋具不要用于带电作业。

⑥ 切勿将螺钉旋具当作錾子使用，以免损坏螺钉旋具。

⑦ 螺钉旋具的手柄应无缺损，并要保持干燥清洁，以防带电操作时发生漏电。

1.1.3　钢丝钳

（1）钢丝钳的结构、用途与分类

钢丝钳俗称克丝钳、手钳、电工钳，是电工用来剪切或夹持电线、金属丝和工件的常用工具。钢丝钳的结构如图 1-7 所示，主要由钳头和钳柄组成，钳头又由钳口、齿口、刀口和铡口四个工作口组成。

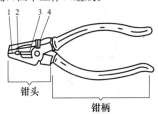

图 1-7　钢丝钳的结构

1—钳口；2—齿口；3—刀口；4—铡口

钢丝钳用于夹持或弯折薄片形、圆柱形金属零件及切断金属丝。

常用的钢丝钳的规格以 150mm、175mm、200mm（6in、7in、8in）三种为主，7in 的用起来比较合适，8in 的力量比较大，但是略显笨重，6in 的比较小巧，剪切稍微粗点的钢丝就比较费力。5in 的就是迷你的钢丝钳了。

（2）使用方法

使用时，一般用右手操作，将钳头的刀口朝内侧，即朝向操作者，以便于控制剪切部位。再用小指伸在两钳柄中间来抵住钳柄，张开钳头，这样分开钳柄比较灵活。如果不用小指而用食指伸在两个钳柄中间，不容易用力。钢丝钳的使用如图 1-8 所示。

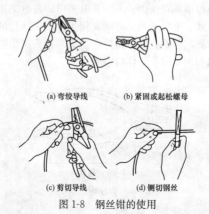

(a) 弯绞导线　　　　　(b) 紧固或起松螺母

(c) 剪切导线　　　　　(d) 铡切钢丝

图 1-8　钢丝钳的使用

① 钳口用来弯绞和钳夹线头；齿口用来旋转螺钉螺母。

② 刀口用来切断电线、起拔铁钉、剥削绝缘层等；铡口用来铡断硬度较大的金属丝，如铁丝等。

③ 根据不同用途，选用不同规格的钢丝钳。

钢丝钳还可用于剥离塑料导线的绝缘层，具体操作方法为：根据线头所需长度，用钳头刀口轻切塑料层，不可切着线芯。左手紧握导线，右手握住钢丝钳的头部，两只手同时向反方向用力向外勒去塑料层，如图1-9所示。

图1-9　用钢丝钳剥离绝缘层

（3）使用注意事项

① 在使用电工钢丝钳之前，必须检查绝缘柄的绝缘是否完好，绝缘如果损坏，进行带电作业时非常危险，会发生触电事故。

② 在使用钢丝钳过程中切勿将绝缘手柄碰伤、损伤或烧伤，并且要注意防潮。

③ 钳柄的绝缘管破损后应及时调换，不可勉强使用，以防在施工中钳头触到带电部位而发生意外事故。

④ 为防止生锈，钳轴要经常加油。

⑤ 带电操作时，注意钳头金属部分与带电体的安全距离。

⑥ 用电工钢丝钳剪切带电导线时，切勿用刀口同时剪切火线和零线，以免发生短路故障。

⑦ 不能当榔头使用。

1. 1. 4 尖嘴钳

（1）尖嘴钳的结构、用途与分类

尖嘴钳又称修口钳、尖头钳。尖嘴钳和钢丝钳相似，它是由尖头、刀口和套有绝缘套管的钳柄组成，是电工常用的剪切或夹持工具。尖嘴钳的外形如图 1-10 所示。

(a)   (b)

图 1-10　尖嘴钳的外形

尖嘴钳主要用来剪切线径较细的单股与多股线，以及给单股导线接头弯圈、剥塑料绝缘层等，能在较狭小的工作空间操作，不带刀口者只能夹捏工作，带刀口者能剪切细小零件，它是电工（尤其是内线电工）、仪表及电讯器材等装配及修理工作常用的工具之一。

（2）使用方法

尖嘴钳是一种运用杠杆原理的典型工具之一。一般用右手操作，使用时握住尖嘴钳的两个手柄，开始夹持或剪切工作。

　　尖嘴钳的头部尖细，适用于狭小空间的操作，其握持、切割电线方法与钢丝钳相同。尖嘴钳钳头较小，常用来剪断线径较小的导线或夹持较小的螺钉、垫圈等零件，使用时，不能用很大力气和钳较大的东西，以防钳嘴折断。

　　（3）使用注意事项

　　① 不用尖嘴钳时，应表面涂上润滑防锈油，以免生锈，或者支点发涩。

　　② 使用时注意刃口不要对向自己，放置在儿童不易接触的地方，以免受到伤害。

　　其他使用注意事项可参考钢丝钳。

1.1.5　斜口钳

　　（1）斜口钳的结构、用途与分类

　　斜口钳也称斜嘴钳或断线钳，斜口钳的外形如图1-11所示。斜口钳主要用来剪断导线、铁丝等，并可剪掉印制电路板上元器件的引脚，还常用来代替一般剪刀剪切绝缘

(a)　　　　　　　　　　　(b)

图1-11　斜口钳的外形

套管、尼龙扎线卡等。

(2) 使用方法

① 使用工具的人员，必须熟知工具的性能、特点、使用、保管和维修及保养方法。使用钳子是用右手操作。将钳口朝内侧，便于控制钳切部位，用小指伸在两钳柄中间来抵住钳柄，张开钳头，这样分开钳柄灵活。

② 斜口钳的刀口可用来剖切软电线的橡胶或塑料绝缘层。钳子的刀口也可用来切剪电线、铁丝。剪较粗的镀锌铁丝时，应用刀刃绕表面来回割几下，然后只需轻轻一扳，铁丝即断。

③ 在尺寸选择上以 5in、6in、7in (1in＝25.4mm) 为主，普通电工布线时选择 6in、7in 切断能力比较强，剪切不费力。线路板安装维修以 5in、6in 为主，使用起来方便灵活，长时间使用不易疲劳。4in 的属于迷你的钳子，只适合做一些小的工作。

(3) 使用注意事项

① 使用钳子要量力而行，不可以用来剪切钢丝、钢丝绳和过粗的铜导线和铁丝，否则容易导致钳子崩牙和损坏。

② 斜口钳功能以切断导线为主，$2.5mm^2$ 的单股铜线，剪切起来已经很费力，而且容易导致钳子损坏，所以建议斜口钳不宜剪切 $2.5mm^2$ 以上的单股铜线和铁丝。

1.1.6 剥线钳

(1) 剥线钳的结构、用途与分类

剥线钳主要由钳头和钳柄两部分组成，剥线钳的钳柄上套有额定工作电压为 500V 的绝缘套管，其结构如图

1-12所示。剥线钳的钳头部分由刃口和压线口构成，剥线钳的钳头有 0.5~3mm 多个不同孔径的切口，用于剥削不同规格导线的绝缘层。

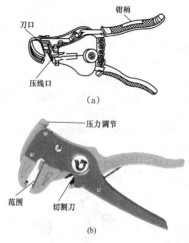

图 1-12　常用剥线钳的结构

　　剥线钳为内线电工，电动机修理、仪器仪表电工常用的工具之一，专供电工剥除电线头部的表面绝缘层用。其特点是操作简便，绝缘层切口整齐且不会损伤线芯。

　　剥线钳的种类很多，常用剥线钳的外形如图 1-12 所示。

　　（2）使用方法

　　剥线钳是用来剥削 6mm^2 以下小直径导线绝缘层的专

用工具，使用时，左手持导线，右手握钳柄，用钳刃部轻轻剪破绝缘层，然后一手握住剥线钳前端，另一手捏紧电线，两手向相反方向抽拉，适当用力就能剥掉线头绝缘层。

当剥线时，先握紧钳柄，使钳头的一侧夹紧导线的另一侧，要根据导线直径，选用剥线钳刀片的孔径。通过刀片的不同刃孔可剥除不同导线的绝缘层。

方法步骤如下（见图 1-13）。

① 将准备好的导线放在剥线工具的刀刃中间，选择好要剥线的长度。

② 握住剥线工具手柄，将导线夹住，缓缓用力使导线外表皮慢慢剥落。

③ 松开工具手柄，取出导线，这时导线金属整齐露出外面，其余绝缘塑料完好无损。

图 1-13 剥线步骤示意图

（3）使用注意事项

① 使用剥线钳时，线头应放在大于线芯直径的切口上，而且用力要适当，否则易损伤线芯。

② 操作时需戴上护目镜。

③ 为了不伤及断片周围的人和物，需确认断片飞溅方向再进行切断。

1.1.7 活扳手

（1）活扳手的结构、用途与分类

活扳手又称活动扳手或活络扳手，结构如图 1-14 所示，主要由呆扳唇、活络扳唇、蜗轮、轴销和手柄组成，转动活络扳手的蜗轮，就可调节扳口的大小。

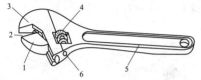

图 1-14 活扳手的结构

1—活络扳唇；2—扳口；3—呆扳唇；

4—蜗轮；5—手柄；6—轴销

活扳手是一种紧固或松开有角螺钉或螺母的常用工具。防爆活扳手经大型摩擦压力机压延而成，具有强度高、力学性能稳定、使用寿命长等优点，活扳手的受力部位不弯曲、不变形、不裂口。

活扳手的规格用"长度×最大开口宽度"表示，计量单位为"mm"或"in"，例如，6in（150mm×19mm）表示 6in（或 150mm）长，19mm 卡口宽。活动扳手有100mm、150mm、200mm、250mm、300mm、375mm、450mm、600mm 八种不同的规格。

常用的扳手还有死扳手、梅花扳手、两用扳手、套筒扳手、内六角扳手、扭力扳手以及专用扳手等。

（2）使用方法

① 扳动较大螺母时，右手握手柄。手越靠后，扳动起

来越省力，如图 1-15（a）所示。

② 扳动较小螺母时，因需要不断地转动蜗轮，调节扳口的大小，所以手应握在靠近呆扳唇，并用大拇指调节蜗轮，以适应螺母的大小，如图 1-15（b）所示。

③ 活扳手的扳口夹持螺母时，呆扳唇在上，活络扳唇在下。活扳手切不可反过来使用。

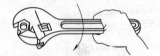 

(a) 扳动较大螺母时的握法　　　　(b) 扳动较小螺母时的握法

图 1-15　活扳手的使用方法

（3）使用注意事项

① 应根据螺母的大小，选用适当规格的活络扳手，以免扳手过大损伤螺母，或螺母过大损伤扳手。

② 使用时，用两手指旋动蜗轮以调节扳口的大小，将扳口调得比螺母稍大些，卡住螺母，再用手指旋动蜗轮紧压螺母，即使扳唇正好夹住螺母，否则扳口容易打滑，既会损伤螺母，又可能碰伤手指。

③ 扳动较大螺母时，因所需力矩较大，手应握在手柄尾部；扳动小螺母时，因所需力矩较小，为防止钳口打滑，手应握在接近头部的地方，并用大拇指控制好蜗轮，以便随时调节扳口。

④ 在需要用力的场合使用活络扳手时，活络扳唇应靠近身体使用，这样有利于保护蜗轮和轴销不受损伤。切记不能反向使用，以免损坏活络扳唇。

⑤ 不准用钢管套在手柄上作加力杆使用，否则容易损坏扳手。

⑥ 不应将活络扳手作为撬杠和锤子使用。

⑦ 在扳动生锈的螺母时，可在螺母上滴几滴煤油或机油，这样就好拧动了。

⑧ 在拧不动时，切不可采用钢管套在活络扳手的手柄上来增加扭力，因为这样极易损伤活络扳唇。

⑨ 使用扳手时，不得在钳口内加入垫片，且应使钳口紧贴螺母或螺钉的棱面。活动扳手在每次扳动前，应将活动钳口收紧。

⑩ 六角扳手要选用合适的规格，钳口套上螺钉或螺母的六角棱面后，不得有晃动的现象，并应平卡到底；如螺钉或螺母的棱面上有毛刺时，应另行处理，不得用手锤等强力将扳手的钳口打入。

1.1.8 锤子

(1) 锤子的结构、用途与分类

锤子是敲打物体使其移动或变形的工具。最常用来敲钉子，矫正或是将物件敲开。锤子由锤头、锤柄和楔子组成，锤子有着各式各样的形式，常见的形式如图 1-16 所示。锤头的一面是平坦的以便敲击，另一面的形状可以像羊角，也可以是楔形，其功能为拉出钉子。另外也有圆头形的锤头，通常称为榔头。

(2) 使用方法

① 锤子是主要的击打工具，使用锤子的人员，必须熟知工具的特点、使用、保管和维修及保养方法。工作前必须对工具进行检查，严禁使用腐蚀、变形、松动、有故

图 1-16 常用的锤子

障、破损等不合格工具。

② 锤子的重量应与工件、材料和作用力相适应，太重和过轻都会不安全。为了安全，使用锤子时，必须正确选用锤子和掌握击打时的速度。

③ 使用手锤时，要注意锤头与锤柄的连接必须牢固，稍有松动就应立即加楔紧固或重新更换锤柄。

④ 锤子的手柄长短必须适度，经验提供的比较合适的长度是手握锤头，前臂的长度与锤柄的长度近似相等；在需要较小的击打力时可采用手挥法，在需要较强的击打力时，宜采用臂挥法；采用臂挥法时应注意锤头的运动弧线。

⑤ 使用时，一般为右手握锤，常用的握法有紧握锤和松握锤两种。紧握锤是指从挥锤到击锤的全过程中，全部手指一直紧握锤柄。松握锤是指在挥锤开始时，全部手指紧握锤柄，随着锤的上举，逐渐依次地将小指、无名指和

中指防松，而在击锤的瞬间，迅速将放松了的手指全部握紧，并加快手腕、肘以及臂的运动。松握锤法如图 1-17 所示，松握锤可以加强锤击力量，而不宜疲劳。

⑥ 羊角锤既可敲击、锤打，又可以起拔钉子，但对较大的工件锤打就不应使用羊角锤。

⑦ 钉钉子时，锤头应平击钉帽，使钉子垂直进入木料，起拔钉子时，宜在羊角处垫上木块，增强起拔力。

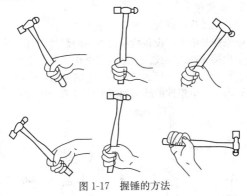

图 1-17　握锤的方法

（3）使用注意事项

① 手锤不应被油脂污染。

② 锤头与把柄连接必须牢固，凡是锤头与锤柄松动，锤柄有劈裂和裂纹的绝对不能使用。

③ 锤头与锤柄在安装孔的加楔，以金属楔为好，楔子的长度不要大于安装孔深的 2/3。

④ 为了在击打时有一定的弹性，锤柄的中间靠顶部的

地方要比末端稍狭窄。

⑤ 使用大锤时，必须注意前后、左右、上下，在大锤运动范围内严禁站人，不许用大锤与小锤互打。

⑥ 锤头不准淬火，不准有裂纹和毛刺，发现飞边卷刺应及时修整。

⑦ 不应把羊角锤当撬具使用，应注意锤击面的平整完好，以防钉子飞出或锤子滑脱伤人。

1.1.9　电烙铁

（1）电烙铁的结构、用途与分类

电烙铁是电工在设备检修时常用的焊接工具。其主要用途是焊接元件及导线。电烙铁的结构主要由烙铁头、烙铁芯、外壳、支架等组成。外热式电烙铁的结构如图 1-18 所示；内热式电烙铁的结构如图 1-19 所示。电烙铁的工作

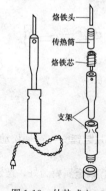

图 1-18　外热式电
烙铁的结构

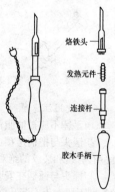

图 1-19　内热式电
烙铁的结构

原理是：当接通电源后，电流使电阻丝发热，加热烙铁头，达到焊接温度后即可进行焊接工作。

电烙铁按结构可分为内热式电烙铁和外热式电烙铁；按功能可分为焊接用电烙铁和吸锡用电烙铁，根据用途不同又分为大功率电烙铁和小功率电烙铁。内热式的电烙铁体积较小，而且价格便宜。一般电子制作都用 20～30W 的内热式电烙铁。内热式的电烙铁发热效率较高，而且更换烙铁头也较方便。

（2）使用方法

① 选用合适的焊锡，应选用焊接电子元件用的低熔点焊锡丝。

② 助焊剂，用 25% 的松香溶解在 75% 的酒精（质量比）中作为助焊剂。

③ 电烙铁使用前要上锡，具体方法是：将电烙铁烧热，待刚刚能熔化焊锡时，涂上助焊剂，再用焊锡均匀地涂在烙铁头上，使烙铁头均匀地吃上一层锡。

④ 电烙铁的握法如图 1-20 所示，其焊接方法如图 1-21 所示。首先把导线或元件的引脚用细砂纸打磨干净，涂上助焊剂。再用烙铁头蘸取适量焊锡，接触焊点，待焊点上的焊锡全部熔化并浸没元件引线头后，电烙铁头沿着元

(a) 大功率烙铁握法

(b) 小功率烙铁握法

图 1-20　电烙铁的握法示意图

器件的引脚轻轻往上一提离开焊点。

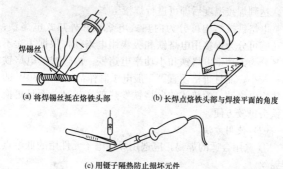

焊锡丝

(a) 将焊锡丝抵在烙铁头部

(b) 长焊点烙铁头部与焊接平面的角度

(c) 用镊子隔热防止损坏元件

图 1-21 焊接方法示意图

a. 焊接导线时，将焊锡丝抵在烙铁头部，如图 1-21 (a) 所示。

b. 焊接长焊点时，烙铁头部与焊接平面的角度为 15° 左右，如图 1-21 (b) 所示。

c. 焊接电子元件时，焊接时间不宜过长，否则容易烫坏元件，必要时可用镊子夹住管脚帮助散热，如图 1-21 (c) 所示。

⑤ 焊点应呈正弦波峰形状，表面应光亮圆滑，无锡刺，锡量适中。

⑥ 焊接完成后，要用酒精把线路板上残余的助焊剂清洗干净，以防碳化后的助焊剂影响电路正常工作。

⑦ 集成电路应最后焊接，电烙铁要可靠接地，或断电后利用余热焊接。或者使用集成电路专用插座，焊好插座

后再把集成电路插上去。

（3）使用注意事项

① 使用电烙铁时一定要注意安全，使用前应用万用表检查电烙铁插头两端是否有短路或开路现象存在，测量插头与外壳间的绝缘电阻，当指针不动或电阻大于 $2\sim3\text{M}\Omega$ 时，即可使用，否则应查明原因。

② 电烙铁的绝缘应良好，使用时金属外壳必须可靠接地，以防漏电伤人。

③ 要及时清理烙铁头上的氧化物，以改善导热和焊接效果。

④ 使用电烙铁时，不应随意放置在可燃物体上，使用完毕应将电烙铁放在支架上，待冷却后再放入工具箱，以免发生火灾。

⑤ 使用电烙铁时，应防止电源线搭在发热部位，以免烫坏导线绝缘层，发生漏电。

⑥ 对于外热式电烙铁，使用一段时间后，应活动一下铜头及紧固螺钉，以防锈死造成拆卸困难。

（4）烙铁头的选择

选择烙铁头时，应使烙铁头尖端的接触面积小于焊接处的面积。如果烙铁头接触面积太大，会使过量的热量传导给焊接部位，损坏元器件及印制电路板。

圆斜面式烙铁头适用于在单面板上焊接不太密集的焊点；凿式和半凿式烙铁头适用于电机电器的维修；尖锥式和圆锥式烙铁头适用于焊接高密度的焊点或小而怕热的元器件；斜面复合式烙铁头适用于焊接对象变化大的场合；弯形、大功率烙铁头适用于焊接大中型电动机绕组引线等焊接截面积大的部位。

1.1.10 喷灯

（1）喷灯的结构、用途与分类

喷灯（又称喷火灯）是一种利用喷射火焰对工件进行加热的工具。喷灯的结构如图 1-22 所示，主要由油桶、手柄、打气筒、放气阀、加油螺塞、油量调节阀（油门）、喷嘴、喷管和汽化管等组成。喷灯按燃料可分为两种。一种是煤油喷灯，燃料为灯用煤油；一种是汽油喷灯，燃料为工业汽油。

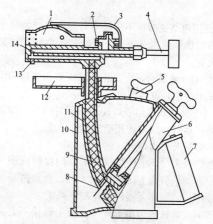

图 1-22　喷灯的结构

1—燃烧腔；2—喷气孔；3—挡火罩；4—调节阀；5—加油孔盖；
6—打气筒；7—手柄；8—出气口；9—吸油管；10—油筒；
11—铜辫子；12—点火碗；13—疏通口螺钉；14—汽化管

喷灯工作时，油筒中的燃油被压缩空气压入汽化管汽化，经喷气孔喷出与燃烧腔内的空气混合燃烧，产生高温，用于电缆终端头、中间接头制作时的加热、搪铅、搪锡、焊接地线等。

（2）使用方法

① 应根据喷灯所用的燃料种类加注燃料油。首先旋开加油螺钉，注入燃料油，油量不应大于油筒容量的 3/4，以便为向罐内充气和燃料油受热膨胀时留有适当的空隙。

② 点火前，应检查气筒是否漏气、渗油，加油口的螺钉是否拧紧。检查喷嘴是否堵塞。

③ 使用前，先在点火碗中注入其容量 2/3 的油并点燃，加热燃烧腔，打几下气，稍开调节阀，继续加热。多次打气加压，但不要打得太足，慢慢开大调节阀，待火焰由黄红变蓝，即可使用。

④ 点火时，应在避风处，远离带电设备，喷嘴不能对准易燃物品，人应站在喷灯的一侧。

⑤ 停用时，应先关闭调节阀，直至火焰熄灭，然后慢慢旋松加油孔盖放气，空气放完后旋松调节阀。

⑥ 使用过程中要经常检查油量是否过少，灯体是否过热，安全阀是否有效。

⑦ 关闭油门方法：喷灯慢慢冷却后，旋开放气阀；将喷灯擦拭干净，放到安全的地方。

（3）使用注意事项

① 不准在易燃易爆的环境周围使用喷灯，以免发生事故。

② 使用前必须检查。漏气、漏油者，不准使用。不准

放在火炉上加热。加油不可太满，充气气压不可过高。

③ 燃着后不准倒放，不准加油。需要加油时，必须将火熄灭、冷却后再加油。不准长时间、近距离对着地面、墙壁燃烧。

④ 暂停使用时，不准将火焰近距离对着电缆；在高处使用时，必须用绳索系上。

⑤ 喷灯是封焊电缆的专用工具，不准用于烧水、烧饭或作他用。

（4）维护保养方法

① 若经过两次预热后，喷灯仍然不能点燃时，应暂时停止使用。应检查接口处是否漏气（可用火柴点燃检验），喷出口是否堵塞（可用探针进行疏通）和灯芯是否完好（灯芯烧焦，变细应更换），待修好后方可使用。

② 喷灯连续使用时间为 30～40min 为宜。使用时间过长，灯壶的温度逐渐升高，导致灯壶内部压强过大，喷灯会有崩裂的危险，可用冷湿布包住喷灯下端以降低温度。在使用中如发现灯壶底部凸起时应立刻停止使用，查找原因（可能使用时间过长、灯体温度过高或喷口堵塞等）并做相应处理后方可使用。

③ 使用完毕应及时放气，并开关一次油门，以避免油门堵塞。

④ 使用后，将喷灯擦拭干净，放到安全的地方。

1.1.11 压接钳

（1）压接钳的结构、用途与分类

压接钳即导线压接接线钳，是一种用冷压的方法来连接铜、铝等导线的工具，特别是在铝绞线和钢芯铝绞线敷设施工中常要用到，其结构如图 1-23 所示。

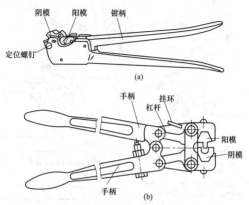

图 1-23 手压式压接钳的结构

压接钳主要分为手压式、液压（油压）式和电动式三种。液压钳主要依靠液压传动机构产生压力而达到压接导线的目的。电工常用的是手压式和液压式。手压钳适用于 35mm² 以下的导线；液压钳适用于压接 35mm² 以上的多股铝、铜芯导线。

（2）铝芯导线直线连接的方法步骤

铝芯导线直线连接的方法步骤如图 1-24 所示。

① 根据导线截面选择压模和铝套管。

② 剥除导线绝缘，剥除长度应为铝套管长度一半加上 5～10mm，然后用钢丝刷刷去芯线表面的氧化层（膜）。

③ 用清洁的刷子蘸一些凡士林锌粉膏（有毒，切勿与

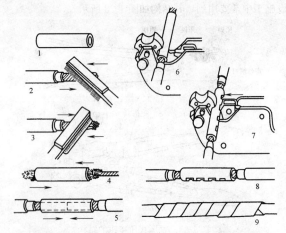

图 1-24　铝芯多（单）股导线直线压接操作步骤示意图

1~9—操作步骤

皮肤接触）均匀地涂抹在芯线上，以防氧化层重生。

④ 用圆条形钢丝刷清除铝套管内壁的氧化层及污垢，最好也在内壁涂上凡士林锌粉膏。

⑤ 把两根芯线相对插入铝套管，使两个接头恰好处在铝套管的中间。

⑥ 将线模装在压接钳上，拧紧定位螺钉后，把套有铝套管的芯线嵌入线模。

⑦ 对准铝套管，用力捏夹钳柄进行压接。压接时，先压两端的两个坑，再压中间的坑，压坑应在一条直线上。铝套管的弯曲度不得大于管长的 2%，否则应用木锤校直。

⑧ 擦去残余的油膏，在铝套管两端涂刷快干沥青漆。

⑨ 在铝套管及裸露导线部位包两层黄蜡带，再包两层黑胶布。

（3）铝芯导线与设备螺栓压接式接线桩头的连接方法步骤

铝芯导线与设备螺栓压接式接线桩头的连接方法步骤如图1-25所示。

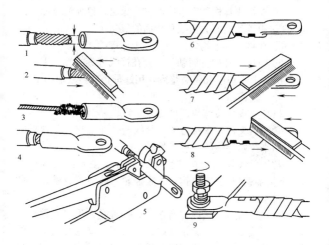

图1-25　铝芯多股导线与设备的接线桩头压接步骤示意图
1～9—操作步骤

① 剥除导线绝缘，根据线芯粗细选择合适的铝质接线耳（线鼻子）。

②用钢丝刷刷去芯线表面的氧化层（膜），均匀地涂上凡士林锌粉膏。

③用圆条形钢丝刷清除接线耳插线孔内壁的氧化层，最好也在内壁涂上凡士林锌粉膏。

④把芯线插入接线耳的插线孔，注意要插到孔底。

⑤选择适当的线模，在接线耳的正面压两个坑。先压外坑，再压里坑，两个坑要在一条直线上。

⑥在接线耳根部和电线剖去绝缘层处包缠绝缘带。

⑦用钢丝刷刷去接线耳背面的氧化层。

⑧在接线耳上均匀地涂上凡士林锌粉膏。

⑨使接线耳的背面朝下，套在接线桩头的螺钉上，然后依次套上平垫圈和弹簧垫圈，用螺母将其紧紧地固定。

1.1.12 紧线器

（1）紧线器的结构、用途与分类

紧线器又称耐张拉力器。紧线器是在架空线路敷设施工中用来拉紧导线的一种工具。

常用紧线器的结构如图 1-26 所示，主要由夹线钳头（上下活嘴钳口）、定位钩、收紧齿轮（收线器、棘轮）和手柄等组成。

机械紧线常用紧线器有两种，一种是钳形紧线器，又称虎头紧线器；另一种是活嘴形紧线器，又称弹簧形紧线器或三角形紧线器。钳形紧线器的钳口与导线的接触面较小，在收紧力较大时易拉坏导线绝缘护层或扎伤线芯，故一般用于截面积较小的导线。活嘴形紧线器与导线的接触面较大，且具有拉力越大活嘴咬线越紧的特点。

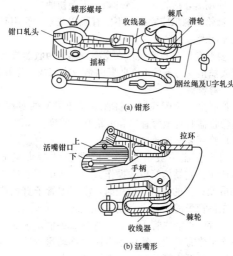

图 1-26　紧线器的结构示意图

（2）使用方法

紧线器的使用方法如图 1-26（a）所示。先将 ϕ4mm 镀锌钢丝绳绕于紧线器的滑轮（棘轮滚筒上），定位钩必须钩住架线支架或横担。再用夹线钳夹的上、下活嘴钳口夹住需收紧导线的端部，然后扳动手柄。由于棘爪的防逆转作用，逐渐把钢丝绳或镀锌铁线绕在棘轮滚筒上，使导线收紧。最后把收紧的导线固定在绝缘子上。

（3）使用注意事项

① 使用前应检查紧线器有无断裂现象。

② 使用时，应将钢丝绳理顺，不能扭曲。

③ 棘轮和棘爪应完好，不能有脱扣现象，使用时应经常加机油润滑。

④ 要避免用一只紧线器在支架一侧单边收紧导线，以免支架或横担受力不均而在收紧时造成支架或横担倾斜。

1.1.13 弯管器

弯管器是穿管配线时，将管道弯曲成型的专用工具。常用的弯管器有管柄弯管器和滑轮弯管器等。

（1）管柄弯管器的使用

管柄弯管器一般由钢管手柄和铸铁弯头组成，如图 1-27所示。它结构简单、操作方便，适用于现场弯曲直径 50mm 及以下的线管。使用时，应根据管子直径选用弯管器，先将管子需要弯曲部分的前缘送入弯管器的弯头，然后操作者用脚踏住管子，扳动弯管器手柄，稍加一定的力，使管子略有弯曲，然后逐点向后移动弯管器，重复上一次动作，直至将管子弯成所需要的形状。

使用弯管器时的注意事项如下。

① 弯管时要注意一次移动弯管器的距离不能过大，用力不要太猛。

② 电线管属薄壁钢管，通常有焊缝，在弯管时，切忌将焊缝放在弯曲处的内侧或外侧，以免发生皱叠、断裂和瘪陷。

③ 在弯曲管路中间的 90°弧形弯时，应先使用 8 号铁丝或薄板做成样板，以便在弯管时进行对照检查。

（2）滑轮弯管器的使用

滑轮弯管器的结构主要由滑轮、卡子和工作台组成，

铸铁弯头

铁管柄

图 1-27　管柄弯管器的结构

如图 1-28 所示。它可用于弯制 100mm 及以下的线管，且对管子无损伤。通常，外观、形状要求较高，弯曲半径相同的成批线管，都采用滑轮弯管器弯制。

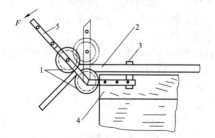

图 1-28　滑轮弯管器的结构

1—滑轮；2—钢管；3—卡子；4—工作台；5—手柄

滑轮弯管器可固定在工作台上，弯管时把管子放在两滑轮中间，扳动滑轮应用力均匀，速度缓慢，即可搋出所需要的管子。

注意，对于直径大于 100mm 的线管，一般采用电动或液压弯管机进行弯管。

1.1.14　电工安全带

（1）电工安全带的特点与用途

电工安全带是电工高空作业时防止坠落的安全用具，是电杆上作业的必备用品。安全带分为不带保险绳和带有保险绳两种。电工安全带主要由保险绳、腰带和腰绳组成，其结构如图 1-29 所示。安全带的腰带和保险带、绳应有足够的机械强度，材质应有耐磨性，卡环（钩）应具有保险装置。保险带、绳使用长度在 3m 以上的应加缓冲器。

（2）使用电工安全带前的外观检查

① 组件完整、无短缺、无伤残破损；

② 绳索、编带无脆裂、断股或扭结；

③ 金属配件无裂纹、焊接无缺陷、无严重锈蚀；

④ 挂钩的钩舌咬口平整不错位，保险装置完整可靠；

⑤ 铆钉无明显偏位，表面平整。

（3）使用方法

电工安全带的保险绳的作用是用来防止万一失足而人体下落时不致坠地摔伤。使用时，一端要可靠地系在腰上，另一端用保险钩挂在牢固的横担或抱箍上。腰带用来系挂保险绳、腰绳和吊物绳，使用时应系结在臀部上，而不是系在腰间，否则操作时既不灵活又容易扭伤腰部。腰绳用来固定人体下部，以扩大上身活动幅度，使用时，应

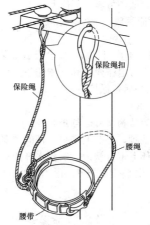

图 1-29 电工安全带的结构与使用

系结在电杆的横担或抱箍下方，以防止腰绳窜出电杆顶端，发生事故。

（4）使用注意事项

① 使用前应检查安全钩、环是否齐全，保险装置是否可靠，保险绳、腰带和腰绳有无老化、脆裂、腐朽等现象。若发现有破损、变质等情况，停止使用。

② 安全带应高挂低用或平行拴挂，严禁低挂高用。

③ 使用安全带时，只有挂好安全钩环，上好保险装置，才可探身或后仰，转位时不应失去安全带的保护。

④ 安全带应系在牢固的物体上，禁止系挂在电杆尖、移动、不牢固或要撤换的物件上。不得系在棱角锋利处，

而应系在电杆合适、可靠的部位上。

⑤ 安全带应存放在干燥、通风的地方，严禁与酸碱物质混放在一起。

⑥ 在杆塔上工作时，应将安全带后备保护绳系在安全牢固的构件上（带电作业视其具体任务决定是否系后备安全绳），不得失去后备保护。

1.1.15 脚扣

（1）脚扣的结构、用途与分类

脚扣又称铁脚，是电工攀登电杆的主要工具。脚扣分两种：一种扣环上带有铁齿，供登木杆用；另一种在扣环上裹有橡胶，供登混凝土杆用。脚扣的结构如图1-30所示。

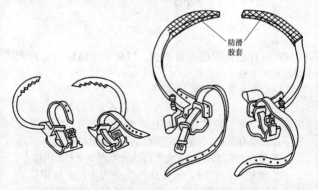

（a）登木电杆用的脚扣　　　　　　（b）登混凝土电杆用的脚扣

图1-30 脚扣结构示意图

脚扣具有重量轻、强度高、韧性好；可调性好，轻便灵活；安全可靠，携带方便等优点，用脚扣攀登电杆具有速度快、登杆方法简便等特点。

（2）脚扣登杆、下杆和杆上定位的方法

① 登杆 在地面上套好脚扣，登杆时根据自身方便，可任意用一只脚向上跨扣（跨距大小根据自身条件而定）。脚扣登杆和下杆操作时，只需注意两手和两脚的协调配合，当左脚向上跨扣时，左手应同时向上扶住电杆；当右脚向上跨扣时，右手应同时向上扶住电杆，如图 1-31 中步骤 1～步骤 3 所示的上杆姿势。以后步骤重复，直至登到杆顶需要作业的部位。

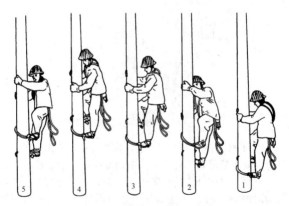

图 1-31 脚扣登杆和下杆方法

② 杆上定位 杆上作业时，为了保证人体平稳，两只

脚扣要在杆上定位,如图 1-32 所示。如果操作者在电杆左侧作业,此时操作者左脚在下,右脚在上。即身体重心放在左脚,右脚辅助。估测好人体与作业点的距离,找好角度,系牢安全带后即可开始作业。如果操作者在电杆右侧作业,此时操作者右脚在下,左脚在上。即身体重心放在右脚,以左脚辅助。同样也是估测好人体与作业点的距离,找好角度,系牢安全带后即可开始作业。

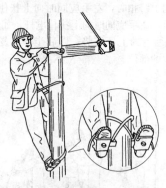

图 1-32 杆上操作时两脚扣的定位方法

③ 下杆 杆上工作结束后,作业者检查工作点工作质量符合要求后准备下杆。首先解脱安全带,然后将置于电杆上方侧的(或外边的)脚先向下跨扣,同时与向下跨扣之脚同侧的手向下扶住电杆。然后再将另一只脚向下跨扣,同时另一只手也向下扶住电杆,如图 1-31 中步骤 4 和步骤 5 所示的下杆姿势。

（3）脚扣使用注意事项

① 登杆前，应对脚扣进行仔细检查，查看脚扣的各部分有无断裂、锈蚀现象，脚扣皮带是否牢固可靠，发现破损停止使用。

② 登杆前，应对脚扣进行人体载荷冲击试验。试验方法是，登一步电杆，然后使整个人的重量以冲击的速度加在一只脚扣上，试验没问题后才可正式使用。

③ 用脚扣登杆时，上下杆的每一步必须使脚扣环完全套入，并可靠地扣住电杆，才能移动身体，以免发生危险。

④ 当有人上下电杆时，杆下不准站人，以防上面掉下东西发生伤人事故。

⑤ 安全绳经常保持清洁，用完后妥善存放好，弄脏后可用温水及肥皂水清洗，在阴凉处晾干，不可用热水浸泡或日晒火烧。

⑥ 使用一年后，要做全面检查，并抽出使用过的 1% 做拉力试验，以各部件无破损或重大变形为合格（抽试过的不得再次使用）

1.2　常用测试工具的使用

1.2.1　验电笔

（1）验电笔的结构、用途与分类

验电笔又称低压验电器或试电笔，通常简称电笔。验电笔是电工中常用的一种辅助安全用具，用于检查 500V 以下导体或各种用电设备的外壳是否带电，操作简便，可随身携带。

验电笔常做成钢笔式结构，有的也做成小型螺钉旋具结构。氖管式验电笔由笔尖（工作触头）、电阻、氖管、笔筒、弹簧和挂鼻等组成，其结构如图 1-33 所示。

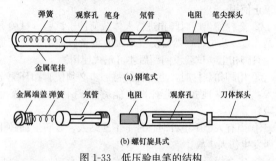

(a) 钢笔式

(b) 螺钉旋具式

图 1-33 低压验电笔的结构

数字（数显）式验电笔由笔尖（工作触头）、笔身、指示灯、电压显示、电压感应检测按钮（感应测量电极）、电压直接检测按钮（直接测量电极）、电池等组成，其结构如图 1-34 所示。

(2) 验电笔的使用方法

验电笔按测试方法可分为接触式和非接触式两种。

使用验电笔测试带电体时，操作者应用手触及验电笔笔尾的金属体（中心螺钉），如图 1-35 所示。用工作触头与被检测带电体接触，此时便由带电体经验电笔工作触头、电阻、氖管、人体和大地形成回路。当被测物体带电时，电流便通过回路，使氖管启辉；如果氖管不亮，则说明被测物体不带电。测试时，操作者即使穿上绝缘鞋（靴）或站在绝缘物上，也同样形成回路。因为绝缘物的

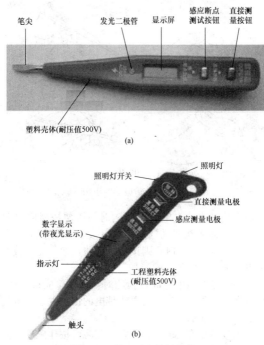

图 1-34 数显验电笔的结构

泄漏电流和人体与大地之间的电容电流足以使氖管启辉。只要带电体与大地之间存在一定的电位差,验电笔就会发出辉光。

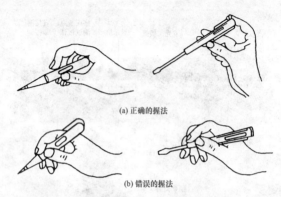

(a) 正确的握法

(b) 错误的握法

图 1-35　验电笔的用法

使用数显式验电笔直接检测时，切勿按感应检测按钮，将笔尖插入相线孔时，指示灯发亮，则表示有交流电；若需要电压显示时，则按直接检测按钮，显示数字为所测电压值。

使用数显式验电笔间接检测时，按住感应检测按钮，将触头靠近电源线，如果电源线带电的话，数显验电笔的显示器上将有显示。

使用数显式验电笔进行断点检测时，按住感应检测按钮，将触头沿电源线纵向移动时，显示窗内无显示处即为断点处。

（3）验电笔使用注意事项

① 测试前应在确知带电的带电体上进行试验，证明试电笔完好后，方可使用。

② 工作者要养成先用试电笔验电，然后再工作的良好习惯；使用试电笔时，最好穿上绝缘鞋（靴）。

③ 验电时，工作者应保持平稳操作，以免误碰而造成短路。

④ 在光线明亮的地方测试时，应仔细测试并避光观察，以免因看不清而误判。

⑤ 有些设备常因感应而使外壳带电，测试时试电笔氖管也发亮，易造成误判断。此时，可采用其他方法（例如用万用表测量）判断其是否真正带电。

⑥ 使用低压验电笔时，不允许在超过 500V 的带电体上测量。

⑦ 若发现数显式验电笔的指示灯不亮，则应更换电池。

1.2.2 高压验电器

（1）高压验电器的结构、用途与分类

高压验电器（也称高压测电器）是变电所常用的最基本的检测工具，它一般以辉光作为指示信号，新式高压验电器也有靠声光作为指示的。高压验电器的主要用途是用来检查高压线路、电缆线路和高压电力设备是否带电，也是保证在全部停电或部分停电的电气设备上工作人员安全的重要技术措施之一。

高压验电器的主要类型有发光型和声光型两种。常用高压验电器的外形如图 1-36 所示。

发光型高压验电器由握柄、护环、紧固螺钉、氖管窗、氖管和金属探针（钩）等部分组成。图 1-37 为发光型 10kV 高压验电器的结构。

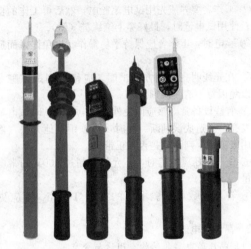

图 1-36 常用高压验电器的外形

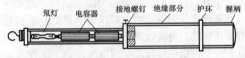

氖灯　电容器　接地螺钉　绝缘部分　护环　握柄

图 1-37 高压验电器结构示意图

（2）高压验电器的使用方法

① 使用验电器时必须注意其额定电压和被检验电气设备的电压等级相适应，否则可能会危及验电操作人员的人身安全或造成误判断。

② 使用前，要按所测设备（线路）的电压等级将绝缘

棒拉伸至规定长度，选用合适型号的指示器和绝缘棒，并对指示器进行检查，投入使用的高压验电器必须是经电气试验合格的。

③ 验电时操作人员应戴绝缘手套，手握在护环以下的握柄部位，如图 1-38 所示。

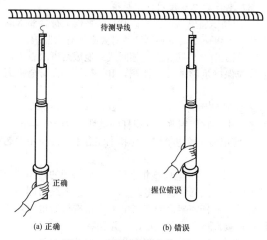

图 1-38　高压验电器的使用方法

④ 先在有电设备上进行检验，检验时应渐渐将验电器移近带电设备至发光或发声时止，以确认验电器性能完好。有自检系统的验电器应先揿动自检钮确认验电器是否完好。

⑤ 确认验电器完好后，再在需要进行验电的设备上检

测，同时设专人监护。

⑥ 检测时也应渐渐将验电器移近待测设备，直至触及设备导电部位，此过程若一直无声、光指示，则可判定该设备不带电，反之，如在移近过程中突然发光或发声，即认为该设备带电，即可停止移近，结束验电。

(3) 电压验电器使用注意事项

① 用高压验电器进行测试时，必须戴上符合要求的绝缘手套，不可一个人单独测试，身旁必须有人监护。

② 测试时，要防止发生相间或对地短路事故；人体与带电体应保持足够的安全距离，10kV 高压的安全距离为0.7m 以上。

③ 室外使用时，天气必须良好，雨、雪、雾及湿度较大的天气中不宜使用普通绝缘杆的类型，以防发生危险。

④ 使用高压验电器时，应特别注意手握部位不得超过护环。

⑤ 对线路的验电应逐相进行，对联络用的断路器或隔离开关或其他检修设备验电时，应在其进出线两侧各分别验电。对同杆塔架设的多层电力线路进行验电时，先验低压、后验高压，先验下层、后验上层。

⑥ 在电容器组上验电应待其放电完毕后再进行。

⑦ 每次使用完毕，在收缩绝缘棒及取下回转指示器放入包装袋之前，应将表面尘埃擦拭干净，并存放在干燥通风的地方，以免受潮。回转指示器应妥善保管，不得强烈振动或冲击，也不准擅自调整拆装。

⑧ 为保证使用安全，验电器应每半年进行一次预防性电气试验。

1.3　常用电工安全用具的使用

1.3.1　绝缘棒

（1）绝缘棒的结构、用途与分类

绝缘棒又称令克棒、绝缘拉杆、操作杆等。绝缘棒由工作部分（工作头）、绝缘部分（绝缘杆）和握手（握柄）三部分构成，如图 1-39 所示。工作部分由金属制成 L 形或 T 形弯钩；绝缘棒的绝缘部分一般由胶木、塑料、环氧树脂玻璃布棒（管）等材料制成；握手部分与绝缘部分应有明显的分界线。隔离环的直径比握手部分大 20～30mm。一副绝缘棒一般由三节组成，常用绝缘棒的外形如图 1-40 所示。

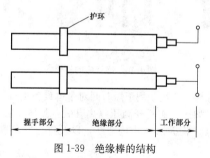

图 1-39　绝缘棒的结构

绝缘棒的材料要耐压强度高、耐腐蚀、耐潮湿、机械强度大、连接牢固可靠、质轻、便于携带，一个人能够单独操作。为保证操作时有足够的绝缘安全距离，绝缘操作杆的绝缘部分长度不得小于 0.7m。

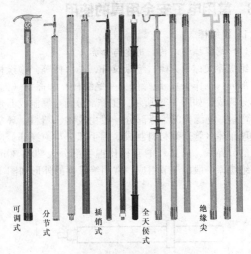

图 1-40 绝缘棒的外形

绝缘棒主要用于用于短时间对带电设备进行操作的绝缘工具，如接通或断开高压隔离开关（见图 1-41）、跌落式熔断器，装拆携带式接地线，以及进行测量和试验时使用。

常用绝缘棒有以下几种类型。

① 按照组合形式可以分为接口式和伸缩式两种。接口式的相对来说比较耐用，伸缩式的相对来说操作比较方便。

② 根据使用环境可分为普通式和防雨式两种。

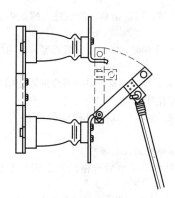

图 1-41　闭合或断开高压隔离开关

③ 按照电压等级可分为 10kV、35kV、110kV 和 220kV 等。

④ 按长度可分为 3m、4m、5m、6m、8m 和 10m 等。

(2) 绝缘棒的使用方法

① 使用前必须对绝缘操作杆进行外观的检查，外观上不能有裂纹、划痕等外部损伤，并用清洁柔软又不掉毛的布块擦拭杆体。

② 绝缘棒必须适用于操作设备的电压等级，且核对无误后才能使用。

③ 操作人员必须穿戴好必要的辅助安全用具，如绝缘手套和绝缘靴等。

④ 在操作现场，轻轻地将绝缘棒抽出专用的工具袋，悬离地面进行节与节之间的螺纹连接，不可将绝缘棒置于

地面上进行连接，以防杂草、沙土进入螺纹中或黏附在杆体的外表上。

⑤ 连接绝缘棒时，螺纹要轻轻拧紧，不可将螺纹未拧紧即使用。

⑥ 雨雪天气必须在室外进行操作的要使用带防雨雪罩的特殊绝缘操作杆。

⑦ 使用时要尽量减少对杆体的弯曲力，以防损坏杆体。

(3) 绝缘棒使用注意事项

① 必须使用经校验后合格的绝缘棒，不合格的严禁使用。

② 使用后要及时将杆体表面的污迹擦拭干净，存放或携带时，应把各节分解后再将其外露螺纹一端朝上装入特别的专用工具袋中，以防杆体表面擦伤或螺纹损坏。

③ 应将绝缘棒存放在屋内通风良好、清洁干燥的支架上或悬挂起来，尽量不要靠近墙壁，以防受潮，破坏其绝缘。

④ 每年必须进行一次交流耐压试验。试验不合格的绝缘棒要立即报废销毁，不可降低其标准使用。

⑤ 杆体表面损伤不宜用金属丝或塑料带等带状物缠绕。

⑥ 对绝缘操作杆要有专人保管；一旦绝缘棒表面损伤或受潮，应及时处理和干燥。干燥时最好选用阳光自然干燥法，不可用火重烤。经处理和干燥后，闸杆必须经试验合格后方可再用。

1.3.2 绝缘夹钳

(1) 绝缘夹钳的结构特点与用途

绝缘夹钳由工作钳口、绝缘部分和握手三部分组成。常用绝缘夹钳如图 1-42 所示。绝缘夹钳大部分都用绝缘材料制成，所用材料与绝缘棒相同，只是工作部分是一个坚固的夹钳，并有一个或两个管形的开口，用以夹紧熔断器等。

图 1-42 绝缘夹钳

绝缘夹钳是用来安装和拆卸高压熔断器或执行其他类似工作的工具，主要用于 35kV 及以下电力系统。

(2) 绝缘夹钳的使用方法

在使用绝缘夹钳时，应先做外部的检查，绝缘部分应用干燥柔软清洁的抹布擦拭，并且还要注意到机械强度，是否会在使用时发生断裂。使用绝缘夹钳的人应当穿着绝缘靴或站在绝缘台上，戴绝缘手套，并戴上护目镜。夹熔断管时，头部不可超过握手部分，精神集中，注意保持身体平衡，握紧绝缘夹钳，不使夹持物滑脱落下。

（3）绝缘夹钳使用注意事项

① 使用时绝缘夹钳不允许装接地线。

② 在潮湿天气只能使用专用的防雨绝缘夹钳。

③ 绝缘夹钳应保存在特制的箱子内，以防受潮。

④ 绝缘夹钳应定期进行试验，试验方法同绝缘棒，试验周期为一年。

1.3.3 绝缘手套

（1）绝缘手套的特点与用途

电工绝缘手套是用绝缘性能较好的绝缘橡胶及乳胶经压片、模压、硫化或浸模成型的五指手套。绝缘手套的外形如图 1-43 所示。

绝缘手套是劳保用品，是在高压电气设备上操作时的辅助安全用具，也是在低压电气设备的带电部分上工作时的基本安全用具。一般需要配合其他安全用具一起使用。电工带电作业时戴上绝缘手套，可防止手部直接触碰带电体，以免遭到电击，起到对手或者人体的保护作用。

绝缘手套具有防电、防水、耐酸碱、防化、防油的功能，适用于电力行业、汽车和机械维修、化工行业等。

（2）绝缘手套的使用方法与注意事项

① 在使用绝缘手套之前，必须检查其有无粘黏现象。并检查其是否属于合格产品，是否还属于产品的有效使用期限内。

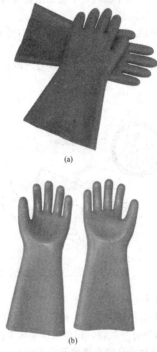

(a)

(b)

图 1-43 绝缘手套的外形

② 使用前还应检查绝缘手套是否完好，检查时将手套朝手指方向卷曲，如图 1-44 所示。发现有漏气或裂口等损坏时应停止使用。

③ 在佩戴绝缘手套时，手套的指孔应与使用者的双手吻合。

④ 使用者应穿束口衣服，并将袖口伸到手套伸长部分内。

⑤ 使用时应避免与锋利尖锐物及污物接触，以免损伤其绝缘强度。

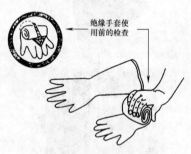

绝缘手套使用前的检查

图 1-44　绝缘手套在使用前的检查示意图

(3) 绝缘手套的保养

① 绝缘手套使用完毕，应擦拭干净，放在柜子里，并且要与其他器具分开放置，以免损伤绝缘手套。

② 应将绝缘手套放在通风干燥的地方，不要将其与带有腐蚀性的物品放在一起。

③ 在保存绝缘手套的时候，应将其放在专用的支架上面，同时其上不能堆放任何其他的物品。

④ 如果绝缘手套在使用的过程中受潮了，应该先将其

晾干，然后再在其上涂一些滑石灰，再将其保存起来。

⑤ 在保存绝缘手套的时候，应该将其放在阳光直射不到的地方。

⑥ 如果绝缘手套被污染，可以选择使用肥皂及用温水对其进行洗涤。当其上沾有油类物质的时候，切勿使用香蕉水对其进行除污功能，因为香蕉水会损害其绝缘性能。

⑦ 绝缘手套应每半年进行一次耐压试验，检查绝缘是否良好。

1.3.4　绝缘鞋

(1) 绝缘鞋的特点与用途

绝缘鞋、绝缘靴通称为电绝缘鞋。电绝缘鞋是使用绝缘材料制作的一种安全鞋，是从事电气作业时防护人身安全的辅助安全工具。良好的绝缘鞋是保证设备和线路正常运行的必要条件，也是防止触电事故的重要措施。常用绝缘鞋的外形如图 1-45 所示。

在电气作业中，绝缘鞋一般需要与其他基本安全用具配合使用。绝缘鞋不可以接触带电部分，但可以防止跨步电压对人身的伤害。绝缘皮鞋及布面绝缘鞋，主要应用在工频 1000V 以下作为辅助安全用具。

(2) 绝缘鞋的选择

① 根据有关标准要求，电绝缘鞋外底的厚度（不含花纹）不得小于 4mm，花纹无法测量时，厚度不应小于 6mm。

② 外观检查。鞋面或鞋底有标准号，有绝缘标志、安监证和耐电压数值。同时还应了解制造厂家的资质情况。

③ 电绝缘鞋宜用平跟，外底应有防滑花纹、鞋底

(a)

(b)

图 1-45 绝缘鞋的外形

（跟）磨损不超过 1/2。

④ 电绝缘鞋应无破损，鞋底防滑齿磨平、外底磨透露

出绝缘层者为不合格。

⑤ 劳动安全监管部门，对购进绝缘鞋新品应进行交接试验。

(3) 绝缘鞋的使用方法与注意事项

① 绝缘鞋适宜在交流 50Hz、1000V 以下或直流 1500V 以下的电力设备上工作时，作为辅助安全用具和劳动防护用品穿着。

② 工作人员使用绝缘皮鞋，可配合基本用具触及带电部分。并可用于防护跨步电压所引起的电击。跨步电压是指：电气设备接地时，在地面最大电位梯度方向 0.8m 两点之间的电位差。

③ 特别值得注意的是 5kV 的电绝缘鞋只适合于电工在低电压 (380V) 条件下带电作业。如果要在高电压条件下作业，就必须选用 20kV 的电绝缘鞋，并配以绝缘手套才能确保安全操作。

④ 电工在使用过程中，必须定期送质量监测部门按照试验标准进行测试。

⑤ 穿用过程中，应避免与酸、碱、油类及热源接触，以防止胶料部件老化后产生泄漏电流，导致触电。

⑥ 在使用时应避免锐器刺伤鞋底，对于因锐器刺穿不合格品，不得再当绝缘鞋使用。

⑦ 绝缘鞋应保持干燥。注意勿受潮，受潮后严禁使用。一旦受潮，应放在通风透气阴凉处自然风干，以免皮鞋变形受损。

(4) 绝缘鞋的保养

① 电绝缘鞋经洗净后，必须晒干后才可使用。脚汗较

多者，更应经常晒干，以防因潮湿引起泄漏电流，带来危险。

② 注意皮鞋的皮面保养，勤擦鞋油。擦拭方式是：先用干净软布把皮鞋表面的灰尘擦去，然后将鞋油挤在布上均匀涂在鞋面上，待片刻（鞋油略干）后擦拭。

③ 绝缘鞋存放时，应保持皮鞋整洁、干燥、并上好鞋油，自然平放；存放一段时间后（特别是雨季）要经常使皮鞋通风干燥，并重新擦拭鞋油以防变霉。

1.3.5 安全帽

（1）安全帽的结构特点与用途

安全帽是防止冲击物伤害头部的防护用品，由帽壳、帽衬、下颏带和后箍等组成，如图1-46所示。

在电力建设施工现场上，工人们所佩戴的安全帽主要是为了保护头部不受到伤害。它可以在以下几种情况下保护人的头部不受伤害或降低头部伤害的程度。

① 飞来或坠落下来的物体击向头部时；

② 当作业人员从2m及以上的高处坠落下来时；

③ 当头部有可能触电时；

④ 在低矮的部位行走或作业，头部有可能碰撞到尖锐、坚硬的物体时。

（2）安全帽的使用方法

安全帽的佩戴要符合标准，使用要符合规定。如果佩戴和使用不正确，就起不到充分的防护作用。佩戴和使用安全帽的方法如下。

① 戴安全帽前应将帽后箍调整带按自己头型调整到适合的位置，然后将帽内弹性带系牢。缓冲衬垫的松紧由带

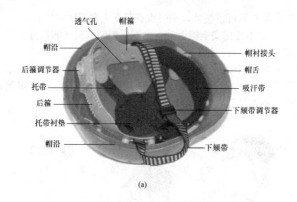

(a)

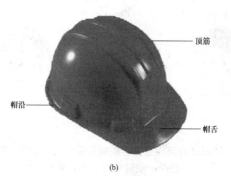

(b)

图 1-46 安全帽的结构

子调节，人的头顶和帽体内顶部的空间垂直距离一般在 25～50mm 之间。这样才能保证当遭受到冲击时，帽体有足够的空间可供缓冲，平时也有利于头和帽体间的通风。

② 不要把安全帽歪戴，也不要把帽檐戴在脑后方。否则，会降低安全帽对于冲击的防护作用。

③ 安全帽的下颏带必须扣在颏下，并系牢，松紧要适度，如图 1-47 所示。佩戴者在使用时一定要将安全帽戴正，不能晃动，调节好后箍以防安全帽脱落。

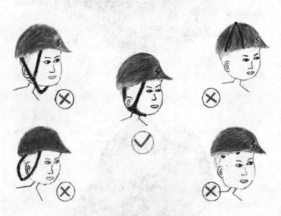

图 1-47 安全帽的佩戴方法

④ 使用之前应检查安全帽的外观是否有裂纹、碰伤痕迹、凸凹不平、磨损，帽衬是否完整，帽衬的结构是否处于正常状态，安全帽上如存在影响其性能的明显缺陷就及时报废，以免影响防护作用。

⑤ 在现场室内作业也要戴安全帽，特别是在室内带电作业时，更要认真戴好安全帽，因为安全帽不但可以防碰

撞，而且还能起到绝缘作用。

⑥ 平时使用安全帽时应保持整洁，不能接触火源。

(3) 安全帽使用注意事项

① 新领的安全帽，首先检查是否有劳动部门允许生产的证明及产品合格证，再看是否破损、薄厚不均，缓冲层及调整带和弹性带是否齐全有效。不符合规定要求的立即调换。

② 要定期检查，检查有没有龟裂、下凹、裂痕和磨损等情况，发现异常现象要立即更换，不准再继续使用。任何受过重击、有裂痕的安全帽，不论有无损坏现象，均应报废。

③ 严禁使用只有下颏带与帽壳连接的安全帽，也就是帽内无缓冲层的安全帽。

④ 使用者不能随意在安全帽上拆卸或添加附件，也不能私自在安全帽上打孔，以免影响其原有的防护性能。

⑤ 使用者不能随意调节帽衬的尺寸，这会直接影响安全帽的防护性能，落物冲击一旦发生，安全帽会因佩戴不牢脱出或因冲击后触顶直接伤害佩戴者。

⑥ 不要随意碰撞安全帽，不要将安全帽当板凳坐，以免影响其强度。

⑦ 由于安全帽大部分是使用高密度低压聚乙烯塑料制成，所以不宜长时间地在阳光下曝晒。

⑧ 经受过一次冲击或做过试验的安全帽应作废，不能再次使用。

⑨ 安全帽不能在有酸、碱或化学试剂污染的环境中存放，不能放置在高温、日晒或潮湿的场所中，以免其老化

变质。

⑩ 应注意在有效期内使用安全帽，塑料安全帽的有效期限一般为2年半，玻璃钢安全帽的有效期限一般为3年半，超过有效期的安全帽应报废。

1.4 常用电动工具的使用

1.4.1 电钻

(1) 电钻的结构、用途与分类

电钻又称手枪钻、手电钻，是一种手提式电动钻孔工具，适用于在金属、塑料、木材等材料或构件上钻孔。通常，对于因受场地限制，加工件形状或部位不能用钻床等设备加工时，一般都用电钻来完成。电钻由钻夹头、减速箱、机壳、电动机、开关、手柄等组成，其结构如图 1-48 所示。

电钻工作原理是小容量电动机的转子运转，通过传动机构驱动作业装置，带动齿轮加大钻头的动力，从而使钻头刮削物体表面，更好地洞穿物体。

电钻按结构分为手枪式和手提式两大类；按供电电源分单相串励电钻、三相工频电钻和直流电钻三类。单相串励电钻有较大的转矩和软的机械特性，利用负载大小可改变转速的高低，实现无级调速。小电钻多采用交、直流两用的串励电动机，大电钻多采用三相工频电动机。

电钻的主要规格有 4mm、6mm、8mm、10mm、13mm、16mm、19mm、23mm、32mm、38mm、49mm等，数字指在钢材上钻孔的钻头最大直径。

(2) 电钻的使用方法

① 应根据使用场所和环境条件选用电钻。对于不同的

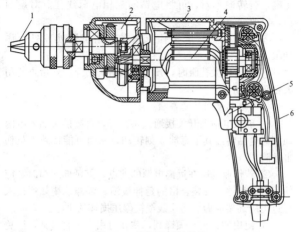

图 1-48 单相电钻的结构

1—钻夹头；2—减速箱；3—机壳；4—电动机；5—开关；6—手柄

钻孔直径，应尽可能选择相应的电钻规格，以充分发挥电钻的性能及结构上的特点，达到良好的切削效率，以免过载而烧坏电机。

② 与电源连接时，应注意电源电压与电钻的额定电压是否相符（一般电源电压不得超过或低于电钻额定电压的10%），以免烧坏电机。

③ 使用前，应检查接地线是否良好。在使用电钻时，应戴绝缘手套、穿绝缘鞋或站在绝缘板上，以确保安全。

④ 使用前，应空转1min左右，检查电钻的运转是否正常。三相电钻试运转时，还应观察钻轴的旋转方向是否

正确，若转向不对，可将电钻的三相电源线任意对调两根，以改变转向。

⑤ 在金属材料上钻孔应先在被钻位置处冲打上洋冲眼。

⑥ 在钻较大孔眼时，预先用小钻头钻穿，然后再使用大钻头钻孔。

(3) 电钻使用注意事项

① 确认电钻上开关接通锁扣状态，否则插头插入电源插座时电钻将出其不意地立刻转动，从而可能招致人员伤害危险。

② 若作业场所在远离电源的地点，需延伸线缆时，应使用容量足够，安装合格的延伸线缆。延伸线缆如通过人行过道应高架或做好防止线缆被碾压损坏的措施。

③ 使用的钻头必须锋利，钻孔时用力不宜过猛，以免电钻过载。遇到钻头转速突然降低时，应立即放松压力。如发现电钻突然刹停时，应立即切断电源，以免烧坏电机。

④ 在工作过程中，如果发现轴承温度过高或齿轮、轴承声音异常时，应立即停转检查。若发现齿轮、轴承损坏，应立即更换。

⑤ 如需长时间在金属上进行钻孔时可采取一定的冷却措施，以保持钻头的锋利。

⑥ 钻孔时产生的钻屑严禁用手直接清理，应用专用工具清屑。

⑦ 面部朝上作业时，要戴上防护面罩。在生铁铸件上钻孔要戴好防护眼镜，以保护眼睛。

⑧ 作业时钻头处在灼热状态，应注意防止灼伤肌肤。

⑨ 手持电钻钻直径 12mm 以上的孔时应使用有侧柄手枪钻。

⑩ 站在梯子上工作或高处作业应做好防止高处坠落的措施，梯子应有地面人员扶持。

（4）电钻的维护与保养

① 为了保证安全和延长电钻的使用寿命，电钻应定期检查保养。长期搁置不用的电钻或新电钻，使用前应用 500V 绝缘电阻表测量其绝缘电阻，电阻值应不小于 0.5MΩ，否则应进行干燥处理。

② 电钻一般不要在含有易燃、易爆或腐蚀性气体的环境中使用，也不要在潮湿的环境中使用。

③ 电钻应保持清洁，通风良好，经常清除灰尘和油污，并注意防止铁屑等杂物进入电钻内部而损坏零件。

④ 应注意保持换向器的清洁。当发现换向器表面上黑痕较多，而火花增大时，可用细砂纸研磨换向器表面，清除黑痕。

⑤ 应注意调整电刷弹簧的压力，以免产生火花而烧坏换向器。电刷磨损过多时，应及时更换。

⑥ 单相串励电动机空载转速很高，不允许拆下减速机构试转，以免飞车而损坏电机绕组。

⑦ 移动电钻时，必须握持电钻手柄，不能拖拉电源线来搬动电钻，并随时防止电源线擦破和扎坏。

⑧ 电钻使用完毕后应注意轻放，应避免受到冲击而损坏外壳或其他零件。

⑨ 定期检查传动部分的轴承、齿轮及冷却风叶是否灵

活完好，适时对转动部位加注润滑油，以延长手电钻的使用寿命。

1.4.2 冲击电钻

(1) 冲击电钻的结构特点与用途

冲击电钻又叫冲击钻，其结构与普通电钻基本相同，仅多一个冲击头，是一种能够产生旋转带冲击运动的特种电钻。使用时，将冲击电钻调节到旋转无冲击位置时，装上麻花钻头即能在金属上钻孔；当调节到旋转带冲击位置时，装上镶有硬质合金的钻头，就能在砖石、混凝土等脆性材料上钻孔。

冲击电钻主要由单相串励电动机、齿形离合器、调节环、电源开关和电源连接装置等组成，其基本结构如图1-49所示。

(2) 使用方法

① 操作前必须查看电源是否与电动工具上的常规额定220V电压相符，以免错接到380V的电源上。

② 使用冲击电钻前仔细检查机体绝缘防护、辅助手柄及深度尺调节等情况，机器有无螺钉松动现象。

③ 冲击电钻在钻孔前，应空转1min左右，运转时声音应均匀，无异常的周期性杂音，手握工具无明显的麻感。然后将调节环转到"锤击"位置，让钻夹头顶在硬木板上，此时应有明显而强烈的冲击感；转到"钻孔"位置，则应无冲击现象。

④ 在钻孔深度有要求的场所钻孔，可使用辅助手柄上的定位杆来控制钻孔深度。使用时，只要将蝴蝶螺母拧松，将定位杆调节到所需长度，再拧紧螺母即可。

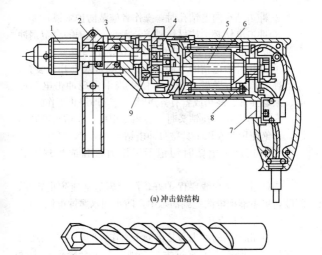

(a) 冲击钻结构

(b) 冲击钻头

图 1-49　单相冲击电钻的结构

1—钻夹头；2—辅助手柄；3—冲击离合器；
4—减速箱；5—电枢；6—定子；7—开关；
8—换向器；9—锤钻离合器

⑤ 在脆性材料上钻凿较深或较大孔时，应注意经常把钻头退出钻凿孔几次，以防止出屑困难而造成钻头发热磨损，钻孔效率降低，甚至堵转的现象。

（3）使用注意事项

① 冲击电钻工作时有较强的振动，内部的电气结点易脱落，操作者应戴绝缘手套。

② 冲击钻在向上钻孔时，操作者应戴防护眼镜。

③ 冲击电钻必须按材料要求装入允许范围的合金钢冲击钻头或打孔通用钻头。严禁使用超越范围钻头。

④ 使用冲击电钻的电源插座必须配备漏电开关装置，并检查电源线有无破损现象，使用当中发现冲击电钻漏电、振动异常、高热或者有异声时，应立即停止工作。

⑤ 冲击电钻更换钻头时，应用专用扳手及钻头锁紧钥匙，杜绝使用非专用工具敲打冲击钻。

⑥ 使用冲击电钻时切记不可用力过猛或出现歪斜操作。

⑦ 冲击电钻导线要保护好，严禁满地乱拖防止轧坏、割破，更不准把电线拖到油水中，防止油水腐蚀电线。

（4）维护保养

① 冲击电钻的冲击力是借助于操作者的轴向进给压力而产生的，但压力不宜过大，否则，不仅会降低冲击效率，还会引起电动机过载，造成工具的损坏。

② 冲击电钻是由一般电钻变换工作头演化而来的，所以它的使用与保养与一般电钻基本相同。

1.4.3 电锤

（1）电锤的结构特点与用途

电锤是一种具有旋转和冲击复合运动机构的电动工具，可用来在混凝土、砖石等脆性建筑材料或构件上钻孔、开槽和打毛等作业，功能比冲击电钻更多，冲击能力更强。

电锤由电动机、齿轮减速器、曲柄连杆冲击机构、转钎机构、过载保护装置、电源开关及电源连接组件等组成。常用电锤的外形如图 1-50 所示。

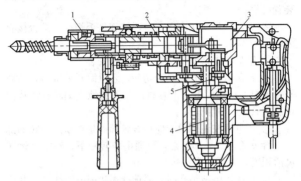

图 1-50　电锤的结构

1—锤头；2—离合器；3—减速箱；4—电动机；5—传动装置

　　电锤是在电钻的基础上，增加了一个由电动机带动有曲轴连杆的活塞，在一个汽缸内往复压缩空气，使汽缸内空气压力呈周期变化，变化的空气压力带动汽缸中的击锤往复打击钻头的顶部，好像用锤子敲击钻头，故名电锤。

　　由于电锤的钻头在转动的同时还产生了沿着电钻杆的方向的快速往复运动（频繁冲击），所以它可以在脆性大的水泥混凝土及石材等材料上快速钻孔。高档电锤可以利用转换开关，使电锤的钻头处于不同的工作状态，即只转动不冲击，只冲击不转动，既冲击又转动。

　　(2) 使用方法

　　① 电锤应符合下列要求：外壳、手柄不出现裂缝、破损；电缆软线及插头等完好无损，开关动作正常，保护接

零连接正确、牢固可靠；各部防护罩齐全牢固，电气保护装置可靠。

② 确认现场所接电源与电锤铭牌是否相符。是否接有漏电保护器。

③ 钻头与夹持器应适配，并妥善安装。

④ 确认电锤上开关是否切断，若电源开关接通，则插头插入电源插座时电动工具将出其不意地立刻转动，从而可能招来人员伤害危险。

⑤ 新电锤在使用前，应检查各部件是否紧固，转动部分是否灵活。如果都正常，可通电空转一下，观察其运转灵活程度，有无异常声响。

⑥ 在使用电锤钻孔时，要选择无暗配电源线处，并应避开钢筋。对钻孔深度有要求的场所，可使用辅助手柄上的定位杆来控制钻孔深度；对上楼板钻孔时，应装上防尘罩。

⑦ 工作时，应先将钻头顶在工作面上，然后再按下开关。在钻孔中若发现冲击停止时，应断开开关，并重新顶住电锤，然后再接通开关。

⑧ 操作者要戴好防护眼镜，以保护眼睛，当面部朝上作业时，要戴上防护面罩。长期作业时要塞好耳塞，以减轻噪声的影响。

⑨ 作业时应使用侧柄，双手操作，以免堵转时反作用力扭伤胳膊。

（3）使用注意事项

① 作业时应掌握电钻或电锤手柄，打孔时先将钻头抵在工作表面，然后开动，用力适度，避免晃动；转速若急

剧下降，应减少用力，阻止电机过载，严禁用木扛加压。

② 钻孔时，应注意避开混凝土中的钢筋。

③ 电钻和电锤为 40% 断续工作制，不得长时间连续使用。

④ 作业孔径在 25mm 以上时，应有稳固的作业平台，周围应设护栏。

⑤ 严禁超载使用。作业中应注意音响及温升，发现异常应立即停机检查。在作业时间过长，机具温升超过 60℃ 时，应停机，自然冷却后再行作业。

⑥ 作业中，不得用手触摸电锤的钻头，发现其有磨钝、破损情况时，应立即停机修整或更换，然后再继续进行作业。

⑦ 长期作业后钻头处在灼热状态，在更换时应避免灼伤肌肤。

⑧ 站在梯子上工作或高处作业应做好高处坠落措施，梯子应有地面人员扶持。

⑨ 在高处作业时，要充分注意下面的物体和行人安全，必要时设警戒标志。

⑩ 若作业场所在远离电源的地点，需延伸线缆时，应使用容量足够、安装合格的延伸线缆。延伸线缆如通过人行过道应高架或做好防止线缆被碾压损坏的措施。

⑪ 电源线与外壳接线应采用橡套软铜线，外壳应可靠接地。电源应装有熔断器和漏电保护器后，才能合上电源。

⑫ 使用电锤时严禁戴纱手套，应戴绝缘手套或穿绝缘鞋，站在绝缘垫上或干燥的木板木凳上作业，以防触电。

⑬ 携带电锤时必须握紧，不得采用提橡胶线等错误

方法。

1.5 常用电工仪表的使用

1.5.1 电流表与电压表

（1）电流表和电压表的选择

电流表和电压表的测量机构基本相同，但在测量线路中的连接有所不同。因此，在选择和使用电流表和电压表时应注意以下几点。

① 类型的选择。当被测量是直流时，应选直流表，即磁电系测量机构的仪表。当被测量是交流时，应注意其波形与频率。若为正弦波，只需测出有效值即可换算为其他值（如最大值、平均值等），采用任意一种交流表即可。若为非正弦波，则应区分需测量的是什么值，有效值可选用电磁系或铁磁电动系测量机构的仪表；平均值则选用整流系测量机构的仪表。而电动系测量机构的仪表，常用于交流电流和电压的精密测量。

② 准确度的选择。因仪表的准确度越高，价格越贵，维修也较困难；而且，若其他条件配合不当，再高准确度等级的仪表，也未必能得到准确的测量结果。因此，在选用准确度较低的仪表可满足测量要求的情况下，就不要选用高准确度的仪表。通常 0.1 级和 0.2 级仪表作为标准表选用；0.5 级和 1.0 级仪表作为实验室测量使用；1.5 级以下的仪表一般作为工程测量选用。

③ 量程的选择。要充分发挥仪表准确度的作用，还必须根据被测量的大小，合理选用仪表量限，如选择不当，其测量误差将会很大。一般使仪表对被测量的指示大于仪

表最大量程的 1/2～2/3 以上，而不能超过其最大量程。

④ 内阻的选择。选择仪表还应根据被测阻抗的大小来选择仪表的内阻，否则会给测量结果带来较大的测量误差。因内阻的大小反映仪表本身功率的消耗，所以，在测量电流时，应选用内阻尽可能小的电流表。测量电压时，应选用内阻尽可能大的电压表。

⑤ 正确接线。测量电流时，电流表应与被测电路串联；测量电压时，电压表应与被测电路并联。测量直流电流和电压时，必须注意仪表的极性，应使仪表的极性与被测量的极性一致。

⑥ 高电压、大电流的测量。测量高电压或大电流时，必须采用电压互感器或电流互感器。电压表和电流表的量程应与互感器二次的额定值相符。一般电压为 100V，电流为 5A。

⑦ 量程的扩大。当电路中的被测量超过仪表的量程时，可采用外附分流器或分压器，但应注意其准确度等级应与仪表的准确度等级相符。

另外，还应注意仪表的使用环境要符合要求，要远离外磁场，使用前应使指针处于零位，读数时应使视线与标度尺平面垂直等。

(2) 直流电流的测量

测量直流电流时，电流表的接法如图 1-51 所示。

(3) 交流电流的测量

测量交流电流时，电流表的接法如图 1-52 所示。

(4) 直流电压的测量

测量直流电压时，电压表的接法如图 1-53 所示。

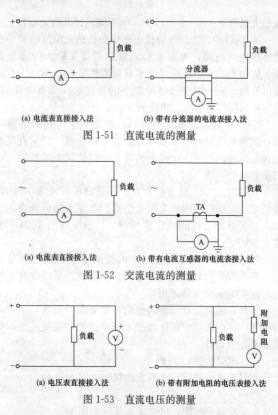

(a) 电流表直接接入法　　(b) 带有分流器的电流表接入法

图 1-51　直流电流的测量

(a) 电流表直接接入法　　(b) 带有电流互感器的电流表接入法

图 1-52　交流电流的测量

(a) 电压表直接接入法　　(b) 带有附加电阻的电压表接入法

图 1-53　直流电压的测量

(5) 交流电压的测量

测量交流电压时，电压表的接法如图 1-54 所示。

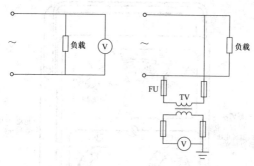

(a) 电压表直接接入法　　(b) 带有电压互感器的电压表接入法

图 1-54　交流电压的测量

1.5.2　指针式万用表

（1）指针式万用表的组成

万用表主要由表头（又称测量机构）、测量线路和转换开关三大部分组成。表头用来指示被测量的数值；测量线路用来把各种被测量转换到适合表头测量的直流微小电流；转换开关用来实现对不同测量线路的选择，以适应各种测量要求。转换开关有单转换开关和双转换开关两种。

在万用表的面板上带有多条标度尺的刻度盘、有转换开关的旋钮、在测量电阻时实现欧姆调零的电阻调零器、有供接线用的接线柱（或插孔）等。各种型号的万用表外观和面板布置虽不相同，功能也有差异，但三个基本组成部分是构成各种型号万用表的基础。指针式万用表的面板如图 1-55。

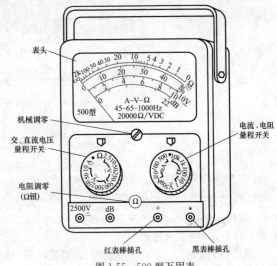

表头

机械调零

交、直流电压
量程开关

电阻调零
（Ω钮）

电流、电阻
量程开关

红表棒插孔

黑表棒插孔

图 1-55 500 型万用表

(2) 指针式万用表的选择

万用表的用途广泛，可测量的电量较多，量程也多，其结构形式各不相同，往往因使用不当或疏忽大意造成测量误差或仪表损坏事故，因此必须正确选用万用表，一般应注意以下几点。

① 接线柱（插孔）的选择 在测量前，检查表笔应接插孔的位置，测量直流电流或直流电压时，红表笔的连接线应接在红色接线柱或标有"＋"的插孔内，另一端接被测对象的正极；黑表笔的连接线应接在黑色接线柱或标有

"＊"的插孔内，另一端接被测对象的负极。测量电流时，应将万用表串联在被测电路中；测量电压时，应将万用表并联在被测电路中。

若不知道被测部分的正负极性，应先将转换开关置于直流电压最高挡，然后将一表笔接入被测电路任意一极上，再将另一表笔接在被测电路的另一极上轻轻一触，立即拿开，观察指针的偏转方向，若指针往正方向偏转，则红表笔接触的为正极，另一极为负极；若指针往反方向偏转，则红表笔接触的为负极，另一极为正极。

② 种类的选择　根据被测的对象，将转换开关旋至需要的位置。例如，需要测量交流电压，则将转换开关旋至标有"V"的区间，其余类推。

有的万用表面板上有两个旋钮，一个是种类选择旋钮，一个是量限变换旋钮。使用时，应先将种类选择旋钮旋至对应被测量所需的种类，然后再将量限变换旋钮旋至相应的种类及适当的量限。

在进行种类选择时，要认真，否则若误选择，就有可能带来严重后果。例如，若需测量电压，而误选了测量电流或测量电阻的种类，则在测量时，将会使万用表的表头受到严重损伤，甚至被烧毁。所以，在选择种类以后，要仔细核对确认无误后，再进行测量。

③ 量限的选择　根据被测量的大致范围，将转换开关旋至该种类区间适当量限上。例如，测量 220V 交流电压，应选用 250V 的量程挡。通常在测量电流、电压时，应使指针的偏转在量程的 1/2～2/3 处为宜，读数较为准确。若预先不知被测量的大小，为避免量程选得过小而损坏万

用表，应选择该种类最大量程预测，然后再选择合适的量程，以减小测量误差。

④ 灵敏度的选择　万用表的性能主要以测量灵敏度来衡量，灵敏度以测量电压时每伏若干欧来表示，一般为 $1000\Omega/V$、$2000\Omega/V$、$5000\Omega/V$、$10000\Omega/V$ 等，数值越大灵敏度越高，测量结果越准确。

(3) 指针式万用表的使用方法

万用表的型号很多，但其基本使用方法是相同的。现以 MF30 型万用表为例，介绍它的使用方法。

① 使用万用表之前，必须熟悉量程选择开关的作用。明确要测什么，怎样去测，然后将量程选择开关拨在需要测试挡的位置。切不可弄错挡位。例如，测量电压时如果误将选择开关拨在电流或电阻挡时，容易把表头烧坏。

② 测量前观察一下表针是否指在零位。如果不指零位，可用螺钉旋具调节表头上机械调零螺钉，使表针回零（一般不必每次都调）。红表笔要插入正极插口，黑表笔要插入负极插口。

③ 测量电压时将量程选择开关的尖头对准标有 V 的五挡范围内。若是测直流电压则应指向V处。依此类推，如果要改测电阻，开关应指向 Ω 挡范围。测电流应指向 mA 或 μA。测量电压时，要把万用表表笔并接在被测电路上。根据被测电路的大约数值，选择一个合适的量程位置。

④ 在实际测量中，遇到不能确定被测电压的大约数值时，可以把开关先拨到最大量程挡，再逐挡减小量程到合适的位置。测量直流电压时应注意正、负极性，若表笔接

反了，表针会反偏。如果不知道电路正负极性，可以把万用表量程放在最大挡，在被测电路上很快试一下，看笔针怎么偏转，就可以判断出正、负极性。测量交流电压时，表笔没有正负之分。

⑤ h_{FE}是测量三极管的电流放大系数的，只要把三极管的三个管脚插入万用表面板上对应的孔中，就能测出 h_{FE}值。注意 PNP、NPN 是不同的。

（4）正确读数

万用表的标度盘上有多条标度尺，它们代表不同的测量种类。测量时，应根据转换开关所选择的种类及量程，在对应的标度尺上读数，并应注意所选择的量程与标度尺上的读数的倍率关系。例如，标有"DC"或"—"的标度尺为测量直流时用的；标有"AC"或"～"的标度尺为测量交流时用的（有些万用表的交流标度尺用红色特别标出）；在有些万用表上还有交流低电压挡的专用标度尺，如 6V 或 10V 等专用标度尺；标有"Ω"的标度尺是测量电阻用的。

测 220V 交流电：把量程开关拨到交流 500V 挡。这时满刻度为 500V，读数按照刻度 1∶1 来读，将两表笔插入供电插座内，表针所指刻度处即为测得的电压值。

测量干电池的电压时应注意，因为干电池每节最大值为 1.5V，所以可将转换开关放在 5V 量程挡。这时在面板上表针满刻度读数的 500 应作 5 来读数，即缩小 100 倍。如果表针指在 300 刻度处，则读为 3V。注意量程开关尖头所指数值即为表头上表针满刻度读数的对应值，读表时只要据此折算，即可读出实值。除了电阻挡外，量程开关所有挡均按此方法读测量结果。

电阻挡有 $R \times 1$、$R \times 10$、$R \times 100$、$R \times 1k$、$R \times 10k$ 各挡，分别说明刻度的指示再要乘上的倍数，才得到实际的电阻值（单位为 Ω）。例如用 $R \times 100$ 挡测一电阻，指针指示为"10"，那么它的电阻值为 $10 \times 100 = 1000$，即 $1k\Omega$。

需要注意的是电压挡、电流挡的指示原理不同于电阻挡，例如 5V 挡表示该挡只能测量 5V 以下的电压，500mA 挡只能测量 500mA 以下的电流，若是超过量程，就会损坏万用表。

（5）欧姆挡的正确使用

在使用万用表欧姆挡测量电阻时还应注意以下几点。

① 选择适当的倍率。在用万用表测量电阻时，应选择好适当的倍率挡，使指针指示在刻度较稀的部分。由于电阻挡的标度尺是反刻度方向，即左边是"∞"（无穷大），最右边是"0"，并且刻度不均匀，越往左，刻度越密，读数准确度越低，因此，应使指针偏转在刻度较稀处，且以偏转在标度尺的中间附近为宜。例如，要测量一只阻值为 100Ω 左右的电阻，若选用"$R \times 1$"挡来测量，万用表的指针将靠近高电阻的一端，读数较密，不易读取标度尺上的示值，因此，应选用"$R \times 10$"一挡来测量。

② 调零。在测量电阻之前，首先应进行调零，将红、黑两表笔短接，同时转动欧姆调零旋钮，使指针指到电阻标度尺的"0"刻线上。每更换一次倍率挡，都应先调零，才能进行测量。若指针调不到零位，应更换新的电池。

③ 不能带电测量。测量电阻的欧姆挡是由干电池供电

的，因此，在测量电阻时，绝不能带电进行测量。

④ 被测对象不能有并联支路。当被测对象有并联支路存在时，应将接被测电阻的一端焊下，然后再进行测量，以确保测量结果的准确。

⑤ 在使用万用表欧姆挡的间歇中，不要让两支表笔短接，以免浪费干电池。若万用表长期不用，应将表内电池取出，以防电池腐蚀损坏其他元件。

（6）万用表使用注意事项

使用万用表测量时应注意以下事项。

① 要有监护人，监护人的技术等级要高于测量人员。监护人的作用是，使测量人与带电体保持规定的安全距离，监护测量人正确使用万用表和测量，若测量人不懂测量技术，监护人有权停止其测量工作。

② 万用表在使用时，必须水平放置，以免造成误差。同时，还要注意避免外界磁场对万用表的影响。

③ 在使用万用表之前，应先进行"机械调零"，即在没有被测电量时，使万用表指针指在零电压或零电流的位置上。

④ 在测量元器件时，一定要将元器件各引脚的氧化层去掉，并保持表笔与各引脚的紧密接触。

⑤ 在使用万用表过程中，不能用手去接触表笔的金属部分，这样一方面可以保证测量的准确，另一方面也可以保证人身安全。

⑥ 测量时，要注意被测量的极性，避免指针反打而损坏万用表，测量直流时，红表笔接正极，黑表笔接负极。

⑦ 测量高电压或大电流时，不能在测量时旋转转换开

关，避免转换开关的触头产生电弧而损坏开关。

⑧ 为了确保安全，测量交直流 2500V 量限时，应将测试棒一端固定接在电路地电位上，将测试棒的另一端去接触被测高压电源，测试过程中应严格执行高压操作规程，双手必须戴高压绝缘橡胶手套，地板应铺置高压绝缘橡胶板，测试时应谨慎从事。

⑨ 当不知被测电压或电流有多大时，应先将量程挡置于最高挡，然后再向低量程逐渐转换。

⑩ 测量完毕后，应将转换开关旋至交流电压最高挡；这样一方面可防止转换开关放在欧姆挡时，表笔短接，长期消耗表内电池，更主要的是可以防止在下次测量时，忘记旋转转换开关而损坏万用表。

⑪ 如果长期不使用，还应将万用表内部的电池取出来，以免电池腐蚀表内其他器件。

1.5.3 数字式万用表

(1) 数字式万用表的组成

数字式万用表是指能将被测量的连续电量自动地变成断续电量，然后进行数字编码，并将测量结果以数字显示出来的电测仪表。数字式万用表的面板如图 1-56 所示。

数字万用表一般采用 LCD 液晶显示，同时，有自动调零和极性转换功能。当万用表内部电池电压低于工作电压时，在显示屏上显示"←"。表内有快速熔断器用来进行超载保护。另外，还设有蜂鸣器，可以快速实现连续查找，并配有三极管和二极管测试。

(2) 数字万用表的使用

1) 测量直流电压　首先将万用表的功能转换开关拨

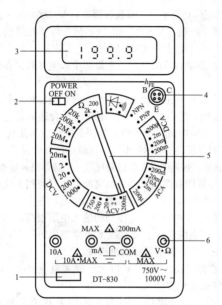

图 1-56 DT-830 型数字式万用表的面板
1—铭牌；2—电源开关；3—LCD 显示器；4—h_{FE} 插口；
5—量程开关；6—输入插口

到适当的 "DC V" 的量程上，黑色表笔插入 "COM" 插孔（以下各种测量黑色表笔的位置都相同），红色表笔插入 "V·Ω" 插孔，将表的电源开关拨到 "ON" 的位置，然后再将两个表笔与被测电路并联后，就可以从显示屏上读数了。如果将量程开关拨到 "200mV" 挡位，此时，显示值以 mV（毫伏）为单位，其余各挡均以 V（伏）为单位。

注意：一般"V·Ω"和"COM"两插孔的输入直流电压最大不得超过 1000V。同时，还需注意以下几点。

① 在测量直流电压时，要将两个表笔并联接在被测电路中。

② 在无法知道被测电压的大小时，应先将量程开关置于最高量程，然后再根据实际情况选择合适的量程（在交流电压、直流电流、交流电流的测量中也应如此）。

③ 若万用表的显示器上，仅在最高位显示"1"，其他各位均无显示，则表明已发生过载现象，应选择更高量程。

④ 如果用直流电压挡去测交流电压（或用交流电压挡去测直流电压），万用表显示均为 0。

⑤ 数字万用表由于电压挡的输入电阻很高，当表笔开路时，万用表的低位上会出线无规律变化的数字，这属于正常现象，并不影响测量的准确度。

⑥ 在测量高压（100V 以上）或大电流（0.5A 以上）时，严禁拨动量程开关。

2）测量交流电压　将万用表转换开关拨到适当的"AC V"的量程上，红、黑表笔接法以及测量方法同上，一般输入的交流电压不得超过 750V。同时，在使用时要注意以下几点。

① 在测交流电压时，应将黑表笔接在被测电压的低电位端，这样可以消除万用表输入端对地的分布电容影响，从而减小测量误差。

② 由于数字万用表频率特性比较差，所以，交流电压频率不得超出 45～500Hz。

3) 测量直流电流　将万用表的转换开关转换到"DC A"的量程上，当被测电流小于 200mA 时，红表笔插入"mA"插孔，把两个表笔串联接入电路，接通电源，即可显示被测的电流值了。另外，还需注意以下几点。

① 在测量直流电流时，要将两个表笔串联接在被测电路中。

② 当被测的电流源内阻很低时，应尽量选用较大的量程，以提高测量的准确度。

③ 当被测电流大于 200mA 时，应将红表笔插在"10A"的插孔内。在测量大电流时，测量时间不得超过 15s。

4) 测量交流电流　将万用表的转换开关转换到适当的"AC A"的量程上，其他操作与测量直流电流基本相同。

5) 测量电阻　将万用表的转换开关拨到适当的"Ω"量程上，红表笔插入"V·Ω"或"V/Ω"插孔。若将转换开关置于 20M 或 2M 的挡位上，显示值以 MΩ 为单位；若将转换开关置于 200Ω 挡，显示值以 Ω 为单位，其余各挡显示值均以 kΩ 为单位。

在使用电阻挡位测电阻时，不得用手碰触电阻两端的引线，否则会产生很大的误差。因为人体本身就是一个导体，含有一定的阻值，如果用双手碰触到被测电阻的两端引线，就相当于在原来被测的电阻上又并联上一个电阻。另外，还需注意以下几点。

① 测电阻值时，特别是在用 20M 挡位时，一定要待显示值稳定后方可读数。

② 测小阻值电阻时，要使两个表笔与电阻的两个引线紧密接触，防止产生接触电阻。

③ 测二极管的正反向电阻时，要把量程开关置于二极管挡位。

④ 当将功能开关置于电阻挡时，由于万用表的红表笔带的是正电，黑表笔带的是负电，所以，在检测有极性的元件时，必须注意表笔的极性。同时，在测电路上的电阻时，一定要将电路中的电源断开，否则，将会损坏万用表。

6）测量三极管　将被测的三极管插入"h_{FE}"插孔，可以测量晶体三极管共发射极连接时的电流放大系数。根据被测管类型选择"NPN"或"PNP"位置，然后将 c、b、e 三个极插入相应的插孔里，接通电源，显示被测值。通常 h_{FE} 的显示值在 40～1000 之间。在使用 h_{FE} 挡时，应注意以下几点。

① 三极管的类型和三极管的三个电极均不能插错，否则，测量结果将是错误的。

② 用"h_{FE}"插孔测量晶体管放大系数时，内部提供的基极电流仅有 10μA，晶体管工作在小信号状态，这样一来所测出来的放大系数与实用时的值相差较大，所以测量结果仅供参考。

7）测量电容　将功能转换开关置于"CAP"挡。以 DT890 型数字万用表为例，它具有 5 个量程，分别为 2000pF、20nF、200nF、2μF 和 20μF。在使用时可根据被测电容的容量来选择合适的挡位。同时，在使用电容挡位测电容时，不得用手碰触电容两端的引线，否则会产生很大的误差。

8）检查线路通断　数字万用表检查测量线路通断时，应将量程开关拨到"·）））"蜂鸣器挡，红、黑表笔分别插入"V·Ω"和"COM"插口。若蜂鸣器发出叫声，说明线路接通。

（3）数字万用表使用注意事项

① 使用数字万用表之前，应认真阅读有关的使用说明书，熟悉电源开关、量程开关、功能键和量程键、输入插孔、h_{FE}插口、旋钮（如"零位调整旋钮"）的作用，以及更换电池和熔丝管的方法。还应了解仪表的过载显示符号、过载报警声音、极性显示符号、低电压指示符号的特点，掌握小数点位置随量程开关的位置而变化的规律。一旦发生问题，也能做到心中有数，正确、迅速地加以处理，使测量顺利进行。数字万用表在刚测量时，显示屏上的数值会有跳数现象，应待显示数值稳定后才能读数，以减少测量误差。严禁在测量的同时转换量程开关，特别是高电压、大电流的情况，以免产生电弧烧损量程开关。

尽管数字万用表采用较完善的过压保护与过流保护措施，仍需防止出现操作上的误动作（如用电流挡去测量电压等），以免损坏仪表。在测量前，必须认真核对一下量程开关（或按键）的位置，确认无误后，方可实际测量。对于能自动选择量程的数字万用表，也要注意功能键不得按错，输入插孔也不允许接错。

② 在使用数字万用表测量之前，应先估计被测量的大小范围，尽可能选用接近满度的量程，这样可提高测量精度。如测10kΩ电阻，宜用20kΩ挡，而不宜用200kΩ挡

或更高挡。如果预先不能估计被测量值的大小，可从最高挡开始测，逐渐减少到合适的量程位置。当发现测量结果显示只有"半位"上的读数"1"时，表明被测值超出所在挡范围（称溢出）说明量程选得太小，应转换大量程。

③ 测量电压时，应将数字万用表与被测电路并联。数字万用表具有自动转换极性的功能，测量直流电压时不必考虑正、负极性。但是，如果误用交流电压挡去测量直流电压，或误用直流电压挡去测量交流电压，将显示"000"，或在低位上出现跳数现象。

④ 测量交流电压时，应当用黑表笔（接模拟地 COM）去接触被测电压的低电位端（例如信号发生器的公共地端或机壳），以消除仪表对地分布电容的影响，减少测量误差。

⑤ 数字万用表的输入阻抗很高，当两支表笔开路时，外界干扰信号会从输入端窜入，显示出没有变化规律的数字，这属于正常现象。干扰信号包括由日光灯、电机等产生的 50Hz 干扰，以及空间电磁场干扰、电火花干扰等。因为上述干扰属于高内阻的信号，所以，当被测电压的内阻较低时，干扰信号就被短路掉了，不会影响到测量准确度。但是，如果被测电压很低，内阻又超过 1MΩ，那么就会引起外界干扰。必要时，可将表笔改成屏蔽线接通大地，可以消除从表笔线感应进去的干扰信号。

⑥ 测量电流时，应将数字万用表串联到被测电路中，如果电源内阻和负载电阻都很小，应尽量选择较大的电流量程，以降低分流电阻值，减小分流电阻上的压降，提高测量准确度。

测量直流电流时，也不必考虑正、负极性，仪表可自动显示极性。

⑦ 数字万用表 AC-DC 转换器实际反映的是正弦电压的平均值，而正弦电压有效值与平均值存在确定关系，所以，通过调整电路即可直接显示出有效值。但是，当被测正弦电压的非线性失真大于 5% 时，测量误差会明显增大。

数字万用表不能直接测量方波、矩形波、三角波、锯齿波等非正弦电压。但对于周期性变化的非正弦电压，只要确定其变化规律，可采用相应的方法测量出电压的有效值和峰值。

⑧ 在电阻挡，以及检测二极管时，红表笔接 V·Ω 插孔，带正电；黑表笔接模拟地 COM 插孔，带负电，这与指针式万用表恰好相反。指针式万用表置于电阻挡时，红表笔接表内电池的负极，所以带负电；黑表笔接电池的正极，则带正电。测量二极管、电解电容等有极性的元器件时，必须注意两支表笔的极性。

⑨ 在测量元器件时，一定要将元器件各引脚的氧化层去掉，并保持表笔与各引脚的紧密接触。若显示数字有跳跃现象，一定要查明跳跃原因，待数字稳定后方可读数。

⑩ 测量焊接在线路上的元器件，应当考虑与之并联的其他电阻的影响，必要时可焊下被测元件的一端，然后再进行测量，对于晶体三极管则需焊开两个电极，才能作全面检测。

测量电阻时，两手应持表笔的绝缘杆，不得碰触表笔金属端或元件引出端，以免带来测量误差。尤其在测量几兆欧以上的大电阻时，人体等效电阻不能与被测电阻并联。

⑪ 新型数字万用表大多带读数保持键（HOLD），按下此键即可将现在的读数保持下来，供读取数值或记录用。作连续测量时不需要使用此键，否则仪表不能正常采样并刷新新值。刚开机时，若固定显示某一数值且不随被测量发生变化，就是误按下 HOLD 键而造成的。松开此键即转入正常测量状态。

⑫ 当数字万用表测量电容时，因各电容挡都存在失调电压，不测电容时也会显示从几个到几十个字的初始值。因此，在测量前必须调整零位调节旋钮，使初始值为 000 或 -000，然后再接上被测电容。测量时两手不得触及电容的电极引线或表笔的金属端，否则数字万用表将严重跳数，甚至过载。

⑬ 有些数字万用表具有自动关机功能，当仪表停止使用或停留在某一挡位的时间超过 15min 时，能自动切断主电源，使仪表进入低功率的备用状态。此时不能继续测量，必须按动两次电源开关，才能恢复正常。对于此类仪表，使用过程中发现 LCD（液晶显示器）突然消隐，证明仪表进入备用状态，而非故障。

⑭ 若将电源开关拨至 "ON" 位置，液晶不显示任何数字，应检查电池是否失效，若发现数字万用表电池电压过低告警指示时，应更换电池。换新电池时，正、负极性不得装反，否则仪表不能正常工作，还极易损坏集成电路。

⑮ 为了延长电池的使用寿命，每次用完后，应将电源开关置于 "OFF" 位置。长期不用，要取出电池，防止因

电池漏液而腐蚀印刷电路板。

1.5.4　钳形电流表

（1）钳形电表的用途与特点

钳形电流表又称卡表，它是用来在不切断电路的条件下测量交流电流（有些钳形电流表也可测直流电流）的携带式仪表。

钳形电流表是由电流互感器和电流表组合而成。电流互感器的铁芯在捏紧扳手时可以张开；被测电流所通过的导线可以不必切断就可穿过铁芯张开的缺口，当放开扳手后铁芯闭合，即可测量导线中的电流。为了使用方便，表内还有不同量程的转换开关，供测不同等级电流以及测量电压。

通常用普通电流表测量电流时，需要将电路切断停机后才能将电流表或电流互感器的一次绕组接入被测回路中进行测量，这是很麻烦的，有时正常运行的电动机不允许这样做。此时，使用钳形电流表就显得方便多了，无需切断被测电路即可测量电流。例如，用钳形电流表可以在不停电的情况下测量运行中的交流电动机的工作电流，从而很方便地了解负载的工作情况。正是由于这一独特的优点，钳形电流表在电气测量中得到了广泛的应用。

钳形电流表具有使用方便，不用拆线、切断电源及重新接线等特点。但它只限于在被测线路电压不超过 500V 的情况下使用，且准确度较低，一般只有 2.5 级和 5.0 级。

（2）钳形电流表的分类

① 按工作原理分类　可分为整流系和电磁系两种

② 按指示形式分类　可分为指针式和数字式两种。

③ 按测量功能分类　可分为钳形电流表和钳形多用

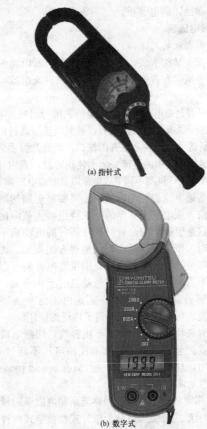

(a) 指针式

(b) 数字式

图 1-57 钳形电流表的外形

表。钳形多用表兼有许多附加功能，不但可以测量不同等级的电流，还可以测量交流电压、直流电压、电阻等。

整流系钳形电流表是由一个电流互感器和带整流装置的整流系表头组成。钳形电流表的外形如图 1-57 所示。钳形电流表的结构如图 1-58 所示。

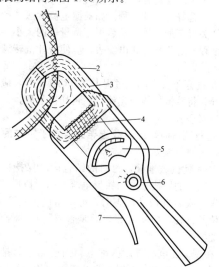

图 1-58　钳形电流表的结构

1—载流导线；2—铁芯；3—磁通；4—线圈；5—电流表；
6—改变量程的旋钮；7—扳手

(3) 钳形电流表的使用

① 测量前，应检查钳形电流表的指针是否在零位，若

不在零位，应调至零位。

②用钳形电流表检测电流时，一定要夹住一根被测导线（电线）。若夹住两根（平行线）则不能检测电流。

③钳形电流表一般通过转换开关来改变量程，也有通过更换表头来改变量程的。测量时，应对被测电流进行粗略的估计，选好适当的量程。如被测电流无法估计时，应将转换开关置于最高挡，然后根据测量值的大小，变换到合适的量程。对于指针式电流表，应使指针偏转满刻度的2/3以上。

④应注意不要在测量过程中带电切换量程，应该先将钳口打开，将载流导线退出钳口，再切换量程，以保证设备及人身安全。

⑤进行测量时，被测载流导线应置于钳口的中心位置，以减少测量误差。

⑥为了使读数准确，钳口的结合面应保持良好的接触。当被测量的导线被卡入钳形电流表的钳口后，若发现有明显噪声或表针振动厉害时，可将钳口重新开合一次；若噪声依然存在，应检查钳口处是否有污物，若有污物，可用汽油擦净。

⑦在变、配电所或动力配电箱内要测量母排的电流时，为了防止钳形电流表钳口张开而引起相间短路，最好在母排之间用绝缘隔板隔开。

⑧测量5A以下的小电流时，为得到准确的读数，在条件允许时，可将被测导线多绕几圈放进钳口内测量，实际电流值应为仪表读数除以钳口内的导线根数。

⑨为了消除钳形电流表铁芯中剩磁对测量结果的影

响，在测量较大的电流之后，若立即测量较小的电流，应将钳口开、合数次，以消除铁芯中的剩磁。

⑩ 禁止用钳形电流表测量高压电路中的电流及裸线电流，以免发生事故。

⑪ 钳形电流表不用时，应将其量程转换开关置于最高挡，以免下次误用而损坏仪表。并将其存放在干燥的室内，钳口铁芯相接处应保持清洁。

⑫ 在使用带有电压测量功能的钳形电流表时，电流、电压的测量必须分别进行。

⑬ 在使用钳形电流表时，为了保证安全，一定要戴上绝缘手套，并要与带电设备保持足够的安全距离。

⑭ 在雷雨天气，禁止在户外使用钳形电流表进行测试工作。

（4）钳形电流表使用注意事项

当用整流系钳形电流表测量运行中的绕线转子异步电动机的转子电流时，不仅仪表上的指示值同被测量的实际值有很大出入，而且还会没有指示。这主要是因为整流系钳形电流表的表头电压是由二次线圈获得的，根据磁感应原理，互感电动势的大小和频率成正比。而转子电流的频率很低，则表头上得到的电压要比测量同样电流值的工频电流小很多，以至于不能使表头中整流元件工作，致使整流系钳形电流表无指示或指示值与实际值相差太大，失去了测量的意义。

如果选用电磁系钳形电流表，由于测量机构没有二次线圈和整流元件，表头是和磁回路直接相连，又不存在频率关系，因此，能比较准确地测量绕线转子异步电动机的转子电流。

由此可见，在测量时，应根据被测对象的特点，正确选择相应的钳形电流表。

（5）数字式钳形电流表的使用

使用数字式钳形电流表，读数更直观，使用更方便，其使用方法及注意事项与指针式钳形电流表基本相同，下面仅介绍在使用过程中可能遇到的几个常见问题。

① 在测量时，如果显示的数字太小，说明量程过大，可以转换到较低量程后重新测量。

② 如果显示过载符号，说明量程过小，应转换到较高量程后重新测量。

③ 不可在测量过程中转换量程，应将被测导线退出铁芯钳口，或者按"功能"键 3s 关闭数字钳形表电源，然后再转换量程。

④ 如果需要保存数据，可在测量过程中按一下"功能"键，听到"嘀"的一声提示声，此时的测量数据就会自动保存在 LCD 显示屏上。

⑤ 使用具有万用表功能的钳形表测量电路的电阻、交流电压、直流电压，将表笔插入数字钳形表的表笔插孔，量程选择开关根据需要分别置于"～V"（交流电压）、"—V"（直流电压）、"Ω"（电阻）等挡位，用两表笔去接触被测对象，LCD 显示屏即显示读数。其具体操作方法与用数字万用表测量电阻、交流电压、直流电压一样。

（6）数字式钳形电流表使用注意事项

① 测量前必须熟悉钳形电流表面板上各种符号、数字所代表的含义。

② 首先检查仪表壳体，应无破裂损坏现象；表笔绝缘应完好无损，无断线脱头和铜线裸露现象。

③ 按测量要求，应将量程开关置于正确位置。

④ 当改变量程或功能时，表笔要与被测电路断开。

⑤ 被测电路的电压不可超过钳形电流表的额定电压。钳形电流表不能测量高压电气设备。

⑥ 不能在测量过程中转动转换开关换挡。在换挡之前，应先将载流导线退出钳口。

⑦ 某些型号的钳形电流表设置有交流电压测量功能，测量电流、电压时应分别进行，不能同时测量。

⑧ 测量电压时，需要将红、黑表笔插入对应输入插孔，并插到底，以保证安全和可靠接触，表笔接入被测电路时，应先接黑表笔，表笔与被测电路分离时，应先断开红表笔。

⑨ 在进行电流测量时，务必将表笔从仪表上取出。

⑩ 由于钳形表需要在带电情况下测量，因此使用时应注意测量方法的正确性，特别是要注意工作人员对带电体的安全距离，以免发生危险。

⑪ 为避免损坏仪表，不要输入超过各量程挡所规定的最大值。

⑫ 当电池电量变低时，显示屏上会显示"BATT"，此时要更换新电池。

⑬ 当使用仪表进行测量时，绝对不要打开电池盖，以免有触电的危险。

⑭ 在更换电池前，应将表笔离开被测电路。

⑮ 测量完毕，一定要把量程开关置于最大量程位

置上。

1.5.5 绝缘电阻表

(1) 绝缘电阻表的特点、用途与分类

绝缘电阻表俗称摇表，又称兆欧表或绝缘电阻测量仪。它是专供用来检测电气设备、供电线路绝缘电阻的一种可携式仪表。绝缘电阻表标度尺上的单位是兆欧，单位符号为 MΩ。它本身带有高压电源。

测量绝缘电阻必须在测量端施加一高压，直流高压的产生一般有三种方法。第一种手摇发电机式（摇表名称来源）。第二种是通过市电变压器升压，整流得到直流高压。第三种是利用晶体管振荡式或专用脉宽调制电路来产生直流高压。

绝缘电阻表的种类很多，但基本结构相同，主要由一个磁电系的比率表和高压电源（常用手摇发电机或晶体管电路产生）组成。绝缘电阻表有许多类型，按照工作原理可分为采用手摇发电机的绝缘电阻表和采用晶体管电路的绝缘电阻表；按绝缘电阻的读数方式可分为指针式绝缘电阻表和数字式绝缘电阻表。

常用指针式绝缘电阻表的外形如图 1-59 (a) 所示；常用数字式绝缘电阻表的外形如图 1-59 (b) 所示。

(2) 绝缘电阻表的选择

绝缘电阻表的选择主要是选择它的电压及测量范围。高压电气设备绝缘电阻要求高，必须选用电压高的绝缘电阻表进行测试；低压电气设备内部绝缘材料所能承受的电压不高，为保证设备安全，应选择电压低的绝缘电阻表。

选用绝缘电阻表主要是测量电压值，另一个是需要测

(a) 指针式

(b) 数字式

图 1-59 常用绝缘电阻表的外形

量的范围，是否能满足需要。如测量很频繁，最好选带有报警设定功能的绝缘电阻表。

① 电压等级的选择

选用绝缘电阻表电压时，应使其额定电压与被测电气设备或线路的工作电压相适应，不能用电压过高的绝缘电阻表测量低电压电气设备的绝缘电阻，以免损坏被测设备的绝缘。不同额定电压的绝缘电阻表的使用范围见表 1-1。

表 1-1 不同额定电压的绝缘电阻表使用范围

被测对象	被测设备额定电压/V	绝缘电阻表额定电压/V
线圈的绝缘电阻	500 以下	500
线圈的绝缘电阻	500 以上	1000
发电机线圈的绝缘电阻	380 以下	1000
电力变压器、发电机、电动机线圈的绝缘电阻	500 以上	1000～2500
电气设备绝缘电阻	500 以下	500～1000
电气设备绝缘电阻	500 以上	2500
绝缘子、母线、隔离开关绝缘电阻	—	2500～5000

应按被测电气元件工作时的额定电压来选择仪表的电压等级。测量埋置在绕组内和其他发热元件中的热敏元件等的绝缘电阻时，一般应选用 250V 规格的绝缘电阻表。

② 测量范围的选择 在选择绝缘电阻表测量范围时，应注意不能使绝缘电阻表的测量范围过多地超出所需测量的绝缘电阻值，以减少误差的产生。另外，还应注意绝缘电阻表的起始刻度，对于刻度不是从零开始的绝缘电阻表（例如从 1MΩ 或 2MΩ 开始的绝缘电阻表），一般不宜用来测量低电压电气设备的绝缘电阻。因为这种电气设备的绝缘电阻值较小，有可能小于 1MΩ，在仪表上得不到读数，

容易误认为绝缘电阻值为零，而得出错误的结论。

（3）使用前的准备与注意事项

绝缘电阻表在工作时，自身产生高电压，而测量对象又是电气设备。所以必须正确使用，否则就会造成人身或设备事故。使用前，首先要做好以下各种准备。

① 测量前，必须将被测设备电源切断，并对地短路放电，绝不允许设备带电进行测量，以保证人身和设备的安全。

② 对可能感应出高压电的设备，必须消除这种可能性后，才能进行测量。

③ 被测物表面要清洁，减小接触电阻，确保测量结果的正确性。

④ 测量前要检查绝缘电阻表是否处于正常工作状态。

⑤ 绝缘电阻表使用时应放在平稳、牢固的地方，且远离大的外电流导体和外磁场。做好上述准备工作后就可以进行测量了，在测量时，还要注意兆欧表的正确接线，否则将引起不必要的误差甚至错误。

⑥ 绝缘电阻表接线柱引出的测量软线的绝缘应良好，绝缘电阻表与被测设备间的连接线应用单根绝缘导线分开连接。两根连接线不可缠绞在一起，也不可与被测设备或地面接触，以避免导线绝缘不良而引起误差。

⑦ 测量设备的绝缘电阻时，还应记下测量时的温度、湿度、被试物的有关状况等，以便于对测量结果进行分析。当湿度较大时，应接屏蔽线。

⑧ 禁止在有雷电时或邻近有高压设备时使用绝缘电阻表，以免发生危险。

⑨ 测量之后，用导体对被测元件（例如绕组）与机壳之间放电后拆下引接线。直接拆线有可能被储存的电荷击中。

⑩ 测量具有大电容设备的绝缘电阻，读数后不能立即断开兆欧表，否则已被充电的电容器将对兆欧表放电，有可能烧坏兆欧表。在读数后应首先断开测试线，然后再停止测试，在绝缘电阻表和被测物充分放电以前，不能用手触及被试设备的导电部分。

（4）**接线方法**

绝缘电阻表的接线柱共有三个：一个为"L"（即线端），一个为"E"（即地端），再一个为"G"（即屏蔽端，也叫保护环），一般被测绝缘电阻都接在"L"和"E"端之间，但当被测绝缘体表面漏电严重时，必须将被测物的屏蔽层或外壳（即不需测量的部分）与"G"端相连接。

由此可见，要想准确地测量出电气设备等的绝缘电阻，必须对兆欧表进行正确的接线。用绝缘电阻表测量绝缘电阻的正确接法如图1-60所示。测量电气设备对地电阻时，L端与回路的裸露导体连接，E端连接接地线或金属外壳；测量回路的绝缘电阻时，回路的首端与尾端分别与L、E连接；测量电缆的绝缘电阻时，为防止电缆表面泄漏电流对测量精度产生影响，应将电缆的屏蔽层接至G端。否则，将失去测量的准确性和可靠性。

（5）**手摇发电机供电的绝缘电阻表的使用方法与注意事项**

① 在使用绝缘电阻表测量前，先对其进行一次开路和短路试验，以检查绝缘电阻表是否良好。试验方法如图1-61所示。将绝缘电阻表平稳放置，先使"L"和"E"两

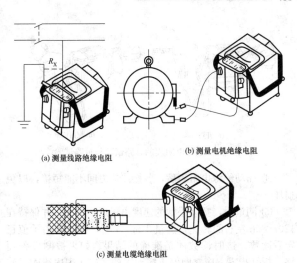

(a) 测量线路绝缘电阻

(b) 测量电机绝缘电阻

(c) 测量电缆绝缘电阻

图 1-60 用绝缘电阻表测量绝缘电阻的正确接法

个端钮开路，摇动手摇发电机的手柄，使发电机转速达到额定转速（转速约 120r/min 左右），这时指针应指向标尺的"∞"位置（有的绝缘电阻表上有"∞"调节器，可调节使指针指在"∞"位置）；然后再将"L"和"E"两个端钮短接，缓慢摇动手柄，指针应指在"0"位。

② 测量接线如图 1-60 所示。测量时，应将兆欧表保持水平位置，一般左手按住表身，右手摇动绝缘电阻表摇柄。

③ 摇动绝缘电阻表时，不能用手接触兆欧表的接线柱和被测回路，以防触电。

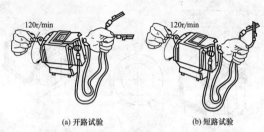

(a) 开路试验   (b) 短路试验

图 1-61 绝缘电阻表的开路试验与短路试验

④ 摇动绝缘电阻表后，各接线柱之间不能短接，以免损坏。

⑤ 测量时，摇动手柄的速度由慢逐渐加快，并保持在120r/min左右的转速，测量1min左右，摇动到指示值稳定后读数。这时读数才是准确的结果。如果被测设备短路，指针归零，应立即停止摇动手柄，以防表内线圈发热而损坏仪表。

⑥ 当绝缘电阻表没有停止转动和被测物没有放电前，不可用手触及被测物的测量部分，或进行拆除导线的工作。在测量大电容的电气设备绝缘电阻时，在测定绝缘电阻后，应先将"L"连接线断开，再松开手柄，以免被测设备向绝缘电阻表倒充电而损坏仪表。

（6）数字式绝缘电阻表的使用方法与注意事项

① 测量前要先检查数字式绝缘电阻表是否完好，即在数字式绝缘电阻表未接上被测物之前，打开电源开关，检测数字式绝缘电阻表电池情况，如果数字式绝缘电阻表电池欠压应及时更换电池，否则测量数据不可取。

② 将测试线插入接线柱"线（L）"和"地（E）"，选择测试电压，断开测试线，按下测试按键，观察显示数字是否为无穷大。将接线柱"线（L）"和"地（E）"短接，按下测试按键，观察是否显示为"0"。如液晶屏不显示"0"，表明数字式绝缘电阻表有故障，应检修后再用。

③ 测试线与插座的连接。将带测试棒（红色）的测试线的插头插入仪表的插座 L，将带大测试夹子的测试线的插头插入仪表的插座 E，将带表笔（表笔上带夹子）的测试线的插头插入仪表的插座 G。

④ 测试接线。根据被测电气设备或电路进行接线，测量接线如图 1-60 所示。

⑤ 额定电压选择。根据被测电气设备或电路的额定电压等级选择与之相适应的测试电压等级，可以通过旋转开关进行选择。

⑥ 测试操作。当把测试线与被测设备或电路连接好了以后，按一下高压开关"PUSH"，此时"PUSH ON"的红色指示灯点亮，表示测试用高压输出已经接通。当测试开始后，液晶显示屏显示读数，所显示的数字即为被测设备或电路的绝缘电阻值。如果按下高压开关后，指示灯不亮，说明电池容量不足或电池连接有问题（例如极性连接有错误或接触不良）。

⑦ 关机。测试完毕后，按一下高压开关"PUSH"，此时"PUSH ON"的红色指示灯熄灭，表示测试高压输出已经断开。将转换开关置于"POWER OFF"位置，液晶显示屏无显示。对大电感及电容性负载，还应先将测试品上的残余电荷泄放干净，以防残余电荷放电伤人，再拆下

测试线。至此测试工作结束。

注意：不同的数字式绝缘电阻表所采用的操作步骤略有不同，应根据说明书的要求和操作方法进行操作。

⑧ 用数字式绝缘电阻表测量过的电气设备，也要及时接地放电，方可进行再次测量。

⑨ 每次测量完毕，应将转换开关置于"POWER OFF"位置。

⑩ 仪表长期不用时，必须将电池取出，防止电池漏液腐蚀线路或元器件。应将仪表存放在干燥、无尘、无腐蚀性气体、通风良好的场所。

第2章

低压架空线路

2.1 认识低压架空线路

2.1.1 低压架空线路的组成

低压架空线路的结构如图2-1所示，主要由导线、电杆、横担、绝缘子、金具、拉线和电杆基础等组成。为了安全，有些架空线路还设有防雷保护设施（如避雷线）及接地装置。

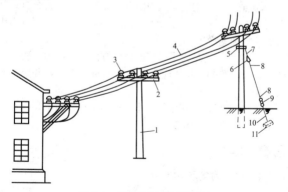

图 2-1 低压架空线路的结构

1—电杆；2—横担；3—绝缘子；4—导线；5—拉线抱箍；6—拉线绝缘子；7—拉线上把；8—拉线腰把；9—花篮螺栓；10—拉线底把；11—拉线底盘

2.1.2 低压架空线路各部分的作用

① 导线：它是架空线路的主体，负责传输电能。

② 电杆：它是架空线路最基本的元件之一，其作用主要是支撑导线、横担、绝缘子和金具等，使导线对地面及其他设施（如建筑物、桥梁、管道及其他线路等）之间能够保持应有的安全距离（常称限距）。

③ 绝缘子：绝缘子俗称瓷瓶。它的作用是固定或支持导线，并使导线与导线之间或与横担、电杆及大地之间相互绝缘。

④ 横担：它是电杆上部用来安装绝缘子以固定导线的部件，其作用是使每根导线保持一定的距离，防止风吹摇摆而造成相间短路。

⑤ 金具：架空线路上用的金属部件，统称为金具。其作用是连接和固定导线、绝缘子、横担和拉线等，也用于保护导线和绝缘子。

⑥ 拉线：它是为了平衡电杆各方面的作用力，防止电杆倾倒而设置的。拉线应具有足够的机械强度，并要求确实拉紧。

⑦ 电杆基础：其作用是将电杆固定在地面上，保证电杆不歪斜、下沉和倾覆。

2.2 电杆

2.2.1 电杆的类型与特点

（1）按材质分类

电杆按其材质分为木电杆、钢筋混凝土电杆和金属电杆三种。

（2）按在线路中的作用分类

电杆按在线路中的作用可分为直线杆、耐张杆、转角杆、终端杆、分支杆和跨越杆六种，如图 2-2 所示。

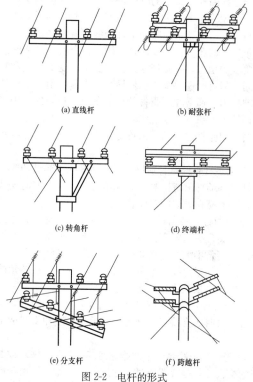

(a) 直线杆　　　　　　(b) 耐张杆

(c) 转角杆　　　　　　(d) 终端杆

(e) 分支杆　　　　　　(f) 跨越杆

图 2-2　电杆的形式

① 直线杆：直线杆又称中间杆，位于线路的直线段上，仅作支持导线、绝缘子和金具用。在正常情况下，能承受线路侧面的风力，但不承受顺线路方向的拉力，直线杆是架空线路使用最多的电杆，大约占全部电杆的80%。

② 耐张杆：耐张杆又称承力杆和锚杆。为了防止线路某处断线，造成整个线路的电杆顺线路方向倾倒，必须设置耐张杆。耐张杆位于线路直线段上几个直线杆之间或有特殊要求的地方，耐张杆在正常情况下承受的荷重与直线杆相同，但有时还要承受临档导线拉力差所引起的顺线路方向的拉力。通常在耐张杆的前后各装一根拉线，用来平衡这种拉力。

两个耐张杆之间的距离称为耐张段，或者说在耐张段的两端安装耐张杆。

③ 终端杆：终端杆实际上是安装在线路起点和终点的耐张杆。终端杆只有一侧有导线，为了平衡单方向导线的拉力，一般应在导线的对面装有拉线。

④ 转角杆：转角杆用在线路改变方向的地方，通过转角杆可以实现线路转弯。转角杆的构造应根据转角的大小来确定。转角不大时（在30°以内），应在导线合成拉力的相反方向装一根拉线，来平衡两根导线的拉力；转角较大时，应采用两根拉线各平衡一侧导线的拉力。

⑤ 分支杆：分支杆位于干线向外分支线的地方，是线路分接支线时的支持点。分支杆要承受干线和支线两部分的力。

⑥ 跨越杆：跨越位于线路与河流、公路、铁路或其他线路的交叉处，是线路通过上述地区的支持点。由于跨距

大，跨越杆通常比一般电杆高，受力也大。

2.2.2 电杆的埋设深度

电杆埋设深度，应根据电杆长度、承受力的大小和土质情况来确定。一般15m及以下的电杆，埋设深度约为电杆长度的1/6，但最浅不应小于1.5m；变台杆不应小于2m；在土质较软、流沙、地下水位较高的地带，电杆基础还应做加固处理。

一般电杆埋设深度可参考表2-1的数值。

表2-1 电杆埋设深度 单位：m

杆高	5.0	6.0	7.0	8.0	9.0	10.0	11.0	12.0	13.0	15.0
木杆埋深	1.0	1.1	1.2	1.4	1.5	1.7	1.8	1.9	2.0	—
混凝土杆埋深	—	—	1.2	1.4	1.5	1.7	1.8	2.0	2.2	2.5

2.3 横担

2.3.1 横担的类型与特点

（1）横担按材料可分为木横担（已很少用）、铁横担和瓷横担三种

① 木横担：木横担一般由坚固的硬木制成，加工容易，成本也低，但需进行防腐处理。按形状可分为圆横担和方横担。

② 铁横担：铁横担又称角钢横担，由角钢制成，如图2-3所示。因其坚固耐用、制造容易，故目前被广泛使用。低压架空线路多用镀锌角钢（铁）横担。

③ 瓷横担：瓷横担具有良好的绝缘性能，可用来代替悬式或针式绝缘子和木、铁横担。瓷横担多用于高压线路。

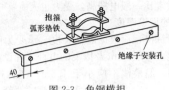

图 2-3　角钢横担

（2）横担按用途可分为直线横担、转角横担和耐张横担

① 直线横担：只考虑在正常未断线情况下，承受导线的垂直荷重和水平荷重。

② 耐张横担：承受导线垂直和水平荷重外，还将承受导线的拉力差。

③ 转角横担：除承受导线的垂直和水平荷重外，还将承受较大的单侧导线拉力。

2.3.2　横担的选用

横担的长短取决于线路电压的高低、档距大小、安装方式和使用地点。支线杆的横担一般应安装在负荷侧；转角杆、终端杆、分支杆以及受导线张力不平衡的地方，横担应安装在张力的反方向侧；多层横担安装在同一侧。低压架空线路的横担，直线杆应装于受电侧，90°转角杆及终端杆，应装于拉线侧。根据横担的受力情况，对直线杆或15°以下的转角杆采用单横担，而转角在15°以上的转角杆、耐张杆、终端杆、分支杆皆采用双横担。表2-2是根据档距、杆型、覆冰厚度和导线截面选择铁横担的断面尺寸。

表 2-2　低压四线横担断面
尺寸选择　　　　　单位：mm

档距	50m 及以下											
杆型	直线杆				<45°转角、耐张杆				终端杆、>45°转角杆			
导线覆冰/mm	0	5	10	15	0	5	10	15	0	5	10	15
导线型号 LJ-16												
LJ-25					2×L50×5				2×L63×6			
LJ-35												
LJ-50	L50×5				2×L63×6							
LJ-70												
LJ-95												
LJ-120												
LJ-150	L63×6			L75×8	2×L75×8				2×L75×8①			
LJ-185												

① 带斜撑的横担。

2.4　绝缘子

2.4.1　绝缘子的类型

绝缘子一般用电瓷材料与金属固定件组合制成。绝缘子按工作电压可分为高压绝缘子和低压绝缘子；按用途可分为电器绝缘子、装置绝缘子和线路绝缘子；按导线固定方式和绝缘子受力情况可分为针式绝缘子、蝶式绝缘子（俗称茶台）、悬式绝缘子、拉线绝缘子及瓷横担等。常用绝缘子的外形如图 2-4 所示。

2.4.2　绝缘子的外观检查

① 检查绝缘子的型号、规格、安装尺寸是否符合要

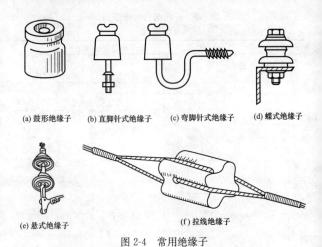

(a) 鼓形绝缘子　　(b) 直脚针式绝缘子　　(c) 弯脚针式绝缘子　　(d) 蝶式绝缘子

(e) 悬式绝缘子　　　　　　　　(f) 拉线绝缘子

图 2-4　常用绝缘子

求，安装是否适当，绝缘子的电压等级不得低于线路的额定电压。

②绝缘子的瓷件和铁件的组合应结合紧密，无歪斜、松动现象，铁件镀锌良好。

③绝缘子磁釉表面应光滑，无裂纹、掉渣、缺釉、斑点、烧痕、气泡等缺陷。

2.5　拉线

2.5.1　拉线的类型与应用场合

在架空线路中，根据用途和作用的不同，拉线可分为不同的形式，如图 2-5 所示。

① 普通拉线：普通拉线用于终端杆、转角杆、分支杆等处。拉线与电杆的夹角一般为 45°，如受地形限制，可适当减小，但不应小于 30°；也可适当增大，但不应大于 60°。

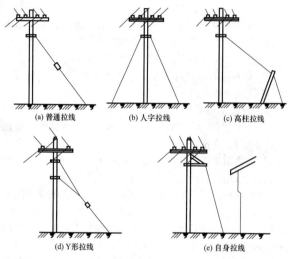

(a) 普通拉线　　(b) 人字拉线　　(c) 高柱拉线

(d) Y形拉线　　(e) 自身拉线

图 2-5　常用拉线的形式

② 人字拉线：人字拉线一般装设于架空线路较长距离直线段的电杆。当装设于线路垂直方向两侧时，可加强电杆及线路抵抗侧向风力、防倾倒的能力，当装设于顺线路方向的两侧时，可平衡由于相邻档距内导线断线或电杆倾倒而意外产生的单向拉力，以限制断线、倒杆的事故范

围。有时在需特别加强的电杆上，还同时装设上述两组人字拉线，称为十字拉线。

③ 高柱拉线：高柱拉线又称水平拉线，一般用于不能装设普通拉线的场合，如拉线需跨越道路或避开某些障碍物等。

④ Y型拉线：Y型拉线又称V型拉线，主要适用于电杆较高、横担较多、架设有多条线路而使受力点比较分散的地方，如跨越河流、铁路或建筑物等处的电杆。

⑤ 自身拉线：自身拉线又称弓形拉线，适用于环境狭窄，不能装设普通拉线的地方。

2.5.2 拉线的组成

普通拉线的结构如图 2-1 所示，主要由上把、腰把（又称中把）、底把（又称下把）三部分组成。上把与电杆上的拉线抱箍相连或直接固定在电杆上。腰把起连接上把和底把的作用，并通过拉线绝缘子与上把加以绝缘。通过花篮螺丝（栓）可以调整拉线的拉紧力。拉线绝缘子距地面的高度不应小于 2.5m，以免在地面活动的人触及上把。底把的下端固定在拉线底盘（又称地锚）上，上端露出地面 0.5m 左右。拉线底盘一般用混凝土或石块制成，尺寸规格不宜小于 100mm×300mm×800mm，埋设深度为1.5m 左右。

拉线一般由直径为 4mm 的镀锌铁丝（8 号线）绞合而成。上把一般为 3 股，当电杆上有两条横担或导线截面积超过 25mm^2 时，上把一般为 5 股。腰把股数一般与上把相同。底把一般应比上把和腰把多两股。如果使用直径为3.2mm 的 10 号线，拉线的股数应比上述多两股。拉线在地下部分应固定在混凝土拉线底盘上，也可固定在长1.2m和直径150mm左右的地埋木或石条上。埋深一般为1.2~1.5m，拉线的安装位置一般应高出地面2.5m。拉线在地面以下的一段可采用混凝土包裹，以防腐蚀。

2.6 金具

金具是用来安装导线、横担、绝缘子和拉线的，又称铁件。利用圆形报箍可以把拉线固定在电杆上，利用花篮螺栓可以调节拉线的拉紧力，利用横担垫铁和横担抱箍可以把横担安装在电杆上。支撑扁铁从下面支撑横担后，可以防止横担歪斜，支撑扁铁的下端需要固定在带凸抱箍上。木横担安装在木电杆上，需要用穿心螺栓拧紧。各种金具都应该镀锌或涂漆，防止生锈。常用低压金具如图2-6所示。

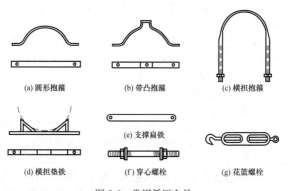

(a) 圆形抱箍　　　(b) 带凸抱箍　　　(c) 横担抱箍

(d) 横担垫铁　　　(e) 支撑扁铁

(f) 穿心螺栓　　　(g) 花篮螺栓

图2-6　常用低压金具

2.7 常用架空导线

2.7.1 常用架空导线的类型

低压架空线路所用的导线分为裸导线和绝缘导线两种。按导线的结构可分为单股导线、多股导线等；按导线的材料又分为铜导线、铝导线、钢芯铝导线等。

① 裸导线：裸导线主要用于郊外，有硬铜绞线、硬铝绞线和钢芯铝绞线。铜绞线的型号为 TJ，铝绞线的型号为 LJ，钢芯铝绞线的型号为 LGJ，其中：T 表示铜线，L 表示铝线，J 表示多股绞合线。由于铜线造价高，目前主要用铝绞线。钢芯铝绞线主要用于高压架空线路。

② 绝缘导线：绝缘线是在裸线外面加一层绝缘层，绝缘材料主要有聚氯乙烯塑料和橡胶。塑料绝缘导线简称塑料线，型号有 BV 和 BLV 型。B 表示布线用导线（布置线路用导线），V 表示塑料绝缘，L 表示铝导线（没有 L 为铜导线）

橡胶绝缘导线简称橡胶线，型号为 BX、BLX、BXF 和 BLXF 几种，X 表示橡胶绝缘，F 表示氯丁橡胶绝缘，氯丁橡胶绝缘比较耐老化而且不易燃烧。

2.7.2 常用架空导线的选择

① 低压架空线路一般都采用裸绞线。只有接近民用建筑的接户线和街道狭窄、建筑物稠密、架空高度较低等场合才选用绝缘导线。架空线路不应使用单股导线或已断股的绞线。

② 应保证有足够的机械强度。架空导线本身有一定的重量，在运行中还要受到风雨、冰雪等外力的作用，因此

必须具有一定的机械强度。为了避免发生断线事故，架空导线的截面积一般不宜小于16mm²。

③ 导线允许的载流量应能满足负载的要求。导线的实际负载电流应小于导线的允许载流量。

④ 线路的电压损失不宜过大。由于导线具有一定的电阻，电流通过导线时会产生电压损失。导线越细、越长，负载电流越大，电压损失就越大，线路末端的电压就越低，甚至不能满足用电设备的电压要求。因此，一般应保证线路的电压损失不超过5%。

⑤ 380V三相架空线路裸铝导线截面积选择可参考表2-3。

表2-3 380V三相架空线路裸铝导线截面积选择参考

送电距离/km	0.2	0.3	0.4	0.5	0.6	0.7	0.8	0.9	1.0
输送容量/kW	裸铝导线截面积/mm²								
6	16	16	16	16	25	25	35	35	35
8	16	16	16	25	35	35	50	50	50
10	16	16	25	35	50	50	50	70	70
15	16	25	35	50	70	70	95		
20	25	35	50	70	95				
25	35	50	70	95					
30	50	70	95						
40	50	95							
50	70								
60	95								

注：本表按2A/kW，功率因数为0.80，线间距离为0.6m计算，电压降不超过额定值的5%。

2.8 低压架空线路的施工

低压架空线路的施工是根据低压线路的设计来完成架

设导线，达到送电的目的。线路施工包括挖杆坑、组装电杆、立杆、架线、打拉线等。

2.8.1 电杆的定位

（1）确定架空线路路径时应遵循的原则

① 应综合考虑运行、施工、交通条件和路径长度等因素。尽可能不占或少占农田，要求路径最短，尽量走近路，走直路，避免曲折迂回，减少交叉跨越，以降低基建成本。

② 应尽量沿道路平行架设，以便于施工维护；应尽量避免通过铁路或汽车起重机频繁活动的地区和各种露天堆放场。

③ 应尽量减少与其他设施的交叉和跨越建筑物；不能避免时，应符合规程规定的各种交叉跨越的要求。

④ 尽可能避开易被车辆碰撞的场所，可能发生洪水冲刷的地方，易受腐蚀污染的地方，地下有电缆线路、水管、暗沟、煤气管等处，禁止从易燃、易爆的危险品堆放点上方通过。

（2）杆位和杆型的确定

路径确定后，应当测定杆位。常用的测量工具有测杆和测绳及测量仪。测量时，首先要确定首端电杆和终端电杆的位置，并且打好标桩作为挖坑和立杆的依据。必须有转角时，需确定转角杆的位置，这样首端杆、转角杆、终端杆就把整条线路划分成几个直线段。然后测量直线段距离，根据规程规定来确定档距，集镇和村庄为 40～50m，田间为 50～70m。当直线段距离达到 1km 时，应设置耐张段。遇到跨越时，如果线路从跨越物上方通过，电杆应靠近被跨越物。新架线路在被跨越物下方时，交叉点应尽量放在新架线路的档距中间，以便得到较大的跨越距离。

电杆位置确定后，杆型也就随之确定。跨越铁路、公路、通航河流、重要通信线时，跨越杆应是耐张杆或打拉线的加强直线杆。导线选择的内容主要是确定导线型号和导线的截面。架空线路，一般都采用裸铝钢绞线，而不采用裸绞铜线。截面选择的原则是，应符合基本建设投资省、运行经济以及技术合理的原则。导线截面选择过大，会增加有色金属的消耗量，显著地增加线路的建设费用，导线截面选择过小，会导致电压损失过大、电能损失过多，影响线路的经济性、可靠性。

（3）电杆的定位方法

低压架空线路电杆的定位，应根据设计图查看地形、道路、河流、树木、管道和建筑物等的分布情况，确定线路如何跨越障碍物，拟定大致的方位，然后确定线路的起点、转角点和终点的电杆位置，再确定中间杆的位置。常用定位方法有交点定位法、目测定位法和测量定位法。

① 交点定位法：电杆的位置可按路边的距离和线路的走向及总长度，确定电杆档距和杆位。

为便于高、低压线路及路灯共杆架设及建筑物进线方便，高、低压线路宜沿道路平行架设，电杆距路边为0.5～1m。电杆的档距（即两根相邻电杆之间的距离）要适当选择，电杆档距选择得越大，电杆的数量就越少，但是档距如果太大，电杆就越高，以使导线与地面保持足够的距离，保证安全。如果不加高电杆，那就需要把电线拉得紧一些，而当导线被拉得过紧时，由于风吹等原因，又容易断线，所以线路的档距不能太大。

② 目测定位法：目测定位是根据三点一线的原理进行定位的。目测定位法一般需要 2～3 人，定位时先在线路段两端插上花杆，然后其中一人观察和指挥，另一人在线路段中间补插花杆。也可采用拉线的方法确定中间杆位置。这种方法只适用于 2～3 档的杆位确定。

③ 测量定位法：一般在地面不平整、地下设施较多的大型企业实施。在施工后作竣工图，用仪器测量，采用绝对标高测定杆的埋设深度及坐标位置。此种方法精度较高，效果好，有条件的单位可以使用。

2.8.2 挖杆坑

（1）电杆基坑的形式

架空电杆的基坑主要有两种形式，即圆形坑（又称圆杆坑）和梯形坑。其中，梯形坑又可分为三阶杆坑和两阶杆坑。圆形坑一般用于不带卡盘和底盘的电杆；梯形坑一般用于杆身较高、较重及带有卡盘的电杆。

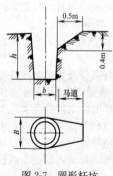

图 2-7　圆形杆坑

① 圆形杆坑　圆形杆坑的截面形式如图 2-7 所示，其具体尺寸应符合下列规定：

$b =$ 基础底面 $+(0.2～0.4)$（m）

$B = b + 0.4h + 0.6$（m）

式中　h——电杆的埋入深度，见表 2-1。

② 三阶杆坑　三阶杆坑的截面形式如图 2-8（a）所示，其

具体尺寸应符合下列规定：

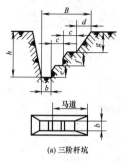

(a) 三阶杆坑

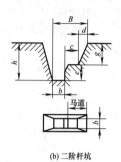

(b) 二阶杆坑

图 2-8 梯形杆坑

$B=1.2h$ $b=$基础底面$+(0.2\sim0.4)$ (m)

$c=0.35h$ $d=0.2h$

$e=0.3h$ $f=0.3h$ $g=0.4h$

③ 二阶杆坑 二阶杆坑的截面形式如图 2-8 (b) 所示，其具体尺寸应符合下列规定：

$B=1.2h$ $b=$基础底面$+(0.2\sim0.4)$ (m)

$c=0.07h$ $d=0.2h$

$e=0.3h$ $g=0.7h$

（2）挖坑时的安全注意事项

目前，人工挖坑仍是比较普遍的施工方法，使用的工具一般为铁锹、镐等。当坑深小于 1.8m 时，可一次挖成；当深度大于 1.8m 时，可采用阶梯形，上部先挖成较大的圆形或长方形，以便于立足，再继续挖下部的坑。在地下水位较高或容易塌土的场合施工时，最好当天挖坑，当天立杆。

挖坑时的安全注意事项如下。

① 挖坑前，应与地下管道、电缆等主管单位联系，注意坑位有无地下设施，并采取必要的防护措施。

② 所用工具应坚固，并经常注意检查，以免发生事故。

③ 当坑深超过 1.5m 时，坑内工作人员必须戴安全帽；当坑底面积超过 1.5m² 时，允许两人同时工作，但不得面对面或挨得太近。

④ 严禁在坑内休息。

⑤ 挖坑时，坑边不得堆放重物，以防坑壁垮塌。工、器具禁止放在坑壁，以免掉落伤人。

⑥ 在道路及居民区等行人通过地区施工时，应设置围栏或坑盖，夜间应装设红色信号灯，以防行人跌入坑内。

（3）杆坑位置的检查

杆坑挖完后，勘察设计时标志电杆位置的标桩已不复存在，这时为了检查杆坑的位置是否准确，采用的方法一般是在杆坑的中心立一根长标杆，使其与前后辅助标桩上的标杆成一直线，同时与两侧辅助标桩上的标杆成一直线，即被检查坑杆中心所立长标杆在两条直线的交点上，杆坑的位置就是准确的。

（4）杆坑深度的检查

不论是圆形坑还是方形坑，坑底均应基本保持平整，以便准确地检查坑深；对带坡度的拉线坑的检查，应以坑中心为准。

杆坑深度检查一般以坑四周平均高度为基准，可用直尺直接测得杆坑深度，杆坑深度允许误差一般为±50mm。当杆坑超深值在100～300mm时，可用填土夯实方法处理；当杆坑超深值在300mm以上时，其超深部分应用铺石灌浆方法处理。

拉线坑超深后，如对拉线盘安装位置和方向有影响，可作填土夯实处理。若无影响，一般不作处理。

2.8.3 电杆基础的加固

电杆基础是指电杆埋入地下的部分，电杆的根部作为基础的一部分，基础的主要部件和电杆是一个整体。基础的主要部件包括底盘、卡盘和拉线盘等。底盘是装设在电杆根部的预制构件，其作用是为了增大电杆根部与地面的接触面积，抵抗电杆承受的压力，防止电杆下沉。卡盘是安装在电杆根部侧向的预制构件，其作用是为了增大电杆根部与地面侧向的接触面积，防止电杆倾覆。拉线盘是装设在拉线根部的预制构件，其作用是当拉线受拉力时，拉线盘可抵抗上拔力，保持电杆稳定。一般情况下，不带拉线的电杆装设底盘、卡盘，带拉线的电杆装设底盘、拉线盘。

直线杆通常受到线路两侧风力的影响，但又不可能在每档电杆左右都安装拉线，所以一般采用如图2-9的方法来加固杆基。即先在电杆根部四周填埋一层深约300～400mm的乱石，在石缝中填足泥土捣实，然后再覆盖一层100～200mm厚的泥土并夯实，直至与地面齐平。

对于装有变压器和开关等设备的承重杆、跨越杆、耐张杆、转角杆、分支杆和终端杆等，或在土质过于松软的地段，可采用在杆基安装底盘的方法来减小电杆底部对土壤的压强。底盘一般用石板或混凝土制成方形或圆形，底盘的形状和安装方法如图 2-10 所示。

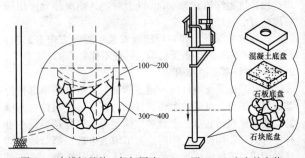

100～200

300～400

混凝土底盘

石板底盘

石块底盘

图 2-9　直线杆基的一般加固法　　图 2-10　底盘的安装

2.8.4　组装电杆

组装电杆时，安装横担有两种方法：一是在地面上将横担、金具全部组装在电杆上，然后整体立杆，杆立好以后，再调整横担的方向；另一种方法是先立杆，后组装横担，要求从电杆的最上端开始，由上向下组装。

（1）单横担的安装

单横担在架空线路中应用最广，一般的直线杆、分支杆、轻型转角杆和终端杆都用单横担，单横担的安装方法如图 2-11 所示。安装时，用 U 形抱箍从电杆背部抱起杆身，穿过 M 形抱铁和横担的两孔，用螺母拧紧固定。

（2）双横担的安装

双横担一般用于耐张杆、重型终端杆和受力较大的转角杆上。双横担的安装方法如图 2-12 所示。

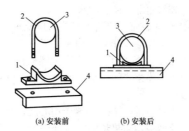

(a) 安装前　　　　(b) 安装后

图 2-11　单横担的安装

1—M形抱铁；2—U形抱箍；3—电杆；4—角钢横担

（3）横担安装时的注意事项

① 横担的上沿，一般应装在离杆顶 100mm 处，并应水平安装，其倾斜度不得大于 1%。

② 在直线段内，每档电杆上的横担应相互平行。

③ 安装横担时，应分次交替地拧紧两侧螺母，使两个固定螺栓承力相等。

④ 各部位的连接应紧固，受力螺栓应加弹簧垫或带双螺母，其外露长度不应小于 5 个螺距，但不得大于 30mm。

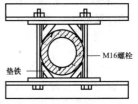

图 2-12　双横担的安装

（4）绝缘子的安装

① 绝缘子的额定电压应符合线路电压等级要求。

② 安装前应把绝缘子表面的灰垢、附着物及不应有的涂料擦拭干净，经过检查试验合格后，再进行安装。要求

安装牢固、连接可靠、防止积水。

③ 绝缘子的表面应清洁。安装前应检查其有无损坏，并用 2500V 兆欧表测试其绝缘电阻，不应低于 300MΩ。

④ 紧固横担和绝缘子等各部分的螺栓直径应符合设计要求，绝缘子与横担之间应垫一层薄橡胶，以防紧固螺栓时压碎绝缘子。

⑤ 螺栓应由上向下插入绝缘子中心孔，螺母要拧在横担下方，螺栓两端均需垫垫圈。螺母要拧紧，但不能压碎绝缘子。

⑥ 针式绝缘子应与横担垂直，顶部的导线槽应顺线路方向。针式绝缘子不得平装或倒装。

⑦ 蝶式绝缘子采用两片两孔铁拉板安装在横担上。两片两孔铁拉板一端的两孔中间穿螺栓固定蝶式绝缘子，另一端用螺栓固定在横担上。蝶式绝缘子使用的穿钉、拉板必须外观无损伤、镀锌良好、机械强度符合设计要求。

⑧ 绝缘子裙边与带电部位的间隙不应小于 50mm。

2.8.5　立杆

(1) 立杆前的准备

首先应对参加立杆的人员进行合理分工，详细交代工作任务、操作方法及安全注意事项。每个参加施工的人员必须听从施工负责人的统一指挥。当立杆工作量特别大时，为加快施工进度，可采用流水作业的方法，将施工人员分成三个小组，即准备小组、立杆小组和整杆小组。准备小组负责立杆前的现场布置；立杆小组负责按要求将电杆立至规定的位置，将四面（或三面）临时拉绳结扣固定；整杆小组负责调整电杆垂直至符合要求，埋设卡盘，填土夯实。

施工人员按分工做好所需材料和工具的准备工作，所用的设备和工具，如抱杆、撑杆、绞磨、钢丝绳、麻绳、铁锹、木杠等，必须具有足够的强度，而且达到操作灵活、使用方便的要求。要严密进行现场布置，起吊设备安放位置要恰当，如抱杆、绞磨、地锚的位置及打入地下的深度等。经过全面检查，确认完全符合要求后，才能进行立杆工作。

(2) 常用的立杆方法

立杆的方法很多，常用的有汽车吊立杆、三角架立杆、人字抱杆立杆和架杆立杆等。立杆的要求是一正二稳三安全。即电杆立好后不能斜，稳就是电杆立好后要稳定。

① 汽车起重机立杆　这种立杆方法既安全，效率又高，是城镇干道旁电杆的常用立杆方法。立杆前，将电杆运到坑边，电杆重心不能距坑中心太远。立杆时，将汽车起重机开到距杆坑适当位置处加以稳固。然后从电杆的根部量起在电杆的 2/3 处，拴一根起ं钢丝绳，绳的两端先插好绳套，制作后的钢丝绳长度一般为 1.2m。将起吊钢丝绳绕电杆一周，使 A 扣从 B 扣内穿出并锁紧电杆，再把 A 扣端挂在汽车起重机的吊钩上。如图 2-13 (a) 所示。再用一条直径为 13mm，长度适当的麻绳穿过 B 扣，结成拴中扣作为带绳。

准备工作做好后，可由负责人指挥将电杆吊起，当电杆顶部离开地面 0.5m 高度时，应停止起吊，对各处绑扎的绳扣等进行一次安全检查，确认无问题后，拴好调整

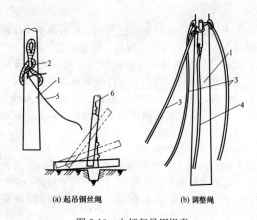

(a) 起吊钢丝绳   (b) 调整绳

图 2-13　电杆起吊用绳索

1—电杆；2—起吊钢丝绳；3—调整绳；4—带绳；5—脱落绳；6—吊钩

绳，再继续起吊。

　　调整绳是拴在电杆顶部 500mm 处，作调整电杆垂直度用，另外，再系一根脱落绳，以方便解除调整绳，如图 2-13（b）所示。

　　继续起吊时，坑边站两人负责电杆根部进坑，另外，由三人各拉一根调整绳，站成以杆基为中心的三角形，如图 2-14 所示。当吊车将电杆吊离地面约 200mm 时，坑边人员慢慢地把电杆移至基础坑，并使电杆根部放在底盘中心处。然后，利用吊车的扒杆和调整绳对电杆进行调整，电杆调整好后，可填土夯实。

　　② 固定式人字抱杆立杆　固定式人字抱杆立杆，是一

图 2-14　汽车起重机立杆

种简易的立杆方法，主要是依靠绞磨和抱杆上的滑轮和钢丝绳等工具进行起吊作业，如图 2-15 所示。

　　如果起吊工具没有绞磨，在有电力供应的地方，也可采用电力卷扬机。

　　立杆前先把电杆放在电杆基础上，使电杆的中部，对正电杆基坑中心，并且将电杆根部位于基坑马道一侧。把抱杆两脚张开到抱杆长度的 2/3 的宽度，顺着电杆放置于地面上，沿放置电杆方向距杆坑前后 15～20m 处的地方，分别打入地锚，作绑扎晃绳用。

　　固定好绞磨，用起吊钢丝绳在绞磨盘上缠绕 4～5 圈，将起吊钢丝绳一端拉起，穿过三个滑轮，并把下端滑轮吊钩挂在由电杆根部量起 1/2～1/3 杆长处的起吊钢丝绳的

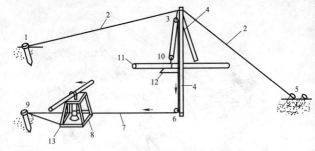

图 2-15　固定式人字抱杆立杆

1,5,9—地锚；2—晃绳；3,6,10—滑轮；4—抱杆；
7—钢丝绳；8—绞盘；11—电杆；12—杆坑；13—拉绳

绳套上。

先用人工立起抱杆，拉紧两条抱杆的晃绳（钢丝绳），使抱杆立直，特别注意应将抱杆左右方向立直，不应倾斜。在抱杆根部地面上可挖两个浅坑，并可各放一块 3～5mm 厚的钢板，用于防止杆根下陷和抱杆根部发生滑移。

准备工作做好后，即可推动绞磨，起吊电杆。要由一人拉紧钢丝绳的一端，随着绞磨的旋转用力拉绳，不可放松，以免发生事故。当电杆距地面 0.5m 时，检查绳扣及各部位是否牢固，确认无问题后，在杆顶部 500mm 处拴好调整绳和脱落绳，再继续起吊。当起吊到一定高度时，把电杆根部对准电杆基坑，反向转动绞磨，直至电杆根部落入底盘的中心，再填土夯实。

2.8.6　拉线的制作与安装

拉线施工包括做拉线鼻子、埋设底把、连接等工作。

（1）拉线鼻子的制作

拉线和抱箍或拉线各段之间常常需要用拉线鼻子连接。做拉线鼻子以前，应先把镀锌铁线拉直，按需要的股数和长度剪断，然后排齐，各股受力均匀，不要有死弯，并且用细线绑扎，防止松股，做拉线鼻子的步骤如图 2-16 所示。

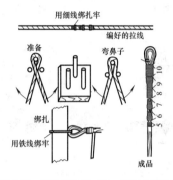

图 2-16　做拉线鼻子（注：数字为圈数）

做拉线鼻子时一般用拉线本身各股，一次一次地缠绕。在折回散开的拉线中先抽出一股，在合并部位用手钳用力紧密缠绕 10 圈后，再抽出第二股，将第一股压在下面留出 15mm 左右，将多余部分剪断并把它弯回压在第二股的缠绕圈下，用第二股按同一方向用力紧绕 9 圈。这样以此类推，将缠绕圈数逐渐减少。一直降到缠绕 5 圈为止。如果拉线股数较少，降不到 5 圈也可以终止。

也可用另外的铁线去绑扎拉线鼻子。将拉线弯成鼻子后，用直径 3.2mm 的铁线绑扎 200～400mm 长（把绑线本身也缠进去，以便拧小辫），然后把绑线端部两根线拧成小辫，防止绑线松开。

（2）拉线把制作

① 上把制作　上把的结构形式如图 2-17（a）所示，其中用于卡紧钢丝的钢线卡子必须用三副以上，每两幅卡子之间应相隔 150mm。上把的安装顺序如图 2-17（b）所示。

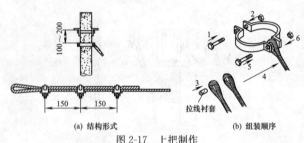

(a) 结构形式　　　　　　(b) 组装顺序

图 2-17　上把制作

② 中把制作　中把的做法与上把相同。中把与上把之间用拉线绝缘子隔离，如图 2-18 所示。

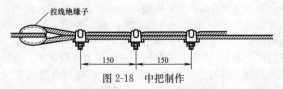

图 2-18　中把制作

③ 底把（下把）制作　底把可以选择花篮螺栓的结构

形式，也可以使用 U 形、T 形及楔形线夹制作底把，如图
2-19 所示。由于花篮螺栓离地面较近，为防止人为弄松，
制作完成后应用直径为 4mm 镀锌铁丝绑扎定位。

(a) 花篮螺栓底把制作　　　(b) U形、T形线夹底把制作

图 2-19　底把制作

（3）拉线盘制作

拉线盘的材质多为钢筋混凝土，其拉线环已预埋。拉
线盘的引出拉线可选用圆钢制作，其直径要求大于 12mm，
拉线盘连接制作如图 2-20 所示。

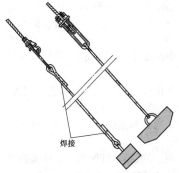

焊接

图 2-20　拉线盘连接制作

紧拉线时，应把上把的末端穿入下把鼻子内，用紧线器夹住上把，将上把的 1～2 股铁线穿在紧线器轴内，然后转动紧线器手柄，把拉线逐渐拉紧，直到紧好为止。

（4）安装拉线的注意事项

① 拉线与电杆的夹角不宜小于 45°，当受到地形限制时也不应小于 30°。

② 终端杆的拉线及耐张杆的承力拉线应与线路方向对正，防风拉线应与线路方向垂直。

③ 拉线穿过公路时，对路面中心的垂直距离应不小于 6m。

④ 采用 U 形、T 形及楔形线夹固定拉线时，应在线扣上涂润滑剂，线夹舌板与拉线接触应紧密，受力后无滑动现象，线夹的凸肚应在线尾侧，安装时不得损伤拉线；拉线弯曲部分不应有明显松股，拉线断头处与拉线主线应可靠固定，尾线回头后与本线应绑扎牢固。线夹处露出的拉线尾线长度为 300～500mm，线夹螺杆应露扣，并有不小于 1/2 螺杆螺纹长度可供调紧，调紧后其双螺母应并紧。若用花篮螺栓，则应封固。

⑤ 当一根电线杆装设多条拉线时，拉线不应有过松、过紧及受力不均匀等现象。

⑥ 拉线底把应采用拉线棒，其直径应不小于 16mm，拉线棒与拉线盘的连接应可靠。

2.8.7 放线、挂线与紧线

（1）放线

放线就是把导线沿电杆两侧放好准备把导线挂在横担上。放线的方法有两种：一种是以一个耐张段为一个单元，把线路所需导线全部放出，置于电杆根部的地面，然后按档把全耐张段导线同时吊上电杆；另一种方法是一边放出导线，一边逐档吊线上杆。在放线过程中，若导线需要对接，一般应在地面先用压接钳进行压接，再架线上杆。放线时应注意以下事项。

①　放线时，要一条一条地放，速度要均匀，不要使导线出现磨损、断股和死弯。当出现磨损和断股时，应及时作出标志，以便处理。

②　最好在电杆或横担上挂铝或木制的开口滑轮，把导线放在槽内，这样既省力又不磨损导线。用手放线时，应正放几圈反放几圈，不要使导线出现死弯。

③　放线需跨越带电导线时，应将带电导线停电后再施工；若停电困难，可在跨越处搭设跨越架。

④　放线通过公路时，要有专人观看车辆，以免发生危险。

（2）挂线

导线放完后，就可以挂线。对于细导线可由两人拿着挑线杆（在普通竹竿上装一个钩子）把导线挑起递给杆上人员，放在横担上或针式绝缘子顶部线沟中。如果导线较粗（截面积在 $25mm^2$ 及以上），杆上人员可用绳子把导线吊上去，放在放线滑轮里。不要把导线放在横担上，以免紧线时擦伤。

（3）紧线

紧线一般在每个耐张段上进行。紧线时，先在线路一端的耐张杆上把导线牢固绑在蝶式绝缘子上，然后在线路另一端的耐张杆上用人力进行紧线，如图 2-21 所示。也可先用人力把导线收紧到一定程度，再用紧线器紧线。为防止横担扭转，可同时紧两侧的线。导线的收紧程度，应根据现场的气温、电杆的档距、导线的型号来确定。导线的弧垂可用如图 2-22 所示的方法测得：在观测档距两头的电杆上，按要求的弧垂，从导线在横担或绝缘子上的位置向下量出从弧垂表中查得的弧垂数值，并按这个数值在两头电杆上各绑一块横板。在杆上的人员沿横板观察对面电杆上的横板，并指挥进行人员紧线。当导线收紧的最低点与两块横板成为一条直线时，停止紧线。当导线为新铝线时，应比弧垂表中规定的弧垂数值多紧 15%～20%，因新线受到拉力时会伸长。

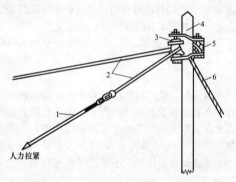

图 2-21　紧线

1—大绳；2—导线；3—蝶式绝缘子；4—电杆；5—横担；6—拉线

2.8.8　导线的连接

导线的连接应符合下列要求。

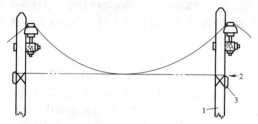

图 2-22　看弧垂

1—电杆；2—眼睛的位置；3—水平绑在电杆上的木板

① 不同金属、不同规格、不同绞向的导线严禁在一个档距内连接。

② 在一个档距内，每根导线不应超过一个接头；接头距导线的固定点不应小于 0.5m。

导线的接头，应符合下列要求。

① 钢芯铝绞线、铝绞线在档距内的接头，宜采用钳压或爆压（采用爆压连接，必须注意接头处不能有断股）。

② 铜绞线与铝绞线连接时，宜采用铜铝过渡线夹、铜铝过渡线。

③ 铝绞线、铜绞线的跳线连接，宜采用钳压、线夹连接或搭接。

④ 对于单股铜导线和多股铜绞线还可以采用缠绕法（又称缠接法），拉线也可以采用这种方法。

导线连接时，其接头处的机械强度不应低于原导线强度的 95%；接头处的电阻不应超过同长度导线电阻的 1.2 倍。

导线连接的质量好坏，直接影响导线的机械强度和电气性能，所以必须严格按照连接方法，认真仔细做好接头。

(1) 单股线缠绕法

单股线的缠绕法（又称绑接法）适用于单股直径2.6~5.0mm的裸铜线。缠绕前先把两线头拉直，除去表面铜锈，用一根比连接部位长的裸铜绑线（又称辅助线）衬在两根导线的连接部位，用另一根铜绑线，将需要连接的导线部位紧密地缠绕。缠绕后，将绑线两端与底衬绑线两端分别绞合拧紧，再将连接导线的两端反压在缠绕圈上即可。操作方法见图2-23，绑扎长度应符合表2-4的规定。铜导线在做完接头后，对接头部位都要进行溯锡处理。

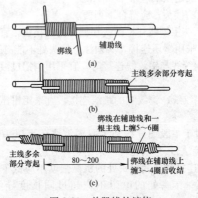

绑线　　辅助线

(a)

主线多余部分弯起

(b)

绑线在辅助线和一根主线上缠5~6圈

主线多余部分弯起　　80~200　　绑线在辅助线上缠3~4圈后收结

(c)

图 2-23　单股线的缠绕

表 2-4 绑扎长度值

导线截面积/mm²	绑扎长度/mm	导线截面积/mm²	绑扎长度/mm
35 及以下	>150	70	>250
60	>200		

（2）多股线交叉缠绕法

多股线交叉缠绕法适用于 35mm² 以下的裸铝或铜导线。多股铜芯绞合线的交叉缠绕法（又称缠接法）如下。

① 将连接导线的线头（约线芯直径的 15 倍长）绞合层，按股线分散开并拉直。

② 把中间线芯剪掉一半，用砂布将每根导线外层擦干净。

③ 将两个导线头按股相互交叉对插，用手钳整理，使股线间紧密合拢，见图 2-24（a）。

④ 取导线本体的单股或双股，分别由中间向两边紧密地缠绕，每绕完一股（将余下线尾压住）再取一股继续缠绕，见图 2-24（b），直至股线绕完为止。

⑤ 最后一股缠完后拧成小辫。缠绕时应缠紧并排列整齐，见图 2-24（c）。

接头部位缠绕长度一般为 60～120mm（导线截面积≤50mm²）或不少于导线直径的 10 倍。多股线交叉缠绕的接头长度和绑线直径见表 2-5。

2.8.9 导线在绝缘子上的绑扎方法

在低压架空线路上，一般都有绝缘子作为导线的支持物。直线杆上的导线与绝缘子的贴靠方向应一致；转角杆上的导线，必须贴靠在绝缘子外测，导线在绝缘子上的固定，均采用绑扎方法，裸铝绞线因质地过软，而绑扎线较硬，且绑扎时用力较大，故在绑扎前需在铝绞线上包缠一层保护层（如铝包带），包缠长度以两端各伸出绑扎处10～30mm 为准。

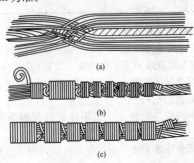

图 2-24　多股线交叉缠绕法

表 2-5　多股线交叉缠绕的接头长度和绑线直径

导线直径 或截面积	接头长度 /mm	绑线直径 /mm	中间绑线长度 /mm
φ2.6～3.2mm	80	1.6	
φ4.0～5.0mm	120	2.0	—
16mm²	200	2.0	50
25mm²	250	2.0	50
35mm²	300	2.3	50
50mm²	500	2.3	50

（1）蝶形绝缘子上导线的绑扎

绑扎前，先在导线绑扎处包缠 150mm 长的铝带，包缠时，铝带每圈排列必须整齐、紧密和平服。

1) 导线在蝶形绝缘子直线支持点上的绑扎方法

① 把导线紧贴在绝缘子颈部嵌线槽内，并使扎线一端留出足够在嵌线槽中绕一圈和在导线上绕 10 圈的长度，并且使扎线与导线成 X 状相交，蝶形绝缘子直线支持点的绑扎方法，如 2-25 (a) 所示。

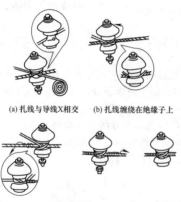

(a) 扎线与导线X相交　　(b) 扎线缠绕在绝缘子上

(c) 扎线缠紧导线　　(d) 缠绕扎线另一端　　(e) 绑扎完毕

图 2-25　导线在蝶形绝缘子直线支持点上的绑扎方法

② 把扎线从导线右下侧绕嵌线槽背后至导线左边下侧，按逆时针方向围绕正面嵌线槽，从导线右边上侧绕出，如图 2-25 (b) 所示。

③ 接着将扎线贴紧并围绕绝缘子嵌线槽背后至导线左边下侧，在贴近绝缘子处开始，将扎线在导线上紧缠 10 圈后剪除余端，如图 2-25 (c) 所示。

④ 把扎线的另一端围绕嵌线槽背后至导线右边下侧，也在贴近绝缘子处开始，将扎线在导线上紧缠 10 圈后剪除余端，如图 2-25（d）所示。

2）导线在蝶形绝缘子始端和终端支持点上的绑扎方法

① 把导线末端先在绝缘子嵌线槽内围绕一圈，如图 2-26（a）所示。

② 接着把导线末端压着第一圈后再绕第二圈，如图 2-26（b）所示。

③ 把扎线短的一端嵌入两导线末端并合处的凹缝中，扎线长的一端在贴近绝缘子处，按顺时针方向把两导线紧紧地缠扎在一起，如图 2-26（c）所示。

④ 把扎线的长端在导线上缠绕到 100mm 长后，与扎线短端用钢丝嵌紧绞 6 圈后剪去余端，并使它贴紧在两导线的夹缝中，如图 2-26（d）所示。

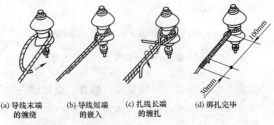

(a) 导线末端　(b) 导线短端　(c) 扎线长端　(d) 绑扎完毕
　　的缠绕　　　的嵌入　　　的缠扎

图 2-26　导线在蝶形绝缘子始端和终端支持点上的绑扎方法

（2）针式绝缘子上导线的绑扎

绑扎前，先在导线绑扎处包缠 150mm 长的铝带。

1) 导线在针式绝缘子颈部的绑扎方法

① 把扎线短端先在贴近绝缘子处的导线右边缠绕 3 圈，然后与扎线长端互绞 6 圈，如图 2-27（a）所示，并把导线嵌入绝缘子颈部的嵌线槽内。

② 接着将扎线长端从绝缘子背后紧紧地绕到导线的左下方，如图 2-27（b）所示。

③ 然后把扎线长端从导线的左下方缠绕到导线的右上方，并如同上述方法再把扎线长端绕绝缘子 1 圈，如图 2-27（c）所示。

④ 然后把扎线长端再缠绕到导线的左上方，并继续绕到导线的右下方，使扎线在导线上形成 X 形的交绑状，如图 2-27（d）、（e）所示。

⑤ 最后把扎线长端缠绕到导线左上方，并贴近绝缘子处紧缠导线 3 圈后，向绝缘子背后绕过，与扎线短端紧绞 6 圈后，剪去余端，如图 2-27（f）所示。

2) 导线在针式绝缘子的顶部的绑扎方法

① 把导线嵌入绝缘子顶部嵌线槽内，并在导线右边贴近绝缘子处用扎线绕 3 圈，如图 2-28（a）所示。

② 接着把扎线长端按顺时针方向从绝缘子颈槽中缠绕到导线左边内侧，如图 2-28（b）所示。

③ 在贴近绝缘子处的导线上缠绕 3 圈，如图 2-28（c）所示。

④ 然后按顺时针方向围绕绝缘子颈槽到导线右边外侧，并在导线上缠绕 3 圈（位置排在原 3 圈外侧），如图 2-28（d）所示。

⑤ 再回到导线左边，重复上述步骤，如图 2-28（e）

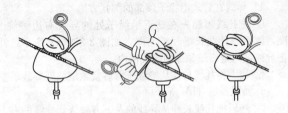

(a) 扎线长短端互绞嵌入槽中　(b) 扎线长端的缠绕之一　(c) 扎线长端的缠绕之二

(d) 使扎线与导线成X形之一　(e) 使扎线与导线成X形之二　(f) 绑扎完毕

图 2-27　导线在针式绝缘子的颈部的绑扎方法

所示。

⑥ 最后将扎线在顶槽两侧围绕导线扎成 X 形，压住顶槽，如图 2-28 (f)、(g)、(h) 所示。

⑦ 完成上述操作后，将扎线按顺时针方向缠绕绝缘子颈槽到扎线的另一端，相交于绝缘子中间，并互绞 6 圈后剪去余端，如图 2-28 (i) 所示。

2.8.10　架空线路的档距与导线的弧垂的选择

(1) 架空线路的档距的选择

档距是指相邻两电杆之间的水平距离。

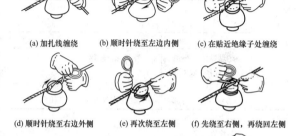

(a) 加扎线缠绕　　(b) 顺时针绕至左边内侧　　(c) 在贴近绝缘子处缠绕

(d) 顺时针绕至右边外侧　　(e) 再次绕至左侧　　(f) 先绕至右侧，再绕回左侧

(g) 逆时针绕至右边内侧　　(h) 将导线压成X状　　(i) 绑扎完毕

图 2-28　导线在针式绝缘子的顶部的绑扎方法

　　档距与电杆高度之间相互影响。如加大档距，则可以减少线路电杆的数量，但弧垂增加。为满足导线对地距离的要求，就必须增加电杆的高度。反之，将档距减少，就可减小电杆的高度。因此，档距应根据导线对地的距离、电杆的高度以及地形的特点等因素来确定。

　　380/220V 低压架空线路常用档距可参考表 2-6。

　　（2）架空线路导线的弧垂的选择

　　在两根电杆之间，导线悬挂点与导线最低点之间的垂直距离称为导线的弧垂（又称弛度），如图 2-29 所示。

　　导线弧垂的大小不仅与导线的截面有关，而且与当地的气候条件、风速、温度以及导线架设的档距有关。

表 2-6　380/220V 低压架空线路常用档距

导线水平间距/mm	300			400	
档距/m	25	30	40	50	60
适用范围	①城镇闹市街道 ②城镇、农村居民点 ③乡镇企业内部		① 城镇非闹市区 ②城镇工厂区 ③居民点外围	①城镇工厂区 ②居民点外间 ③田间	

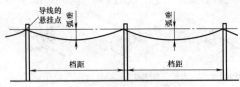

图 2-29　架空线路的档距与弧垂示意图

　　弧垂不宜太长，以防止导线在受风力而摆动时发生相间短路，或者因过分靠近旁边的树木或建筑物，而发生对地短路；弧垂也不宜太小，否则导线内张力太大，会使电杆倾斜或导线本身断裂。此外，还要考虑到导线热胀冷缩等因素，冬季施工弧垂调小些，夏季施工弧垂调大些。同一档距内，导线的材料和弧垂必须相同，以防被风吹动时发生相间短路，烧伤或烧断导线。

2.8.11　架空线对地和跨越物的最小距离的规定

　　在最大弧垂和最大风偏时，架空线对地和跨越物的最小距离数值见表 2-7。

表 2-7　架空线对地和跨越物的最小距离

线路经过地区或跨越项目			最小距离/m
地面	市区、厂区、城镇		6.0
	乡、村、集镇		5.0
	自然村、田野、交通困难地区		4.0
道路	公路、小铁路、拖拉机跑道		6.0
	至铁路轨顶	公用	7.5
		非公用	6.0
	电车道	至路面	9.0
		至承力索或接触线	3.0
通航河流	常年洪水位		6.0
	航船桅杆		1.0
不能通航及不能浮运的河及湖	冬季至冰面		5.0
	至最高水位		3.0
管索道	在管道上面通过		1.5
	在管道下面通过		1.5
	在索道上、下面通过		1.5
房屋建筑①	垂直		2.5
	水平、最凸出部分		1.0
树木②	垂直		1.0
	水平		1.0
通信广播线	交叉跨越(电力线必须在上方)		1.0
	水平接近通信线③		倒杆距离
电力线	垂直交叉	0.5kV 以下	1.0
		6～10kV	2.0
		35～110kV	3.0
		154～220kV	4.0
	水平接近	0.5kV 以下	2.5
		6～10kV	2.5
		35～110kV	5.0
		154～220kV	7.0

① 架空线严禁跨越易燃建筑的屋顶。
② 导线对树木的距离，应考虑修剪周期内树木的生长高度。
③ 在路径受限制地区，1kV 以下最小 1m，1～10kV 最小 2m。

2.8.12　架空线路竣工时应检查的内容

架空线路竣工检查的内容如下。

① 电杆有无损伤、裂纹、弯曲和变形。

② 横担是否水平，角度是否符合要求。

③ 导线是否牢固地绑在绝缘子上，导线对地面或其他交叉跨越设施的距离是否符合要求，弧垂是否合适。

④ 转角杆、分支杆、耐张杆等的跳线是否绑好，与导线、拉线的距离是否符合要求。

⑤ 拉线是否符合要求。

⑥ 螺母是否拧紧，电杆、横担上有无遗留的工具。

⑦ 测量线路的绝缘电阻是否符合要求。

2.9　低压接户线与进户线

2.9.1　低压线进户方式

从低压架空线路的电杆上引至用户室外第一个支持点的一段架空导线称为接户线。从用户户外第一个支持点至用户户内第一个支持点之间的导线称为进户线。常用的低压线进户方式如图 2-30 所示。

2.9.2　低压接户线的敷设

① 接户线的档距不宜超过 25m。超过 25m 时，应在档距中间加装辅助电杆。接户线的对地距离一般不小于 2.7m，以保证安全。

② 接户线应从接户杆上引接，不得从档距中间悬空连接。接户杆顶的安装形式如图 2-31。

③ 接户线安装施工中，低压接户线的线间距离，以及接户线的最小截面，必须同时符合表 2-8 和表 2-9 中的有关规定。

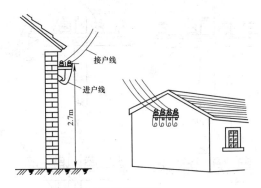

(a) 绝缘导线穿套管进户

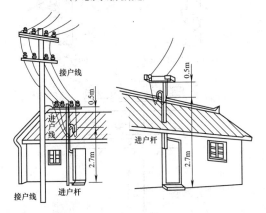

(b) 加装进户杆进户

图 2-30　低压线进户方式

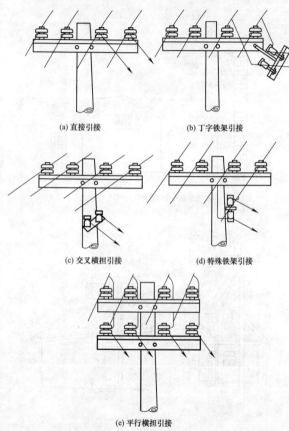

(a) 直接引接　　　　　　(b) 丁字铁架引接

(c) 交叉横担引接　　　　(d) 特殊铁架引接

(e) 平行横担引接

图 2-31　接户杆杆顶的安装形式

表 2-8 低压接户线允许的最小线间距离

敷设方式	档距/m	最小距离/m
从杆上引下	25 及以下	0.15
	25 以上	0.20
沿墙敷设	6 及以下	0.10
	6 以上	0.15

表 2-9 低压接户线的最小允许截面积

敷设方式	档距/m	最小截面积/mm²	
		铜线	铝线
从杆上引下	10 及以下	2.5	6.0
	10～25	4.0	10.0
沿墙敷设	6 及以下	2.5	4.0

④ 接户线安装施工时，经常会遇到必须跨越街道、胡同（里弄）、巷及建筑物，以及与其他线路发生交叉等情况。为保证安全可靠地供电，其距离必须符合表 2-10 中所列的有关规定。

表 2-10 低压接户线跨越交叉的最小距离

序号	接户线跨越交叉的对象		最小距离/m
1	跨越通车的街道		6
2	跨越通车困难的街道、人行道		3.5
3	跨越胡同（里弄）、巷		3①
4	跨越阳台、平台、工业建筑屋顶		2.5
5	与弱电线路的交叉距离	接户线在上方时	0.6②
		接户线在下方时	0.3②
6	离开屋面		0.6
7	与下方窗户的垂直距离		0.3
8	与上方窗户或平台的垂直距离		0.8
9	与窗户或阳台的水平距离		0.75
10	与墙壁或构架的水平距离		0.05

① 住宅区跨越场地宽度在 3m 以上 8m 以下时，则高度一般应不低于 4.5m。

② 如不能满足要求，应采取隔离措施。

2.9.3 低压进户线的敷设

① 进户线应采用绝缘良好的铜芯或铝芯绝缘导线，并且不应有接头。铜芯线的最小截面积不宜小于 1.5mm²，铝芯线的最小截面积不宜小于 2.5mm²。

② 进户线穿墙时，应套上瓷管、钢管、塑料管等保护套管，如图 2-32 所示。

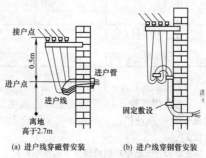

接户点
0.5m
进户管
进户点
进户线
离地
高于2.7m

(a) 进户线穿磁管安装

固定敷设

(b) 进户线穿钢管安装

图 2-32 进户线穿墙安装方法

③ 进户线在安装时应有足够的长度，户内一端一般接总熔断器，如图 2-33 (a) 所示。户外一端与接户线连接后一般应保持 200mm 的弧度，如图 2-33 (b) 所示。户外一端进户线不应小于 800mm。

④ 进户线的长度超过 1m 时，应用绝缘子在导线中间加以固定。套管露出墙壁部分应不小于 10mm，在户外的一端应稍低，并做成方向朝下的防水弯头。

为了防止进户线在套管内绝缘破坏而造成相间短路，每根进户线外部最好套上软塑料管，并在进户线防水弯处最低点剪一小孔，以防存水。

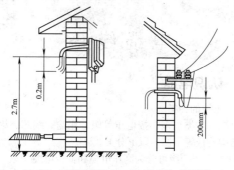

(a) 户内一端进总熔断器   (b) 户外一端的弛度

图 2-33 进户线两端的接法

第3章

电缆线路

3.1 认识电缆

3.1.1 电缆的种类

电缆的种类很多，按电压等级、用途、线芯、绝缘材料、结构特征等不同有以下分类。

① 按电压等级可分为高压电缆和低压电缆。

② 按用途可分为电力电缆、控制电缆、信号电缆、移动电缆等。

③ 按电缆的线芯数可分为单芯、双芯、三芯、四芯和五芯等。

④ 按线芯材质可分为铜芯电缆和铝芯电缆。

⑤ 按绝缘材料可分为油浸纸绝缘电缆、塑料绝缘电缆、橡胶绝缘电缆和交联聚乙烯电缆等。

⑥ 按敷设方式可分为地下直埋和非地下直埋电缆。

⑦ 按传输电能形式可分为直流电缆和交流电缆。

3.1.2 电缆的结构

电缆的结构主要由缆芯、绝缘层和保护层三部分组成，油浸纸绝缘电力电缆的结构如图 3-1 所示，交联聚乙烯绝缘电力电缆的结构如图 3-2 所示。

① 缆芯：缆芯用来传输电流。缆芯材料采用高导电能力、抗拉强度较好、易于焊接的铜、铝制成，缆芯形状有

圆形、扇形和椭圆形等。

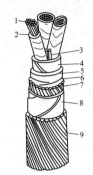 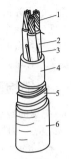

图 3-1 油浸纸绝缘
电力电缆的结构

1—缆芯（铜或铝）；2—油浸纸绝缘层；
3—填料（麻筋）；4—统包油浸纸绝缘；
5—铅（或铝）包；6—涂沥青纸带内护层；
7—浸沥青麻包内护层；8—钢铠外护层；
9—麻包外护套

图 3-2 交联聚乙烯
绝缘电力电缆的结构

1—缆芯（铜或铝）；

2—交联聚乙烯；

3—填料；

4—聚氯乙烯内护层；

5—钢（或铝）铠；

6—聚氯乙烯外护层

② 绝缘层：绝缘层用来保证缆芯之间、缆芯与外界之间的绝缘，使电流沿缆芯传输。绝缘层的材料有油浸纸、橡胶、塑料、纤维、交联聚乙烯等。

③ 保护层：电缆的保护层分为内护层和外护层两部分。内护层用以直接保护绝缘层，所用材料有铅包、铝包、聚氯乙烯包套和聚乙烯套等；外护层用以保护电缆内护层免受机械损伤和化学腐蚀，所用材料有沥青麻护层、

钢带铠装护层、钢丝铠装护层等。

此外，为了使绝缘层和电缆导体有良好接触，消除因导体表面的不光滑而引起的导体表面电场强度的增加，在导体表面包一层金属化纸或半导体金属化纸作内屏蔽。为了使绝缘层与金属护套有良好的接触，在绝缘层外表面也包一层金属化纸，作外屏蔽。

3.2 电缆检验与储运

3.2.1 电缆的检验

电缆及其附件到达现场后应进行下列检查：

① 产品的技术文件是否齐全；

② 电缆规格、型号是否符合设计要求，表面有无损伤，附件是否齐全；

③ 电缆封端是否严密；

④ 充油电缆的压力油箱，其容量及油压应符合电缆油压变化的要求。

电缆敷设施工前还应进行一些检查试验。对 6kV 以上的电缆，应做交流耐压和直流泄漏试验，有时还需做潮气试验；对 6kV 及以下的电缆应用兆欧表测试其绝缘电阻值。500V 电缆用 500V 兆欧表测量，其绝缘电阻应大于0.5MΩ；对 1000V 及以上的电缆应选用 1000V 或 2500V兆欧表测量，其绝缘电阻值应大于 1MΩ/kV，并将测试记录保存好，以便与竣工试验时作对比。

3.2.2 电缆的搬运与储存

(1) 搬运电缆的注意事项

电缆一般包装在专用电缆盘上，在运输装卸过程中，不应使电缆盘及电缆受到损伤，禁止将电缆盘直接由车上推下。电缆盘不应平放运输、平放储存。在运输和滚动电缆盘前，必须检查电缆盘的牢固性。对于充油电缆，则电缆至压力油箱间的油管应妥善固定及保护。电缆盘采用人工滚动时，应按电缆盘上所示的箭头方向滚动，即顺着电缆在盘上缠紧方向滚动。

（2）储存电缆的方法

电缆及附件如不立即安装敷设，则应按下述要求储存。

① 电缆应集中分类存放，盘上应标明型号、电压、规格、长度。电缆盘之间应有通道，地基应坚实，易于排水；橡塑护套电缆应有防晒措施。

② 充油电缆头的瓷套，在室外储存时，应有防止机械损伤措施。

③ 电缆附件与绝缘材料的防潮包装应密封良好，并放于干燥的室内。

④ 电缆在保管期间，应每三个月检查一次，电缆盘应完整，标志应齐全，封端应严密，铠装应无锈蚀。如有缺陷应及时处理。

充油电缆应定期检查油压，并作记录，必要时可加装报警装置，防止油压降至最低值。如油压降至零或出现真空时，在未处理前严禁滚动。

3.2.3 展放电缆的注意事项

① 人工滚动电缆盘时，滚动方向必须顺着电缆的缠紧方向（盘上有方向标记），电缆从盘的上端引出。

② 注意人身安全：a. 推盘人员不得站在电缆前方，

两侧人员所站位置不得超过电缆盘的轴中心；b. 在拐弯处敷设电缆时，操作人员必须站在电缆弯曲半径的外侧；c. 穿管敷设电缆时，往管中送电缆的手不可离管口太近，迎电缆时，眼及身体不可直对管口。

③ 人力拖拉电缆时，可用特制的钢丝网套，套在电缆的一端进行拖拉，注意牵引强度不宜大于：铅护套 $1kgf/cm^2$（$1kgf/cm^2 = 98.0665kPa$），铝护套 $4kgf/cm^2$。使用机械拖拉大截面或重型电缆时，要把特制的供牵引用拉杆（或称牵引头）插在电缆线芯中间，用铜线绑扎后，再用焊料把拉杆、导体和铅（铝）包皮三者焊在一起（注意封焊严密、以防潮气入内）。如图 3-3 所示。但应注意牵引强度不宜大于：铜线芯 $7kgf/cm^2$，铝线芯 $4kgf/cm^2$。

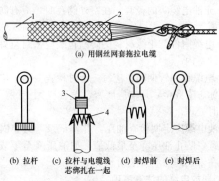

(a) 用钢丝网套拖拉电缆

(b) 拉杆　(c) 拉杆与电缆线　(d) 封焊前　(e) 封焊后
　　　　　 芯绑扎在一起

图 3-3　拖拉电缆用钢丝网套和拉杆

1—电缆；2—16# 钢丝网套；3—绑线；4—铅包

④ 为避免电缆在拖拉时受损，应把电缆放在滚轮上，

如图 3-4 所示。电缆展放速度不宜过快，用机械展放时，以 8m/min 左右的速度较合适。

图 3-4 电缆敷设放线

⑤ 电缆最小允许弯曲半径与电缆外径的比值为：油浸纸绝缘电力电缆 15；聚氯乙烯绝缘电力电缆 10；橡胶绝缘裸铅护套电力电缆 15；橡胶绝缘铅护套钢带铠装电力电缆 20。

⑥ 电缆敷设时的环境温度：敷设电缆时的环境温度低于一定数值时应采取措施，否则不宜敷设。

3.3 电缆的敷设

3.3.1 电缆敷设路径的选择

电缆线路应根据供配电的需要，保证安全运行，便于维修，并充分考虑地面环境、土壤条件以及地下各种管道设施的情况，以节约开支，便于施工。选择电缆敷设路径时，应考虑下列原则。

① 应使电缆路径最短，尽量少拐弯。

② 应使电缆尽量少受外界的因素，如机械、化学等作用的破坏。

③ 散热条件好。

④ 尽量避免与其他管道交叉。

⑤ 应避开规划中要挖土或构筑建筑物的地方。

以下场所应避免作为电缆路径。

① 有沟渠、岩石、低洼存水的地方。

② 存在化学腐蚀性物质的土壤地带。

③ 地下设施复杂的地方（如有热力管、水管、煤气管等）。

④ 存放或制造易燃、易爆、化学腐蚀性物质等危险物品的场所。

3.3.2 敷设电缆应满足的要求

敷设电缆一定要严格遵守有关技术规程的规定和设计要求。竣工以后，要按规定的手续和要求进行检查和试验，确保线路的质量。部分重要的技术要求如下。

① 在敷设条件许可下，电缆长度可考虑留有 $1.5\%\sim2\%$ 的余量，以作检修时备用。直埋电缆应作波浪形埋设。

② 下列各处的电缆应穿钢管保护：电缆由建筑物或构筑物引入或引出；电缆穿过楼板及主要墙壁处；电缆与道路、铁路交叉处；从电缆沟引出至电杆或设备，高度距地面 2m 以下的一段等。所用钢管内径不得小于电缆直径的两倍。

③ 电缆不允许与煤气管、天然气管及液体燃料管路在同沟道中敷设；在热力管道的明沟或隧道内一般也不敷设电缆，个别地段可允许少数电缆敷设在热力管道的沟道内，但应于不同侧分隔敷设，或将电缆安放在热力管道的下面。

④ 直埋式敷设电缆埋地深度不得小于 0.7m，其壕沟距离建筑物基础不得小于 0.6m。

⑤ 电缆沟的结构应能防火和防水。

3.3.3　常用电缆的敷设方式及适用场合

电缆的敷设方式很多，常用的有直接埋地敷设、电缆沟内敷设、在电缆隧道内敷设、在电缆排管内敷设以及明敷设等。电缆的明敷设即架空敷设，这种方法是在室内外的构架上直接敷设电缆，可通过支架沿墙或天花板进行敷设，也可通过钢索挂钩将电缆吊在钢索上沿钢索敷设，还可沿电缆桥架敷设。

上述几种敷设方式各有优缺点，究竟选用哪种敷设方式一般应根据环境条件、建筑物密度、电缆长度、敷设电缆根数、建设费用以及发展规划等因素来确定。

① 电缆直接埋地敷设适用于电缆根数较少、敷设距离较长的场所。这种敷设方式比较经济、便于散热，应用较广。

② 在工矿企业厂区、厂房以及变电所内的电缆敷设，可将电缆敷设在地沟内，装在构架上、墙壁上或天花板上，一般不宜采用直接埋地敷设。当引出的电缆很多，并列敷设的电缆在 40 根以上时，应考虑建造电缆隧道。

③ 当电缆线路需通过已敷设多条电缆或其他管道设施密集区时，为便于敷设和检修，宜建造电缆隧道或敷设在排管中。

④ 在酸碱腐蚀严重的地区，可将电缆架空或敷设在构架上。

⑤ 在存在爆炸危险的场所、农村及其他人烟稀少的偏僻地区，可将电缆直接埋地敷设。

3.3.4 电缆的直埋敷设

电力电缆的直埋敷设是沿已选定的线路挖掘壕沟，然后把电缆埋在里面。电缆根数较少、敷设距离较长时多采用此法。

将电缆直接埋在地下，不需要其他结构设施，施工简单、造价低、土建材料也省。同时，埋在地下，电缆散热也好。但挖掘土方量大，尤其冬季挖冻土较为困难，而且电缆还可能受土中酸碱物质的腐蚀等，这是它的缺点。

施工时应注意以下几点。

① 挖电缆沟时，如遇垃圾等有腐蚀性的杂物，需清除换土。

② 电缆应埋在冻土层以下。一般地区的埋设深度应不小于 0.7m，穿越农田时不应小于 1m，沟宽视电缆的根数而定。

③ 沟底必须平整，清除石块后，铺上 100mm 厚的细沙土或筛过的松土，作为电缆的垫层，如图 3-5 所示。

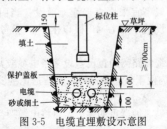

图 3-5 电缆直埋敷设示意图

④ 电缆敷设可以采用机械或人工牵引，应先在沟底放好滚轮。每隔 2m 左右放一只，切忌在地面上滚擦拖拉。

⑤ 多根电缆并排敷设时，应有一定的间距。10kV 及以下电力电缆和不同回路的多条电缆直埋时，其间距应符合要求，如图 3-6 所示。

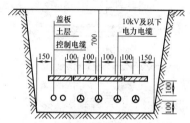

图 3-6　多根电缆并排敷设间距

⑥ 盖板采用预制钢筋混凝土板连接覆盖，如电缆数量较少，也可用砖代替。

⑦ 直埋电缆在拐弯、接头、终端和进出建筑物等地段，应装设明显的方位标志，如图 3-5 所示。电缆直线段每隔 50～100m 应适当增设标位桩（又称标示桩）。

⑧ 电缆与电缆交叉、与管道（非热力管道）交叉、与沟道交叉、穿越公路、过墙等均需做保护管，保护管的长度应超出交叉点前后 1m，其净距离不应小于 250mm。上述要求如图 3-7 所示。保护管的内径不得小于电缆外径的 1.5 倍。

⑨ 电缆与建筑物平行距离应大于 1m；与电杆接近时应大于 0.6m；与排水沟距离应大于 1m；与管道平行距离应大于 1m；与热力管道应大于 2m；与树木接近时应大于 1.5m。

直埋电缆引至电杆的施工方法如图 3-8 所示。

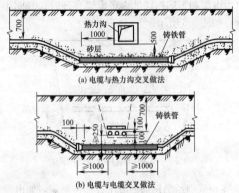

(a) 电缆与热力沟交叉做法

(b) 电缆与电缆交叉做法

图 3-7　电缆与热力管线交叉做法

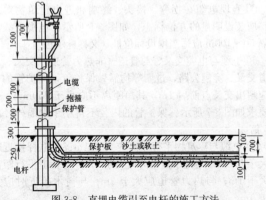

图 3-8　直埋电缆引至电杆的施工方法

3.3.5　电缆在电缆沟及隧道内的敷设

　　电缆沟敷设方式是将电缆敷设在建造的电缆沟内，其内壁应用水泥砂浆封抹，以防积水和积尘，如图 3-9 所示。在室内时，电缆的盖板应与沟外地面平齐，沟沿作止口，盖板应便于开启。户外电缆沟的盖板应高出地面。另外，电缆沟应考虑防火和防水问题，如电缆沟进入厂房处应设防火隔板，沟底应有不小于 0.5% 的排水坡度；电缆的金属外皮、金属电缆头、保护钢管及构架等应可靠接地。采用电缆沟敷设电缆的方式适用于敷设多条电缆、经常检修的场合，它走线方便，但造价较高。变配电所中以及厂区内的电缆敷设经常采用这种方式。

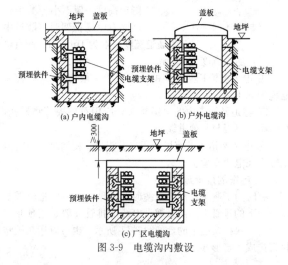

图 3-9　电缆沟内敷设

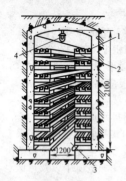

图 3-10　电缆隧道敷设
1—电缆；2—支架；
3—维修走廊；4—照明灯具

电缆隧道敷设方式适用于电缆数量多，而且道路交叉较多，路径拥挤，又不宜采用直埋或电缆沟敷设的地段。电缆隧道敷设如图 3-10 所示。

在电缆沟及隧道内敷设电缆时，一般应符合如下规定。

① 电力电缆与控制电缆同沟敷设时，应将它们分别装在隧道或沟道的两侧。如不便分开时，可将控制电缆敷设于电力电缆的下方。

② 隧道高度一般不小于 1.8m。

③ 两侧有电缆托架时，隧道中间通道宽度一般为 1m；当一侧有电缆架时，通道宽度为 0.9m。

④ 电力电缆托架层间的垂直净距一般为 0.2m，控制电缆为 0.1m。

⑤ 隧道及沟道内的电缆接头，应用石棉板等物衬托，并用耐火隔板与其他电缆隔开。

⑥ 电缆沟道内若有可能积水、积尘、积油时，应将电缆敷设在电缆支架上。

3.3.6　电缆的排管敷设

有时为了避免在检修电缆时开挖地面，可以把电缆敷设在地下的排管中。用来敷设电缆的排管一般是用预制好的混凝土块拼接起来的，如图 3-11 所示。也可以用灰硬塑料管排成一定形式。

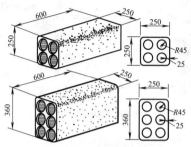

图 3-11 预制电缆排管

电缆穿管敷设时，保护管的内径不应小于电缆外径的 1.5 倍；埋设深度室外不得小于 0.7m，室内不作规定；保护管的直角弯不应多于两个；保护管的弯曲半径不能小于所穿入电缆的允许弯曲半径。

拉入电缆前，应先用排管扫除器清扫排管。使排管内表面光滑、清洁、无毛刺。

普通型电缆排管敷设如图 3-12 所示。加强型电缆排管敷设如图 3-13 所示。

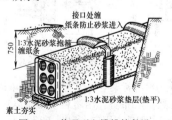

图 3-12 普通型电缆排管敷设

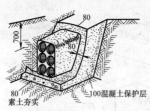

图 3-13　加强型电缆排管敷设

3.3.7　电缆的桥架敷设

电缆有时直接敷设在建筑物的构架上，可以像电缆沟中一样，使用支架，也可使用钢索悬挂或挂钩悬挂。现在有专门的电缆桥架，用于电缆明敷。电缆桥架有梯级式、盘式和槽式，如图 3-14 所示。

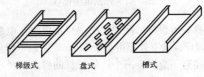

梯级式　　　　盘式　　　　槽式

图 3-14　电缆桥架

电缆桥架的安装方式如图 3-15 所示。表 3-1 为电缆桥架与各种管道的最小净距。

图 3-15　电缆桥架安装方式示意图

图 3-16 为电缆桥架空间布置示意图。电缆桥架内电缆的固定一般是单层布置，用塑料卡带将电缆固定在托盘上，大型电缆可用铁卡固定，如图 3-17 所示。

表 3-1 电缆桥架与各种管道的最小净距

管道类别		平行净距/m	交叉净距/m
一般管道		0.40	0.30
具有腐蚀性液体或气体管道		0.50	0.50
热力管道	有保温层	0.50	0.30
	无保温层	1.00	1.00

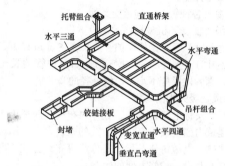

图 3-16 托盘式电缆桥架的空间布置示意图

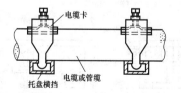

图 3-17 电缆桥架内电缆的固定

3.3.8 电缆的穿管保护

为保证电缆在运行中不受外力损伤,在以下处所应将电缆穿入具有一定机械强度的管子内或采取其他保护措施。

① 电缆引入和引出建筑物、隧道、沟道或楼板等处。

② 电缆通过道路、铁路时。

③ 电缆引入和引出地面时，距离地面 2m 至埋入地下 0.1～0.25m 的一段。

④ 电缆与各种管道、沟道交叉处。

⑤ 电缆可能受到机械损伤的地段。

当电缆穿保护管时，如保护管的长度在 30m 以下，则管内径应不小于电缆外径的 1.5 倍；如保护管的长度在 30m 以上，则管内径应不小于电缆外径的 2.5 倍。

3.3.9 电缆在竖井内的布置

电缆竖井又称电气管道井。竖井内布线一般适用于多层和高层建筑内强电及弱电垂直干线的敷设，可采用金属管、金属线槽、电缆桥架及封闭式母线等布线方式。电缆竖井布线具有敷设、检修方便的优点。

电缆竖井的布置如图 3-18 所示，竖井一面设有操作检修门。

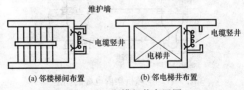

(a) 邻楼梯间布置　　(b) 邻电梯井布置

图 3-18　电缆竖井布置图

竖井布线的要求如下。

① 竖井内垂直布线采用大容量单芯电缆、大容量母线作干线时，应满足以下条件。

a. 载流量要留有一定的裕度。

b. 分支容易、安全可靠、安装及维修方便和造价经济。

② 竖井内的同一配电干线宜采用等截面导体，当需变截面时不宜超过二级，并应符合保护规定。

③ 竖井内高压、低压和应急电源的电气线路相互之间应保持 0.3m 及以上距离或不在同一竖井内布线。如受条件限制必须合用时，强电与弱电线路应分别布置在竖井两侧或采取隔离措施，以防止强电对弱电的干扰。

④ 竖井内应明设一接地母线，分别与预埋金属铁件、支架、管路和电缆金属外皮等良好接地。

500V 以下低压线路的电缆竖井，最小净深可取 0.5m，如图 3-19 所示。

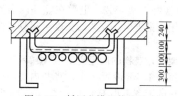

图 3-19 低压电缆竖井的尺寸

⑤ 管路垂直敷设时，为保证管内导线不因自重而折断，应按下列规定装设导线固定盒，在盒内用线夹将导线固定。

a. 导线截面积在 50mm² 及以下，长度大于 30m 时。

b. 导线截面积在 50mm² 以上，长度大于 20m 时。

3.3.10　电缆支架的安装及电缆在支架上的敷设

（1）电缆支架的安装

1）电缆沟内支架安装　电缆在沟内敷设时，需用支架支持或固定，因而支架的安装非常重要，其相互间距是否恰当，将会影响通电后电缆的散热状况、对电缆的日常巡视、维护和检修等。

① 当设计无要求时，电缆支架最上层至沟顶的距离不应小于 150～200mm；电缆支架间平行距离不小于100mm，垂直距离为 150～200mm；电缆支架最下层距沟底的距离不应小于 50～100mm。

② 室内电缆沟盖应与地面相平，对地面容易积水的地方，可用水泥砂浆将盖间的缝隙填实。室外电缆沟无覆盖时，盖板高出地面不小于 100mm；有覆盖层时，盖板在地面下 300mm。盖板搭接应有防水措施。

2）电气竖井支架安装　电缆在竖井内沿支架垂直敷设时，可采用扁钢支架。支架的长度可根据电缆的直径和根数确定。

扁钢支架与建筑物的固定应采用 M10×80 的膨胀螺栓紧固。支架每隔 1.5m 设置 1 个，竖井内支架最上层距竖井顶部或楼板的距离不小于 150～200mm，底部与楼（地）面的距离不宜小于 300mm。

3）电缆支架接地　为保护人身安全和供电安全，金属电缆支架、电缆导管必须与 PE 线或 PEN 线连接可靠。如果整个建筑物要求等电位连接，则更应如此。此外，接地线宜使用直径不小于 ϕ12 镀锌圆钢，并应在电缆敷设前与全部支架逐一焊接。

（2）电缆在支架上的敷设

电缆在扁钢支架上吊挂敷设如图 3-20 所示。电缆在角钢支架上的敷设如图 3-21 所示。电缆沿墙吊挂敷设如图 3-22所示。电缆在支架上进行敷设时，对于裸铅包电缆，为了防止损伤铅包，应垫橡胶垫、麻带或其他软性材料。

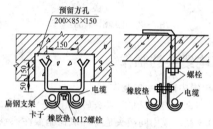

图 3-20　电缆在扁钢支架上吊挂敷设

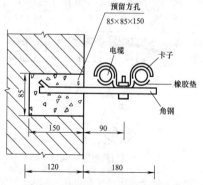

图 3-21　电缆在角钢支架上的敷设

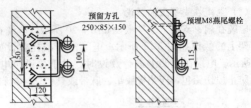

图 3-22 电缆沿墙吊挂敷设

3.4 电缆头的制作

3.4.1 电缆中间接头的制作

（1）环氧树脂电缆中间接头的制作

环氧树脂电缆中间接头是将环氧树脂液注入铁皮模具中，固化后将模具拆除即可获得完整的接头。制作环氧树脂电缆中间接头如图 3-23 所示，其尺寸见表 3-2。

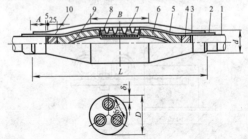

图 3-23 环氧树脂电缆中间接头结构

1—铅（铝）包；2—铅（铝）包表面涂层；3—半导体纸；4—统包绝缘；
5—线芯涂包层；6—线芯绝缘层；7—压接管涂包层；8—压接管；
9—三岔口涂包层；10—统包涂包层

表 3-2　环氧树脂电缆中间接头的结构尺寸

编号	适用电缆截面积/mm²	结构尺寸/mm						
		L	D	A	B	d	δ_1	δ_2
1	1～3kV,95 及以下 6～10kV,50 及以下	420	80	40	140	40	10	18
2	1～3kV,120～185 及以下 6～10kV,70～120 及以下	480	100	40	160	52	10	22
3	1～3kV,240 及以下 6～10kV,150～240 及以下	520	115	40	170	64	12	22

环氧树脂电缆中间接头的制作工艺如下。

① 先按模具尺寸量出剥切铝包层的尺寸，锯钢带、剖铝包、胀喇叭口和剥切绝缘。

② 胀好喇叭口后先在统包绝缘纸上用聚氯乙烯带包缠保护，分开线芯，用布擦净。

③ 按照连接管的长度剥切每根线芯端部绝缘，然后把线芯压接。

④ 压接后的表面用钢丝刷毛、汽油洗净，拆去各线芯上的统包和铝包的临时包带，在每根线芯和统包层上顺原绝缘纸方向缠一层无碱玻璃丝带，再用环氧树脂和统包层进行涂包。

⑤ 安装涂有脱膜剂的铁皮模具，灌注环氧树脂复合物，待固化后拆除模具。

⑥ 最后在中间接头两端铝包及钢带上用多股铜线连接焊牢在接地线上。

（2）1kV 以下橡塑电缆中间接头的制作

1kV 以下橡塑电缆中间接头的制作工艺较为简单，结构尺寸如图 3-24 所示，其制作工艺如下。

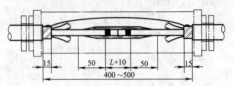

图 3-24　1kV 以下橡塑电缆中间接头的制作

① 确定接头中心位置，并作出记号。

② 剥切电缆护套，切去线芯绝缘，剖去的长度为每端 200～300mm，并将线端涂上凡士林。

③ 套上塑料接头盒、端盒。

④ 将导线压（焊）接后，用砂布打光擦净。

⑤ 用聚氯乙烯带按半重叠法绕包绝缘。

⑥ 将线芯合并，整体用聚氯乙烯绝缘带绕包三层。

⑦ 用接地线锡焊连接两端钢带。

⑧ 将接头移至中央，垫好橡胶圈，拧紧两端。为防止水浸入线芯内，可在接头盒内浇注绝缘胶，浇满后将浇注口封盖拧紧。

3.4.2　电缆终端头的制作

（1）聚氯乙烯绝缘电缆终端头的制作

聚氯乙烯绝缘电缆终端头的制作方法步骤如下。

① 校直电缆末端，按实际需要的尺寸，剥切电缆护层。

② 焊接接地线。对于 1～3kV 的电缆，可将接地线扣在铠装钢带上，用锡焊焊接后引出。

③ 安装分支手套。套分支手套前，需先在电缆上套手套的部位包绕自粘橡胶带，包绕到接地线处为止，再用电缆填充带在电缆外护套上适当包绕几层，以起填充作用。

④ 分支手套套入电缆后，在手套外部用自粘橡胶带和塑料胶带包绕成防潮锥。

⑤ 切剥屏蔽带、包绝缘锥面、包绕保护层。

⑥ 安装雨罩（户外终端头用）。将雨罩套在每相线芯末端绝缘上，压紧预先包绕的锥形。

⑦ 压接接线端子。

⑧ 包绕雨罩防潮锥。

图 3-25 为 1～3kV 聚氯乙烯绝缘电缆终端头的结构。

（2）低压塑料电缆终端头的制作

低压塑料电缆的室内终端头大多采用简单工艺来制作，其制作方法如下。

① 按线芯截面准备好接线端子、绝缘带、相色套管等材料。

② 根据电缆固定点和连接部位的长度，剥去电缆内外护层。

③ 锯割钢带，焊接地线，剥去线芯的内外护层。

④ 在每相线芯端头上压接线鼻子（接线端子）。在每相线芯上包扎两层相色绝缘带。

⑤ 固定好电缆头。

图 3-26 和图 3-27 为低压塑料电缆终端头的结构。

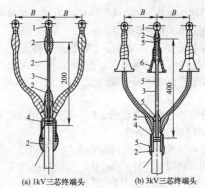

(a) 1kV三芯终端头　　(b) 3kV三芯终端头

图 3-25　1~3kV 聚氯乙烯绝缘电缆终端头的结构

1—接线端子；2—自粘橡胶带；3—电缆绝缘线芯；4—分支手套；
5—二层半叠绕塑料胶黏带；6—雨罩（户外用）；
B—1kV 户外 120、户内 75，3kV 户外 200、户内 75

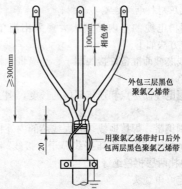

图 3-26　低压塑料电缆终端头的结构（一）

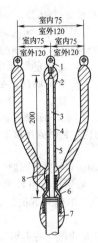

图 3-27 低压塑料电缆终端头的结构（二）

1—接线端子；2—防潮锥；3—电缆绝缘线芯；

4—相色塑料胶黏带；5—透明聚氯乙烯带 1 层；

6—分支手套；7—防潮锥（塑料胶黏带）；8—防潮锥

3.5 电缆线路的检查与维护

3.5.1 电缆线路投入运行的基本条件

电力电缆的投入运行的基本条件如下。

① 新装电缆线路，必须经过验收检查合格，并办理验收手续方可投入运行。

② 停电超过一个星期但不满一个月的电缆，重新投入运行前，应摇测其绝缘电阻值，与上次试验记录比较（换

算到同一温度下）不得降低 30％，否则需做直流耐压试验。而停电超过一个月但不满一年的，则必须做直流耐压试验，试验电压可为预防性试验电压的一半。如油浸纸绝缘电缆，试验电压为电缆额定电压的 2.5 倍，时间为 1min；停电时间超过试验周期的，必须做标准预防性试验。

③ 重做终端头、中间头和新做中间头的电缆，必须核对相位，摇测绝缘电阻，并做耐压试验，全部合格后，才允许恢复运行。

3.5.2 电缆线路定期巡视检查的周期

① 敷设在土壤、隧道以及沿桥梁架设的电缆，发电厂、变电所的电缆沟、电缆架等的巡查，每 3 个月至少一次。

② 敷设在竖井内的电缆，每半年至少一次。

③ 电缆终端头，根据现场运行情况每 1～3 年停电检查一次；室外终端头每月巡视一次，每年 2 月及 11 月进行停电清扫检查。

④ 对挖掘暴露的电缆，酌情加强巡视。

⑤ 雨后，对可能被雨水冲刷的地段，应进行特殊巡视检查。

3.5.3 电缆线路巡视检查与维护

电缆线路大多是埋地敷设的，为保证电缆线路的安全、可靠运行，就必须全面了解电缆的敷设方式、走线方向、结构布置及电缆中间接头的位置等。

电缆线路一般要求每季进行一次巡视检查。对户外终端头，应每月检查一次。如遇大雨、洪水及地震等特殊情况或发生故障时，还需临时增加巡视次数。

电缆线路的巡视检查和维护内容如下。

① 经常监视电缆线路的负荷大小和电缆发热情况。不许超过安全载流量。连接点接触应良好，无发热现象。

② 电缆头及瓷套管应完整、清洁、无闪络放电痕迹，附近无鸟巢；对填充有电缆胶（油）的电缆头，还应检查有无漏油溢胶现象。

③ 检查电缆沟内有无鼠窝、积水、渗水现象，是否堆有杂物或易燃易爆危险品。

④ 检查明敷或沟内电缆外表有无锈蚀、损伤和鼠咬现象，金属防护套是否腐蚀穿孔或胀裂，沿线支架、挂钩是否牢固，线路附近有无易燃易爆危险品或腐蚀性物质，电缆安装是否牢固。

⑤ 检查电缆接地是否良好，有无锈蚀、松动和断股现象。

⑥ 检查电缆进出口、缆沟密封是否良好、以防老鼠等小动物进入沟内以及水等侵入管内。

⑦ 对暗敷及地埋电缆，应检查沿线的盖板和其他覆盖物是否完好，有无挖掘痕迹，路线标桩是否完整无缺。

⑧ 检查有无其他危及电缆安全运行的异常情况。

在巡视中发现的异常情况，应记入专用记录本，重要情况应及时汇报上级，请示处理。

第4章

室内配电线路

4.1 室内配电线路应满足的技术要求

室内配线不仅要求安全可靠,而且要使线路布置合理、整齐美观、安装牢固。其一般技术要求如下。

① 导线的额定电压应不小于线路的工作电压;导线的绝缘应符合线路的安装方式和敷设的环境条件。导线的截面积应能满足电气性能和力学性能要求。

② 配线时应尽量避免导线接头。导线连接和分支处不应受机械力的作用。穿管敷设导线,在任何情况下都不能有接头,必要时尽量将接头放在接线盒的接线柱上。

③ 在建筑物内配线要保持水平或垂直。水平敷设的导线,距地面不应小于 2.5m;垂直敷设的导线,距地面不应小于 1.8m。否则,应装设预防机械损伤的装置加以保护,以防漏电伤人。

④ 导线穿过墙壁时,应加套管保护,管内两端出线口伸出墙面的距离应不小于 10mm。在天花板上走线时,可采用金属软管,但应固定稳妥。

⑤ 配线的位置应尽可能避开热源和便于检查、维修。

⑥ 弱电线不能与大功率电力线平行,更不能穿在同一管内。如因环境所限,必须平行走线时,则应远离 50cm 以上。

⑦ 报警控制箱的交流电源应单独走线，不能与信号线和低压直流电源线穿在同一管内。

⑧ 为了确保用电安全，室内电气管线和配电设备与其他管道、设备间的最小距离不得小于表 4-1 所规定的数值。否则，应采取其他保护措施。

表 4-1 室内电气管线和配电设备与其他管道、设备间的最小距离

单位：m

类别	管线及设备名称	管内导线	明敷绝缘导线	裸母线	配电设备
平行	煤气管	0.1	1.0	1.0	1.5
	乙炔管	0.1	1.0	2.0	3.0
	氧气管	0.1	0.5	1.0	1.5
	蒸气管	1.0/0.5	1.0/0.5	1.0	0.5
	暖水管	0.3/0.2	0.3/0.2	1.0	0.1
	通风管	—	0.1	1.0	0.1
	上、下水管	—	0.1	1.0	0.1
	压缩气管	—	0.1	1.0	0.1
	工艺设备	—	—	1.5	
交叉	煤气管	0.1	0.3	0.5	—
	乙炔管	0.1	0.5	0.5	—
	氧气管	0.1	0.5	0.5	—
	蒸气管	0.3	0.3	0.5	—
	暖水管	0.1	0.1	0.5	—
	通风管	—	0.1	0.5	—
	上、下水管	—	0.1	0.5	—
	压缩气管	—	0.1	0.5	—
	工艺设备	—	—	1.5	—

注：表中有两个数据者，第一个数值为电气管线敷设在其他管道之上的距离；第二个数值为电气管线敷设在其他管道下面的距离。

4.2 导线的连接

4.2.1 导线接头应满足的基本要求

在配线过程中，因出现线路分支或导线太短，经常需要将一根导线与另一根导线连接。在各种配线方式中，导线的连接除了针式绝缘子、鼓形绝缘子、蝶形绝缘子配线可在布线中间处理外，其余均需在接线盒、开关盒或灯头盒内等处理。导线的连接质量对安装的线路能否安全可靠运行影响很大。常用的导线连接方法有绞接、绑接、焊接、压接和螺栓连接等。其基本要求如下。

① 剥削导线绝缘层时，无论用电工刀或剥线钳，都不得损伤线芯。

② 接头应牢固可靠，其机械强度不小于同截面导线的80%。

③ 连接电阻要小。

④ 绝缘要良好。

4.2.2 单芯铜线的连接方法

根据导线截面的不同，单芯铜导线的连接常采用绞接法和绑接法。

（1）绞接法

绞接法适用于4mm² 及以下的小截面单芯铜线直线连接和分线（支）连接。绞接时，先将两线相互交叉，同时将两线芯互绞2~3圈后，再扳直与连接线成90°，将导线两端分别在另一线芯上紧密地缠绕5圈，余线割弃，使端部紧贴导线，如图4-1（a）所示。

双线芯连接时，两个连接处应错开一定距离，如图4-1（b）所示。

单芯丁字分线连接时，将导线的线芯与干线交叉，一般先粗卷1~2圈或打结以防松脱，然后再密绕5圈，如图4-1（c）、（d）所示。

单芯线十字分线绞接方法如图4-1（e）、（f）所示。

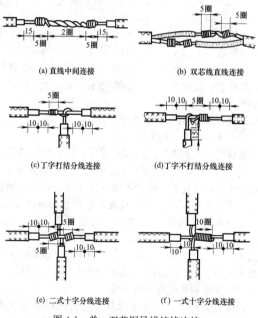

(a) 直线中间连接

(b) 双芯线直线连接

(c) 丁字打结分线连接

(d) 丁字不打结分线连接

(e) 二式十字分线连接

(f) 一式十字分线连接

图 4-1 单、双芯铜导线绞接连接

（2）绑接法

绑接法又称缠卷法，分为加辅助线和不加辅助线两种，一般适用于 6mm² 及以上的单芯线的直线连接和分线连接。

连接时，先将两线头用钳子适当弯起，然后并在一起。加辅助线（添一根同径芯线）后，一般用一根 1.5mm² 的裸铜线作绑线，从中间开始缠绑，缠绑长度约为导线直径的 10 倍。两头再分别在一线芯上缠绕 5 圈，余下线头与辅助线绞合 2 圈，剪去多余部分。较细的导线可不用辅助线。如图 4-2（a）、（b）所示。

单芯丁字分线连接时，先将分支导线折成 90° 紧靠干线，其公卷长度也为导线直径的 10 倍，再单绕 5 圈，如图 4-2（c）所示。

4.2.3 多芯铜导线的连接方法

（1）多芯铜导线的直线连接

连接时，先剥去导线两端绝缘层，将导线线芯顺次解开，成 30° 伞状，把中心线剪短一股，将导线逐根拉直，用细砂纸清除氧化膜。再把各张开的线端顺序交叉插进去成为一体。选择合适的缠绕长度，把张开的各线端合拢，取任意两股同时缠绕 5~6 圈后，另换两股缠绕，把原有的两股压住或剪断，再缠绕 5~6 圈后，又换两股缠绕，如此下去，直至缠至导线解开点，剪去余下线芯，并用钳子敲平线头。另一侧也同样缠绕。如图 4-3（a）所示。

（2）多芯铜导线的分线连接

连接时，先剥开导线绝缘层，将分线端头松开折成 90° 并靠紧干线，在绑线端部相应长度处弯成半圆形。再将

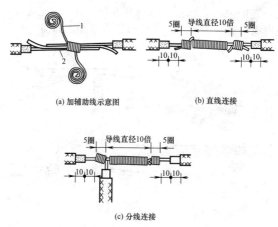

(a) 加辅助线示意图

(b) 直线连接

(c) 分线连接

图 4-2　单芯导线绑接法

1—绑线（裸铜线）；2—辅助线

绑线短端弯成与半圆形成 90°与分接线靠紧，用长端缠绕。当长度达到接合处导线直径的 5 倍时，再将两端部绞捻 2 圈，剪去余线。如图 4-3 (b) 所示。

4.2.4　铝芯导线的压接

（1）铝芯导线用压接管压接

接线前，先选好合适的压接管，清除线头表面和压接管内壁上的氧化层和污物，涂上凡士林，如图 4-4 (a) 所示。将两根线头相对插入并穿出压接管，使两线端各自伸出压接管 25～30mm，如图 4-4 (b) 所示。用压接钳压接，如图 4-4 (c) 所示。如果压接钢芯铝绞线，则应两根芯线之间垫上一层铝质垫片。压接钳在压接管上的压坑数目，室内线头通常为 4 个，室外通常为 6 个。如图 4-4（d）所示。

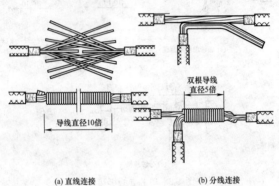

导线直径10倍

双根导线
直径5倍

(a) 直线连接

(b) 分线连接

图 4-3　多芯铜导线缠绑接法

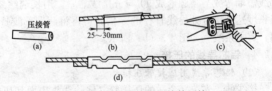

压接管
(a)

25～30mm
(b)

(c)

(d)

图 4-4　铝芯导线用压接管压接

（2）铝芯导线用并沟线夹螺栓压接

连接前，先用钢丝刷除去导线线头和并沟线夹线槽内壁上的氧化层和污物，涂上凡士林，然后将导线卡入线槽，旋紧螺栓，使并沟线夹紧紧夹住线头而完成连接。为防止螺栓松动，压紧螺栓上应套以弹簧垫圈。如图4-5所示。

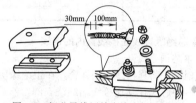

图4-5　铝芯导线用并沟线夹螺栓压接

4.2.5　多股铝芯线与接线端子的连接

多股铝芯线与接线端子连接，可根据导线截面选用相应规格的铝接线端子，采用压接或气焊的方法进行连接。

压接前，先剥出导线端部的绝缘，剥出长度一般为接线端子内孔深度再加5mm。然后除去接线端子内壁和导线表面的氧化膜，涂以凡士林，将线芯插入接线端子内进行压接。先划好相应的标记，开始压接靠近导线绝缘的一个坑，后压另一个坑，压坑深度以上下模接触为宜，压坑在端子的相对位置如图4-6及表4-2所示。压好后，用锉刀锉去压坑边缘因被压而翘起的棱角，并用砂布打光，再用沾有汽油的抹布擦净即可。

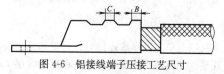

图4-6　铝接线端子压接工艺尺寸

表 4-2　铝接线端子压接尺寸表　单位：mm

导线截面积/mm²	16	25	35	50	70	95	120	150	185	240
C	3	3	5	5	5	5	5	5	5	6
B	3	3	3	3	3	3	4	4	5	5

4.2.6　单芯绝缘导线在接线盒内的连接

（1）单芯铜导线

连接时，先将连接线端相并合，在距绝缘层 15mm 处用其中的一根芯线在其连接线端缠绕 5 圈，然后留下适当长度余线剪断折回并压紧，以防线端部扎破所包扎的绝缘层，如图 4-7（a）所示。

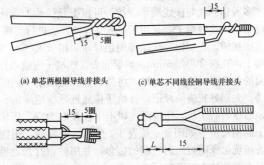

(a) 单芯两根铜导线并接头　　(c) 单芯不同线径铜导线并接头

(b) 单芯三根及以上铜导线并接头　　(d) 单芯铝导线并头管压接

图 4-7　单芯线并接头

三根及以上单芯铜导线连接时，可采用单芯线并接方法进行连接。先将连接线端相并合，在距绝缘层 15mm 处用其中的一根线芯，在其连接线端缠绕5圈剪断，然后把余下的线头折回压在缠绕线上，最后包扎好绝缘层，如图4-7（b）所示。

注意，在进行导线下料时，应计算好每根短线的长度，其中用来缠绕的线应长于其他线，一般不能用盒内的相线去缠绕并接的导线，这样将会导致盒内导线留头短。

（2）异径单芯铜导线

不同直径的导线连接时先将细线在粗线上距绝缘层15mm处交叉，并将线端部向粗线端缠绕5圈，再将粗线端头折回，压在细线上，如图4-7（c）所示。注意，如果细导线为软线，则应先进行挂锡处理。

（3）单芯铝导线

在室内配线工程中，对于10mm² 及以下的单芯铝导线的连接，主要采用铝套管进行局部压接。压接前，先根据导线截面和连接线根数选用合适的压接管，再将要连接的两根导线的线芯表面及铝套管内壁氧化膜清除，然后最好涂上一层中性凡士林油膏，使其与空气隔绝不再氧化。压接时，先把线芯插入适合线径的铝管内，用端头压接钳将铝管线芯压实两处，如图4-7（d）所示。

单芯铝导线端头除用压接管并头连接外，还可采用电阻焊的方法将导线并头连接。单芯铝导线端头熔焊时，其连接长度应根据导线截面大小确定。

4.2.7 多芯绝缘导线在接线盒内的连接

（1）铜绞线

铜绞线一般采用并接的方法进行连接。并接时，先将绞线破开顺直并合拢，用多芯导线分支连接缠绕法弯制绑线，在合拢线上缠绕。其缠绕长度（A 尺寸）应为两根导线直径的 5 倍，如图 4-8（a）所示。

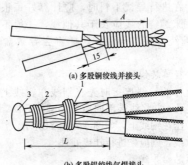

(a) 多股铜绞线并接头

(b) 多股铝绞线气焊接头

图 4-8 多股绞线的并接头

1—石棉绳；2—绑线；3—气焊；L—长度（由导线截面确定）

（2）铝绞线

多股铝绞线一般采用气焊焊接的方法进行连接，如图 4-8（b）所示。焊接前，一般在靠近导线绝缘层的部位缠以浸过水的石棉绳，以避免焊接时烧坏绝缘层。焊接时，火焰的焰心应离焊接点 2～3mm，当加热至熔点时，即可加入铝焊粉（焊药）。借助焊粉的填充和搅动，使端面的铝芯熔合并连接起来。然后焊枪逐渐向外端移动，直至焊完。

4.2.8 导线与接线桩的连接

在各种用电器和电气设备上，均设有接线桩（又称接线柱）供连接导线使用。常用的接线桩有平压式和针孔式两种。

（1）导线与平压式接线桩的连接

导线与平压式接线桩的连接，可根据线芯的规格，采用相应的连接方法。对于截面积在 $10mm^2$ 及以下的单股铜导线，可直接与器具的接线端子连接。先把线头弯成羊角圈，羊角圈弯曲的方向应与螺钉拧紧的方向一致（一般为顺时针），且圈的大小及根部的长度要适当。接线时，羊角圈上面依次垫上一个弹簧垫和一个平垫，再将螺钉旋紧即可，如图4-9所示。

图4-9 单股导线与平压式接线桩连接

$2.5mm^2$ 及以下的多股铜软线与器具的接线桩连接时，先将软线芯做成羊角圈，挂锡后再与接线桩固定。注意，导线与平压式接线桩连接时，导线线芯根部无绝缘层的长度不要太长，根据导线粗细以 1～3mm 为宜。

（2）导线与针孔式接线桩的连接

导线与针孔式接线桩连接时，如果单股线芯与接线桩插线孔大小适宜，则只要把线芯插入针孔，旋紧螺钉即可。如果单股线芯较细，则应把线芯折成双根，再插入针孔进行固定，如图4-10所示。

如果采用的是多股细丝的软线，必须先将导线绞紧，

图 4-10 单股导线与
针孔式接线桩连接

再插入针孔进行固定，如图 4-11 所示。如果导线较细，可用一根导线在待接导线外部绑扎，也可在导线上面均匀地搪上一层锡后再连接；如果导线过粗，插不进针孔，可将线头剪断几股，再将导线绞紧，然后插入针孔。

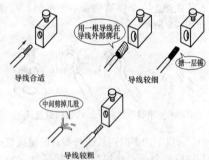

图 4-11 多股导线与针孔式接线桩的连接

(3) 导线与瓦形接线桩的连接

瓦形接线桩的垫圈为瓦形。为了不使导线从瓦形接线桩内滑出，压接前，应先将已除去氧化层和污物的线头弯成 U 形，如图 4-12 所示，再卡入瓦形接线桩压接。如果需要把两个线头接入一个瓦形接线桩内，则应使两个弯成 U 形的线头相重合，再卡入接线桩内，进行压接。

注意，导线与针孔式接线柱连接时，应使螺钉顶压牢

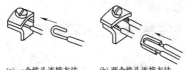

(a) 一个线头连接方法　　(b) 两个线头连接方法

图 4-12　单股芯线与瓦形接线桩的连接

固且不伤线芯。如果用两根螺钉顶压，则线芯必须插到底，保证两个螺钉都能压住线芯。且要先拧紧前端螺钉，再拧紧另一个螺钉。

4.2.9　导线连接后绝缘带的包缠

　　绝缘带的包缠一般采用斜叠法，使每圈压叠带宽的半幅。包缠时，先将黄蜡带从导线左边完整的绝缘层上开始包缠，包缠两根带宽后方可进入无绝缘层的芯线部分，如图 4-13（a）所示。另外，黄蜡带与导线应保持约 45°的倾斜角，每圈压叠带宽的 1/2，如图 4-13（b）所示。

　　包缠一层黄蜡带后，将黑胶布接在黄蜡带的尾端，按另一斜叠方向包缠一层黑胶布，也要每圈压叠带宽的 1/2，如图 4-13（c）、（d）所示。绝缘带的终了端一般还要再反向包缠 2～3 圈，以防松散。

　　注意事项如下。

　　① 用于 380V 线路上的导线恢复绝缘时，应先包缠 1～2 层黄蜡带，然后再包缠一层黑胶布。

　　② 用于 220V 线路上的导线恢复绝缘时，应先包缠一层黄蜡带，然后再包缠一层黑胶布；也可只包缠两层黑胶布。

　　③ 包缠时，要用力拉紧，使之包缠紧密坚实，不能过

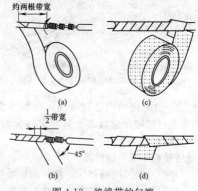

图 4-13　绝缘带的包缠

疏。更不允许露出芯线，以免造成触电或短路事故。

④ 绝缘带不用时，不可放在温度较高的场所，以免失效。

4.3　瓷夹板配线

4.3.1　瓷夹板的种类

瓷夹板配线是指将导线放入瓷夹板槽内，再用木螺钉或膨胀螺栓将瓷夹板与墙体或建筑物的构架固定的方法。瓷夹板配线具有结构简单、布线费用少、安装维修方便等特点，但导线完全暴露在空间，容易遭受损坏，且不美观。因此在内线安装中，已逐渐被护套线所取代，但在干燥且用电量较小的场所仍在采用。

瓷夹板按槽数可分为单线式、双线式和三线式三种，常用的瓷夹板多为双线式和三线式，其外形如图4-14所示。

(a) 双线式　　　　(b) 三线式

图 4-14　瓷夹板外形图

4.3.2 瓷夹板配线的方法与注意事项

① 瓷夹板配线时，铜导线的线芯截面积不应小于1mm²，铝导线的线芯截面积不应小于 1.5mm²。导线的线芯最大截面积不得大于6mm²。

② 在敷设线路之前，应先进行定位划线，确定照明灯具、开关、插座等的安装位置以及线路走径。

③ 瓷夹板线路的各种间距应符合表4-3所示的要求。

表 4-3　瓷夹板线路的间距要求

瓷夹板间距/m	导线对敷设面最小距离/mm	导线对地面最小距离/m	
		水平敷设	垂直敷设
≤0.6	5	2	1.3

④ 导线在墙面上转弯时，应在转弯处装两副瓷夹板，如图4-15（a）所示。

⑤ 两条支路的4根导线相互交叉时，应在交叉处分装4副瓷夹板，在下面的两根导线应各套一根瓷管或硬塑料管，管的两端需靠紧瓷夹板，如图4-15（b）所示。

⑥ 导线分路时，应在连接处分装3副瓷夹板，当有一根支路导线跨过干线时，应加瓷管，瓷管的一端要紧靠瓷夹板，另一端靠住导线的连接处，如图4-15（c）所示。

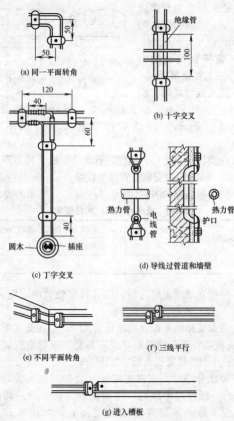

(a) 同一平面转角

(b) 十字交叉

(c) 丁字交叉

(d) 导线过管道和墙壁

(e) 不同平面转角

(f) 三线平行

(g) 进入槽板

图 4-15　瓷夹板线路的安装方法

⑦ 导线进入圆木前，应装一副瓷夹板，如图 4-15 (c) 所示。

⑧ 当导线与热力管道交叉时，应采用如图 4-15 (d) 所示的方法施工。

⑨ 导线在不同平面上转弯时，转角的前后也应各装一副瓷夹板，如图 4-15 (e) 所示。

⑩ 三条导线平行时，若采用双线瓷夹板，每一支持点应装两副瓷夹板，如图 4-15 (f) 所示。

⑪ 在瓷夹板和槽板布线的连接处，应装一副瓷夹板，如图 4-15 (g) 所示。

4.4 绝缘子配线

4.4.1 绝缘子的种类

绝缘子配线又称瓷瓶配线，它是利用绝缘子、瓷柱来固定和支持导线的一种配线方式。因绝缘子较高、机械强度较大，它与瓷夹板（或塑料夹板）布线方式相比，可使导线与墙面距离增大，故可用于比较潮湿的场所，如地下室、浴室及户外。

绝缘子配线所用的绝缘子有鼓形绝缘子、蝶形绝缘子、直脚针式绝缘子、弯脚针式绝缘子等，常用绝缘子如第 2 章中图 2-4 所示。施工时，可根据用途和导线的规格选用。

4.4.2 绝缘子的固定

① 在木结构墙上固定绝缘子。在木结构墙上只能固定鼓形绝缘子，可用木螺钉直接拧入，如图 4-16 (a) 所示。

② 在砖墙上固定绝缘子。在砖墙上，可利用预埋的木

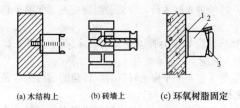

(a) 木结构上　　(b) 砖墙上　　(c) 环氧树脂固定

图 4-16　绝缘子的固定

1—粘剂；2—绝缘子；3—绑扎线

榫和木螺钉来固定鼓形绝缘子，如图 4-16（b）所示。

③ 在混凝土墙上固定绝缘子。在混凝土墙上，可用缠有铁丝的木螺钉和膨胀螺栓来固定鼓形绝缘子，或用预埋的支架和螺栓来固定鼓形绝缘子、蝶形绝缘子和针式绝缘子。也可用环氧树脂粘接剂来固定绝缘子，如图 4-16（c）所示。

④ 用预埋的支架和螺栓来固定鼓形绝缘子、蝶形绝缘子和针式绝缘子等，如图 4-17 所示。此外也可用缠有铁丝的木螺钉和膨胀螺栓来固定鼓形绝缘子。

4.4.3　导线在绝缘子上的绑扎

在绝缘子上敷设导线，应从一端开始，先将一端的导线绑扎在绝缘子的颈部，如果导线弯曲，应事先调直，然后将导线的另一端收紧绑扎固定，最后把中间导线也绑扎固定。导线在绝缘子上绑扎固定的方式如图 4-18 所示。平行导线在绝缘子上的绑扎如图 4-19 所示。平行的两根导线，应放在两绝缘子的同侧或绝缘子的外侧，不能放在两绝缘子的内侧。

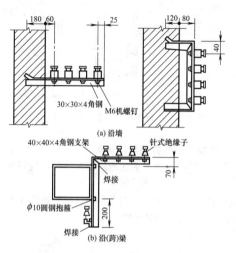

(a) 沿墙

(b) 沿(跨)梁

图 4-17　绝缘子在支架上安装

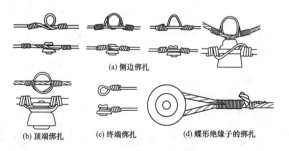

(a) 侧边绑扎

(b) 顶端绑扎　　(c) 终端绑扎　　(d) 蝶形绝缘子的绑扎

图 4-18　导线在绝缘子上的绑扎

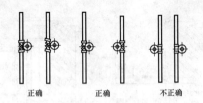

图 4-19　平行导线在绝缘子上的绑扎位置

4.4.4　绝缘子配线方法与注意事项

① 在建筑物绝缘子侧面或斜面配线时，应将导线绑扎在绝缘子上方，如图 4-20 所示。

② 导线在同一平面内有曲折时，要将绝缘子装设在导线曲折角的内侧，如图 4-21 所示。

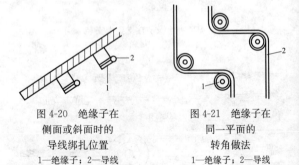

图 4-20　绝缘子在	图 4-21　绝缘子在
侧面或斜面时的	同一平面的
导线绑扎位置	转角做法
1—绝缘子；2—导线	1—绝缘子；2—导线

③ 导线在不同的平面内有曲折时，在凸角的两面上应装设两个绝缘子。

④ 导线分支时，必须在分支点处设置绝缘子，用以支持导线；导线互相交叉时，应在距建筑物附近的导线上套瓷管保护，如图 4-22 所示。

⑤ 平行的两根导线，应放在两绝缘子的同一侧或两绝缘子的外侧，不能放在两绝缘子的内侧。

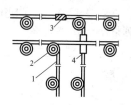

图 4-22 绝缘子配线
的分支做法

1—导线；2—绝缘子；
3—接头包胶布；4—绝缘管

⑥ 绝缘子沿墙壁垂直排列敷设时，导线弛度不得大于 5mm；沿屋架或水平支架敷设时，导线弛度不得大于 10mm。

⑦ 在隐蔽的吊棚内，不允许用绝缘子配线。导线穿墙和在不同平面的转角安装，可参照图 4-23 的做法进行。

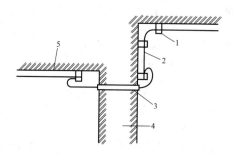

图 4-23 绝缘子配线穿墙和转角

1—绝缘子；2—导线；3—穿墙套管；4—墙壁；5—顶棚

⑧ 导线固定点的间距应符合表 4-4 的规定，并要求排列整齐，间距要对称均匀。

表 4-4　室内配线线间和导线固定点的间距

配线方式	导线截面面积/mm²	固定点间最大允许距离/mm	导线间最小允许距离/mm
鼓形绝缘子配线	1～4	1500	70
	6～10	2000	70
	16～25	3000	100
蝶形绝缘子配线	4～10	2500	70
	16～25	3000	100
	35～70	6000	150
	95～120	6000	150

4.5　槽板配线

4.5.1　槽板的种类

槽板配线是把绝缘导线敷设在槽板的线槽内，上面用盖板把导线盖住的配线方式。槽板分为木制和塑料两种形式。槽板的规格有两线式和三线式等。槽板配线比瓷夹配线整齐、美观，也比钢管配线价格便宜。一般适用于用电负荷较小、导线较细的办公室、生活间等干燥的房屋内。但槽板配线不应设在顶棚和墙壁内，也不应穿越顶棚和墙壁。目前，槽板配线的使用范围在不断减少，正在逐步被塑料护套线所取代。

常用塑料线槽的外形如图 4-24 所示，常用塑料线槽的附件如图 4-25 所示。塑料线槽明敷设示意图如图 4-26 所示。

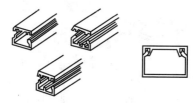

图 4-24 常用塑料线槽的外形

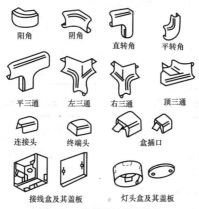

| 阳角 | 阴角 | 直转角 | 平转角 |

| 平三通 | 左三通 | 右三通 | 顶三通 |

| 连接头 | 终端头 | 盒插口 |

| 接线盒及其盖板 | 灯头盒及其盖板 |

图 4-25 常用塑料线槽附件

4.5.2 槽板配线的方法步骤

① 固定槽底板：先在安装槽板的木榫固定点上用铁钉依次固定槽底版，且铁钉应钉在底板中间的木脊上。两块底板相连时，应将端口锯平或锯成 45°斜面，使宽窄槽对准，如图 4-27 所示。

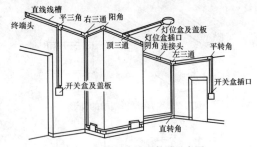

图 4-26 塑料线槽明敷设示意图

图 4-27 线槽底板、盖板的对接

② 敷设导线：槽底板固定好后，就可在槽内敷设导线。但导线敷设到灯具、开关及插座等处时，一般要留出100mm 出线头，以便连接。

③ 固定盖板：固定盖板应与敷设导线同步进行，即边敷设导线边将盖板固定在底板上。固定盖板可用铁钉直接钉在底板的木脊上，钉子要直，以免钉在导线上。钉与钉之间的距离不应大于300mm，最末一根钉离槽板端部约为15mm，最大不超过40mm。盖板连接时，应锯成45°角的斜面，盖板接口与底板接口应错开，其间距应大于20mm。

4.5.3　槽板配线的具体要求

槽板配线的具体要求如下。

① 槽板所敷设的导线应采用绝缘导线。每槽内只允许敷设一根导线，而且不准有接头。

② 铜导线的线芯截面积应不小于 $0.5mm^2$，铝导线的线芯截面积应不小于 $1.5mm^2$。导线线芯的最大截面积不宜大于 $10mm^2$。

③ 线槽底板固定必须牢固，且横平竖直，无扭曲变形。固定点间的直线距离不大于 500mm，起点、终点、转角等处固定点的间距不大于 50mm，如图 4-28（a）和（b）所示。

④ 槽板线路穿越墙壁时，导线必须穿保护套管。

⑤ 槽板下沿或端口离地面的最低距离为 0.15m；线路在穿越楼板时，穿越楼板段及离地板 0.15m 以下部分的导线，应穿钢管或硬塑料管加以保护。

⑥ 导线转弯时，应把槽底板、盖板的端口锯成 45°角，并一横一竖地拼成直角，在拼缝两边的底、上上分别钉上铁钉，如图 4-28（c）所示。塑料槽板配线也可用角接头。

⑦ 导线在不同平面上转弯时，应根据转弯的方向把槽底板、盖板都锯成∧或∨形（不可锯断，应留出 1mm 厚的连接处），浸水（塑料管可加热）后弯接，如图 4-28（d）所示。

⑧ 导线在进行丁字形分支连接时，应在横装的槽底板的下边开一条凹槽，把导线引出，嵌入竖装的槽底板两条槽中。然后在凹槽两边的底、盖板及拼接处各钉上一根铁钉，如图 4-28（e）所示。当然塑料槽板配线也可采用平三通。

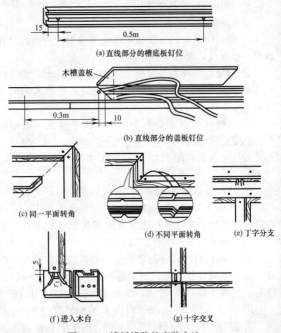

(a) 直线部分的槽底板钉位

(b) 直线部分的盖板钉位

(c) 同一平面转角

(d) 不同平面转角

(e) 丁字分支

(f) 进入木台

(g) 十字交叉

图 4-28 槽板线路的安装方法

⑨ 敷设有导线的槽板进入木台时，应伸入木台约 5mm。靠近木台的底、盖板上也应钉上铁钉，如图 4-28 (f) 所示。

⑩ 两条线路的 4 根导线相互交叉时，应把上面一条线路的槽底板、盖板都锯断，用两根瓷管或硬塑料管穿套两

根导线，再跨越另一条线路的槽板。断口两边的底、盖板上也要钉上铁钉，如图 4-28（g）所示。

4.6　塑料护套线配线

4.6.1　塑料护套线的特点与种类

塑料护套线是一种具有塑料保护层的双芯或多芯绝缘导线，具有防潮、耐酸和耐腐蚀、线路造价较低、安装方便等优点。可以直接敷设在空心板、墙壁以及其他建筑物表面，可用铝片线卡（俗称钢精轧头）或塑料钢钉线卡作为导线的支持物。塑料护套线主要用于居住和办公等建筑物内的电气照明及日用电器插座线路的明敷线路和敷设在空心楼板板孔内的暗敷设线路。但由于塑料护套线的截面积较小，大容量电路不宜采用。

工程中常用的塑料护套线有 BVV 型铜芯聚氯乙烯绝缘聚氯乙烯护套圆形电缆（电线）、BLVV 型铝芯聚氯乙烯绝缘聚氯乙烯护套圆形电缆（电线）、BVVB 型铜芯聚氯乙烯绝缘聚氯乙烯护套平形电缆（电线）及 BLVVB 型铝芯聚氯乙烯绝缘聚氯乙烯护套平形电缆（电线）等。

4.6.2　塑料护套线的定位和固定

（1）划线定位

塑料护套线的敷设应横平竖直。首先，根据设计要求，按线路走向，用粉线沿建筑物表面，由始至终划出线路的中心线。同时，标明照明器具、穿墙套管与导线分支点的位置，以及接近电气器具旁的支持点和线路转角处导线支持点的位置。

塑料护套线支持点的位置，应根据电气器具的位置及导线截面的大小来确定。塑料护套线布线在终端、转弯中点，电气器具或接线盒的边缘固定点的距离为 50～100mm；直线部位的导线中间固定点的距离为 150～200mm，均匀分布。两根护套线敷设遇到十字交叉时，交叉处的四方均应设有固定点。

(2) 导线固定

塑料护套线一般应采用专用的钢精轧头或塑料钢钉线卡进行固定。按固定方式的不同，钢精轧头又分为钉装式和粘接式两种。如图 4-29 所示。用钢精轧头固定护套线，应在钢精轧头固定牢固后再敷设护套线；而用塑料钢钉线卡固定护套线，则应边敷设护套线边进行固定。钢精轧头的型号应根据导线型号及数量来选择。

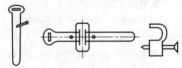

(a) 钢精轧头钉子固定 (b) 钢精轧头粘接固定 (c) 塑料钢钉线卡

图 4-29　钢精轧头和塑料钢钉线卡

① 钉装固定钢精轧头　钢精轧头应根据建筑物的具体情况选择。塑料护套线在木结构、已预埋好的木砖或木钉的建筑物表面敷设时，可用钉子直接将钢精轧头钉牢，作为护套线的支持物；在抹有灰层的墙面上敷设时，可用鞋钉直接固定钢精轧头；在混凝土结构或砖墙上敷设，可将钢精轧头直接钉入建筑物混凝土结构或砖墙上。

在固定钢精轧头时，应使钉帽与钢精轧头一样平，以免划伤线皮。固定钢精轧头时，也可采用冲击钻打孔，埋设木钉或塑料胀管到预定位置，作为护套线的固定点。

② 粘接固定钢精轧头 粘接法固定钢精轧头，一般适用于比较干燥的室内，应粘接在未抹灰或未刷油的建筑物表面上。护套线在混凝土梁或未抹灰的楼板上敷设时，应用钢丝刷先将建筑物粘接面的粉刷层刷净，再用环氧树脂将钢精轧头粘接在选定的位置。

由于粘接法施工比较麻烦，应用不太普遍。

③ 塑料钢钉固定 塑料钢钉线卡是固定塑料护套线的较好支持件，且施工方法简单，特别适用于在混凝土或砖墙上固定护套线。在施工时，先将塑料护套线两端固定收紧，再在线路上确定的位置直接钉牢塑料线卡上的钢钉即可。

4.6.3 塑料护套线的敷设

① 塑料护套线的敷设必须横平竖直，敷设时，一只手拉紧导线，另一只手将导线固定在钢精轧头上，如图4-30（a）所示。

② 由于护套线不可能完全平直无曲，在敷设线路时可采取勒直、勒平和收紧的方法校直。为了固定牢靠、连接美观，护套线经过勒直和勒平处理后，在敷设时还应把护套线尽

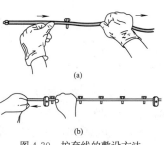

(a)

(b)

图4-30 护套线的敷设方法

可能地收紧，把收紧后的导线夹入另一端的瓷夹板等临时位置上，再按顺序逐一用钢精轧头夹持。如图 4-30（b）所示。

③ 夹持钢精轧头时，应注意护套线必须置于线卡钉位或粘接位的中心，在扳起钢精轧头首尾的同时，应用手指顶住支持点附近的护套线。钢精轧头的夹持方法如图 4-31 所示。另外，在夹持钢精轧头时应注意检查，若有偏斜，应用小锤轻敲线卡进行校正。

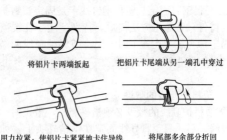

将铝片卡两端扳起　　　　把铝片卡尾端从另一端孔中穿过

用力拉紧，使铝片卡紧紧地卡住导线　　将尾部多余部分折回

图 4-31　钢精轧头收紧夹持护套线

④ 护套线在转角部位和进入电气器具、木（塑料）台或接线盒前以及穿墙处等部位时，如出现弯曲和扭曲，应顺弯按压，待导线平直后，再夹上钢精扎头或塑料钢钉线卡。

⑤ 多根护套线成排平行或垂直敷设时，应上下或左右紧密排列，间距一致，不得有明显空隙。所敷设的线路应横平竖直，不应松弛、扭绞和曲折，平直度和垂直度不应大于 5mm。

⑥ 塑料护套线需要改变方向而进行转弯敷设时，弯曲后的导线应保持平直。为了防止护套线开裂，且敷设时易使导线平直，护套线在同一平面上转弯时，弯曲半径应不小于护套线宽度的 3 倍；在不同平面转弯时，弯曲半径应不小于护套线厚度的 3 倍。

⑦ 护套线跨越建筑物变形缝时，导线两端应固定牢固，中间变形缝处要留有适当余量，以防导线受损伤。

⑧ 塑料护套线也可穿管敷设，其技术要求与线管配线相同。

4.6.4　塑料护套线配线的方法与注意事项

① 塑料护套线不可在线路上直接连接，应通过接线盒或借用其他电器的接线柱等进行连接。

② 在直线电路上，一般应每隔 200mm 用一个钢精轧头夹住护套线，如图 4-32（a）所示。

③ 塑料护套线转弯时，转弯的半径要大一些，以免损伤导线。转弯处要用两个钢精轧头夹住，如图 4-32（b）所示。

④ 两根护套线相互交叉时，交叉处应用 4 个钢精轧头夹住，如图 4-32（c）所示。护套线应尽量避免交叉。

⑤ 塑料护套线进入木台或套管前，应固定一个钢精轧头，如图 4-32（d）、（e）所示。

⑥ 塑料护套线接头的连接通常采用图 4-32（f）～（h）所示的方法进行。

⑦ 塑料护套线进行穿管敷设时，板孔内穿线前，应将板孔内的积水和杂物清除干净。板孔内所穿入的塑料护套线，不得损伤绝缘层，并便于更换导线，导线接头应设在

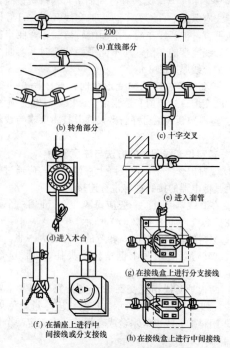

(a) 直线部分

(b) 转角部分

(c) 十字交叉

(d) 进入木台

(e) 进入套管

(f) 在插座上进行中间接线或分支接线

(g) 在接线盒上进行分支接线

(h) 在接线盒上进行中间接线

图 4-32　塑料护套线路的安装方法

接线盒内。

⑧ 环境温度低于−15℃时，不得敷设塑料护套线，以防塑料发脆造成断裂，影响施工质量。

4.7　线管配线

4.7.1　线管配线的种类及应用场合

把绝缘导线穿在管内配线称为线管配线。线管配线适用于潮湿、易腐蚀、易遭受机械损伤和重要的照明场所，具有安全可靠、整洁美观、可防止机械损伤以及发生火灾的危险性较小等优点。但这种配线方式用的材料较多，安装和维修不便，工程造价较高。

线管配线一般分为明配和暗配两种。明配是把线管敷设在墙壁、桁梁等表面明露处，要求配线横平竖直、整齐美观；暗配是把线管敷设在墙壁、楼板内等处，要求管路短、弯头少，以便于穿线。

用于穿导线的常用线管主要有水煤气管、薄钢管、金属软管、塑料管和瓷管五种。

① 水煤气管适用于比较潮湿场所的明配及地下埋设。

② 薄壁管又称为电线管，这种管子的壁厚较薄，适用于比较干燥的场所敷设。

③ 塑料管分为硬质塑料管和半硬质塑料管两种。

硬质塑料管又分为硬质聚氯乙烯管和硬质 PVC 管。主要适用于存在酸碱等腐蚀介质的场所，但不得在高温及易受机械损伤的场所敷设。

半硬塑料管又分为难燃平滑塑料管和难燃聚氯乙烯波纹管两种。它主要适用于一般居住和办公建筑的电气照明工程中。但由于其材质柔软，承受外力能力较低，一般只能用于暗配的场所。

④ 金属软管又称蛇皮管，主要用于活动的地点。

⑤ 瓷管可分为直瓷管、弯头瓷管和包头瓷管三种。在导线穿过墙壁、楼板及导线交叉敷设时，它能起到保护作用。

4.7.2 线管的选择

线管配线的主要操作工艺包括线管的选择、落料、弯管、锯管、套螺纹、线管连接、线管的接地、线管的固定、线管的穿线等。

选择线管时，应首先根据敷设环境确定线管的类型，然后再根据穿管导线的截面和根数来确定线管的规格。

（1）根据敷设环境确定线管的类型

① 在潮湿和有腐蚀性气体的场所内明敷或暗敷，一般采用管壁较厚的水煤气管。

② 在干燥的场所内明敷或暗敷，一般采用管壁较薄的电线管。

③ 在腐蚀性较大的场所内明敷或暗敷，一般采用硬塑料管。

④ 金属软管一般用作钢管和设备的过渡连接。

（2）根据穿管导线的截面和根数来确定线管的规格

线管管径的选择，一般要求穿管导线的总截面（包括绝缘层）不应超过线管内径截面的 40%。

4.7.3 线管加工的方法步骤

（1）线管落料

线管落料前，应检查线管重量，有裂缝、瘪陷及管内有锋口杂物等均不得使用。另外，两个接线盒之间应为一个线段，根据线路弯曲、转角情况来确定用几根线管接成一个线段和弯曲部位，一个线段内应尽量减少管口的连接接口。

（2）弯管

1）钢管的弯曲　线路敷设改变方向时，需要将线管弯曲，这会给穿线和线路维护带来不便。因此，施工中要尽量减少弯头，管子的弯曲角度一般应大于90°，如图4-33所示。明管敷设时，管子的曲率半径 $R \geqslant 4d$；暗管敷设时，管子的曲率半径 $R \geqslant 6d$。另外，弯管时注意不要把管子弯瘪，弯曲处不应存在折皱、凹穴和裂缝。弯曲有缝管时，应将接缝处放

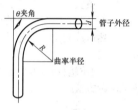

图4-33　线管的弯度

在弯曲的侧边，作为中间层，这样，可使焊缝在弯曲变形时既不延长又不缩短，焊缝处就不易裂开。

钢管的弯曲有冷揻和热揻两种方法。冷揻一般使用弯管器或弯管机。

① 用弯管器弯管时，先将钢管需要弯曲部位的前段放在弯管器内，然后用脚踩住管子，手扳弯管器手柄逐渐加力，使管子略有弯曲，再逐点移动弯管器，使管子弯成所需的弯曲半径。注意一次弯曲的弧度不可过大，否则可能会弯裂或弯瘪线管。

② 用弯管机弯管时，先将已划好线的管子放入弯管机的模具内，使管子的起弯点对准弯管机的起弯点，然后拧紧夹具进行弯管。当弯曲角度大于所需角度1°～2°时，停止弯管，将弯管机退回起弯点，用样板测量弯曲半径和弯

曲角度。注意，弯管的半径一定要与弯管模具配合紧贴，否则线管容易产生凹瘪现象。

③ 用火加热弯管时，为防止线管弯瘪，弯管前，管内一般要灌满干燥的砂子。在装填砂子时，要边填边敲打管子，使其填实，然后在管子两端塞上木塞。在烘炉或焦炭等火上加热时，管子应慢慢转动，使管子的加热部位均匀受热。然后放到胎具上弯曲成型，成型后再用冷水冷却，最后倒出砂子。

2) 硬质塑料管的弯曲　硬质塑料管的弯曲有冷弯和热撼两种方法。

① 冷弯法：冷弯法一般适用于硬质 PVC 管在常温下的弯曲。冷弯时，先将相应的弯管弹簧插入管内需弯曲处，用手握住该部位，两手逐渐使劲，弯出所需的弯曲半径和弯曲角度，最后抽出管内弹簧。为了减小弯管回弹的影响，以得到所需的弯曲角度，弯管时一般需要多弯一些。

当将线管端部弯成鸭脖弯或 90°时，由于端部太短，用手冷弯管有一定困难。这时，可在端部管口处套一个内径略大于塑料管外径的钢管进行弯曲。

② 热撼法：用热撼法弯曲塑料管时，应先将塑料管用电炉或喷灯等热源进行加热。加热时，应掌握好加热温度和加热长度，要一边前后移动，一边转动，注意不得将管子烤伤、变色。当塑料管加热到柔软状态时，将其放到坯具上弯曲成型，并浇水使其冷却硬化，如图 4-34 所示。

塑料管弯曲后所成的角度一般应大于 90°，弯曲半径应不于塑料管外径的 6 倍；埋于混凝土楼板内或地下时，弯曲半径应不小于塑料管外径的 10 倍。为了穿线方便、穿线时不损坏导线绝缘及维修方便，管子的弯曲部位不得存在折皱、凹穴和裂缝。

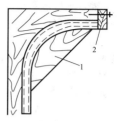

图 4-34 自制弯管模具

1—木或铁模具；2—钉子

（3）锯管

塑料管一般采用钢锯条切断。切割时，要一次锯到底，并保证切口整齐。

钢管切割一般也采用钢锯条切断。切割时，要注意锯条保持垂直，以免切断处出现马蹄口。另外，用力不可过猛，以免别断锯条。为防止锯条发热，要注意在锯条上注油。管子切断后，应锉去毛刺和锋口。当出现马蹄口后，应重新锯割。

（4）套螺纹

图 4-35 套螺纹

钢管与钢管，钢管与接线盒、配电箱的连接，都需要在钢管端部进行套螺纹。钢管套螺纹一般使用管子套螺纹铰板，如图 4-35 所示。

套螺纹时，应先将线管固定在台虎钳上，然后用套螺纹铰板铰出螺纹。操作时，应先调整铰板的活动刻度盘，使板牙符合需要的距离，用固定螺钉把它固定，再调整铰板上的三个支撑脚，使其紧贴钢管，防止套螺纹时出现斜螺纹。铰板调整好后，手握铰板手柄，按顺时针方向转动手柄，用力要均匀，并加润滑油，以保护螺纹光滑。第一次套完后，松开板牙，再调整其距离（比第一次小一些），用同样的方法再套一次。当第二次螺纹快要套完时，稍微松开板牙，边转边松，使其成为锥形螺纹。套螺纹完成后，应随即清理管口，将钢管端面的毛刺清理干净，并用管箍试套。

选用板牙时，应注意管径是以内径还是外径标称的，否则无法使用。另外，用于接线盒、配电箱连接处的套螺纹长度，不宜小于钢管外径的 1.5 倍；用于管与管连接部位的套螺纹长度，不应小于管接头长度的 1/2 加 2～4 扣。

（5）线管的连接

1）钢管与钢管的连接　钢管与钢管的连接有管箍连接和套管连接两种方法。镀锌钢管和薄壁管应采用管箍连接。

① 管箍连接：钢管与钢管的连接，无论是明敷或暗敷，最好采用管箍连接，特别是埋地等潮湿场所和防爆线管。为了保证管接头的严密性，管子的螺纹部分应涂以铅油并顺螺纹方向缠上麻绳，再用管钳拧紧，并使两端间吻合。

钢管采用管箍连接时，要用圆钢或扁钢作跨接线，焊接在接头处，如图 4-36 所示，使管子之间有良好的电气连接，以保证接地的可靠性。

② 套管连接：在干燥少尘的厂房内，对于直径在50mm 及以上的钢管，可采用套管焊接方式连接，套管长

度为连接管外径的 1.5～3 倍。焊接前，先将管子从两端插入套管，并使连接管对口处位于套管的中心，然后在两端焊接牢固。

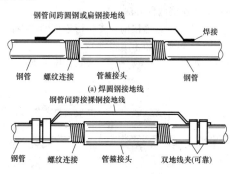

(a) 焊圆钢接地线

(b) 通过地线夹卡接接地线

图 4-36　钢管的连接

③ 钢管与接线盒的连接：钢管的端部与接线盒连接时，一般采用在接线盒内各用一个薄型螺母（又称锁紧螺母）夹紧线管的方法，如图 4-37 所示。安装时，先在线管管口拧入一个螺母，管口穿入接线盒后，在盒内再套拧一个螺母，然后用两把扳手把两个螺母反向拧紧。如果

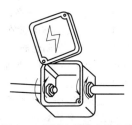

图 4-37　钢管与接线盒的连接

需要密封，则应在两螺母间各垫入封口垫圈。钢管与接线盒的连接也可采用焊接的方法进行。

2) 硬质塑料管的连接　硬质塑料管的连接有插入法连接和套接法连接两种方法。

① 插入法连接：连接前，先将待连接的两根管子的管口，一个加工成内倒角（作阴管），另一个加工成外倒角（作阳管），如图 4-38 （a） 所示。然后用汽油或酒精把管

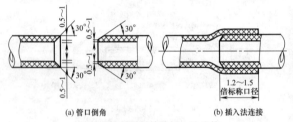

(a) 管口倒角　　　　(b) 插入法连接

图 4-38　硬塑料管的插入法连接

子的插接段的油污擦干净，接着将阴管插接段（长度为 1.2～1.5 倍管子直径）放在电炉或喷灯上加热至 145°左右呈柔软状态后，将阳管插入部分涂一层胶合剂（如过氯乙烯胶水），然后迅速插入阴管，并立即用湿布冷却，使管子恢复原来硬度，如图 4-38 （b） 所示。

② 套接法连接：连接前，先将同径的硬质塑料管加热扩大成套管，套管长度为 2.5～3 倍的管子直径，然后把需要连接的两根管端倒角，并用汽油或酒精擦干净，待汽油挥发后，涂上粘接剂，再迅速插入套管中，如图 4-39 所示。

4.7.4　线管的固定

① 线管明线的敷设：线管明线敷设时应采用管卡支持，线管直线部分，两管卡之间的距离应不大于表 4-5 所规定的距离。

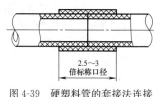

2.5～3
倍标称口径

图 4-39　硬塑料管的套接法连接

表 4-5　线管直线部分管卡间最大距离

管卡间距/m 　　　线管直径/mm 管壁厚度/mm	13～19	25～32	38～51	64～76
＞2.5	1.5	2.0	2.5	3.4
≤2.5	1.0	1.5	2.0	—

在线管进入开关、灯头、插座和接线盒孔前 300mm 处和线管弯头两边时，一般都需用管卡固定，且管卡应安装在木结构或木榫上，如图 4-40 所示。

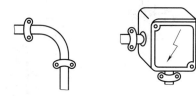

图 4-40　管卡固定

② 线管在砖墙内暗线敷设：线管在砖墙内暗线敷设时，一般应在土建砌砖时预埋，否则应在砖墙上留槽或开槽，然后在砖缝内打入木榫并用钉子固定。

③ 线管在混凝土内暗线敷设：线管在混凝土内暗线敷设时，可用铁丝将管子绑扎在钢筋上，也可用钉子钉在模板上，用垫块将管子垫高 15mm 以上，使管子与混凝土模板间保持足够的距离，并防止浇灌混凝土时管子脱开，如图 4-41 所示。

④ 钢管暗敷的埋设：确定好钢管与接线盒的位置，在配合土建施工中，将钢管与接线盒按已确定的位置连接起来，并在管

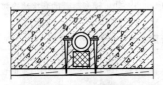

图 4-41　线管在混凝土模板上的固定

与管、管与接线盒的连接处，焊上接地跨接线，使金属外壳连成一体。钢管暗敷示意图如图 4-42 所示。

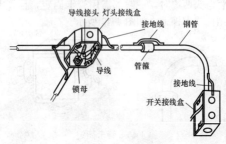

图 4-42　钢管暗敷示意图

4.7.5　线管的穿线

① 在穿线前，应先将管内的积水及杂物清理干净。

②选用 φ1.2mm 的钢丝作引线，当线管较短且弯头较少时，可把钢丝引线由管子一端送向另一端；如果弯头较多或线路较长，将钢丝引线从管子一端穿入另一端有困难时，可从管子的两端同时穿入钢丝引线，此时引线端应弯成小钩，如图 4-43 所示。当钢丝引线在管中相遇时，用手转动引线使其钩在一起，然后把一根引线拉出，即可将导线牵入管内。

③导线穿入线管前，在线管口应先套上护圈，接着按线管长度与两端连接所需的长度余量之

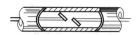

图 4-43　管两端穿入钢丝引线

和截取导线，削去两端绝缘层，同时在两端头标出同一根导线的记号。再将所有导线按图 4-44 所示的方法与钢丝引线缠绕，一个人将导线理成平行束并往线管内输送，另一个人在另一端慢慢抽拉钢丝引线，如图 4-45 所示。

图 4-44　导线与引线的缠绕

④在穿线过程中，如果线管弯头较多或线路较长，穿线发生困难时，可使用滑石粉等润滑材料来减小导线与管壁的摩擦，便于穿线。

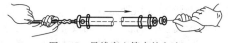

图 4-45　导线穿入管内的方法

⑤ 如果多根导线穿管，为防止缠绕处外径过大在管内被卡住，应把导线端部剥出线芯，斜错排开，与引线钢丝一端缠绕接好，然后再拉入管内，如图4-46所示。

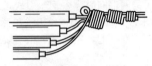

图4-46 多根导线与钢丝引线的绑扎

4.7.6 线管配线的注意事项

① 管内导线的绝缘强度不应低于500V；铜导线的线芯截面积不应小于$1mm^2$，铝导线的线芯截面积不应小于$2.5mm^2$。

② 管内导线不准有接头，也不准穿入绝缘破损后经过包缠恢复绝缘的导线。

③ 不同电压和不同回路的导线不得穿在同一根钢管内。

④ 管内导线一般不得超过10根。多根导线穿管时，导线的总截面（包括绝缘层）不应超过线管内径截面的40%。

⑤ 钢管的连接通常采用螺纹连接；硬塑料管可采用套接或焊接。敷设在含有对导线绝缘有害的蒸汽、气体或多尘房屋内的线管以及敷设在可能进入油、水等液体的场所的线管，其连接处应密封。

⑥ 采用钢管配线时必须接地。

⑦ 管内配线应尽可能减少转角或弯曲，转角越多，穿线越困难。为便于穿线，规定线管超过下列长度，必须加

装接线盒：

  a. 无弯曲转角时，不超过 45m；

  b. 有一个弯曲转角时，不超过 30m；

  c. 有两个弯曲转角时，不超过 20m；

  d. 有三个弯曲转角时，不超过 12m。

  ⑧ 在混凝土内暗敷设的线管，必须使用壁厚为 3mm 以上的线管；当线管的外径超过混凝土厚度的 1/3 时，不得将线管埋在混凝土内，以免影响混凝土的强度。

  ⑨ 采用硬塑料管敷设时，其方法与钢管敷设基本相同。但明管敷设时还应注意以下几点：

  a. 管径在 20mm 及以下时，管卡间距为 1m；

  b. 管径在 25～40mm 及以下时，管卡间距为 1.2～1.5m；

  c. 管径在 50mm 及以上时，管卡间距为 2m。

  硬塑料管也可在角铁支架上架空敷设，支架间距不能大于上述距离要求。

  ⑩ 管内穿线困难时应查找原因，不得用力强行穿线，以免损伤导线的绝缘层或线芯。

4.8 钢索配线

4.8.1 钢索配线的一般要求

  ① 室内的钢索配线采用绝缘导线明敷时，应采用瓷夹、塑料夹、鼓形绝缘子或针式绝缘子固定；采用护套绝缘导线、电缆、金属管或硬塑料管配线时，可直接固定在钢索上。

  ② 室外的钢索配线采用绝缘导线明敷时，应选用耐气候型绝缘导线以防止绝缘层过快老化，并应采用鼓形绝缘

子或针式绝缘子固定；采用电缆、金属管或硬塑料管配线时，可直接固定在钢索上。

③ 为确保钢索连接可靠，钢索与终端拉环应采用心形环连接；钢索固定件应镀锌或涂防腐漆；固定用的线卡应不少于2个；钢索端头应采用镀锌铁丝扎紧。

④ 为保证钢索张力不大于钢索允许应力，钢索中间固定点间距应不大于12m，跨距较大的应在中间增加支持点；中间固定点吊架与钢索连接处的吊钩深度应不小于20mm，并应设置防止钢索跳出的锁定装置，以防钢索因受到外界干扰而发生跳脱，造成钢索张力加大，导致钢索拉断。

⑤ 钢索的弛度大小可通过花篮螺栓进行调整，其大小直接影响钢索的张力。为保证钢索在允许的安全强度下正常工作，并使钢索终端固定牢固，当钢索长度为50m及以下时，可在其一端装花篮螺栓；当钢索长度大于50m时，两端均应装设花篮螺栓。图4-47为用花篮螺栓收紧钢索的示意图。

终端花篮 索具 钢丝 　钢索钢丝 索具终端
拉环 螺栓 　套环 绳轧头　绳轧头 套环拉环

图 4-47　钢索在墙上安装示意图

⑥ 由于钢索的弛度影响到配线的质量，故在钢索上敷设导线及安装灯具后，钢索的弛度不宜大于100mm。若弛度太小，可能会拉断钢索；弛度太大会影响到配线质量，可在中间增加吊钩。

⑦ 钢索上绝缘导线至地面的距离，在室内时应不小

于 2.5m。

⑧ 为防止因配线造成钢索带电，影响安全用电，钢索应可靠接地。

⑨ 为确保钢索配线固定牢靠，其支持件间和线间距离应符合表 4-6 的规定。

表 4-6　钢索配线支持件间和线间距离

单位：mm

配线类别	支持件之间最大距离	支持件与灯头盒之间最大距离	线间最小距离
钢管	1500	200	—
硬塑料管	1000	150	—
塑料护套线	200	100	—
瓷鼓配线	1500	100	35

4.8.2　钢索吊管配线的安装

钢索吊管配线一般用扁钢吊卡将钢管或硬质塑料管以及灯具吊装在钢索上，安装方法如图 4-48 所示。

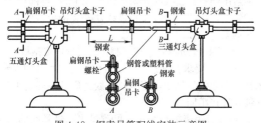

图 4-48　钢索吊管配线安装示意图

① 按设计要求确定灯具和接线盒的位置，钢管或硬质塑料管支持点的最大距离应符合表 4-6 的要求。

②按各段管长进行选材，钢管或电线管使用前应调直，然后进行切断、套螺纹和搣弯等线管加工。

③在吊装钢管布管时，应先按照先干线后支线的顺序进行，把加工好的管子从始端到终端按顺序连接，管子与接线盒的螺纹应拧牢固，用扁钢卡子将布管逐段与钢索固定。

④扁钢吊卡的安装应垂直、平整牢固、间距均匀。吊装灯头盒和管道的扁钢卡子宽度应不小于20mm，吊装灯头盒的卡子数应不少于2个。

⑤将配管逐段固定在扁钢卡上，并做好整体接地。在灯盒两端若是金属管，应用跨接地线焊接，保证配管连续性，如用硬塑料管配线则无需焊接地线，且灯头盒改用塑料灯头盒。

⑥进行管内穿线，并连接导线和安装灯具。

4.8.3 钢索吊塑料护套线配线的安装

钢索吊塑料护套线配线采用铝片线卡将塑料护套线固定在钢索上，用塑料接线盒和接线盒安装钢板将照明灯具吊装在钢索上，如图4-49所示。

①按图4-49所示要求加工制作接线盒固定钢板。

②按设计要求在钢索上确定灯位，把接线盒的固定钢板吊挂在钢索的灯位处，将塑料接线盒底部与固定钢板上的安装孔连接牢固。

③敷设短距离护套线时，可测量出两灯具间的距离，留出适当的余量，将塑料护套线按段剪断，调直后卷成盘。敷线从一端开始，用一只手托线，另一只手用铝片线卡将护套线平行卡吊于钢索上。

④ 敷设长距离塑料护套线时，将护套线展开并调直后，在钢索两端作临时绑扎，要留足灯具接线盒处导线的余量，长度过长时中间部位也应作临时绑扎，再把导线吊起。根据最大距离的要求，用铝片线卡把护套线平行卡吊于钢索上。

⑤ 为确保钢索吊装护套线固定牢固，在钢索上用铝片线卡固定护套线，应均匀分布线卡间距，线卡距灯头盒间的最大距离为100mm；线卡之间最大间距为200mm。

⑥ 敷设后的护套线应紧贴钢索，无垂度、缝隙、扭劲、弯曲和损伤。

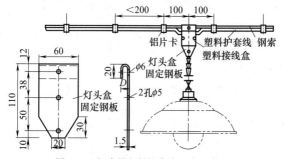

图 4-49　钢索吊塑料护套线配线示意图

第5章

电气照明装置与电风扇

5.1 对电气照明质量的要求

对照明的要求，主要是由被照明的环境内所从事活动的视觉要求决定的。一般应满足下列要求。

① 照度均匀：指被照空间环境及物体表面应有尽可能均匀的照度，这就要求电气照明应有合理的光源布置，选择适用的照明灯具。

② 照度合理：根据不同环境和活动的需要，电气照明应提供合理的照度。

③ 限制眩光：集中的高亮度光源对人眼的刺激作用称为眩光。眩光损坏人的视力，也影响照明效果。为了限制眩光，可采用限制单只光源的亮度，降低光源表面亮度（如用磨砂玻璃罩），或选用适当的灯具遮挡直射光线等措施。实践证明，合理地选择灯具悬挂高度，对限制眩光的效果十分显著。一般照明灯具距地面最低悬挂高度的规定值见表 5-1。

表 5-1 照明灯具距地面最低悬挂高度的规定值

光源种类	灯具形式	光源功率/W	最低悬挂高度/m
白炽灯	有反射罩	≤60	2.0
		100～150	2.5
		200～300	3.5
		≥500	4.0

续表

光源种类	灯具形式	光源功率/W	最低悬挂高度/m
白炽灯	有乳白玻璃漫反射罩	≤100	2.0
		150～200	2.5
		300～500	3.0
卤钨灯	有反射罩	≤500	6.0
		1000～2000	7.0
荧光灯	无反射罩	<40	2.0
		>40	3.0
	有反射罩	≥40	2.0
高压汞灯	有反射罩	≤125	3.5
		125～250	5.0
		≥400	6.0
	有反射罩带格栅	≤125	3.0
		125～250	4.0
		≥400	5.0
金属卤化物灯	搪瓷反射罩	250	6.0
	铝抛光反射罩	1000	7.5
高压钠灯	搪瓷反射罩	250	6.0
	铝抛光反射罩	400	7.0

5.2 白炽灯

5.2.1 白炽灯的特点

白炽灯具有结构简单、使用可靠、价格低廉、装修方便等优点，但发光效率较低、使用寿命较短，适用于照度要求较低，开关次数频繁的户内、外照明。

白炽灯主要由灯头、灯丝和玻璃壳组成，其结构如图5-1所示。灯头可分为螺口和卡口两种。

灯丝是用耐高温（可达 3000℃）的钨丝制成，玻璃壳分透明和磨砂两种，壳内一般都抽成真空，对60W以上的大功率灯泡，抽成真空后，往往再充入惰性气体（氩气或氮气）。

工作原理：在白炽灯上施加额定电压时，电流通过灯丝，灯丝被加热成白炽体而发光。输入到白炽灯上的电能，大部分变成热量辐射掉，只有10%左右的电能转化为光能。

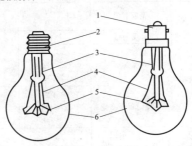

图 5-1　白炽灯的结构

1—卡口灯头；2—螺口灯头；3—玻璃支架；
4—引线；5—灯丝；6—玻璃壳

5.2.2　白炽灯的安装与使用

安装白炽灯时，每个用户都要装设一组总保险（熔断器），作为短路保护用。电灯开关应安装在相线（火线）上，使开关断开时，电灯灯头不带电，以免触电。对于螺口灯座，还应将中性线（零线）与铜螺套连接，将相线与中心簧片连接。

（1）平灯座的安装

平灯座通常安装固定在天花板或墙上。螺口平灯座的安装方式如图 5-2 所示。灯座常由木台或预埋的金属构件固定，安装接线时，木台穿出的两根线，分别接在接线柱上。用木螺钉把平灯座固定在木台上。固定时，要注意使灯座位于木台的中间位置，同时可把 3～6cm 长的导线塞入木台空腔内，便于以后在维修中拉出重做接线端头。

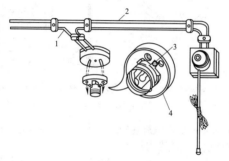

图 5-2　平灯座的安装
1—中性线；2—相线；3—接线柱；4—螺口灯座

（2）吊灯的安装

吊灯的导线应采用绝缘软线，并应在吊线盒及灯座罩盖内将导线打结，以免导线线芯直接承受吊灯的重量而被拉断。吊灯的安装方法如图 5-3 所示。

（3）使用注意事项

① 使用时灯泡电压应与电源电压相符。为使灯泡发出的光能得到很好的分布和避免光线刺眼，最好根据照明要求安装反光适度的灯罩。

② 灯座的形式必须与灯头相一致。

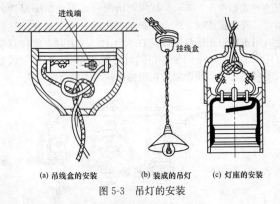

(a) 吊线盒的安装　　(b) 装成的吊灯　　(c) 灯座的安装

图 5-3　吊灯的安装

③ 大功率的白炽灯在安装时要考虑通风良好，以免灯泡过热而引起玻璃壳与灯头松脱。

④ 灯泡使用在室外时，应有防雨装置，以免灯泡玻璃遇雨破裂。

⑤ 室内使用时要经常清扫灯泡和灯罩上的灰尘和污物，以保持清洁和亮度。

⑥ 在拆换和清扫白炽灯泡时，应关闭电灯开关，注意不要触及灯泡螺旋部分，以免触电。

⑦ 不要用灯泡取暖，更不要用纸张或布遮光。

5.3　荧光灯

5.3.1　荧光灯的特点

荧光灯又称日光灯，是应用最广的气体放电光源。它是靠汞蒸气电离形成气体放电，导致管壁的荧光物质发光。目前我国生产的荧光灯有普通荧光灯和三基色荧光灯。三基色荧光灯具有高显色指数，色温达 5600K，在这种光源下，能保证物体颜色的真实性，所以适用于照度要求高，需辨别色彩的室内照明。

荧光灯主要由灯管、启辉器、镇流器、灯座和灯架等组成，如图 5-4 所示。

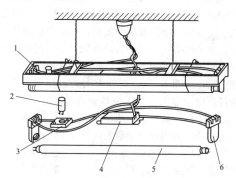

图 5-4　荧光灯的结构

1—灯架；2—启辉器；3—启辉器座；4—镇流器；5—灯管；6—灯座

灯管由一根直径为 15～40.5mm 的玻璃管、灯丝、灯头和灯脚等组成。启辉器主要由氖泡、电容器、电极、外壳等组成。镇流器有两个作用：在启动时与启辉器配合，产生瞬时高电压，促使灯管放电；在工作时利用串联在电路中的电感来限制灯管中的电流，以延长灯管的使用寿命。镇流器主要有两种：电感式镇流器和高频交流电子镇流器。

镇流器的选用必须与灯管配套（否则会影响荧光灯的使用寿命），即镇流器的功率必须与灯管的功率相同。

灯座有开启式和插入弹簧式两种。灯架是用来固定灯座、灯管、启辉器等荧光灯零部件的，有木制、铁皮制、铝制等几种。

5.3.2 荧光灯的接线原理图

由于荧光灯的工作环境受温度和电源电压的影响较大，当温度过低或电源电压偏低时，可能会造成荧光灯启动困难。为了改善荧光灯的启动性能，可采用双线圈镇流器，双线圈镇流器荧光灯的接线原理图如图 5-5（a）所示，其中附加线圈 L_1 与主线圈 L 经灯丝反向串联，可使启动时灯丝电流加大，易于使灯管点燃。当灯管点燃后，灯丝回路处于断开状态，L_1 即不再起作用。接线时，主副线圈不能接错，否则可能会烧毁灯管或镇流器。

另外，近几年荧光灯越来越多地使用电子镇流器。由于电子镇流器具有良好的启动性能及高效节能等优点，正在逐步取代传统的电感式镇流器。市场上销售的电子镇流器种类很多，但其基本工作原理都是利用电子振荡电路产生高频、高压加在灯管两端，而直接点燃灯管，省去了启辉器。采用电子镇流器荧光灯的接线原理图如图 5-5（b）所示。

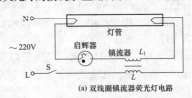

(a) 双线圈镇流器荧光灯电路

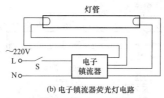

(b) 电子镇流器荧光灯电路

图 5-5 直管形荧光灯的接线原理图

5.3.3 荧光灯的安装与使用

荧光灯的安装形式有多种，但一般常采用吸顶式和吊链式。荧光灯的安装示意图如图 5-6 所示。

（1）安装方法

安装荧光灯时应注意以下几点。

① 安装荧光灯时，应按图正确接线。

② 镇流器必须与电源电压、荧光灯功率相匹配，不可混用。

③ 启辉器的规格应根据荧光灯的功率大小来决定，启辉器应安装在灯架上便于检修的位置。

④ 灯管应采用弹簧式或旋转式专用的配套灯座，以保证灯脚与电源线接触良好，并可使灯管固定。

⑤ 为防止灯管脚松动脱落，应采用弹簧安全灯脚或用扎线将灯管固定在灯架上，不得用电线直接连接在灯脚上，以免产生不良后果。

⑥ 荧光灯配用电线不应受力，灯架应用吊杆或吊链悬挂。

⑦ 对环形荧光灯的灯头不能旋转，否则会引起灯丝短路。

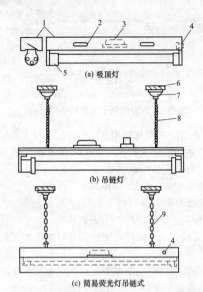

(a) 吸顶灯

(b) 吊链灯

(c) 简易荧光灯吊链式

图 5-6 荧光灯的安装示意图

1—外壳；2—通风孔；3—镇流器；4—启辉器；5—灯座；
6—圆木；7—吊线盒；8—吊线；9—吊链

(2) 使用注意事项

① 荧光灯的部件较多，应检查接线是否有误，经检查无误后，方可接电使用。

② 荧光灯的镇流器和启辉器应与灯管的功率相匹配。

③ 镇流器在工作中必须注意它的散热。

④ 电源电压变化太大，将影响灯的光效和寿命，一般

电压变化不宜超过额定电压的±5%。

⑤ 荧光灯工作最适宜的环境温度为 18～25℃。环境温度过高或过低都会造成启动困难和光效下降。

⑥ 破碎的灯管要及时妥善处理，防止汞害。

⑦ 荧光灯启动时，其灯丝所涂的发射电子的物质被加热冲击、发射，以致发生溅散现象（把灯丝表面所涂的氧化物打落）。启动次数越多，所涂的物质消耗越快。因此，使用中尽量减少开关的次数，更不应随意开关灯，以延长使用寿命。

5.4 高压汞灯

5.4.1 高压汞灯的特点

高压汞灯又称高压水银灯，它主要是利用高压汞气放电而发光，具有发光效率高（约为白炽灯的 3 倍）、耐振耐热性能好、耗电低、寿命长等优点，但启辉时间长，适应电源电压波动的能力较差，适用于悬挂高度 5m 以上的大面积室内、外照明。

常用高压汞灯的结构如图 5-7 所示。

5.4.2 高压汞灯的安装与使用

（1）安装方法

安装高压汞灯时应注意以下几点。

① 安装接线时，一定要分清楚高压汞灯是外接镇流器，还是自镇流式。需接镇流器的高压汞灯，镇流器的功率必须与高压汞灯的功率一致，应将镇流器安装在灯具附近人体触及不到的位置，并注意有利于散热和防雨。自镇流式高压汞灯则不必接入镇流器。

② 高压汞灯以垂直安装为宜，水平安装时，其光通量输出（亮度）要减少 7% 左右，而且容易自灭。

③ 由于高压汞灯的外玻璃壳温度很高，所以必须安装散热良好的灯具，否则会影响灯的性能和寿命。

④ 高压汞灯的外玻璃壳破碎后仍能发光，但有大量的紫外线辐射，对人体有害。所以玻璃壳破碎的高压汞灯应立即更换。

⑤ 高压汞灯的电源电压应尽量保持稳定。当电压降低时，灯就可能自灭，而再行启动点燃的时间较长。所以，高压汞灯不宜接在电压波动较大的线路上，否则应考虑采取调压或稳压措施。

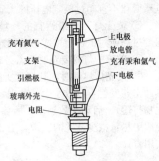

上电极
充有氮气
放电管
支架
充有汞和氩气
引燃极
下电极
玻璃外壳
电阻

图 5-7　常用高压汞灯的结构

(2) 使用注意事项

使用高压汞灯时应注意以下几点。

① 电源电压突然低于额定电压的 20% 时，就有可能造成灯泡自行熄灭。

② 灯泡点燃后的温度较高，要注意散热。配套的灯具必须具有良好的散热条件，不然会影响灯的性能和寿命。

③ 灯泡熄灭后，需自然冷却 8～15min，待管内水银气压降低后，方可再启动使用，所以该灯不能用于有迅速点亮要求的场所。

④ 需要更换灯泡时，一定要先断开电源，并待灯泡自然冷却后方可进行。

⑤ 破碎灯泡要及时妥善处理，防止汞害。

5.5 高压钠灯

5.5.1 高压钠灯的特点

高压钠灯的结构与高压汞灯相似，它的放电管内充有高压钠蒸气，利用钠气放电发光，其启动过程则与普通荧光灯相似。常用高压钠灯如图 5-8 所示。

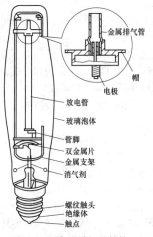

图 5-8 高压钠灯的结构

高压钠灯的工作原理是当高压钠灯接入电源后，电流首先通过加热元件，使双金属片受热弯曲从而断开电路，在此瞬间镇流器两端产生很高的自感电动势，灯管启动后，放电热量使双金属片保持断开状态。当电源断开，灯熄灭后，即使立刻恢复供电，灯也不会立即点燃，约需10~15min待双金属片冷却后，回到闭合状态后，方可再启动。

高压钠灯发出的辐射光，是人眼易于感受的光波，光效很高，并能节约电能。

5.5.2 高压钠灯的安装与使用

（1）安装方法

钠灯也需要镇流器，其接线和汞灯相同。安装高压钠灯应注意以下几点。

① 线路电压与钠灯额定电压的偏差不宜大于±5%。

② 无外玻璃壳的钠灯有很强的紫外线辐射，故灯具应加玻璃罩。无玻璃罩时，悬挂高度应不低于14m。

③ 灯的玻璃壳温度较高，安装时必须配用散热良好的灯具。

④ 镇流器的功率必须与钠灯的功率匹配。

（2）使用注意事项

使用高压钠灯应注意以下几点。

① 电源电压的变化不宜大于±5%。高压钠灯的管压、功率及光通量，随电压的变化而引起的变化比其他气体放电灯大。当电压升高时，由于管压降增大，容易引起灯的自熄；当电源电压降低时，光通量也随之减少，光色变差。

② 配套的灯具应有良好的散热性能，以免受热变形。

③ 灯具的反射光不宜通过灯管，否则会因吸收放射热

使灯管温度升高，影响使用寿命。

④ 镇流器必须与灯管配套使用，否则会缩短灯的寿命和启动困难。

⑤ 因高压钠灯的再启动时间长，故不能用于要求迅速启动的场所。

5.6　金属卤化物灯

5.6.1　金属卤化物灯的特点

金属卤化物灯是在放电管内添加金属卤化物，使金属原子或分子参与放电而发出可见光，当调配金属卤化物的成分和配比时，可以得到全光谱（白光）的光源。常用金属卤化物灯如图 5-9 所示。

因金属卤化物灯的光谱主要是由添加金属辐射的光谱决定的，汞的辐射谱线的贡献很小。根据辐射光谱的特征，金属卤化物灯可分为四大类。

① 选择几种发出强线光谱的金属卤化物，将它们加在一起，得到白色的光源，如钠-铊-铟灯。

② 利用在可见光区能发射大量密集线光谱的稀土金属，得到类似日光的白光，如镝灯。

③ 利用超高气压的金属蒸气放电或分子发光产生连续辐射，获得白色的光，如超高压铟灯和锡灯。

④ 利用具有很强的近乎单色辐射的金属，产生色纯度很高的光，如铊灯和铟灯。

金属卤化物灯的启动电流较小，它有一个较长时间的启动过程，在这个过程中灯的各个参数均发生变化。金属卤化物灯在关闭或熄灭后，需等待约 10min 左右才可再次

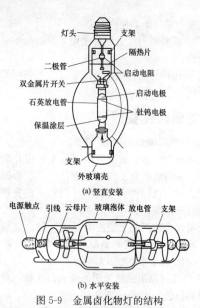

(a) 竖直安装

(b) 水平安装

图 5-9 金属卤化物灯的结构

启动，这是由于灯工作温度很高，放电管气压很高，启动电压升高，只有待灯冷却到一定程度后，才能再启动。

5.6.2 金属卤化物灯的安装与使用

① 灯具安装高度应大于 5m，导线应经接线柱与灯具连接，并不得靠近灯具表面。

② 灯管必须与触发器和镇流器配套使用，否则启动困难，影响灯管的使用寿命。

③ 电源电压波动不宜大于±5%，否则会引起光效、

管压、光色的变化。

④ 落地安装的反光照明灯具，应采取保护措施。

⑤ 金属卤化物灯的玻璃外壳温度较高，灯具必须具有良好的散热性能。

⑥ 无外玻璃壳的金属卤化物灯，悬挂高度应不低于14m，以防紫外线辐射伤眼睛和皮肤。

⑦ 安装时必须认清方向标记，正确安装，灯轴中心偏离不应大于15°。要求垂直点燃的灯，若水平安装，灯管就会炸裂；若灯头方向装错，灯的光色会变绿。

5.7　卤钨灯

5.7.1　卤钨灯的特点

卤钨灯是在白炽灯灯泡中充入微量卤化物，灯丝温度比一般白炽灯高，使蒸发到玻璃壳上的钨与卤化物形成卤钨化合物，遇灯丝高温分解把钨送回钨丝，如此再生循环，既提高发光效率又延长使用寿命。卤钨灯有两种：一种是石英卤钨灯；另一种是硬质玻璃卤钨灯。石英卤钨灯由于卤钨再生循环好，灯的透光性好，光通量输出不受影响，而且石英的膨胀系数很小，即使点亮的灯碰到水也不会炸裂。

卤钨灯由灯丝和耐高温的石英玻璃管组成。灯管两端为灯脚，管内中心的螺旋状灯丝安装在灯丝支持架上，在灯管内充有微量的卤元素（碘或溴），其结构如图 5-10 所示。

卤钨灯的工作原理与白炽灯一样，由灯丝作为发光体，所不同的是灯管内装有碘，在管内温度升高后，碘与

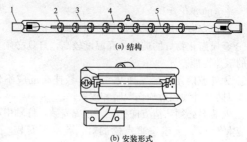

(a) 结构

(b) 安装形式

图 5-10　卤钨灯

1—灯脚；2—灯丝支持架；3—石英管；4—碘蒸气；5—灯丝

灯丝蒸发出来的钨化合成为挥发性的碘化钨。碘化钨在靠近灯丝的高温处又分解为碘和钨，钨留在灯丝上，而碘又回到温度较低的位置，以此不断循环，从而提高了发光效率和灯丝寿命。

5.7.2　卤钨灯的安装与使用

（1）安装方法

卤钨灯的接线与白炽灯相同，不需任何附件，安装时应注意以下几点。

① 电源电压的变化对灯管寿命影响很大，当电压超过额定值的 5% 时，寿命将缩短一半。所以电源电压的波动一般不宜超过 ±2.5%。

② 卤钨灯使用时，灯管应严格保持在水平位置，其斜度不得大于 4°，否则会损坏卤钨的循环，严重影响灯管的寿命。

③ 卤钨灯不允许采用任何人工冷却措施，以保证在高

温下的卤钨循环。

④ 卤钨灯在正常工作时，管壁温度高达 500～700℃，故卤钨灯应配用成套供应的金属灯架，并与易燃的厂房结构保持一定距离。

⑤ 使用前要用酒精擦去灯管外壁的油污，否则会在高温下形成污斑而降低亮度。

⑥ 卤钨灯的灯脚引线必须采用耐高温的导线，不得随意改用普通导线。电源线与灯线的连接必须用良好的瓷接头。靠近灯座的导线需套耐高温的瓷套管或玻璃纤维套管。灯脚固定必须良好，以免灯脚在高温下被氧化。

⑦ 卤钨灯耐振性较差，不宜用在振动性较强的场所，更不能作为移动光源来使用。

（2）卤钨灯的常见故障及其排除方法

卤钨灯除了会出现类似白炽灯的故障外，还可能发生以下故障。

① 灯丝寿命短　其主要原因是灯管没有按水平位置安装。处理方法：重新安装灯管，使其保持水平，倾斜度不得超过 4°。

② 灯脚密封处松动　其主要原因是工作时灯管过热，经反复热胀冷缩后，使灯脚松动。处理方法：更换灯管。

5.8　LED 灯

5.8.1　认识 LED 灯

LED 是一种新型半导体固态光源。它是一种不需要钨丝和灯管的颗粒状发光元件。LED 光源凭借环保、节能、寿命长、安全等众多优点，已成为照明行业的新宠。

在某些半导体材料的 PN 结中，注入的少数载流子与多数载流子复合时会把多余的能量以光的形式释放出来，从而把电能直接转换为光能。PN 结加反向电压，少数载流子难以注入，故不发光。这种利用注入式电致发光原理制作的二极管叫发光二极管（Light Emitting Diode），简称为 LED。

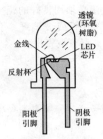

图 5-11　LED 截面图

LED 与普通二极管一样，仍然由 PN 结构成，同样具有单向导电性。LED 工作在正偏状态，在正向导通时能发光，所以它是一种把电能转换成光能的半导体器件。

典型的点光源属于高指向性光源，如图 5-11 所示。如果将多个 LED 芯片封装在一个面板上，就构成了面光源，它仍具有高指向性，如图 5-12 所示。

5.8.2　LED 灯的安装与使用

（1）安装方法

① 电源电压应当与灯具标示的电压相一致，特别要注意输入电源是直流还是交流，电源线路要设置匹配的漏电及过载保护开关，确保电源的可靠性。

② LED 灯具在室内安装时，防水要求与在室外安装基本一致，同样要求做好产品的防水措施，以防止潮湿空气、腐蚀气体等进入线路。安装时，应仔细检查各个有可能进水的部位，特别是线路接头位置。

图 5-12　常用 LED 灯外形

③ LED 灯具均自带公母接头，在灯具相互串接时，先将公母接头的防水圈安装好，然后将公母接头对接，确定公母接头已插到底部后用力锁紧螺母即可。

④ 产品拆开包装后，应认真检查灯具外壳是否有破损，如有破损，则勿点亮 LED 灯具，应采取必要的修复或更换措施。

⑤ 对于可延伸的 LED 灯具，要注意复核可延伸的最大数

量，不可超量串接安装和使用，否则会烧毁控制器或灯具。

⑥ 灯具安装时，如果遇到玻璃等不可打孔的地方，切不可使用胶水等直接固定，必须架设铁架或铝合金架后用螺钉固定；螺钉固定时不可随意减少螺钉数量，且安装应牢固可靠，不能有飘动、摆动和松脱等现象；切不可安装于易燃、易爆的环境中，并保证 LED 灯具有一定的散热空间。

⑦ 灯具在搬运及施工安装时，切勿摔、扔、压、拖灯体，切勿用力拉动、弯折延伸接头，以免拉松密封固线口，造成密封不良或内部芯线断路。

（2）使用注意事项

① LED 的极性不得反接，通常引线较长的为正极，引线较短的是负极。

② 使用中各项参数不得超过规定极限值。正向电流 I_F 不允许超过极限工作电流 I_{FM} 值，并且随着环境温度的升高，必须降低工作电流使用。长期使用时温度不宜超过 75℃。

③ LED 的正常工作电流为 20mA，电压的微小波动（如 0.1V）都将引起电流的大幅度波动（10%～15%）。因此，在电路设计时，应根据 LED 的压降配对不同的限流电阻，以保证 LED 处于最佳工作状态。电流过大，LED 会缩短寿命；电流过小，达不到所需发光强度。

④ 在发光亮度基本不变的情况下，采用脉冲电压驱动可以减少耗电。

⑤ 静电电压和电流的急剧升高将会对 LED 产生损害。严禁徒手触摸白光 LED 的两只引线脚。因为人体的静电会

损坏发光二极管的结晶层，工作一段时间后（如 10h）二极管就会失效（不亮），严重时会立即失效。

⑥ 在给 LED 上锡时，加热锡的装置和电烙铁必须接地，以防止静电损伤器件，防静电线最好用直径为 3mm 的裸铜线，并且终端与电源地线可靠连接。

⑦ 不要在引脚变形的情况下安装 LED。

⑧ 在通电情况下，避免 80℃以上高温作业。如有高温作业，一定要做好散热。

5.8.3　LED 灯的电气连接

（1）小功率灯泡的电气连接

小功率 LED 灯泡的安装方法比较简单，一般采用 12V 直流电源供电，在室内需要灯光投射照明或投光点缀照明的地方（如天花板、壁橱），用一根电源线与控制系统（电源）连接，安上一定数量的 LED 灯泡，就可达到目的。MR16 型 LED 灯泡的电气连接方法如图 5-13 所示。

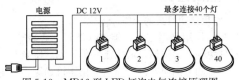

图 5-13　MR16 型 LED 灯泡电气连接原理图

（2）大功率 LED 单元灯泡的电气连接

在室内安装大功率 LED 单元灯泡，一般采用恒流源驱动器供电，也可采用开关电源供电。

安装 LU-PC-φ30-1W 型大功率单元灯，只需用一根电源线将恒流源驱动器控制系统相连接即可，安装操作十分方便，电气连接如图 5-14（a）所示。

对 LU-PC-1W 型 LED 大功率单元灯，也可用恒流源驱动器供电，其电气连接方法如图 5-14（b）所示。

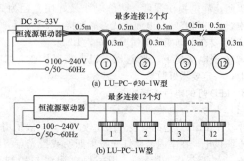

图 5-14　大功率单元灯电气连接图

5.9　照明灯具

5.9.1　常用照明灯具的分类

灯具的作用是固定光源器件（灯管、灯泡等），防护光源器件免受外力损伤，消除或减弱眩光，使光源发出的光线向需要的方向照射，装饰和美化建筑物等。常用灯具按灯具安装方式分类可分为以下几类。

① 吸顶灯。直接固定在顶棚上的灯具，吸顶灯的形式很多。为防止眩光，吸顶灯多采用乳白玻璃罩，或有晶体花格的玻璃罩，在楼道、走廊、居民住宅应用较多。

② 悬挂式。用导线、金属链或钢管将灯具悬挂在顶棚上，通常还配用各种灯罩。这是一种应用最多的安装方式。

③ 嵌入顶棚式。有聚光型和散光型，其特点是灯具嵌入顶棚内，使顶棚简洁美观，视线开阔。在大厅、娱乐场所应用较多。

④ 壁灯。用托架将灯具直接安装在墙壁上，通常用于局部照明，也用于房间装饰。

⑤ 台灯和落地灯（立灯）。用于局部照明的灯具，使用时可移动，也具有一定的装饰性。

常用照明灯具的安装方式如图 5-15 所示。

5.9.2　安装照明灯具应满足的基本要求

灯具安装时应满足的基本要求如下。

① 当采用钢管作灯具的吊杆时，钢管内径不应小于 10mm；钢管壁厚不应小于 1.5mm。

② 吊链灯具的灯线不应受拉力，灯线应与吊链编织在一起。

③ 软线吊灯的软线两端应作保护扣；两端芯线应搪锡。

④ 同一室内或场所成排安装的灯具，其中心线偏差应不大于 5mm。

⑤ 日光灯和高压汞灯及其附件应配套使用，安装位置应便于检查和维修。

⑥ 灯具固定应牢固可靠。每个灯具固定用的螺钉或螺栓不应少于 2 个；当绝缘台直径为 75mm 及以下时，可采用 1 个螺钉或螺栓固定。

⑦ 当吊灯灯具质量大于 3kg 时，应采取预埋吊钩或螺栓固定；当软线吊灯灯具质量大于 1kg 时，应增设吊链。

⑧ 投光灯的底座及支架应固定牢固，枢轴应沿需要的光轴方向拧紧固定。

(a) 悬吊式(吊线、吊链、吊杆)　　(b) 吸顶式

(c) 壁式　(d) 嵌入式　(e) 半嵌入式　(f) 落地式

(g) 台式　(h) 庭院式　(i) 道路、广场式

图 5-15　常用照明灯具的安装方式

⑨ 固定在移动结构上的灯具，其导线宜敷设在移动构架的内侧；在移动构架活动时，导线不应受拉力和磨损。

⑩ 公共场所用的应急照明灯和疏散指示灯，应有明显的标志。无专人管理的公共场所照明宜装设自动节能

开关。

⑪ 每套路灯应在相线上装设熔断器。由架空线引入路灯的导线，在灯具入口处应做防水弯。

⑫ 管内的导线不应有接头。

⑬ 导线在引入灯具处，应有绝缘保护，同时也不应使其受到应力。

⑭ 必须接地（或接零）的灯具金属外壳应有专设的接地螺栓和标志，并和地线（零线）妥善连接。

⑮ 特种灯具（如防爆灯具）的安装应符合有关规定。

5.9.3　照明灯具的布置方式

布置灯具时，应使灯具高度一致、整齐美观。一般情况下，灯具的安装高度应不低于 2m。

（1）均匀布置

均匀布置是将灯具作有规律的匀称排列，从而在工作场所或房间内获得均匀照度的布置方式。均匀布置灯具的方案主要有方形、矩形、菱形等几种，如图 5-16 所示。

(a) 方形布置　　　(b) 矩形布置　　　(c) 菱形布置

图 5-16　灯具均匀布置示意图

均匀布置灯具时，应考虑灯具的距高比（L/h）在合适的范围。距高比（L/h）是指灯具的水平间距 L 和灯具与工作面的垂直距离 h 的比值。L/h 的值小灯具密集，照度均匀，经济性差；L/h 的值大，灯具稀疏，照度不均匀，灯具投资小。表 5-2 为部分对称灯具的参考距高比值。表 5-3 为荧光灯具的参考距高比值。灯具离墙边的距离一般取灯具水平间距 L 的 $1/3 \sim 1/2$。

（2）选择布置

选择布置是把灯具重点布置在有工作面的区域，保证工作面有足够的照度。当工作区域不大且分散时可以采用这种方式以减少灯具的数量，节省投资。

表 5-2　部分对称灯具的参考距高比值

灯具形式	距高比 L/h 值	
	多行布置	单行布置
配照型灯	1.8	1.8
深照型灯	1.6	1.5
广照型、散照型、圆球形灯	2.3	1.9

表 5-3　荧光灯具的参考距高比值

灯具名称	灯具型号	光源功率 /W	距高比 L/h 值		备　注
			$A-A$	$B-B$	
简式荧光灯	YG 1-1	1×40	1.62	1.22	
	YG 2-1	1×40	1.46	1.28	
	YG 2-2	2×40	1.33	1.28	
吸顶荧光灯具	YG 6-2	2×40	1.48	1.22	
	YG 6-3	3×40	1.41	1.26	
嵌入式荧光灯具	YG 15-2	2×40	1.25	1.2	
	YG 15-3	3×40	1.07	1.05	

5.9.4　吊灯的安装

（1）小型吊灯的安装

小型吊灯在吊棚上安装时，必须在吊棚主龙骨上设灯具紧固装置，将吊灯通过连接件悬挂在紧固装置上。紧固装置与主龙骨的连接应可靠，有时需要在支持点处对称加设建筑物主体与棚面间的吊杆，以抵消灯具加在吊棚上的重力，使吊棚不至于下沉、变形。吊杆出顶棚面最好加套管，这样可以保证顶棚面板的完整。安装时要保证牢固和可靠。如图 5-17 所示。

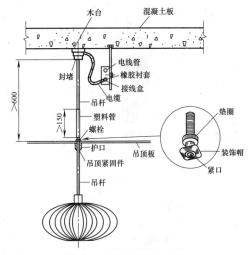

图 5-17　吊灯在顶棚上安装

（2）大型吊灯的安装

重量较重的吊灯在混凝土顶棚上安装时，要预埋吊钩或螺栓，或者用膨胀螺栓紧固，如图 5-18 所示。安装时应使吊钩的承重力大于灯具重量的 14 倍。大型吊灯因体积大、灯体重，必须固定在建筑物的主体棚面上（或具有承

(a) 灯具安装示意图

(b) 吊杆　(c) 吊钩

图 5-18　大（重）型吊灯安装

1—吊杆；2—灯具吊钩；3—大龙骨；4—中龙骨；5—纸面石膏板；
6—灯具；7—大龙骨垂直吊挂件；8—中龙骨垂直吊挂件

重能力的构架上），不允许在轻钢龙骨吊棚上直接安装。

采用膨胀螺栓紧固时，膨胀螺栓规格不宜小于 M6，螺栓数量至少要两个，不能采用轻型自攻型膨胀螺栓。

5.9.5 吸顶灯的安装

（1）吸顶灯在混凝土顶棚上的安装

吸顶灯在混凝土顶棚上安装时，可以在浇注混凝土前，根据图纸要求把木砖预埋在里面，也可以安装金属膨胀螺栓，如图 5-19 所示。在安装灯具时，把灯具的底台用木螺钉安装在预埋木砖上，或者用紧固螺栓将底盘固定在混凝土顶棚的膨胀螺栓上，再把吸顶灯与底台、底盘固定。圆形底盘吸顶灯紧固螺栓数量一般不得少于 3 个；方形或矩形底盘吸顶灯紧固螺栓一般不得少于 4 个。

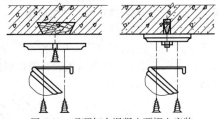

图 5-19　吸顶灯在混凝土顶棚上安装

（2）吸顶灯在吊顶棚上的安装

小型、轻型吸顶灯可以直接安装在吊顶棚上，但不得用吊顶棚的罩面板作为螺钉的紧固基面。安装时应在罩面板的上面加装木方，木方要固定在吊棚的主龙骨上。安装灯具的紧固螺钉拧紧在木方上，如图 5-20 所示。较大型吸顶灯安装，可以用吊杆将灯具底盘等附件装置悬吊固定在建筑物主体顶棚上，或者固定在吊棚的主龙骨上；也可以在轻钢龙骨上紧固灯具附件，而后将吸顶灯安装至吊顶棚上。

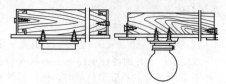

图 5-20　吸顶灯在吊顶上安装

5.9.6　壁灯的安装

壁灯一般安装在墙上或柱子上。当装在砖墙上时，一般在砌墙时应预埋木砖，但是禁止用木楔代替木砖。当然也可用预埋金属件或打膨胀螺栓的办法来解决。当采用梯形木砖固定壁灯灯具时，木砖必须随墙砌入。

在柱子上安装壁灯，可以在柱子上预埋金属构件或用抱箍将灯具固定在柱子上，也可以用膨胀螺栓固定的方法。壁灯的安装如图 5-21 所示。

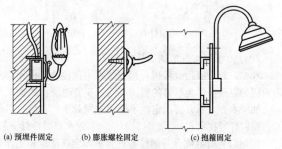

(a) 预埋件固定　　(b) 膨胀螺栓固定　　(c) 抱箍固定

图 5-21　壁灯的安装

5.9.7　建筑物彩灯的安装

① 建筑物顶部彩灯灯具应使用具有防雨性能的灯具，安装时应将灯罩装紧。

② 管路应按照明管敷设工艺安装，并应具有防雨水功能。管路连接和进入灯头盒均应采用螺纹连接，螺纹应缠防水胶带或缠麻抹铅油，如图 5-22 所示。

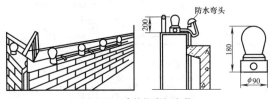

图 5-22　建筑物彩灯安装

③ 垂直彩灯悬挂挑臂应采用 10# 槽钢，开口吊钩螺栓直径≥10mm，上、下均附平垫圈，弹簧垫圈、螺母安装紧固。

④ 钢丝绳直径应≥4.5mm，底盘可参照拉线底盘安装，底把为≥16mm 圆钢。

⑤ 布线可参照钢索室外明配线工艺，灯口应采用防水吊线灯口。

⑥ 金属架构及钢索应作保护接地。

5.9.8　小型庭院柱灯的安装

① 清理预埋管路，穿线及将地脚螺栓用油洗去或刷子刷去锈蚀，必要时应重新套扣。

② 将灯具安装在钢管柱子（高一般大于 3m，直径不大于 100mm）的顶部，通常灯的底座与灯柱配套。接线同

吊灯，并将线穿于柱内引至底部穿出，如图 5-23 所示。

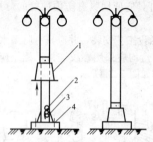

图 5-23　小型庭院柱灯的安装
1—护罩；2—出线口；3—熔断器；4—底座

③ 将底部护罩推上，把瓷插式熔断器用螺钉固定在管外的螺孔上，然后将电线管的线也从孔穿出，并把管立起安装在底座上。

④ 将引来的控制相线（火线）接在熔断器的上端，灯具的控制相线接在熔断器的下端，引来的零线与灯具的零线连接并包扎好，然后把护罩放下，用螺钉固定好。

广场、公路侧大型柱灯常采用水泥电杆或 $\phi300mm$ 以上的钢管支撑，护罩多为组合式，安装方法基本同上，柱灯的立柱必须垂直于地面。

5.9.9　建筑物照明进行通电试运行注意事项

送电及试灯时应注意以下几点。

① 送电时先合总闸，再合分闸，最后合支路开关。

② 试灯时先试支路负载，再试分路，最后试总路。

③ 使用熔丝作保护的开关，其熔丝应按负载额定电流的 1.1 倍选择。

④ 送电前应将总闸、分闸、支路开关全部关掉。

5.9.10　施工现场临时照明装置的安装

临时用电应是暂时、短期和非周期用电。施工现场照明则属于临时照明装置。对施工现场临时照明装置的安装有如下要求。

① 安装前应检查照明灯具和器材必须绝缘良好，并应符合现行国家有关标准的规定，严禁使用绝缘老化或破损的灯具和器材。

② 照明线路应布线整齐，室内安装的固定式照明灯具悬挂高度不得低于 2.5m，室外安装的照明灯具不得低于 3m，照明系统每一单相回路上应装设熔断器作保护。安装在露天工作场所的照明灯具应选用防水型灯头，并应单独装设熔断器作保护。

③ 现场办公室、宿舍、工作棚内的照明线，除橡套软电缆和塑料护套线外，均应固定在绝缘子上，并应分开敷设；导线穿过墙壁时应套绝缘管。

④ 为防止绝缘能力降低或绝缘损坏，照明电源线路不得接触潮湿地面，也不得接近热源和直接绑挂在金属构架上。

⑤ 照明开关应控制相线，不得将相线直接引入灯具。当采用螺口灯头时，相线应接在中心触头上，防止产生触电的危险。灯具内的接线必须牢固，灯具外的接线必须作可靠的绝缘包扎。

⑥ 照明灯具的金属外壳必须作保护接地或保护接零。灯头的绝缘外壳不得有损伤和漏电。单相回路的照明开关箱（板）内必须装设漏电保护器。

⑦ 施工现场照明应采用高光效、长寿命的照明光源。照明灯具与易燃物之间应保持一定的安全距离。

⑧ 暂设工程照明灯具、开关安装位置应符合要求：

　　a. 拉线开关距地面高度为 2～3m，临时照明灯具宜采用拉线开关；

　　b. 其他开关距地面高度为 1.3m；

　　c. 严禁在床上装设开关。

　　⑨ 对于夜间影响飞机或车辆通行的在建工程或机械设备，必须设置醒目的红色信号灯，其电源应设在施工现场电源总开关的前侧。

5.10　开关的安装

5.10.1　拉线开关的安装

　　开关的安装位置应便于操作和维修，其安装应符合以下规定。

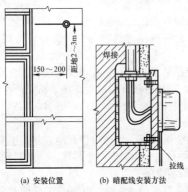

(a) 安装位置　　　(b) 暗配线安装方法

图 5-24　拉线开关安装

　　① 拉线开关距地面高度为 2～3m，或距顶棚 0.25～0.3m，距门框边宜为 0.15～0.2m，如图 5-24 所示。

　　② 为了装饰美观，并列安装的相同型号开关距地面高度应一致，高度差不应大于 1mm；同一室内安装的开关

高度差不应大于 5mm。

5.10.2 暗开关的安装

暗开关有扳把式开关、跷板式开关（又称活装暗扳把式开关）、延时开关等。与暗开关安装方法相同的还有拉线式暗开关。根据不同布置需要有单联、双联、三联等形式。暗装开关盒如图 5-25 所示。暗装开关距地面高度一般为 1.3m；距门框水平距离，一般为 0.2m。

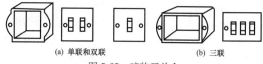

(a) 单联和双联　　(b) 三联

图 5-25　暗装开关盒

暗装跷板式开关安装接线时，应使开关切断相线，并应根据开关跷板或面板上的标志确定面板的装置方向。跷板上有红色标记的应朝下安装。当开关的跷板和面板上无任何标志时，应装成跷板向下按时，开关处于合闸的位置，跷板向上按时，处于断开的位置，即从侧面看跷板上部突出时灯亮，下部突出时灯熄，如图 5-26 所示。

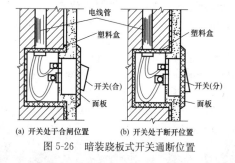

(a) 开关处于合闸位置　　(b) 开关处于断开位置

图 5-26　暗装跷板式开关通断位置

5.11 插座的安装

5.11.1 安装插座应满足的技术要求

① 插座垂直离地高度，明装插座不应低于 1.3m；暗装插座用于生活的不低于 0.15m，用于公共场所应不低于 1.3m，并与开关并列安装。

② 在儿童活动的场所，不应使用低位置插座，应装在不低于 1.3m 的位置上，否则应采取防护措施。

③ 浴室、蒸汽房、游泳池等潮湿场所内应使用专用插座。

④ 空调器的插座电源线，应与照明灯电源线分开敷设，应由配电板或漏电保护器后单独敷设，插座的规格也要比普通照明、电热插座大。导线截面积一般采用不小于 1.5mm² 的铜芯线。

⑤ 墙面上各种电器连接插座的安装位置应尽可能靠近被连接的电器，缩短连线的长度。

5.11.2 插座的安装及接线

插座是长期带电的电器，是线路中最容易发生故障的地方，插座的接线孔都有一定的排列位置，不能接错，尤其是单相带保护接地（接零）的三极插座，一旦接错，就容易发生触电伤亡事故。暗装插座接线时，应仔细辨别盒内分色导线，正确地与插座进行连接。

插座接线时应面对插座。单相两极插座在垂直排列时，上孔接相线（L 线），下孔接中性线（N 线），如图 5-27（a）所示。水平排列时，右孔接相线，左孔接中性线，如图 5-27（b）所示。

单相三极插座接线时，上孔接保护接地或接零线（PE线），右孔接相线（L线），左孔接中性线（N线），如图5-27（c）所示。严禁将上孔与左孔用导线连接。

三相四极插座接线时，上孔接保护接地或接零线（PE线），左孔接相线（L1线），下孔接相线（L2线），右孔也接相线（L3线），如图5-27（d）所示。

暗装插座接线完成后，不要马上固定面板，应将盒内导线理顺，依次盘成圆圈状塞入盒内，且不允许盒内导线相碰或损伤导线，面板安装后表面应清洁。

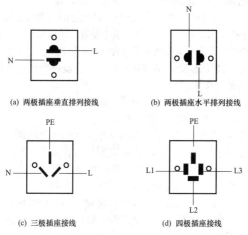

(a) 两极插座垂直排列接线　　　　　(b) 两极插座水平排列接线

(c) 三极插座接线　　　　　　　(d) 四极插座接线

图 5-27　插座的接线

5.12 电风扇的安装

5.12.1 吊扇的安装

① 吊扇的安装需要在土建施工中，根据图纸预埋吊钩。吊钩不应小于悬挂销钉的直径，且应用不小于8mm的圆钢制作。在不同的建筑结构中，吊钩的安装方法也不同。

② 吊扇的规格、型号必须符合设计要求，并有产品合格证。吊扇片应无变形，吊杆长度合适。

③ 组装吊扇时应根据产品说明书进行，注意不要改变扇叶的角度。扇叶的固定螺钉应装防松装置。

④ 吊扇与吊杆之间、吊杆与电动机之间，螺纹连接啮合长度不得小于20mm，并必须有防松装置。吊扇吊杆上的悬挂销钉必须装设防振橡胶垫，销钉的防松装置应齐全、可靠。

⑤ 安装前检查、清理接线盒，注意检查接线盒预埋安装位置是否接错。

⑥ 吊扇接线时注意区分导线的颜色，应与系统穿线颜色一致，以区别相线、零线及保护地线。

⑦ 将吊扇通过减振橡胶耳环挂牢在预埋的吊钩上，吊钩挂上吊扇后，一定要使吊扇的重心和吊钩垂直部分在同一垂线上。吊钩伸出建筑物的长度应以盖住风扇吊杆护罩后能将整个吊钩全部罩住为宜。如图5-28所示。

⑧ 用压接帽接好电源接头，将接头扣于扣碗内，紧贴顶棚后拧紧固定螺钉。按要求安装好扇叶，扇叶距地面高度不应低于2.5m。

⑨ 吊扇调速开关安装高度应为1.3m。同一室内并列安装的吊扇开关高度应一致，且控制有序不错位。

⑩ 吊扇运转时扇叶不应有明显的颤动和异常声响。

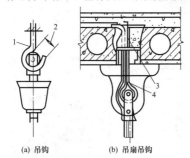

(a) 吊钩　　　　　(b) 吊扇吊钩

图 5-28　吊扇吊钩安装

1—吊钩曲率半径；2—吊扇橡胶轮直径；3—水泥砂浆；4—φ8mm 圆钢

5.12.2　换气扇的安装

换气扇一般在公共场所、卫生间及厨房内墙体或窗户上安装。电源插座、控制开关必须使用防溅型开关、插座。换气扇在墙上、窗上的安装做法如图 5-29 和图 5-30 所示。

5.12.3　壁扇的安装

壁扇底座在墙上采用塑料胀管或膨胀螺栓固定，塑料胀管或膨胀螺栓的数量不应少于 2 个，且直径不应小于 8mm，壁扇底座应固定牢固。在安装的墙壁上找好挂板安装孔和底板钥匙孔的位置，安装好塑料胀管。先拧好底板钥匙孔上的螺钉，把风扇底板的钥匙孔套在墙壁螺钉上，然后用木螺钉把挂板固定在墙壁的塑料胀管上。壁扇的下侧边沿线距地面高度不宜小于 1.8m，且底座平面的垂直偏差不宜大于 2mm。壁扇的防护罩应扣紧，固定可靠。壁扇在运转时，扇叶和防护罩均不应有明显的颤动和异常声响。

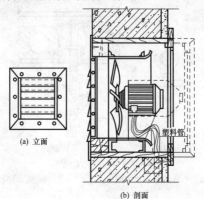

(a) 立面

(b) 剖面

图 5-29 换气扇（三相）在墙上的安装

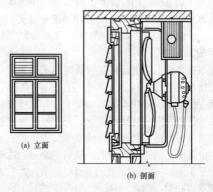

(a) 立面

(b) 剖面

图 5-30 换气扇（单相）在窗上的安装

第6章

常用电动机

6.1 三相异步电动机

6.1.1 三相异步电动机的基本结构

三相异步电动机主要由两大部分组成，一个是静止部分，称为定子；另一个是旋转部分，称为转子。转子装在定子腔内，为了保证转子能在定子内自由转动，定、转子之间必须有一定的间隙，称为气隙。此外，在定子两端还装有端盖等。笼型三相异步电动机的结构如图 6-1 所示，绕线转子三相异步电动机的结构如图 6-2 所示。

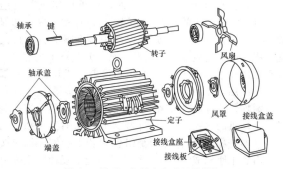

图 6-1　笼型三相异步电动机的结构

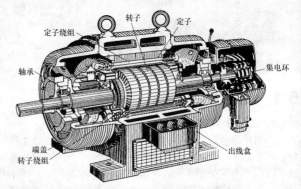

图 6-2　绕线转子三相异步电动机的结构

(1) 定子

定子主要由机座、定子铁芯、定子绕组三部分组成。机座是电动机的外壳和支架，它的作用是固定和保护定子铁芯及定子绕组并支撑端盖。机座上设有接线盒，用以连接绕组引线和接入电源。为了便于搬运，在机座上面还装有吊环。定子铁芯是电动机磁路的一部分，一般用 0.5mm 厚的硅钢片叠压而成。在定子冲片的内圆均匀地冲有许多槽，用以嵌放定子绕组。定子绕组是电动机的电路部分。三相异步电动机有三个独立的绕组（即三相绕组），每相绕组包含若干线圈，每个线圈又由若干匝构成。三相绕组按照一定的规律依次嵌放在定子槽内，并与定子铁芯之间绝缘。定子绕组通以三相交流电时，便会产生旋转磁场。

（2）转子

转子由转子铁芯、转子绕组和转轴三部分组成。转子铁芯也是电动机磁路的一部分，一般用 0.5mm 厚的硅钢片叠压而成，在硅钢片的外圆上均匀地冲有许多槽，用以浇铸铝条或嵌放转子绕组。转子铁芯压装在转轴上。转子绕组分为笼型和绕线型两种。转轴一般由中碳钢制成，它的作用主要是支撑转子，传递转矩，并保证定子与转子之间具有均匀的气隙。

6.1.2　三相异步电动机的工作原理

三相异步电动机工作原理示意图如图 6-3 所示。在一个可旋转的马蹄形磁铁中，放置一个可以自由转动的笼型绕组，如图 6-3（a）所示。当转动马蹄形磁铁时，笼型绕组就会跟着它向相同的方向旋转。这是因为磁铁转动时，它的磁场与笼型绕组中的导体（即导条）之间产生相对运动，若磁场顺时针方向旋转，相当于转子导体逆时针方向切割磁力线，根据右手定则可以确定转子导体中感应电动势的方向，如图 6-3（b）所示。由于导体两端被金属端环短路，因此在感应电动势的作用下，导体中就有感应电流流过，如果不考虑导体中电流与电动势的相位差，则导体中感应电流的方向与感应电动势的方向相同。这些通有感应电流的导体在磁场中会受到电磁力 f 的作用，导体受力方向可根据左手定则确定。因此，在图 6-3（b）中，N 极范围内的导体受力方向向右，而 S 极范围内的导体的受力方向向左，这是一对大小相等、方向相反的力，因此就形成了电磁转矩 T_e，使笼型绕组（转子）朝着磁场旋转的方向转动起来。这就是异步电动机的简单工作原理。

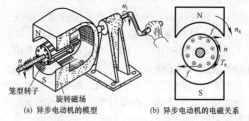

(a) 异步电动机的模型　　(b) 异步电动机的电磁关系

图 6-3　三相异步电动机工作原理示意图

　　实际的三相异步电动机是利用定子三相对称绕组通入三相对称电流而产生旋转磁场的，这个旋转磁场的转速 n_s 又称为同步转速。三相异步电动机转子的转速 n 不可能达到定子旋转磁场的转速，即电动机的转速 n 不可能达到同步转速 n_s。因为，如果达到同步转速，则转子导体与旋转磁场之间就没有相对运动，因而在转子导体中就不能产生感应电动势和感应电流，也就不能产生推动转子旋转的电磁力 f 和电磁转矩 T_e，所以，异步电动机的转速总是低于同步转速，即两种转速之间总是存在差异，异步电动机因此而得名。由于转子电流由感应产生的，故这种电动机又称为感应电动机。

　　旋转磁场的转速为

$$n_s = \frac{60 f_1}{p}$$

　　可见，旋转磁场的转速 n_s 与电源频率 f_1 和定子绕组的极对数 p 有关。

　　例如：一台三相异步电动机的电源频率 $f_1 = 50\,\text{Hz}$，若该电动机是四极电机，即电动机的极对数 $p=2$，则该电动机的同步转速 $n_s = \dfrac{60f_1}{p} = \dfrac{60 \times 50}{2} = 1500$ r/min，而该电动机的转速 n 应略低于 1500 r/min。

6.1.3 三相异步电动机的铭牌

在电动机铭牌上标明了由制造厂规定的表征电动机正常运行状态的各种数值，如功率、电压、电流、频率、转速等，称为额定参数。异步电动机按额定参数和规定的工作制运行，称为额定运行。它们是正确使用、检查和维修电动机的主要依据。图 6-4 为一台三相异步电动机的铭牌实例，其中各项内容的含义如下。

三相异步电动机			
型号	Y132S-4		出厂编号
功率 5.5kW	电流 11.6A		
电压 380V	转速 1440r/min		噪声 Lw78dB
接法△	防护等级 IP44	频率 50Hz	质量 68kg
标准编号	工作制 Sl	绝缘等级 B级	年 月
× × 电机厂			

图 6-4 三相异步电动机的铭牌

① 型号。型号是表示电动机的类型、结构、规格及性能等的代号。

② 额定功率。异步电动机的额定功率，又称额定容量，指电动机在铭牌规定的额定运行状态下工作时，从转轴上输出的机械功率。单位为 W 或 kW。

③ 额定电压。指电动机在额定运行状态下，定子绕组应接的线电压。单位为 V 或 kV。如果铭牌上标有两个电

压值，表示定子绕组在两种不同接法时的线电压。例如，电压 220/380，接法△/Y，表示若电源线电压为 220V 时，三相定子绕组应接成三角形，若电源线电压为 380V 时，定子绕组应接成星形。

④ 额定电流。指电动机在额定运行状态下工作时，定子绕组的线电流，单位为 A。如果铭牌上标有两个电流值，表示定子绕组在两种不同接法时的线电流。

⑤ 额定频率。指电动机所使用的交流电源频率，单位为 Hz。我国规定电力系统的工作频率为 50Hz。

⑥ 额定转速。指电动机在额定运行状态下工作时，转子每分钟的转数，单位为 r/min。一般异步电动机的额定转速比旋转磁场转速（同步转速 n_s）低 2%～5%，故从额定转速也可知道电动机的极数和同步转速。电动机在运行中的转速与负载有关。空载时，转速略高于额定转速；过载时，转速略低于额定转速。

⑦ 接法。接法是指电动机在额定电压下，三相定子绕组 6 个首末端头的连接方法，常用的有星形（Y）和三角形（△）两种。

⑧ 工作制（或定额）。指电动机在额定值条件下运行时，允许连续运行的时间，即电动机的工作方式。

⑨ 绝缘等级（或温升）。指电动机绕组所采用的绝缘材料的耐热等级，它表明电动机所允许的最高工作温度。

⑩ 防护等级。电机外壳防护等级的标志由字母 IP 和两个数字表示。IP 后面的第一个数字代表第一种防护形式（防尘）的等级；第二个数字代表第二种防护形式（防水）的等级。数字越大，防护能力越强。

6.1.4 三相异步电动机的接法

三相异步电动机的接法是指电动机在额定电压下，三相定子绕组 6 个首末端头的连接方法，常用的有星形（Y）和三角形（△）两种。

三相定子绕组每相都有两个引出线头，一个称为首端，另一个称为末端。按国家标准规定，第一相绕组的首端用 U1 表示，末端用 U2 表示；第二相绕组的首端和末端分别用 V1 和 V2 表示；第三相绕组的首端和末端分别用 W1 和 W2 表示。这 6 个引出线头引入接线盒的接线柱上，接线柱标出对应的符号，如图 6-5 所示。

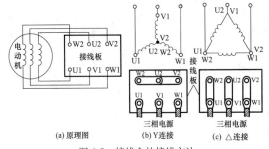

(a) 原理图　　(b) Y连接　　(c) △连接

图 6-5　接线盒的接线方法

一台电动机是接成星形或是接成三角形，应视生产厂家的规定而进行，可从铭牌上查得。

三相定子绕组的首末端是生产厂家事先预定好的，绝不能任意颠倒，但可以将三绕组的首末端一起颠倒，例如将 U2、V2、W2 作为首端，而将 U1、V1、W1 作为末端。但绝对不能单独将一相绕组的首末端颠倒，如将 U1、V2、W1 作为首端，将会产生接线错误。

6.1.5 三相异步电动机的选择

（1）电动机种类的选择

三相异步电动机类型的选择应遵循下列原则。

① 生产机械对启动、制动及调速无特殊要求时，应采用笼型电动机。因笼型电动机具有较高的效率、较好的工作特性、结构简单、坚固耐用、维护方便和价格便宜等优点。

② 生产机械对调速精度要求不高，且调速比不大，或按启动条件采用笼型电动机不合理时，宜采用绕线转子电动机。与笼型电动机相比，绕线转子电动机具有较小的启动电流，较大的启动转矩和较好的调速性能。

③ 生产机械对启动、制动及调速有特殊要求时，应进行技术经济比较以确定电动机的类型及调速方式。

④ 对于年运行时间大于 3000h 的生产机械，应选用高效率的电动机。

⑤ 在企业配电电压允许的条件下，大容量的电动机宜选用高压电动机。

（2）电动机额定功率的选择

电动机的额定功率选择应适当，不应过小或过大。如果额定功率选择过小，就会出现"小马拉大车"的现象，势必使电动机过载，也就必然会使电流超过额定值而使电动机过热，电动机的绝缘也会因过热而损坏甚至烧毁；如果额定功率选择过大，则电动机处于轻载状况下工作，其功率因数和效率均较低，运行不经济。所以电动机额定功率的选择，一般应遵照以下原则来进行。

对于连续工作制的生产机械，应选用连续工作制（定额）电动机，只要知道被拖动的生产机械的功率，就可以确定电动机的功率。因一般生产机械的铭牌上均注明了需配备电动机的功率，故可直接选用；而未标明所需配备电动机的功率时，考虑到机械传动过程中产生的损耗以及运行中可能发生的意外过载情况，应使所选择的电动机的功率比生产机械的功率稍大一些。

（3）电动机转速的选择

额定功率相同的电动机，额定转速越高，电动机的尺寸越小、重量越轻、成本越低，效率和功率因数一般也越高，因此选用高速电动机较为经济。但是，由于生产机械对转速的要求一定，电动机的转速选得太高，势必加大传动机构的转速比，导致传动机构复杂化和传动效率的降低。此外，电动机的转矩与"输出功率/转速"成正比，额定功率相同的电动机，极数越少，转速就越高，同时转矩越小。因此，一般应尽可能使电动机与生产机械的转速一致，以便采用联轴器直接传动；如两者转速相差较多时，可选用比生产机械的转速稍高的电动机，采用带传动。

6.1.6 电动机熔体和熔断器的选择

熔丝（熔体）的选择必须考虑电动机启动电流的影响，同时还应注意，各级熔体应互相配合，即下一级熔体应比上一级熔体小。选择原则如下。

（1）保护单台电动机的熔体的选择

由于笼型异步电动机的启动电流很大，故应保证在电动机的启动过程中熔体不熔断，而在电动机发生短路故障时又能可靠地熔断。因此，异步电动机熔体的额定电流一般可按下式计算：

$$I_{RN} = (1.5 \sim 2.5) I_N$$

式中　I_{RN}——熔体的额定电流，A；

　　　I_N——电动机的额定电流，A。

上式中的系数 1.5～2.5 应视负载性质和启动方式而选取。对轻载启动、启动不频繁、启动时间短或降压启动者，取较小值；对重载启动、启动频繁、启动时间长或直接启动者，取较大值。当按上述方法选择系数还不能满足启动要求时，系数可大于 2.5，但应小于 3。

（2）保护多台电动机的熔体的选择

当多台电动机应用在同一系统中，采用一个总熔断器时，熔体的额定电流可按下式计算：

$$I_{RN} = (1.5 \sim 2.5) I_{Nm} + \sum I_N$$

式中　I_{RN}——熔体的额定电流，A；

　　　I_{Nm}——启动电流最大的一台电动机的额定电流，A；

　　　$\sum I_N$——除启动电流最大的一台电动机外，其余电动机的额定电流的总和，A。

根据上式求出一个数值后，可查熔断器技术数据，选取等于或稍大于此值的标准规格的熔体。

另外，电动机的熔体确定后，可根据熔断器技术数据，选取熔断器的额定电压和额定电流。在选择熔断器时应注意：熔断器的额定电流应大于或等于熔体的额定电流；熔断器的额定电压应大于或等于电动机的额定电压。

6.1.7　电动机的搬运与安装

（1）搬运电动机的注意事项

搬运电动机时，应注意不应使电动机受到损伤、受潮或弄脏。

如果电动机由制造厂装箱运来，在没有运到安装地点前，不要打开包装箱，宜将电动机存放在干燥的仓库内，也可以放置室外，但应有防雨、防潮、防尘等措施。

中小型电动机从汽车或其他运输工具上卸下来时，可使用起重机械；如果没有起重机械设备，可在地面与汽车间搭斜板，慢慢滑下来。但必须用绳子将机身拖住，以防滑动太快或滑出木板。

质量在100kg以下的小型电动机，可以用铁棒穿过电动机上的吊环，由人力搬运，但不能用绳子套在电动机的带轮或转轴上，也不要穿过电动机的端盖孔来抬电动机。搬运中所用的机具、绳索、杠棒必须牢固，不能有丝毫马虎。如果搬运中使电动机转轴弯曲扭坏，使电动机内部结构变动，将直接影响电动机使用，而且修复很困难。

（2）安装地点的选择

选择安装电动机的地点时一般应注意：

① 尽量安装在干燥、灰尘较少的地方；

② 尽量安装在通风较好的地方；

③ 尽量安装在较宽敞的地方，以便进行日常操作和维修。

（3）电动机安装前的检查

电动机安装之前应进行仔细检查和清扫。

① 检查电动机的功率、型号、电压等应与设计相符。

② 检查电动机的外壳应无损伤，风罩风叶应完好。

③ 转子转动应灵活，无碰卡声，轴向窜动不应超过规定的范围。

④ 检查电动机的润滑脂，应无变色、变质及硬化等现象。其性能应符合电动机工作条件。

⑤ 拆开接线盒，用万用表测量三相绕组是否断路。引出线鼻子的焊接或压接应良好，编号应齐全。

⑥ 使用绝缘电阻表测量电动机的各相绕组之间以及各相绕组与机壳之间的绝缘电阻，如果电动机的额定电压在500V以下，则使用500V兆欧表测量，其绝缘电阻值不得小于0.5MΩ，如果不能满足要求应对电动机进行干燥。

⑦ 对于绕线转子电动机需检查电刷的提升装置。提升装置应标有"启动"、"运行"的标志，动作顺序是先短路集电环，然后提升电刷。

电动机在检查中，如有下列之一时，应进行抽芯检查：a. 出厂日期超过制造厂保证期限者；b. 经外观检查或电气试验，质量有可疑时；c. 开启式电动机经端部检查有可疑时；d. 试运转时有异常情况者。

(4) 电动机底座基础的制作

为了保证电动机能平稳地安全运转，必须把电动机牢固地安装在固定的底座上。电动机底座的选用方法是生产机械设备上有专供安装电动机固定底座的，电动机一定要安装在上面；无固定底座时，一般中小型电动机可用螺栓装置在固定的金属底板或槽轨上，也可以将电动机紧固在事先埋入混凝土基础内的地脚螺栓或槽轨上。

① 电动机底座基础的建造 电动机底座的基础一般用混凝土浇注而成，底座墩的形状如图 6-6 所示。座墩的尺寸要求：H 一般为 100～150mm，具体高度应根据电动机规格、传动方法和安装条件来决定；B 和 L 的尺寸应根据底板或电动机机座尺寸来定，但四周一般要放出 50～250mm 裕度，通常外加 100mm；基础的深度一般按地脚螺栓长度的 1.5～2 倍选取，以保证埋设地脚螺栓时，有足够的强度。

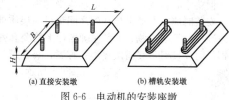

(a) 直接安装墩　　　　(b) 槽轨安装墩

图 6-6 电动机的安装座墩

② 地脚螺栓的埋设方法

为了保证地脚螺栓埋得牢固，通常将地脚螺栓做成人字形或弯钩形，如图 6-7 所示。地脚螺栓埋设时，埋入混凝土的长度一般不小于螺栓直径的10 倍，人字开口和弯钩形的长度约为埋入混凝土内长度的一半左右。

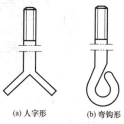

(a) 人字形　　(b) 弯钩形

图 6-7 预埋的地脚螺栓

③ 电动机机座与底座的安装 为了防止振动，安装时应在电动机与基础之间垫衬

一层质地坚韧的木板或硬橡胶等防振物；4个地脚螺栓上均要套用弹簧垫圈；拧紧螺母时要按对角交错次序逐步拧紧，每个螺母要拧得一样紧。

安装时还应注意使电动机的接线盒接近电源管线的管口，再用金属软管伸入接线盒内。

（5）电动机的安装方法

安装电动机时，质量在100kg以下的小型电动机，可用人力抬到基础上；比较重的电动机，应用起重机或滑轮来安装，但要小心轻放，不要使电动机受到损伤。为了防止振动，安装时应在电动机与基础之间垫衬一层质地坚韧的木板或硬橡胶等防振物；4个地脚螺栓上均要套弹簧垫圈；拧螺母时要按对角交错次序逐个拧紧，每个螺母要拧得一样紧。电动机在基础上的安装如图6-8所示。

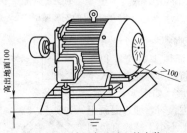

图6-8　电动机在基础上的安装

穿导线的钢管应在浇注混凝土前埋好，连接电动机一端的钢管，管口离地不得低于100mm，并应使它尽量接近电动机的接线盒，如图6-9所示。

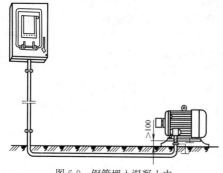

图 6-9 钢管埋入混凝土内

（6）电动机的校正

① 水平校正 电动机在基础上安放好后，首先检查水平情况。通常用水准仪（水平仪）来校正电动机的纵向和横向水平。如果不平，可用 0.5～5mm 的钢片垫在机座下，直到符合要求为止。注意：不能用木片或竹片来代替，以免在拧紧螺母或电动机运行中木片或竹片变形碎裂。校正好水平后，再校正传动装置。

② 带传动的校正 用带传动时，首先要使电动机带轮的轴与被传动机器带轮的轴保持平行；其次两个带轮宽度的中心线应在一条直线上。若两个带轮的宽度相同，校正时可在带轮的侧面进行，将一根细线拉直并紧靠两个带轮的端面，如图 6-10 所示，若细线均接触 A、B、C、D 四点，则带轮已校正好，否则应进行校正。

③ 联轴器传动的校正 以被传动的机器为基准调整联轴

器，使两联轴器的轴线重合，同时使两联轴器的端面平行。

校准联轴器可用钢直尺进行校正，如图 6-11 所示。将钢直尺搁在联轴器上，分别测量纵向水平间隙 a 和轴向间隙 b，再用手将电动机端的联轴器转动，每转 90°测量一次 a 与 b 的数值。若各位置上测得的 a、b 值不相同，应在机座下加垫或减垫。这样重复几次，调整后测得的 a、b 值在联轴器转动 360°时不变即可。两联轴器容许轴向间隙 b 值应符合表 6-4 的规定。

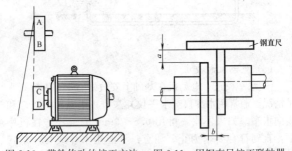

图 6-10 带轮传动的校正方法   图 6-11 用钢直尺校正联轴器

表 6-1 两联轴器容许轴向间隙 b

联轴器直径/mm	90~140	140~260	260~500
容许轴向间隙 b/mm	2.5	2.5~4	4~6

④ 齿轮传动的校正   电动机轴与被传动机器的轴应保持平行。两齿轮轴是否平行，可用塞尺检查两齿轮的间隙来确定，如间隙均匀，说明两轴已平行。否则，需重新校正。一般齿轮啮合程度可用颜色印迹法来检查，应使齿轮

接触部分不小于齿宽的 2/3。

6.1.8 电动机绝缘电阻的测量

（1）用绝缘电阻表测量电动机的绝缘电阻

用绝缘电阻表测量电动机绝缘电阻的方法如图 6-12 所示，测量步骤如下。

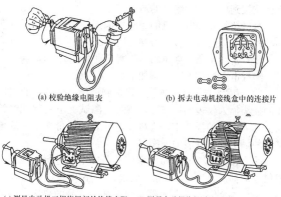

(a) 校验绝缘电阻表   (b) 拆去电动机接线盒中的连接片

(c) 测量电动机三相绕组间的绝缘电阻 (d) 测量电动机绕组对地 (机壳) 的绝缘电阻

图 6-12　用绝缘电阻表测量电动机的绝缘电阻

1—U1；2—V1；3—W1；4—U2；5—V2；6—W2

① 校验绝缘电阻表。把绝缘电阻表放平，将绝缘电阻表测试端短路，并慢慢摇动绝缘电阻表的手柄，指针应指在"0"位置上；然后将测试端开路，再摇动手柄（约 120r/min 左右），指针应指在"∞"位置上。测量时，应将绝缘电阻表平置放稳，摇动手柄的速度应均匀。

② 将电动机接线盒内的连接片拆去。

③ 测量电动机三相绕组之间的绝缘电阻。将两个测试夹分别接到任意两相绕组的端点，以 120r/min 左右的匀速摇动绝缘电阻表 1min 后，读取绝缘电阻表指针稳定的指示值。

④ 用同样的方法，依次测量每相绕组与机壳的绝缘电阻。但应注意，绝缘电阻表上标有"E"或"接地"的接线柱应接到机壳上无绝缘的地方。

测量单相异步电动机的绝缘电阻时，应将电容器拆下（或短接），以防将电容器击穿。

（2）用数字绝缘电阻测量仪测量电动机的绝缘电阻

绝缘电阻测试方法步骤如下。

① 测试线与插座的连接。将带测试棒（红色）的测试线的插头插入仪表的插座 L，将带大测试夹子的测试线的插头插入仪表的插座 E，将带表笔（笔上带夹子）的测试线的插头插入仪表的插座 G。

② 测试接线。根据被测电气设备或电路进行接线，一般仪表的插座 E 的接线为接地线；插座 L 的接线为线路线；插座 G 的接线为屏蔽线，接在被测试品的表面（如电缆芯线的绝缘层上），以防止表面泄漏电流影响测试阻抗，从而影响测量准确度。接线时应先将转换开关置于"POWER OFF"位置，然后把大测试夹子接到被测设备的地端，带表笔的小夹子接到绝缘物表面，红色高压测试棒接线路或被测极上。

③ 额定电压选择。根据被测电气设备或电路的额定电压等级选择与之相适应的测试电压等级，这点与指针式绝缘电阻表是一样的。HDT2060 绝缘电阻测量仪有 100V、250V、500V、1000V 共 4 挡电压；HDT2061 绝缘电阻测

量仪有 500V、1000V、2000V、2500V 共 4 挡电压。可以通过旋转开关进行选择。

④ 测试操作。当把测试线与被测设备或电路连接好了以后，按一下高压开关"PUSH"，此时"PUSH ON"的红色指示灯点亮，表示测试用高压输出已经接通。当测试开始后，液晶显示屏显示读数，所显示的数字即为被测设备或电路的绝缘电阻值。如果按下高压开关后，指示灯不亮，说明电池容量不足或电池连接有问题（例如极性连接有错误或接触不良）。

⑤ 关机。测试完毕后，按一下高压开关"PUSH"，此时"PUSH ON"的红色指示灯熄灭，表示测试高压输出已经断开。将转换开关置于"POWER OFF"位置，液晶显示屏无显示。对大电感及电容性负载，还应先将测试品上的残余电荷泄放净，以防残余电荷放电伤人，再拆下测试线。至此测试工作结束。

6.1.9 异步电动机的使用与维护

（1）电动机启动前的准备与检查

1）新安装或长期停用的电动机启动前的检查

① 用绝缘电阻表检查电动机绕组之间及绕组对地（机壳）的绝缘电阻。通常对额定电压为 380V 的电动机，采用 500V 绝缘电阻表测量，其绝缘电阻值不得小于 $0.5M\Omega$，否则应进行烘干处理。

② 按电动机铭牌的技术数据，检查电动机的额定功率是否合适，检查电动机的额定电压、额定频率与电源电压及频率是否相符。并检查电动机的接法是否与铭牌所标一致。

③ 检查电动机轴承是否有润滑油，滑动轴承是否达到

规定油位。

④ 检查熔体的额定电流是否符合要求，启动设备的接线是否正确，启动装置是否灵活，有无卡滞现象，触头的接触是否良好。使用自耦变压器减压启动时，还应检查自耦变压器抽头是否选得合适，自耦变压器减压启动器是否缺油，油质是否合格等。

⑤ 检查电动机基础是否稳固，螺栓是否拧紧。

⑥ 检查电动机机座、电源线钢管以及启动设备的金属外壳接地是否可靠。

⑦ 对于绕线转子三相异步电动机，还应检查电刷及提刷装置是否灵活、正常。检查电刷与集电环接触是否良好，电刷压力是否合适。

2）正常使用的电动机启动前的检查

① 检查电源电压是否正常，三相电压是否平衡，电压是否过高或过低。

② 检查线路的接线是否可靠，熔体有无损坏。

③ 检查联轴器的连接是否牢固，传送带连接是否良好，传送带松紧是否合适，机组传动是否灵活，有无摩擦、卡住、窜动等不正常的现象。

④ 检查机组周围有无妨碍运动的杂物或易燃物品。

（2）电动机启动时的注意事项

异步电动机启动时应注意以下几点。

① 合闸启动前，应观察电动机及拖动机械上或附近是否有异物，以免发生人身及设备事故。

② 操作开关或启动设备时，应动作迅速、果断，以免产生较大的电弧。

③ 合闸后，如果电动机不转，要迅速切断电源，检查熔丝及电源接线等是否有问题。绝不能合闸等待或带电检查，否则会烧毁电动机或发生其他事故。

④ 合闸后应注意观察，若电动机转动较慢、启动困难、声音不正常或生产机械工作不正常，电流表、电压表指示异常，都应立即切断电源，待查明原因，排除故障后，才能重新启动。

⑤ 应按电机的技术要求，限制电动机连续启动的次数。对于Y系列电动机，一般空载连续启动不得超过3～5次。满载启动或长期运行至热态，停机后又启动的电动机，不得连续超过2～3次。否则容易烧毁电动机。

⑥ 对于笼型电动机的星-三角启动或利用补偿器启动，若是手动延时控制的启动设备，应注意启动操作顺序和控制好延时长短。

⑦ 多台电动机应避免同时启动，应由大到小逐台启动，以避免线路上总启动电流过大，导致电压下降太多。

(3) 电动机运行中的监视与维护

正常运行的异步电动机，应经常保持清洁，不允许有水滴、油滴或杂物落入电动机内部；应监视其运行中的电压、电流、温升及可能出现的故障现象，并针对具体情况进行处理。

① 电源电压的监视　三相异步电动机长期运行时，一般要求电源电压不高于额定电压的10%，不低于额定电压的5%；三相电压不对称的差值也不应超过额定值的5%，否则应减载或调整电源。

② 电动机电流的监视　电动机的电流不得超过铭牌上

规定的额定电流，同时还应注意三相电流是否平衡。当三相电流不平衡的差值超过 10％时，应停机处理。

③ 电动机温升的监视 监视温升是监视电动机运行状况的直接可靠的方法。当电动机的电压过低、电动机过载运行、电动机缺相运行、定子绕组短路时，都会使电动机的温度不正常地升高。

所谓温升，是指电动机的运行温度与环境温度（或冷却介质温度）的差值。例如环境温度（即电动机未通电的冷态温度）为 30℃，运行后电动机的温度为 100℃，则电动机的温升为 70℃。电动机的温升限值与电动机所用绝缘材料的绝缘等级有关。

没有温度计时，可在确定电动机外壳不带电后，用手背去试电动机外壳温度。若手能在外壳上停留而不觉得很烫，说明电动机未过热；若手不能在外壳上停留，则说明电动机已过热。

④ 电动机运行中故障现象的监视 对运行中的异步电动机，应经常观察其外壳有无裂纹、螺钉（栓）是否有脱落或松动，电动机有无异响或振动等。监视时，要特别注意电动机有无冒烟和异味出现，若嗅到焦糊味或看到冒烟，必须立即停机处理。

对轴承部位，要注意轴承的声响和发热情况。当用温度计法测量时，滚动轴承发热温度不许超过 95℃，滑动轴承发热温度不许超过 80℃。轴承声音不正常和过热，一般是轴承润滑不良或磨损严重所致。

对于联轴器传动的电动机，若中心校正不好，会在运行中发出响声，并伴随着电动机的振动和联轴器螺栓、胶垫的迅速磨损。这时应重新校正中心线。

对于带传动的电动机，应注意传动带不应过松而导致打滑，但也不能过紧而使电动机轴承过热。

对于绕线转子异步电动机还应经常检查电刷与滑环间的接触及电刷磨损、压力、火花等情况。如发现火花严重，应及时整修滑环表面，校正电刷弹簧的压力。

另外，还应经常检查电动机及开关设备的金属外壳是否漏电和接地不良。用验电笔检查发现带电时，应立即停机处理。

6.1.10　三相异步电动机的常见故障及其排除方法

异步电动机的故障是多种多样的，同一故障可能有不同的表面现象，而同样的表面现象也可能由不同的原因引起，因此，应认真分析，准确判断，及时排除。

三相异步电动机的常见故障及其排除方法见表 6-2。

表 6-2　三相异步电动机的常见故障及其排除方法

常见故障	可能原因	排除方法
电动机空载不能启动	① 熔丝熔断 ② 三相电源线或定子绕组中有一相断线 ③ 刀开关或启动设备接触不良 ④ 定子三相绕组的首尾端错接 ⑤ 定子绕组短路 ⑥ 转轴弯曲 ⑦ 轴承严重损坏 ⑧ 定子铁芯松动 ⑨ 电动机端盖或轴承盖组装不当	① 更换同规格熔丝 ② 查出断线处，将其接好、焊牢 ③ 查出接触不良处，予以修复 ④ 先将三相绕组的首尾端正确辨出，然后重新连接 ⑤ 查出短路处，增加短路处的绝缘或重绕定子绕组 ⑥ 校正转轴 ⑦ 更换同型号轴承 ⑧ 先将定子铁芯复位，然后固定 ⑨ 重新组装，使转轴转动灵活

常见故障	可能原因	排除方法
电动机不能满载运行或启动	① 电源电压过低	① 查明原因,待电源电压恢复正常后再使用
	② 电动机带动的负载过重	② 减少所带动的负载,或更换大功率电动机
	③ 将三角形连接的电动机误接成星形连接	③ 按照铭牌规定正确接线
	④ 笼型转子导条或端环断裂	④ 查出断裂处,予以焊接修补或更换转子
	⑤ 定子绕组短路或接地	⑤ 查出绕组短路或接地处,予以修复或重绕
	⑥ 熔丝松动	⑥ 拧紧熔丝
	⑦ 刀开关或启动设备的触点损坏,造成接触不良	⑦ 修复损坏的触头或更换为新的开关设备
电动机三相电流不平衡	① 三相电源电压不平衡	① 查明电压不平衡的原因,予以排除
	② 重绕线圈时,使用的漆包线的截面积不同或线圈的匝数有错误	② 使用同规格的漆包线绕制线圈,更换匝数有错误的线圈
	③ 重绕定子绕组后,部分线圈接线错误	③ 查出接错处,并改接过来
	④ 定子绕组有短路或接地	④ 查出绕组短路或接地处,予以修复或重绕
	⑤ 电动机"单相"运行	⑤ 查出线路或绕组断线或接触不良处,并重新焊接好
电动机的温度过高	① 电源电压过高	① 调整电源电压或待电压恢复正常后再使用电动机
	② 欠电压满载运行	② 提高电源电压或减少电动机所带动的负载

续表

常见故障	可能原因	排除方法
电动机的温度过高	③ 电动机过载	③ 减少电动机所带动的负载或更换大功率的电动机
	④ 电动机环境温度过高	④ 更换特殊环境使用的电动机或降低环境温度,或降低电动机的容量使用
	⑤ 电动机通风不畅	⑤ 清理通风道里淤塞的泥土;修理被损坏的风叶、风罩;搬开影响通风的物品
	⑥ 定子绕组短路或接地	⑥ 查出短路或接地处,增加绝缘或重绕定子绕组
	⑦ 重绕定子绕组时,线圈匝数少于原线圈匝数,或导线截面积小于原导线截面积	⑦ 按原数据重新改绕线圈
	⑧定子绕组接线错误	⑧ 按接线图重新接线
	⑨ 电动机受潮或浸漆后未烘干	⑨ 重新对电动机进行烘干后再使用
	⑩ 多支路并联的定子绕组,其中有一路或几路绕组断路	⑩ 查出断路处,接好并焊牢
	⑪在电动机运行中有一相熔丝熔断	⑪更换同规格熔丝
	⑫定、转子铁芯相互摩擦(又称扫膛)	⑫查明原因,予以排除,或更换为新轴承
轴承过热	① 装配不当使轴承受外力	① 重新装配电动机的端盖和轴承盖,拧紧螺钉,合严止口
	② 轴承内无润滑油	② 适量加入润滑油
	③ 轴承的润滑油内有铁屑、灰尘或其他脏物	③ 用汽油清洗轴承,然后注入新润滑油
	④ 电动机转轴弯曲,使轴承受到外界应力	④ 校正电动机的转轴
	⑤ 传动带过紧	⑤ 适当放松传动带

续表

常见故障	可能原因	排除方法
电动机启动时熔丝熔断	① 定子三相绕组中有一相绕组接反 ② 定子绕组短路或接地 ③ 工作机械被卡住 ④ 启动设备操作不当 ⑤ 传动带过紧 ⑥ 轴承严重损坏 ⑦ 熔丝过细	① 分清三相绕组的首尾端，重新接好 ② 查出绕组短路或接地处，增加绝缘，或重绕定子绕组 ③ 检查工作机械和传动装置是否转动灵活 ④ 纠正操作方法 ⑤ 适当调整传动带 ⑥ 更换为新轴承 ⑦ 合理选用熔丝
运行中产生剧烈振动	① 电动机基础不平或固定不紧 ② 电动机和被动的工作机械心不在一条线上 ③ 转轴弯曲造成电动机转子偏心 ④ 转子或带轮不平衡 ⑤ 转子上零件松弛 ⑥ 轴承严重磨损	① 校正基础板，拧紧地脚螺栓，紧固电动机 ② 重新安装，并校正 ③ 校正电动机转轴 ④ 校正平衡或更换为新品 ⑤ 紧固转子上的零件 ⑥ 更换为新轴承
运行中产生异常噪声	① 电动机"单相"运行 ② 笼型转子断条 ③ 定、转子铁芯硅钢片过于松弛或松动 ④ 转子摩擦绝缘纸 ⑤ 风叶碰壳	① 查出断相处，予以修复 ② 查出断路处，予以修复，或更换转子 ③ 压紧并固定硅钢片 ④ 修剪绝缘纸 ⑤ 校正风叶
启动时保护装置动作	① 被驱动的工作机械有故障 ② 定子绕组或线路短路 ③ 保护动作电流过小 ④ 熔丝选择过小 ⑤ 过载保护时限不够	① 查出故障，予以排除 ② 查出短路处，予以修复 ③ 适当调大 ④ 按电动机规格选配适当的熔丝 ⑤ 适当延长

续表

常见故障	可能原因	排除方法
绝缘电阻降低	① 潮气侵入或雨水进入电动机内	① 进行烘干处理
	② 绕组上灰尘、油污太多	② 清除灰尘、油污后,进行浸渍处理
	③ 引出线绝缘损坏	③ 重新包扎引出线
	④ 电动机过热后,绝缘老化	④ 根据绝缘老化程度,分别予以修复或重新浸渍处理
机壳带电	① 引出线与接线板接头处的绝缘损坏	① 应重新包扎绝缘或套一绝缘管
	② 定子铁芯两端的槽口绝缘损坏	② 仔细找出绝缘损坏处,然后垫上绝缘纸,再涂上绝缘漆并烘干
	③ 定子槽内有铁屑等杂物未除尽,导线嵌入后即造成接地	③ 拆开每个线圈的接头,用汰法找出接地的线圈,进行局部修理
	④ 外壳没有可靠接地	④ 将外壳可靠接地

6.2　单相异步电动机

6.2.1　单相异步电动机的基本结构

单相异步电动机一般由机壳、定子、转子、端盖、转轴、风扇等组成,有的单相异步电动机还具有启动元件。

(1) 定子

定子由定子铁芯和定子绕组组成。单相异步电动机的定子结构有两种形式,大部分单相异步电动机采用与三相异步电动机相似的结构,也是用硅钢片叠压而成。但在定子铁芯槽内嵌放有两套绕组:一套是主绕组,又称工作绕组或运行绕组;另一套是副绕组,又称启动绕组或辅助绕组。两套绕组的轴线在空间上应相差一定的电角度。容量较小的单相异步电动机有的则制成凸极形状的铁芯，如图6-13所示。磁极的一部分被短路环罩住。凸极上放置主绕组，短路环为副绕组。

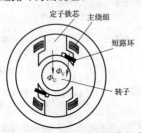

图 6-13　凸极式罩极单相异步电动机

（2）转子

单相异步电动机的转子与笼型三相异步电动机的转子相同。

（3）启动元件

单相异步电动机的启动元件串联在启动绕组（副绕组）中，启动元件的作用是在电动机启动完毕后，切断启动绕组的电源。常用的启动元件有以下几种。

① 离心开关　离心开关位于电动机端盖的里面，它包括静止和旋转两部分。其旋转部分安装在电动机的转轴上，它的 3 个指形铜触片（称触头）受弹簧的拉力紧压在静止部分上，如图 6-14（a）所示。静止部分是由两个半圆形铜环（称静触头）组成，这两个半圆形铜环中间用绝缘材料隔开，它装在电动机的前端盖内，其结构如图6-14（b）所示。

当电动机静止时，无论旋转部分在什么位置，总有一个铜触片与静止部分的两个半圆形铜环同时接触，使启动绕组接入电动机电路。电动机启动后，当转速达到额定转速的 70%～80% 时，离心力克服弹簧的拉力，使动触头与静触头脱离接触，使启动绕组断电。

②启动继电器 启动继电器是利用流过继电器线圈的电动机启动电流大小的变化，使继电器动作，将触头闭合或断开，从而达到接通或切断启动绕组电源的目的。

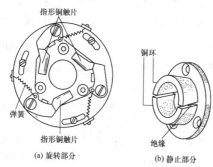

（a）旋转部分　　　　　　　（b）静止部分

图 6-14 离心式开关

6.2.2 单相异步电动机的工作原理

单相异步电动机的工作原理：在单相异步电动机的主绕组中通入单相正弦交流电后，将在电动机中产生一个脉振磁场，也就是说，磁场的位置固定（位于主绕组的轴线），而磁场的强弱却按正弦规律变化。

如果只接通单相异步电动机主绕组的电源，电动机不能转动。但如能加一外力预先推动转子朝任意方向旋转起来，则将主绕组接通电源后，电动机即可朝该方向旋转，即使去掉了外力，电动机仍能继续旋转，并能带动一定的机械负载。单相异步电动机为什么会有这样的特征呢？下面用双旋转磁场理论来解释。

双旋转磁场理论认为：脉振磁场可以认为是由两个旋转磁场合成的，这两个旋转磁场的幅值大小相等（等于脉振磁动势幅值的 1/2），同步转速相同（当电源频率为 f，电动机极对数为 p 时，旋转磁场的同步转速 $n_s = \dfrac{60f}{p}$)，但旋转方向相反。其中与转子旋转方向相同的磁场称为正向旋转磁场，与转子旋转方向相反的磁场称为反向旋转磁场（又称逆向旋转磁场）。

单相异步电动机的电磁转矩，可以认为是分别由这两个旋转磁场所产生的电磁转矩合成的结果。

电动机转子静止时，由于两个旋转磁场的磁感应强度大小相等、方向相反，因此它们与转子的相对速度大小相等、方向相反，所以在转子绕组中感应产生的电动势和电流大小相等、方向相反，它们分别产生的正向电磁转矩与反向电磁转矩也大小相等、方向相反，相互抵消，于是合成转矩等于零。单相异步电动机不能够自行启动。

如果借助外力，沿某一方向推动转子一下，单相异步电动机就会沿着这个方向转动起来，这是为什么呢？因为假如外力使转子顺着正向旋转磁场方向转动，将使转子与正向旋转磁场的相对速度减小，而与反向旋转磁场的相对速度加大。由于两个相对速度不等，因此两个电磁转矩也不相等，正向电磁转矩大于反向电磁转矩，合成转矩不等于零，在这个合成转矩的作用下，转子就顺着初始推动的方向转动起来。

为了使单相异步电动机能够自行启动，一般是在启动时，先使定子产生一个旋转磁场，或使它能增强正向旋转磁场，削弱反向磁场，由此产生启动转矩。为此，人们采取了几种不同的措施，如在单相异步电动机中设置启动绕组（副绕组）。主、副绕组在空间一般相差90°电角度。当设法使主、副绕组中流过不同相位的电流时，可以产生两相旋转磁场，从而达到单相异步电动机启动的目的。当主、副绕组在空间相差90°电角度，并且主、副绕组中的电流相位差也为90°时，可以产生圆形旋转磁场，单相异步电动机的启动性能和运行性能最好。否则，将产生椭圆形旋转磁场，电动机的启动性能和运行性能较差。

6.2.3 单相异步电动机的基本类型

单相异步电动机最常用的分类方法，是按启动方法进行分类的。不同类型的单相异步电动机，产生旋转磁场的方法也不同，常见的有以下几种：①单相电容分相启动异步电动机；②单相电阻分相启动异步电动机；③单相电容运转异步电动机；④单相电容启动与运转异步电动机；⑤单相罩极式异步电动机。

常用单相异步电动机的特点和典型应用见表6-3。

表6-3中的前4种电动机都具有两个空间位置上相差90°电角度的绕组，并且用电容或电阻使两个绕组中的电流之间产生相位差，从而产生旋转磁场，所以统称为分相式单相异步电动机。

表 6-3　常用单相异步电动机的特点和典型应用

电动机类型 基本系列代号	电阻启动 YU	电容启动 YC	电容运转 YY	电容启动与运转 YL	罩极式 YJ
接线原理图					
结构特点	定子上有主绕组和副绕组，它们的轴线在空间相差90°电角度。电阻值较大的副绕组经启动开关与主绕组并接于电源。当电动机转速达到75%~80%同步转速时，通过启动开关将副绕组切离电源。	定子上有主绕组、副绕组分布与主绕组相同，副绕组中串联和一个容量较大的启动电容器后，经启动开关与主绕组并联于电源。当电动机转速达到75%~80%同步转速时，通过启动开关，将副绕组切	定子具有主绕组和副绕组，它们的轴线在空间相差90°电角度。副绕组中串联一个工作电容器（电容器容量较小得多），与主绕组并接于电源，且副绕组长期参与运行	定子绕组与电动机运转同副绕组，但同时有两个并联的电容器串联。当电动机转速达到75%~80%同步转速时，通过启动开关将启动电容器切离电源，而副绕组和工作电容器继续参与运行	一般采用凸极式，主绕组套在定子集中绕组上，并在主极靴的一小部分上套有短路环（又称短路绕组）。另一种是隐极定子，其冲片形状和一般异同，主绕组和罩极绕组均为

续表

电动机类型 基本系列代号	电阻启动 YU	电容启动 YC	电容运转 YY	电容启动与运转 YL	罩极式 YJ
结构特点	由主绕组、单独工作为使副绕组得到较高的电阻对较高的电抗的比值,可采取如下措施:①用较细铜线,以增大电阻;②部分线圈反绕,以增大电抗;③用电阻率较高的铝线;④串入一个外加电阻	离主电源,由主绕组单独工作		启动电容器的容量大于工作电容器电容量	分布绕组,它们的轴线在空间均布,一定的相角度(一般为45°),罩极绕组匝数少,导线粗
典型应用	具有中等启动转矩和过载能力。适用于小型车床、鼓风机、医疗机械等	具有较高启动转矩,适用于小型空气压缩机、电冰箱、磨粉机、水泵及满载启动的机械等	启动转矩较低但有较高的功率因数和效率,体积小、重量轻。适用于电风扇、通风机、录音机及各种空载启动的机械	具有较高的动性能、过载能力、功率因数和效率。适用于家用电器、泵、小型机床等	启动转矩、功率因数和效率均低,适用于小型模型风扇、电动玩具及各种轻载启动的小功率电动设备

注:单相电容启动与运转异步电动机,又称单相双值电容异步电动机。

6.2.4 单相异步电动机的使用与维护

(1) 改变分相式单相异步电动机转向的方法

分相式单相异步电动机旋转磁场的旋转方向与主、副绕组中电流的相位有关，由具有超前电流的绕组的轴线转向具有滞后电流的绕组的轴线。如果需要改变分相式单相异步电动机的转向，可把主、副绕组中任意一套绕组的首尾端对调一下，接到电源上即可，如图 6-15 所示。

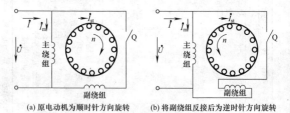

(a) 原电动机为顺时针方向旋转　　(b) 将副绕组反接后为逆时针方向旋转

图 6-15　将副绕组反接改变分相式单相异步电动机的转向

(2) 改变罩极式单相异步电动机转向的方法

罩极式单相异步电动机旋转磁场的旋转方向是从磁通领先相绕组的轴线（Φ_U 的轴线）转向磁通落后相绕组的轴线（Φ_V 的轴线），这也就是电动机转子的旋转方向。在罩极式单相异步电动机中，磁通 Φ_U 永远领先磁通 Φ_V，因此，电动机转子的转向总是从磁极的未罩部分转向被罩部分，即使改变电源的接线，也不能改变电动机的转向。如果需要改变罩极式单相异步电动机的转向，则需要把电动机拆开，将电动机的定子或转子反向安装，才可以改变其旋转方向，如图 6-16 所示。

(a)掉头前转子为顺时针方向旋转 (b)掉头后转子为逆时针方向旋转

图 6-16 将定子掉头装配来改变罩极式单相异步电动机的转向

（3）单相异步电动机使用注意事项

单相异步电动机的运行与维护和三相异步电动机基本相似。但是，单相异步电动机在结构上有它的特殊性：有启动装置，包括离心开关或启动继电器；有启动绕组及电容器；电动机的功率小，定、转子之间的气隙小。如果这些部件发生了故障，必须及时进行检修。

使用单相异步电动机时应注意以下几点。

① 改变分相式单相异步电动机的旋转方向时，应在电动机静止时或电动机的转速降低到离心开关的触点闭合后，再改变电动机的接线 。

② 单相异步电动机接线时，应正确区分主、副绕组，并注意它们的首尾端。若绕组出线端的标志已脱落，电阻大的绕组一般为副绕组。

③ 更换电容器时，应注意电容器的型号、电容量和工作电压，使之与原规格相符。

④ 拆装离心开关时，用力不能过猛，以免离心开关失灵或损坏。

⑤ 离心开关的开关板与后端盖必须紧固，开关板与定

子绕组的引线焊接必须可靠。

⑥ 紧固后端盖时，应注意避免后端盖的止口将离心开关的开关板与定子绕组连接的引线切断。

(4) 离心开关的检修

单相异步电动机定子绕组和转子绕组大多数故障的检查和修理与笼型三相异步电动机类似。这里仅介绍单相异步电动机特有的离心开关和电容器的检修。

① 离心开关短路的检修　离心开关发生短路故障后，当单相异步电动机运行时，离心开关的触点不能切断副绕组与电源的连接，将会使副绕组发热烧毁。

造成离心开关短路的原因，可能是由于机械构件磨损、变形；动、静触头烧熔黏结；簧片式开关的簧片过热失效、弹簧过硬；甩臂式开关的铜环极间绝缘击穿以及电动机转速达不到额定转速的 80% 等。

对于离心开关短路故障的检查，可采用在副绕组线路中串入电流表的方法。电动机运行时如副绕组中仍有电流通过，则说明离心开关的触头失灵而未断开，这时应查明原因，对症修理。

② 离心开关断路的检修　离心开关发生断路故障后，当单相异步电动机启动时，离心开关的触头不能闭合，所以不能将电源接入副绕组，电动机将无法启动。

造成离心开关断路的原因，可能是触头簧片过热失效、触头烧坏脱落，弹簧失效以致无足够张力使触头闭合，机械机构卡死，动、静触头接触不良，接线螺钉松动或脱落，以及触头绝缘板断裂等。

对于离心开关断路故障的检查，可采用电阻法，即用万用表的电阻挡测量副绕组引出线两端的电阻。正常时副绕组的电阻一般为几百欧左右，如果测量的电阻值很大，则说明启动回路有断路故障。若进一步检查，可以拆开端盖，直接测量副绕组的电阻，如果电阻值正常，则说明离心开关发生断路故障。此时，应查明原因，找出故障点予以修复。

（5）电容器的使用与检修

1）电容器的常见故障及其可能原因

① 过电压击穿。电动机如果长期在超过额定电压的情况下工作，将会使电容器的绝缘介质被击穿而造成短路或断路。

② 电容器断路。电容器经长期使用或保管不当，致使引线、引线端头等受潮腐蚀、霉烂，引起接触不良或断路。

2）电容器常见故障的检查方法　通常用万用表电阻挡可检查电容器是否击穿或断路（开路）。将万用表拨至×10k 或×1k 挡，先用导线或其他金属短接电容器两接线端进行放电，再用万用表两支表笔接电容器两出线端。根据万用表指针摆动可进行判断：

① 指针先大幅度摆向电阻零位，然后慢慢返回数百千欧位置，则说明电容器完好；

② 若指针不动，则说明电容器已断路（开路）；

③ 若指针摆到电阻零位不返回，则说明电容器内部已击穿短路；

④ 若指针摆到某较小阻值处，不再返回，则说明电容器泄漏电流较大。

6.2.5 单相异步电动机常见故障及其排除方法

（1）分相式单相异步电动机的常见故障及其排除方法（见表 6-4）

表 6-4 分相式单相异步电动机的常见故障及其排除方法

常见故障	可能原因	排除方法
电源电压正常，通电后电动机不能启动	①电动机引出线或绕组断路	① 认真检查引出线、主绕组和副绕组，将断路处重新焊接好
	② 离心开关的触点闭合不上	② 修理触点或更换离心开关
	③电容器短路、断路或电容量不够	③ 更换与原规格相符的电容器
	④ 轴承严重损坏	④ 更换轴承
	⑤ 电动机严重过载	⑤ 检查负载，找出过载原因，采取适当措施消除过载状况
	⑥ 转轴弯曲	⑥ 将弯曲部分校直或更换转子
电动机空载能启动或在外力帮助下能启动，但启动迟缓且转向不定	① 副绕组断路	① 查出断路处，并重新焊接好
	② 离心开关的触点闭合不上	② 检修调整触点或更换离心开关
	③ 电容器断路	③ 更换同规格电容器
	④ 主绕组断路	④ 查出断路处，并重新焊接好

续表

常见故障	可能原因	排除方法
电动机转速低于正常转速	①主绕组短路 ②启动后离心开关触点断不开,副绕组没有脱离电源 ③主绕组接线错误 ④电动机过载 ⑤轴承损坏	①查出短路处,予以修复或重绕 ②检修调整触点或更换离心开关 ③查出接错处并更正 ④查出过载原因并消除 ⑤更换轴承
启动后电动机很快发热,甚至烧毁	①主绕组短路或接地 ②主绕组与副绕组之间短路 ③启动后,离心开关的触点断不开,使启动绕组长期运行而发热,甚至烧毁 ④主副绕组相互接错 ⑤电源电压过高或过低 ⑥电动机严重过载 ⑦电动机环境温度过高 ⑧电动机通风不畅 ⑨电动机受潮或浸漆后未烘干 ⑩定、转子铁芯相摩擦或轴承损坏	①重绕定子绕组 ②查出短路处予以修复或重绕定子绕组 ③检修调整离心开关的触点或更换离心开关 ④检查主副绕组的接线,将接线处予以纠正 ⑤查明原因,待电源电压恢复正常以后再使用 ⑥查出过载原因并消除 ⑦应降低环境温度或降低电动机的容量使用 ⑧清理通风道,恢复被损坏的风叶、风罩 ⑨重新进行烘干 ⑩查出相摩擦的原因,予以排除或更换轴承

（2）罩极式单相异步电动机的常见故障及其排除方法
（见表 6-5）

表 6-5　罩极式单相异步电动机的常见故障及其排除方法

常见故障	可能原因	排除方法
通电后电动机不能启动	①电源线或定子主绕组断路 ②短路环断路或接触不良 ③罩极绕组断路或接触不良 ④主绕组短路或被烧毁 ⑤轴承严重损坏 ⑥定转子之间的气隙不均匀 ⑦装配不当，使轴承受外力 ⑧传动带过紧	①查出断路处，并重新焊接好 ②查出故障点，并重新焊接好 ③查出故障点，并焊接好 ④重绕定子绕组 ⑤更换轴承 ⑥查明原因，予以修复。若转轴弯曲应校直 ⑦重新装配，上紧螺钉，合严止口 ⑧适当放松传送带
空载时转速太低	①小型电动机的含油轴承缺油 ②短路环或罩极绕组接触不良	①填充适量润滑油 ②查出接触不良处，并重新焊接好
负载时转速不正常或难以启动	①定子绕组匝间短路或接地 ②罩极绕组绝缘损坏 ③罩极绕组的位置、线径或匝数有误	①查出故障点，予以修复或重绕定子绕组 ②更换罩极绕组 ③按原始数据重绕罩极绕组

续表

常见故障	可能原因	排除方法
运行中产生剧烈振动和异常噪声	①电动机基础不平或固定不紧 ②转轴弯曲造成电动机转子偏心 ③转子或带轮不平衡 ④转子断条 ⑤轴承严重缺油或损坏	①校正基础板,拧紧地脚螺栓,紧固电动机 ②校正电动机转轴或更换转子 ③校平衡或更换 ④查出断路处,予以修复或更换转子 ⑤清洗轴承,填充新润滑油或更换轴承
绝缘电阻降低	①潮气侵入或雨水进入电动机内 ②引出线的绝缘损坏 ③电动机过热后,绝缘老化	①进行烘干处理 ②重新包扎引出线 ③根据绝缘老化程度,分别予以修复或重新浸渍处理

6.3　直流电动机

6.3.1　直流电动机的基本结构

　　直流电动机的结构如图 6-17 所示。直流电动机主要由两大部分组成。

　　① 静止部分,称为定子,主要用来产生磁通。静止部分主要由主磁极、换向极、机座、端盖、轴承和电刷装置等部件组成。

　　② 旋转部分,称为转子(通称电枢),是机械能转换为电能(发电机),或电能转换为机械能(电动机)的枢纽。旋转部分主要由电枢铁芯、电枢绕组、换向器等

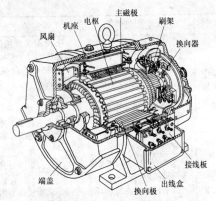

图 6-17 直流电动机结构图

组成。

在定子与电枢之间留有一定的间隙，称为气隙。

6.3.2 直流电动机的工作原理

图 6-18 是最简单的直流电动机的物理模型。在两个空间固定的永久磁铁之间，有一个铁制的圆柱体（称为电枢铁芯）。电枢铁芯与磁极之间的间隙称为空气隙。图中两根导体 ab 和 cd 连接成为一个线圈，并敷设在电枢铁芯表面上。线圈的首、尾端分别连接到两个圆弧形的铜片（称为换向片）上。换向片固定于转轴上，换向片之间及换向片与转轴都互相绝缘。这种由换向片构成的整体称为换向器。整个转动部分称为电枢。为了把电枢和外电路接通，特别装置了两个电刷 A 和 B。电刷在空间上是固定不动的，其位置如图 6-18 所示。当电枢转动时，电刷 A 只能

与转到上面的一个换向片接触，而电刷 B 则只能与转到下面的一个换向片接触。

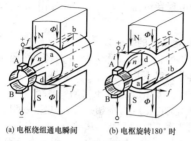

(a) 电枢绕组通电瞬间　　(b) 电枢旋转180°时

图 6-18　直流电动机的物理模型

如果将电刷 A、B 接直流电源，于是电枢线圈中就会有电流通过。假设由直流电源产生的直流电流从电刷 A 流入，经导体 ab、cd 后，从电刷 B 流出，如图 6-18（a）所示，根据电磁力定律，载流导体 ab、cd 在磁场中就会受到电磁力的作用，其方向可用左手定则确定。在图 6-18（a）所示瞬间，位于 N 极下的导体 ab 受到的电磁力，其方向是从右向左；位于 S 极下的导体 cd 受到的电磁力，其方向是从左向右，因此电枢上受到逆时针方向的力矩，称为电磁转矩。在该电磁转矩的作用下，电枢将按逆时针方向转动。当电刷转过 180°，如图 6-18（b）所示时，导体 cd 转到 N 极下，导体 ab 转到 S 极下。由于直流电源产生的直流电流方向不变，仍从电刷 A 流入，经导体 cd、ab 后，从电刷 B 流出。可见这时导体中的电流改变了方向，但产生的电磁转矩的方向并未改变，电枢仍然为逆时针方向旋转。

实际的直流电动机中，电枢上不是只有一个线圈，而是根据需要有许多线圈。但是，不管电枢上有多少个线圈，产生的电磁转矩却始终是单一的作用方向，并使电动机连续旋转。

6.3.3 直流电动机的励磁方式

励磁绕组的供电方式称为励磁方式。按照励磁方式，直流电动机分为以下几种。

① 他励式 他励式直流电机的励磁绕组由其他电源供电，励磁绕组与电枢绕组不相连接，其接线如图 6-19（a）所示。永磁式直流电动机亦归属这一类，因为永磁式直流电动机的主磁场由永久磁铁建立，与电枢电流无关。

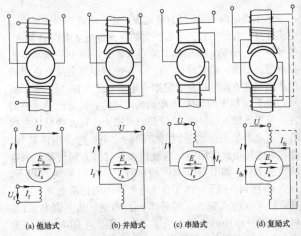

(a) 他励式　　(b) 并励式　　(c) 串励式　　(d) 复励式

图 6-19　直流电动机励磁方式分类

② 并励式　励磁绕组与电枢绕组并联的就是并励式。并励直流电动机的接线如图 6-19（b）所示。这种接法的直流电机的励磁电流与电枢两端的电压有关。

③ 串励式　励磁绕组与电枢绕组串联的就是串励式。串励直流电动机的接线如图 6-19（c）所示，因此 $I_a = I = I_f$。

④ 复励式　复励式直流电机既有并励绕组又有串励绕组，两种励磁绕组套在同一主极铁芯上。这时，并励和串励两种绕组的磁动势可以相加，也可以相减，前者称为积复励，后者称为差复励。复励直流电动机的接线图如图 6-19（d）所示。图中，并励绕组接到电枢的方法可按实线接法或虚线接法，前者称为短复励，后者称为长复励。事实上，长、短复励直流电动机在运行性能上没有多大差别，只是串励绕组的电流大小稍微有些不同而已。

6.3.4　直流电动机的分类与特点

直流电动机可按转速、电压、用途、容量、定额以及防护等级、结构安装形式、通风冷却方式和有无电刷等进行分类。但按励磁方式分类则更有意义。因为不同励磁方式的直流电机的特性有明显的区别，便于顾名思义地了解其特点。通常按励磁方式分类有：永磁、他励、并励、串励、复励等。各种励磁方式的直流电动机的特点和典型应用见表 6-6。

6.3.5　直流电动机的使用与维护

（1）直流电动机使用前的准备及检查

① 清扫电机内部及换向器表面的灰尘、电刷粉末及污物等。

表6-6 各种励磁方式的直流电动机的特点和典型应用

产品名称	性能特点				典型应用
	启动转矩倍数	力能指标	转速特点	其他	
并(他)励直流电动机	较大	高	易调速,转速变化率为5%~15%	机械特性硬	用于驱动在不同负载下要求转速变化不大的机械,如泵、风机、小型机床、印制机械等
复励直流电动机	较大,与串励程度有关,常可达额定转矩的4倍	高	易调速,转速变化率与串励程度有关,可达25%~30%	短时过载转矩大,约为额定转矩的3.5倍	用于驱动要求启动转矩较大而转速变化不大或冲击性的机械,如压缩机、冶金辅助传动机械等
串励直流电动机	很大,常可达额定转矩的5倍以上	高	转速变化率很大,空载转速高,调速范围宽	不许空载运行	用于驱动要求启动转矩很大,经常启动,转速允许大变化的机械,如蓄电池供电车、电车、起货机等

产品名称	性能特点				典型应用
	启动转矩倍数	力能指标	转速特点	其他	
永磁直流电动机	较大	高	可调速	机械特性硬	铝镍钴永磁直流电动机主要作工业仪器仪表、医疗设备、军用器械等精密小功率直流驱动。铁氧体永磁直流电动机广泛用于家用电器、汽车电器、医疗器械、工农业生产的小型器械驱动
无刷直流电动机	较大	高	调速范围宽	无火花，噪声小，抗干扰性强	要求低噪声、无火花的场合，如宇航设备、低噪声摄影机、精密仪器仪表等

② 检查电机的绝缘电阻，对于额定电压为 500V 以下的电机，若绝缘电阻低于 0.5MΩ 时，需进行烘干后方能使用。

③ 检查换向器表面是否光洁，如发现有机械损伤、火花灼痕或换向片间云母凸出等，应对换向器进行保养。

④ 检查电刷边缘是否碎裂、刷辫是否完整，有无断裂或断股情况，电刷是否磨损到最短长度。

⑤ 检查电刷在刷握内有无卡涩或摆动情况、弹簧压力是否合适，各电刷的压力是否均匀。

⑥ 检查各部件的螺钉是否紧固。

⑦ 检查各操作机构是否灵活，位置是否正确。

(2) 改变直流电动机转向的方法

直流电动机旋转方向由其电枢导体受力方向来决定，如图 6-20 所示。根据左手定则，当电枢电流的方向或磁场的方向（即励磁电流的方向）两者之一反向时，电枢导体受力方向即改变，电动机旋转方向随之改变。但是，如果电枢电流和磁场两者方向同时改变时，则电动机的旋转方向不变。

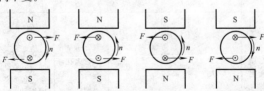

(a)原电动机电流 方向及转向 (b)仅改变电枢 电流方向时 (c)仅改变励磁 电流方向时 (d)同时改变电枢电流方 向和励磁电流方向时

图 6-20　直流电动机的受力方向和转向

在实际工作中，常用改变电枢电流的方向来使电动机反转。这是因为励磁绕组的匝数多，电感较大，换接励磁绕组端头时火花较大，而且磁场过零时，电动机可能发生"飞车"事故。

（3）使用串励直流电动机的注意事项

因为串励直流电动机空载或轻载时，$I_f = I_a \approx 0$，磁通 Φ 很小，由电路平衡关系可知，电枢只有以极高的转速旋转，才能产生足够大的感应电动势 E_a 与电源电压 U 相平衡。若负载转矩为零，串励直流电动机的空载转速从理论上讲，将达到无穷大。实际上因电机中有剩磁，串励直流电动机的空载转速达不到无穷大，但转速也会比额定情况下高出很多倍，以致达到危险的高转速，即所谓"飞车"，这是一种严重的事故，会造成电动机转子或其他机械的损坏。所以，串励直流电动机不允许在空载或轻载情况下运行，也不允许采用传动带等容易发生断裂或滑脱的传动机构传动，而应采用齿轮或联轴器传动。

（4）直流电动机电刷的合理选用

增加电刷与换向片间的接触电阻，正确地选用电刷，对改善换向有很重要的意义。一般来说，碳-石墨电刷接触电阻最大，石墨电刷和电化石墨电刷次之，青铜-石墨电刷和紫铜-石墨电刷接触电阻最小。为减小附加换向电流，宜选用接触电阻大的电刷，但这时电刷接触压降将增大，随之，很可能发热也增大；另一方面，接触电阻较大的电刷其允许的电流密度一般较小，因而增加了电刷的接触面积和换向器的尺寸。因此，选用电刷时应考虑接触电阻、允许电流密度和最大速度（单位为 m/s），权衡得失，参考经验，慎重处之。通常，对于换向并不困难的中、小型直流电机，多采用石墨电刷或电化石墨电刷；对于换向比较困难的直流电机，常采用接触电阻较大的碳-石墨电刷；对于低压大电流直流电机，则常采用接触电压降较小的青铜-石墨电刷或紫铜-石墨电刷。对于换向问题严重的大型直流电机，电刷的选择应以电机制造厂的长期试验和运行经验为依据。

在更换电刷时，还应注意选用同一牌号的电刷或特性尽量相近的电刷，以免造成各电刷间电流分配不均匀而产生火花。

（5）直流电动机运行中的维护

① 注意电机声音是否正常，定、转子之间是否有摩擦。检查轴承或轴瓦有无异声。

② 经常测量电机的电流和电压，注意不要过载。

③ 检查各部分的温度是否正常，并注意检查主电路的连接点、换向器、电刷刷辫、刷握及绝缘体有无过热变色和绝缘枯焦等不正常气味。

④ 检查换向器表面的氧化膜颜色是否正常，电刷与换向器间有无火花，换向器表面有无炭粉和油垢积聚，刷架和刷握上是否有积灰。

⑤ 检查各部分的振动情况，及时发现异常现象，消除设备隐患。

⑥ 检查电机通风散热情况是否正常，通风道有无堵塞不畅情况。

6.3.6　直流电动机的常见故障及其排除方法

直流电动机的常见故障及其排除方法见表6-7。

表 6-7 直流电动机的常见故障及其排除方法

故障现象	可能原因	排除方法
电动机不能启动	①因电路发生故障,使电动机未通电	①检查电源电压是否正常;开关触点是否完好;熔断器是否良好;查出故障,予以排除
	②电枢绕组断路	②查出断路点,并修复
	③励磁回路断路或接错	③检查励磁绕组和磁场变阻器有无断点;回路直流电阻值是否正常;各磁极的极性是否正确
	④电刷与换向器接触不良或换向器表面不清洁	④清理换向器表面,修磨电刷,调整电刷弹簧压力
	⑤换向极或串励绕组接反,使电动机在负载下不能启动,空载下启动后工作也不稳定	⑤检查换向极和串励绕组极性,对错接者予以调换
	⑥启动器故障	⑥检查启动器是否接线有错误或装配不良;启动器接点是否被烧坏;电阻丝是否烧断,应重新接线或整修
	⑦电动机过载	⑦检查负载机械是否被卡住,使负载转矩大于电动机堵转转矩;负载是否过重,针对原因予以消除
	⑧启动电流太小	⑧检查启动电阻是否太大,应更换合适启动器,或改接启动器内部接线
	⑨直流电源容量太小	⑨启动时如果电路电压明显下降,应更换直流电源
	⑩电刷不在中性线上	⑩调整电刷位置,使之接近中性线

续表

故障现象	可能原因	排除方法
电动机转速过高	①电源电压过高 ②励磁电流太小 ③励磁绕组断线,使励磁电流为零,电机飞速 ④串励电动机空载或轻载 ⑤电枢绕组短路 ⑥复励电动机串励绕组极性接错	①调节电源电压 ②检查磁场调节电阻是否过大;该电阻接点是否接触不良;检查励磁绕组有无匝间短路,使励磁磁动势减小 ③查出断线处,予以修复 ④避免空载或轻载运行 ⑤查出短路点,予以修复 ⑥查出接错处,重新连接
励磁绕组过热	①励磁绕组匝间短路 ②发电机气隙太大,导致励磁电流过大 ③电动机长期过压运行	①测量每一磁极的绕组电阻,判断有无匝间短路 ②拆开电机,调整气隙 ③恢复正常额定电压运行
电枢绕组过热	①电枢绕组严重受潮 ②电枢绕组或换向片间短路 ③电枢绕组中,部分绕组元件的引线接反 ④定子、转子铁芯相擦 ⑤电机的气隙相差太大,造成绕组电流不均衡 ⑥电枢绕组中均压线接错 ⑦发电机负载短路 ⑧发电机端电压过低 ⑨电动机长期过载 ⑩电动机频繁启动或改变转向	①进行烘干,恢复绝缘 ②查出短路点,予以修复或重绕 ③查出绕组元件引线接反处,调整接线 ④检查定子磁极螺栓是否松脱;轴承是否松动、磨损;气隙是否均匀,予以修复或更换 ⑤应调整气隙,使气隙均匀 ⑥查出接错处,重新连接 ⑦应迅速排除短路故障 ⑧应提高电源电压,直至额定值 ⑨恢复额定负载下运行 ⑩应避免启动、变向过于频繁

续表

故障现象	可能原因	排除方法
电刷与换向器之间火花过大	①电刷磨得过短,弹簧压力不足	①更换电刷,调整弹簧压力
	②电刷与换向器接触不良	②研磨电刷与换向器表面,研磨后轻载运行一段时间进行磨合
	③换向器云母凸出	③重新下刻云母片
	④电刷牌号不符合条件	④更换与原牌号相同的电刷
	⑤刷握松动	⑤紧固刷握螺栓,并使刷握与换向器表面平行
	⑥刷杆装置不等分	⑥可根据换向片的数目,重新调整刷杆间的距离
	⑦刷握与换向器表面之间的距离过大	⑦一般调到 2~3mm
	⑧电刷与刷握配合不当	⑧不能过松或过紧,要保证在热态时,电刷在刷握中能自由滑动
	⑨刷杆偏斜	⑨调整刷杆与换向器的平行度
	⑩换向器表面粗糙、不圆	⑩研磨或车削换向器外圆
	⑪换向器表面有电刷粉、油污等	⑪清洁换向器表面
	⑫换向片间绝缘损坏或片间嵌入金属颗粒造成短路	⑫查出短路点,消除短路故障
	⑬电刷偏离中性线过多	⑬调整电刷位置,减小火花
	⑭换向极绕组接反	⑭检查换向极极性,在发电机中,换向极的极性应为沿电枢旋转方向,与下一个主磁极的极性相同;而在电动机中,则与之相反

故障现象	可能原因	排除方法
电刷与换向器之间火花过大	⑮换向极绕组短路 ⑯电枢绕组断路 ⑰电枢绕组和换向片脱焊 ⑱电枢绕组和换向片短路 ⑲电枢绕组中，有部分绕组元件接反 ⑳电机过载 ㉑电压过高	⑮查出短路点，恢复绝缘 ⑯查出断路元件，予以修复 ⑰查出脱焊处，并重新焊接 ⑱查出短路点，并予以消除 ⑲查出接错的绕组元件，并重新连接 ⑳恢复正常负载 ㉑调整电源电压为额定值

第7章

常用低压电器

7.1 低压电器概述

7.1.1 低压电器的分类

电器是指能够根据外界的要求或所施加的信号，自动或手动地接通或断开电路，从而连续或断续地改变电路的参数或状态，以实现对电路或非电对象的切换、控制、保护、检测和调节的电气设备。简单地说，电器就是接通或断开电路或调节、控制、保护电路和设备的电工器具或装置。电器按工作电压高低可分为高压电器和低压电器两大类。

低压电器通常是指用于交流 50Hz（或 60Hz）、额定电压为 1200V 及以下、直流额定电压为 1500V 及以下的电路内起通断、保护、控制或调节作用的电器。

目前，低压电器在工农业生产和人们的日常生活中有着非常广泛的应用，低压电器的特点是品种多、用量大、用途广。

低压电器的种类很多，按不同的分类方式有着不同的类型。低压电器按用途分类见表 7-1。

7.1.2 低压电器选用与安装

（1）低压电器的选用原则

由于低压电器具有不同的用途和使用条件，因而有着

表 7-1 低压电器按用途分类

电器名称		主要品种	用 途
配电电器	刀开关	刀开关 熔断器式刀开关 开启式负荷开关 封闭式负荷开关	主要用于电路隔离，也能接通和分断额定电流
	转换开关	组合开关 换向开关	用于两种以上电源或负载的转换和通断电路
	断路器	万能式断路器 塑料外壳式断路器 限流式断路器 漏电保护断路器	用于线路过载、短路或欠压保护，也可用作不频繁接通和分断电路
	熔断器	半封闭插入式熔断器 无填料熔断器 有填料熔断器 快速熔断器 自复熔断器	用于线路或电气设备的短路和过载保护
控制电器	接触器	交流接触器 直流接触器	主要用于远距离频繁启动或控制电动机，以及接通和分断正常工作的电路
	继电器	电流继电器 电压继电器 时间继电器 中间继电器 热继电器	主要用于控制系统中，控制其他电器或作主电路的保护
	启动器	电磁启动器 减压启动器	主要用于电动机的启动和正反向控制
	控制器	凸轮控制器 平面控制器 鼓形控制器	主要用于电气控制设备中转换主回路或励磁回路的接法，以达到电动机启动、换向和调速的目的

续表

电器名称		主要品种	用　　途
控制电器	主令电器	控制按钮 行程开关 主令控制器 万能转换开关	主要用于接通和分断控制电路
	电磁铁	起重电磁铁 牵引电磁铁 制动电磁铁	用于起重、操纵或牵引机械装置

不同的选用方法。选用低压电器一般应遵循以下基本原则。

① 安全原则　选用的低压电器必须保证安全、准确、可靠地工作，必须达到规定的技术指标，以保证人身安全和系统及用电设备的可靠运行，这是对任何开关电器的基本要求。

② 经济原则　在考虑符合安全标准和达到技术要求的前提下，应尽可能选择性能比较高、价格相对较低的产品。

（2）低压电器选用注意事项

① 应根据控制对象的类别（电机控制、机床控制等）、控制要求和使用环境来选用合适的低压电器。

② 应了解电器的正常工作条件，如环境空气温度和相对湿度、海拔高度、允许安装的方位角度、抗冲击振动能力、有害气体、导电尘埃、雨雪侵袭、室内还是室外工作等。

③ 根据被控对象的技术要求确定技术指标，如控制对

象的额定电压、额定功率、电动机启动电流的倍数、负载性质、操作频率、工作制等。

④ 了解低压电器的主要技术性能（技术条件），如用途、分类、额定电压、额定控制功率、接通分断能力、允许操作频率、工作制、使用寿命、工艺要求等。

⑤ 被选用低压电器的容量一般应大于被控设备的容量。对于有特殊控制要求的设备，应选用特殊的低压电器（如速度和压力要求等）。

（3）低压电器的安装原则

① 低压电器应水平或垂直安装，特殊形式的低压电器应按产品说明的要求进行。

② 低压电器的应安装牢固、整齐，其位置应便于操作和检修。在振动场所安装低压电器时，应有防振措施。

③ 在有易燃、易爆、腐蚀性气体的场所，应采取防爆等特殊类型的低压电器。

④ 在多尘和潮湿及人易触碰和露天场所，应采用封闭型的低压电器，若采用开启式的应加保护箱。

⑤ 一般情况下，低压电器的静触头应接电源，动触头接负荷。

⑥ 落地安装的低压电器，其底部应高出地面 100mm。

⑦ 安装低压电器的盘面上，一般应标明安装设备的名称及回路编号或路别。

（4）低压电器安装前的主要检查项目

① 检查低压电器的铭牌、型号、规格是否与要求相符。

② 检查低压电器的外壳、漆层、手柄是否有损伤或变

形现象。

③ 检查低压电器的磁件、灭弧罩、内部仪表、胶木电器是否有裂纹或伤痕。

④ 所有螺钉等紧固件应拧紧。

⑤ 具有主触头的低压电器，触头的接触应紧密，两侧的接触压力应均匀。

⑥ 低压电器的附件应齐全、完好。

7.2　刀开关

7.2.1　刀开关概述

（1）刀开关的用途

刀开关又称闸刀开关，是一种带有动触头（触刀），在闭合位置与底座上的静触头（刀座）相契合（或分离）的一种开关。它是手控电器中最简单而使用又较广泛的一种低压电器，主要用于各种配电设备和供电电路，可作为非频繁地接通和分断容量不大的低压供电线路之用，如照明线路或小型电动机线路。当能满足隔离功能要求时，闸刀开关也可以用来隔离电源。

（2）刀开关的分类

根据工作条件和用途的不同，刀开关有不同的结构形式，但工作原理是一致的。刀开关按极数可分为单极、双极、三极和四极；按切换功能（位置数）可分为单投和双投开关；按操作方式可分为中央手柄式和带杠杆操作机构式。

（3）刀开关的结构

刀开关由手柄、触刀、静插座（简称触刀座、插座）、铰链支座和绝缘底板所组成，其结构如图 7-1 所示。

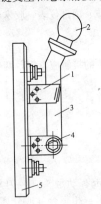

图 7-1 手柄操作式
单极刀开关
1—静插座；2—手柄；3—
触刀；4—铰链支座；
5—绝缘底板

(4) 刀开关的工作原理

同一般开关电器比较，刀开关的触刀相当于动触头，而静插座相当于静触头。当操作人员握住手柄，使触刀绕铰链支座转动，插到静插座内的时候，就完成了接通操作。这时，由铰链支座、触刀和静插座就形成了一个电流通路。如果操作人员使触刀绕铰链支座作反方向转动，脱离静插座，电路就被切断。

(5) 刀开关的选择

① 结构形式的确定 选用刀开关时，首先应根据其在电路中的作用和其在成套配电装置中的安装位置，确定其结构形式。如果电路中的负载由低压断路器、接触器或其他具有一定分断能力的开关电器（包括负荷开关）来分断，即刀开关仅仅是用来隔离电源时，则只需选用没有灭弧罩的产品；反之，如果刀开关必须分断负载，就应选用带有灭弧罩，而且是通过杠杆操作的产品。此外，还应根据操作位置、操作方式和接线方式来选用。

② 规格的选择 刀开关的额定电压应等于或大于电路的额定电压。刀开关的额定电流一般应等于或大于所分断

电路中各个负载额定电流的总和。若负载是电动机，就必须考虑电动机的启动电流为额定电流的 4～7 倍，甚至更大，故应选用额定电流大一级的刀开关。此外，还要考虑电路中可能出现的最大短路电流（峰值）是否在该额定电流等级所对应的电动稳定性电流（峰值）以下。如果超出，就应当选用额定电流更大一级的刀开关。

(6) 安装

① 刀开关应垂直安装在开关板上，并要使静插座位于上方。若静插座位于下方，则当刀开关的触刀拉开时，如果铰链支座松动，触刀等运动部件可能会在自重作用下向下掉落，同静插座接触，发生误动作而造成严重事故。

② 电源进线应接在开关上方的静触头进线座，接负荷的引出线应接在开关下方的出线座，不能接反，否则更换熔体时易发生触电事故。

③ 动触头与静触头要有足够的压力、接触应良好，双投刀开关在分闸位置时，刀片应能可靠固定。

④ 安装杠杆操作机构时，应合理调节杠杆长度，使操作灵活可靠。

⑤ 合闸时要保证开关的三相同步，各相接触良好。

(7) 使用及维护

① 刀开关作电源隔离开关使用时，合闸顺序是先合上刀开关，再合上其他用以控制负载的开关电器。分闸顺序则相反，要先使控制负载的开关电器分闸，然后再让刀开关分闸。

② 严格按照产品说明书规定的分断能力来分断负载，无灭弧罩的刀开关一般不允许分断负载，否则，有可能导

致稳定持续燃弧，使刀开关寿命缩短，严重的还会造成电源短路，开关被烧毁，甚至发生火灾。

③ 对于多极的刀开关，应保证各极动作的同步性，而且应接触良好。否则，当负载是三相异步电动机时，便可能发生电动机因缺相运转而烧坏的事故。

④ 如果刀开关未安装在封闭的控制箱内，则应经常检查，防止因积尘过多而发生相间闪络现象。

⑤ 当对刀开关进行定期检修时，应清除底板上的灰尘，以保证良好的绝缘；检查触刀的接触情况，如果触刀（或静插座）磨损严重或被电弧过度烧坏，应及时更换；发现触刀转动铰链过松时，如果是用螺栓的，应把螺栓拧紧。

7.2.2　开启式负荷开关

(1) 开启式负荷开关的结构

开启式负荷开关的结构如图 7-2 所示，主要由瓷质手柄、触刀（又称闸刀或动触头）、触刀座（又称夹座）、进线座、出线座、熔丝、瓷底座、上胶盖、下胶盖及紧固螺钉等零件装配而成。各系列产品的结构只是在胶盖方面有些不同，如有的上胶盖做成半圆形，有利于熄灭电弧；下胶盖则做成平的。

(2) 开启式负荷开关的工作原理

开启式负荷开关的全部导电零件都固定在一块瓷底座上面。触刀的一端固定在瓷质手柄上，另一端固定在触刀座上，并可绕着触刀座上的铰链转动。操作人员手握瓷柄朝上推的时候，触刀绕铰链向上转动，插入插座，将电路接通；反之，将瓷柄向下拉，触刀就绕铰链向下转动，脱

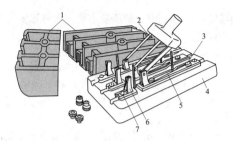

图 7-2 开启式负荷开关

1—胶盖；2—闸刀；3—出线座；4—瓷底座；

5—熔丝；6—触刀座；7—进线座

离插座，将电路切断。

(3) 开启式负荷开关的选择

① 额定电压的选择 开启式负荷开关用于照明电路时，可选用额定电压为 220V 或 250V 的二极开关；用于小容量三相异步电动机时，可选用额定电压为 380V 或 500V 的三极开关。

② 额定电流的选择 在正常的情况下，开启式负荷开关一般可以接通或分断其额定电流。因此，当开启式负荷开关用于普通负载（如照明或电热设备）时，负荷开关的额定电流应等于或大于开断电路中各个负载额定电流的总和。

当开启式负荷开关被用于控制电动机时，考虑到电动机的启动电流可达额定电流的 4～7 倍，因此不能按照电动机的额定电流来选用，而应把开启式负荷开关的额定电流选得大一些，换句话说，即负荷开关应适当降低容量使用。根据经验，负荷开关的额定电流一般可选为电动机额定电流的 3 倍左右。

③ 熔丝的选择

a. 对于变压器、电热器和照明电路，熔丝的额定电流宜等于或稍大于实际负载电流。

b. 对于配电线路，熔丝的额定电流宜等于或略小于线路的安全电流。

c. 对于电动机，熔丝的额定电流一般为电动机额定电流的 1.5～2.5 倍。在重载启动和全电压启动的场合，应取较大的数值；而在轻载启动和减压启动的场合，则应取较小的数值。

(4) 开启式负荷开关的安装

① 开启式负荷开关必须垂直地安装在控制屏或开关板上，并使进线座在上方（即在合闸状态时，手柄应向上），不准横装或倒装，更不允许将负荷开关放在地上使用。

② 接线时，电源进线应接在上端进线座，而用电负载应接在下端出线座。这样当开关断开时，触刀（闸刀）和熔丝上均不带电，以保证换装熔丝时的安全。

③ 刀开关和进出线的连接螺钉应牢固可靠、接触良好，否则接触处温度会明显升高，引起发热甚至发生事故。

(5) 开启式负荷开关的使用和维护

① 开启式负荷开关的防尘、防水和防潮性能都很差，不可放在地上使用，更不应在户外、特别是农田作业中使用，因为这样使用时易发生事故。

② 开启式负荷开关的胶盖和瓷底板（座）都易碎裂，一旦发生了这种情况，就不宜继续使用，以防发生人身触电伤亡事故。

③ 由于过负荷或短路故障而使熔丝熔断，待故障排除后需要重新更换熔丝时，必须在触刀（闸刀）断开的情况下进行，而且应换上与原熔丝相同规格的新熔丝，并注意勿使熔丝受到机械损伤。

④ 更换熔丝时，应特别注意观察绝缘瓷底板（座）及上、下胶盖部分。这是由于熔丝熔化后，在电弧的作用下，使绝缘瓷底板（座）和胶盖内壁表面附着一层金属粉粒，这些金属粉粒将会造成绝缘部分的绝缘性能下降，甚至不绝缘，以致使重新合闸送电的瞬间，易造成开关本体相间短路。因此，应先用干燥的棉布或棉丝将金属粉粒擦净，再更换熔丝。

⑤ 当负载较大时，为防止开关本体相间短路现象的发生，通常将开启式负荷开关与熔断器配合使用。熔断器装在开关的负载一侧，开关本体不再装熔丝，在应装熔丝的接点上安装与线路导线截面积相同的铜线。此时，开启式负荷开关只作开关使用，短路保护及过负荷保护由熔断器完成。

7.2.3 封闭式负荷开关

(1) 封闭式负荷开关的基本结构

封闭式负荷开关主要由触头及灭弧系统、熔断器以及操作机构三部分共装于一个防护外壳内构成，其结构如图7-3 所示，主要由闸刀、夹座、熔断器、铁壳、速断弹簧、转轴和手柄等组成。

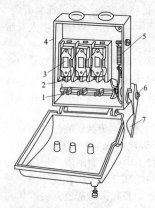

图 7-3 封闭式负荷开关的结构

1—闸刀；2—夹座；3—熔断器；4—铁壳；5—速断弹簧；6—转轴；7—手柄

（2）封闭式负荷开关的结构特点

封闭式负荷开关的操作机构都具有以下两个特点：一是采用储能合闸方式，即利用一根弹簧以执行合闸和分闸机能，使开关的闭合和分断速度都与操作速度无关，这既有助于改善开关的动作性能和灭弧性能，又能防止触头停滞在中间位置上；二是设有联锁装置，它可以保证开关合闸时不能打开箱盖，而当箱盖打开的时候，也不能将开关合闸。既有助于充分发挥外壳的防护作用，防止操作人员被电弧灼伤，又保证了更换熔丝等操作的安全。

（3）额定电压的选择

当封闭式负荷开关用于控制一般照明、电热电路时，开关的额定电流应等于或大于被控制电路中各个负载额定电流之和。当用封闭式负荷开关控制异步电动机时，考虑到异步电动机的启动电流为额定电流的 4～7 倍，故开关的额定电流应为电动机额定电流的 1.5 倍左右。

（4）与控制对象的配合

由于封闭式负荷开关不带过载保护，只有熔断器用作短路保护，很可能因一相熔断器熔断，而导致电动机缺相运行（又称单相运行）故障。另外，根据使用经验，用负荷开关控制大容量的异步电动机时，有可能发生弧光烧手事故。所以，一般只用额定电流为 60A 及以下等级的封闭式负荷开关，作为小容量异步电动机非频繁直接启动的控制开关。

另外，考虑到封闭式负荷开关配用的熔断器的分断能力一般偏低，所以它应当装在短路电流不太大的线路末端。

（5）封闭式负荷开关的安装

① 尽管封闭式负荷开关设有联锁装置以防止操作人员触电，但仍应当注意按照规定进行安装。开关必须垂直安装在配电板上，安装高度以安全和操作方便为原则，严禁倒装和横装，更不允许放在地上，以免发生危险。

② 开关的金属外壳应可靠接地或接零，严禁在开关上方放置金属零件，以免掉入开关内部发生相间短路事故。

③ 开关的进出线应穿过开关的进出线孔并加装橡胶垫圈，以防检修时因漏电而发生危险。

④ 接线时，应将电源线牢靠地接在电源进线座的接线端子上，如果接错了将会给检修工作带来不安全因素。

⑤ 保证开关外壳完好无损，机械联锁正确。

（6）封闭式负荷开关的使用和维护

① 封闭式负荷开关不允许放在地上使用。

② 不允许面对着开关进行操作，以免万一发生故障而

开关又分断不了短路电流时，铁壳爆炸飞出伤人。

③ 严禁在开关上方放置紧固件及其他金属零件，以免它们掉入开关内部造成相间短路事故。

④ 检查封闭式负荷开关的机械联锁是否正常，速断（动）弹簧有无锈蚀变形。

⑤ 检查压线螺钉是否完好，能否拧紧而不松扣。

⑥ 经常保持外壳及开关内部清洁，不致积上尘垢。

7.2.4 组合开关

(1) 组合开关的用途

组合开关（又称转换开关）实质上也是一种刀开关，只不过一般刀开关的操作手柄是在垂直于其安装面的平面内向上或向下转动，而组合开关的操作手柄则是在平行于其安装面的平面内向左或向右转动而已。组合开关由于其可实现多组触头组合而得名，实际上是一种转换开关。

组合开关一般用于电气设备中，作为非频繁地接通和分断电路、换接电源和负载、测量三相电压以及控制小容量异步电动机的正反转和 Y-△ 启动等用。

(2) 组合开关的基本结构与工作原理

组合开关的外形和结构如图 7-4 所示，它主要由接线柱、绝缘杆、手柄、转轴、弹簧、凸轮、绝缘垫板、动触头、静触头等部件组成。当手柄每转过一定角度，就带动与转轴固定的动触头分别与对应的静触头接通和断开。组合开关转轴上装有扭簧储能机构，可使开关迅速接通与断开，其通断速度与手柄旋转速度无关。组合开关的操作机构分无限位和有限位两种。触头盒的下方有一块供安装用的钢质底板。

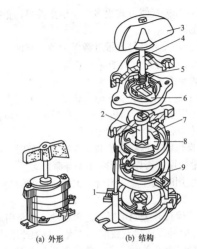

(a) 外形　　　　　(b) 结构

图 7-4　组合开关的外形和结构

1—接线柱；2—绝缘杆；3—手柄；4—转轴；5—弹簧；
6—凸轮；7—绝缘垫板；8—动触头；9—静触头

（3）组合开关的选择

组合开关是一种体积小、接线方式多、使用非常方便的开关电器。选择组合开关时应注意以下几点。

① 组合开关应根据用电设备的电压等级、容量和所需触头数进行选用。组合开关用于一般照明、电热电路时，其额定电流应等于或大于被控制电路中各负载电流的总和；组合开关用于控制电动机时，其额定电流一般取电动机额定电流的 1.5～2.5 倍。

② 组合开关接线方式很多，应根据需要，正确地选择相应规格的产品。

③ 组合开关本身是不带过载保护和短路保护的，如果需要这类保护，应另设其他保护电器。

（4）组合开关的使用和维护

① 由于组合开关的通断能力较低，故不能来分断故障电流。当用于控制电动机作可逆运转时，必须在电动机完全停止转动后，才允许反向接通。

② 当操作频率过高或负载功率因数较低时，组合开关要降低容量使用，否则会影响开关寿命。

③ 在使用时应注意，组合开关每小时的转换次数一般不超过 15～20 次。

④ 经常检查开关固定螺钉是否松动，以免引起导线压接松动，造成外部连接点放电、打火、烧蚀或断路。

⑤ 检修组合开关时，应注意检查开关内部的动、静触片接触情况，以免造成内部接点起弧烧蚀。

7.3 熔断器

7.3.1 熔断器的基本结构与工作原理

（1）熔断器的基本结构

熔断器的基本结构主要由熔体、安装熔体的熔管（或盖、座）、触头和绝缘底板等组成。其中，熔体是指当电流大于规定值并超过规定时间后熔化的熔断体部件，它是熔断器的核心部件，它既是感测元件又是执行元件，一般用金属材料制成，熔体材料具有相对熔点低、特性稳定、易于熔断等特点；熔管是熔断器的外壳，主要作用是便于安装熔体且当熔体熔断时有利于电弧熄灭。

(2) 熔断器的工作原理

熔断器的工作原理实际上是一种利用热效应原理工作的保护电器，它通常串联在被保护的电路中，并应接在电源相线输入端。当电路为正常负载电流时，熔体的温度较低；而当电路中发生短路或过载故障时，通过熔体的电流随之增大，熔体开始发热。当电流达到或超过某一定值时，熔体温度将升高到熔点，便自行熔断，分断故障电路，从而达到保护电路和电气设备、防止故障扩大的目的。熔体的保护作用是一次性的，一旦熔断即失去作用，应在故障排除后，更换新的相同规格的熔体。

7.3.2 常用熔断器

(1) 插入式熔断器

插入式熔断器又称瓷插式熔断器，指熔断体靠导电插件插入底座的熔断器。它具有结构简单、价格低廉、更换熔体方便等优点，被广泛用于照明电路和小容量电动机的短路保护。插入式熔断器的结构如图7-5所示，它由瓷盖、瓷座、动触头、静触头和熔丝等组成。其中，瓷盖和瓷座由电工陶瓷制成，电源线和负载线分别接在瓷座两端的静触头上，瓷座中间有一空腔，它与瓷盖的凸起部分构成灭弧室。

(2) 螺旋式熔断器

螺旋式熔断器主要由瓷帽、熔管、瓷套、上接线端、下接线端和底座等组成，其结构如图7-6所示。这种熔断器的熔管由电工陶瓷制成，熔管内装有熔体（丝或片）和石英砂填料，它对灭弧非常有利，可以提高熔断器的分断

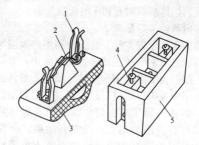

图 7-5 插入式熔断器

1—动触头；2—熔丝；3—瓷盖；4—静触头；5—瓷座

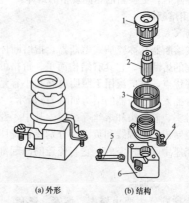

(a) 外形　　　　(b) 结构

图 7-6 螺旋式熔断器

1—瓷帽；2—熔管；3—瓷套；4—上接线端；

5—下接线端；6—底座

能力。熔断器的熔管上盖中还有一熔断指示器（上有色点），当熔体熔断时指示器跳出，显示熔断器熔断，通过瓷帽可观察到。底座装有上下两个接线触头，分别与底座螺纹壳、底座触头相连。当熔断器熔断后，只需旋开瓷帽，取下已熔断的熔管，换上新熔管即可。其缺点是它的熔体无法更换，只能更换整个熔管，成本相对较高。

使用螺旋式熔断器时必须注意，用电设备的连接线应接到金属螺旋壳的上接线端，电源线应接到底座的下接线端。这样，更换熔管时金属螺旋壳上就不会带电，保证用电安全。

（3）无填料封闭管式熔断器

无填料封闭管式熔断器（又称无填料密闭管式熔断器）是指熔体被密闭在不充填料的熔管内的熔断器。无填料封闭管式熔断器主要由熔管、熔体和夹座等部分组成，其结构如图7-7所示。其熔体由变截面锌片制成，中间有几处狭窄部分。当短路电流通过熔片时，首先在狭窄处熔断，熔管内壁在电弧的高温作用下，分解出大量气体，使管内压力迅速增大，很快将电弧熄灭。

无填料封闭管式熔断器是一种可拆卸的熔断器，其特点是当熔体熔断时，管内产生高气压，能加速灭弧。另外，熔体熔断后，使用人员可自行拆开，装上新熔体后可尽快恢复供电。还具有分断能力大、保护特性好和运行安全可靠等优点，常用于频繁发生过载和短路故障的场合。

（4）有填料封闭管式熔断器

有填料封闭管式熔断器是指熔体被封闭在充有颗粒、粉末等灭弧填料的熔管内的熔断器。图7-8为有填料封闭

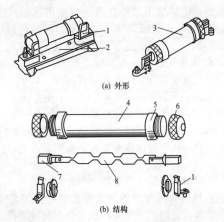

(a) 外形

(b) 结构

图 7-7 RM10 系列无填料封闭管式熔断器

1—夹座；2—底座；3—熔管；4—钢纸管；5—黄铜管；

6—黄铜帽；7—触刀；8—熔体

管式熔断器的结构，它主要由熔管和底座两部分组成。其中，熔管包括管体、熔体、指示器、触刀、盖板和石英砂。管体一般采用滑石陶瓷或高频陶瓷制成，它具有较高的机械强度和耐热性能，管内装有工作熔体和指示器熔体。熔断指示器是一个机械信号装置，指示器上装有与熔体并联的细康铜丝。在正常情况下，由于细康铜丝电阻很大，从其上面流过电流极小，只有当电路发生过载或短路，工作熔体熔断后，电流才全部转移到铜丝上，使它很快熔断。而指示器便在弹簧的作用下立即向外弹出，显露出醒目的红色信号，表示熔体已经熔断。从而可迅速发现故障，尽快检修，以恢复电路正常工作。

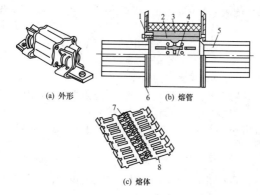

(a) 外形　　(b) 熔管

(c) 熔体

图 7-8　RT0 系列有填料封闭管式熔断器

1—熔断指示器；2—指示器熔体；3—石英砂；4—工作熔体；

5—触刀；6—盖板；7—锡桥；8—引燃栅

　　有填料封闭管式熔断器具有分断能力强、保护特性好、带有醒目的熔断指示器、使用安全等优点。其缺点是熔体熔断后必须更换熔管，经济性较差。

7.3.3　熔断器的选择

　　(1) 熔断器选择的一般原则

　　① 应根据使用条件确定熔断器的类型。

　　② 选择熔断器的规格时，应首先选定熔体的规格，然后再根据熔体去选择熔断器的规格。

　　③ 熔断器的保护特性应与被保护对象的过载特性有良好的配合。

④ 在配电系统中，各级熔断器应相互匹配，一般上一级熔体的额定电流要比下一级熔体的额定电流大2～3倍。

⑤ 对于保护电动机的熔断器，应注意电动机启动电流的影响。熔断器一般只作为电动机的短路保护，过载保护应采用热继电器。

(2) 熔体额定电流的选择

① 对于照明电路和电热设备等电阻性负载，因为其负载电流比较稳定，可用作过载保护和短路保护，所以熔体的额定电流（I_m）应等于或稍大于负载的额定电流（I_{fn}），即

$$I_m = 1.1 I_{fn}$$

② 电动机的启动电流很大，因此对电动机只宜作短路保护。其熔体额定电流的选择见第6章第6.1.6节。

(3) 熔断器额定电压的选择

熔断器的额定电压应等于或大于所在电路的额定电压。

7.3.4 熔断器的安装

① 安装前，应检查熔断器的额定电压是否大于或等于线路的额定电压，熔断器的额定分断能力是否大于线路中预期的短路电流，熔体的额定电流是否小于或等于熔断器支持件的额定电流。

② 熔断器一般应垂直安装，应保证熔体与触刀以及触刀与刀座的接触良好，并能防止电弧飞落到临近带电部分上。

③ 安装时应注意不要让熔体受到机械损伤，以免因熔体截面变小而发生误动作。

④ 安装时应注意使熔断器周围介质温度与被保护对象周围介质温度尽可能一致，以免保护特性产生误差。

⑤ 安装必须可靠，以免有一相接触不良，出现相当于一相断路的情况，致使电动机因断相运行而烧毁。

⑥ 安装带有熔断指示器的熔断器时，指示器的方向应装在便于观察的位置。

⑦ 熔断器两端的连接线应连接可靠，螺钉应拧紧。

⑧ 熔断器的安装位置应便于更换熔体。

⑨ 安装螺旋式熔断器时，熔断器的下接线板的接线端应在上方，并与电源线连接。连接金属螺纹壳体的接线端应装在下方，并与用电设备相连，这样更换熔体时螺纹壳体上就不会带电，以保证人身安全。两熔断器间的距离应留有手拧的空间，不宜过近。

7.3.5　熔断器的使用与维护

(1) 熔断器的巡视检查

① 检查熔断器的实际负载大小，看是否与熔体的额定值相匹配。

② 检查熔断器外观有无损伤、变形和开裂现象，瓷绝缘部分有无破损或闪络放电痕迹。

③ 检查熔断管接触是否紧密，有无过热现象。

④ 检查熔体有无氧化、腐蚀或损伤，必要时应及时更换。

⑤ 检查熔断器的熔体与触刀及触刀与刀座接触是否良好，导电部分有无熔焊、烧损。

⑥ 检查熔断器的环境温度是否与被保护设备的环境温度一致，以免相差过大使熔断器发生误动作。

⑦ 检查熔断器的底座有无松动现象。

⑧ 应及时清理熔断器上的灰尘和污垢，且应在停电后进行。

⑨ 对于带有熔断指示器的熔断器，还应检查指示器是否保持正常工作状态。

（2）熔断器运行中的维护

① 熔体烧断后，应查明原因，排除故障。分清熔断器是在过载电流下熔断，还是在分断极限电流下熔断。一般在过载电流下熔断时响声不大，熔体仅在一两处熔断，且管壁没有大量熔体蒸发物附着和烧焦现象；而分断极限电流熔断时与上面情况相反。

② 更换熔体时，必须选用原规格的熔体，不得用其他规格熔体代替，也不能用多根熔体代替一根较大熔体，更不准用细铜丝或铁丝来替代，以免发生重大事故。

③ 更换熔体（或熔管）时，一定要先切断电源，将开关断开，不要带电操作，以免触电，尤其不得在负荷未断开时带电更换熔体，以免电弧烧伤。

④ 熔断器的插入和拔出应使用绝缘手套等防护工具，不准用手直接操作或使用不适当的工具，以免发生危险。

⑤ 更换无填料封闭管式熔断器熔片时，应先查明熔片规格，并清理管内壁污垢后再安装新熔片，且要拧紧两头端盖。

⑥ 更换瓷插式熔断器熔丝时，熔丝应沿螺钉顺时针方向弯曲一圈，压在垫圈下拧紧。

⑦ 更换熔体前，应先清除接触面上的污垢，再装上熔体。且不得使熔体发生机械损伤，以免因熔体截面变小而

发生误动作。

⑧ 运行中如有两相断相，更换熔断器的熔体时应同时更换三相。因为没有熔断的那相熔断器的熔体实际上已经受到损害，若不及时更换，很快也会断相。

7.4 断路器

7.4.1 断路器的用途与分类

(1) 断路器的用途

断路器曾称自动开关，是指能接通、承载以及分断正常电路条件下的电流，也能在规定的非正常电路条件（例如短路）下接通、承载一定时间和分断电流的一种机械开关电器。按规定条件，对配电电路、电动机或其他用电设备实行通断操作并起保护作用，即当电路内出现过载、短路或欠电压等情况时能自动分断电路的开关电器。

通俗地讲，断路器是一种可以自动切断故障线路的保护开关，它既可用来接通和分断正常的负载电流、电动机的工作电流和过载电流，也可用来接通和分断短路电流，在正常情况下还可以用于不频繁地接通和断开电路以及控制电动机的启动和停止。

断路器具有动作值可调整、兼具过载和保护两种功能、安装方便、分断能力强，特别是在分断故障电流后一般不需要更换零部件，因此应用非常广泛。

(2) 断路器的分类（见表 7-2）

(3) 基本结构与工作原理

断路器的种类虽然很多，但它的基本结构基本相同。断路器的结构主要由触头系统、灭弧装置、各种脱扣器和操作机构等部分组成。

表 7-2　断路器的分类

项目	种　　类
1. 按使用类别分类	断路器按使用类别,可分为非选择型(A类)和选择型(B类)两类
2. 按结构形式分类	断路器按结构形式,可分为万能式(曾称框架式)和塑料外壳式(曾称装置式)
3. 按操作方式分类	断路器按操作方式,可分为人力操作(手动)和无人力操作(电动、储能)
4. 按极数分类	断路器按极数,可分为单极、两极、三极和四极式
5. 按安装方式分类	断路器按安装方式,可分为固定式、插入式和抽屉式等
6. 按灭弧介质分类	断路器按灭弧介质,可分为空气式和真空式,目前国产断路器空气式较多
7. 按灭弧技术分类	断路器按采用的灭弧技术,可分为零点灭弧式和限流式两类 ①零点灭弧式可使被触头拉开的电弧在交流电流自然过零时熄灭 ②限流式可把峰值预期短路电流限制到一个较小的截断电流
8. 按用途分类	断路器按用途,可分为配电用、电动机保护用、家用和类似场所用、剩余电流(漏电)保护用、特殊用途用等

　　断路器的种类很多,结构比较复杂,但其工作原理基本相同,其工作原理如图 7-9 所示。

　　断路器的三个触头串联在三相主电路中,电磁脱扣器的线圈及热脱扣器的热元件也与主电路串联,欠电压脱扣器的线圈与主电路并联。

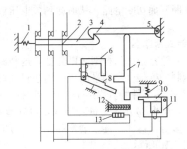

图 7-9 断路器的工作原理图

1,9—弹簧；2—主触头；3—锁键；4—钩子；5—轴；
6—电磁脱扣器；7—杠杆；8,10—衔铁；11—欠电压脱扣器；
12—热脱扣器双金属片；13—热脱扣器的热元件

当断路器闭合后，三个主触头由锁键钩住钩子，克服弹簧的拉力，保持闭合状态。而当电磁脱扣器吸合或热脱扣器的双金属片受热弯曲或欠电压脱扣器释放，这三者中的任何一个动作发生，就可将杠杆顶起，使钩子和锁键脱开，于是主触头分断电路。

当电路正常工作时，电磁脱扣器的线圈产生的电磁力不能将衔铁吸合，而当电路发生短路，出现很大过电流时，线圈产生的电磁力增大，足以将衔铁吸合；使主触头断开，切断主电路；若电路发生过载，但又达不到电磁脱扣器动作的电流时，而流过热脱扣器的发热元件的过载电流，会使双金属片受热弯曲，顶起杠杆，导致触头分开来断开电路，起到过载保护作用；若电源电压下降较多或失去电压时，欠电压脱扣器的电磁力减小，使衔铁释放，同样导致触头断开而切断电路，从而起到欠电压或失电压保护作用。

7.4.2 万能式断路器

万能式断路器曾称为框架式断路器，这种断路器一般都有一个钢制的框架（小容量的也可用塑料底板加金属支架构成），所有零部件均安装在这个框架内，主要零部件都是裸露的，导电部分需先进行绝缘，再安装在底座上，而且部件大多可以拆卸，便于装配和调整。万能式断路器的结构如图 7-10 所示。

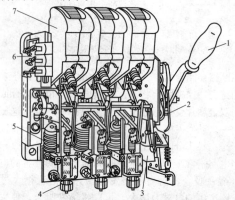

图 7-10　DW 型万能式低压断路器外形结构

1—操作手柄；2—自由脱扣器；3—失电压脱扣器；4—过电流脱扣器
电流调节螺母；5—过电流脱扣器；6—辅助触头；7—灭弧罩

这种断路器容量较大，可装设多种脱扣器，辅助触头的数量很多，不同的脱扣器组合可以构成不同的保护特性。因此，这种断路器可设计成选择型或非选择型配电电器，也可进行具有反时限动作特性的电动机保护，另外它还可通过辅助触头实现远距离遥控和智能化控制。

7.4.3　塑料外壳式断路器

塑料外壳式断路器曾称为装置式断路器，这种断路器的所有零部件都安装在一个塑料外壳中，没有裸露的带电部分，使用比较安全。塑料外壳式断路器的结构如图 7-11 所示，主要由绝缘外壳、触头系统、操作机构和脱扣器四部分组成。

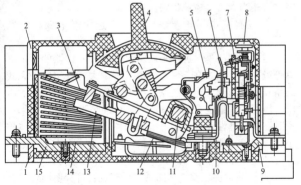

图 7-11　塑料外壳式断路器结构图

1—基座；2—盖；3—灭弧室；4—手柄；5—扣板；6—双金属片；
7—调节螺钉；8—瞬时调节旋钮；9—下母线；10—发热元件；
11—主轴；12—软连接；13—动触头；14—静触头；15—上母线

塑料外壳式断路器与万能式断路器相比，具有结构紧凑、体积小、操作简便、安全可靠等优点，缺点是通断能力比万能式断路器低，保护和操作方式较少，而且有些可以维修，有些则不能维修。

7.4.4 断路器的使用与维护

(1) 类型的选择

应根据电路的额定电流、保护要求和断路器的结构特点来选择断路器的类型，例如：

① 对于额定电流 600A 以下，短路电流不大的场合，一般选用塑料外壳式断路器；

② 若额定电流比较大，则应选用万能式断路器，若短路电流相当大，则应选用限流式断路器；

③ 在有漏电保护要求时，还应选用漏电保护式断路器。

需要说明的是：近年来，塑料外壳式断路器的额定电流等级在不断地提高，现已出现了不少大容量塑料外壳式断路器；而对于万能式断路器则由于新技术、新材料的应用，体积、重量也在不断减小。从目前情况来看，如果选用时注重选择性，应选用万能式断路器；而如果注重体积小、要求价格便宜，则应选用塑料外壳式断路器。

(2) 断路器的安装

① 安装前应先检查断路器的规格是否符合使用要求。

② 安装前先用 500V 绝缘电阻表（兆欧表）检查断路器的绝缘电阻，在周围空气温度为（20±5）℃和相对湿度为 50%～70%时，绝缘电阻应不小于 10MΩ，否则应烘干。

③ 安装时，电源进线应接于上母线，用户的负载侧出线应接于下母线。

④ 安装时，断路器底座应垂直于水平位置，并用螺钉

固定紧，且断路器应安装平整，不应有附加机械应力。

⑤ 外部母线与断路器连接时，应在接近断路器母线处加以固定，以免各种机械应力传递到断路器上。

⑥ 安装时，应考虑断路器的飞弧距离，即在灭弧罩上部应留有飞弧空间，并保证外装灭弧室至相邻电器的导电部分和接地部分的安全距离。

⑦ 在进行电气连接时，电路中应无电压。

⑧ 断路器应可靠接地。

⑨ 不应漏装断路器附带的隔弧板，装上后方可运行，以防止切断电路因产生电弧而引起相间短路。

⑩ 安装完毕后，应使用手柄或其他传动装置检查断路器工作的准确性和可靠性。如检查脱扣器能否在规定的动作值范围内动作，电磁操作机构是否可靠闭合，可动部件有无卡阻现象等。

（3）**断路器的维护**

① 断路器在使用前应将电磁铁工作面上的防锈油脂抹净，以免影响电磁系统的正常动作。

② 操作机构在使用一段时间后（一般为 1/4 机械寿命），在传动部分应加注润滑油（小容量塑料外壳式断路器不需要）。

③ 每隔一段时间（6 个月左右或在定期检修时），应清除落在断路器上的灰尘，以保证断路器具有良好绝缘。

④ 应定期检查触头系统，特别是在分断短路电流后，更必须检查，在检查时应注意：

a. 断路器必须处于断开位置，进线电源必须切断；

b. 用酒精抹净断路器上的划痕，清理触头毛刺；

c. 当触头厚度小于允许值时，应更换触头。

⑤ 当断路器分断短路电流或长期使用后，均应清理灭弧罩两壁烟痕及金属颗粒。若采用的是陶瓷灭弧室，灭弧栅片烧损严重或灭弧罩碎裂，不允许再使用，必须立即更换，以免发生不应有的事故。

⑥ 定期检查各种脱扣器的电流整定值和延时。特别是半导体脱扣器，更应定期用试验按钮检查其动作情况。

⑦ 有双金属片式脱扣器的断路器，当使用场所的环境温度高于其整定温度，一般宜降容使用；若脱扣器的工作电流与整定电流不符，应当在专门的检验设备上重新调整后才能使用。

⑧ 有双金属片式脱扣器的断路器，因过载而分断后，不能立即"再扣"，需冷却 $1\sim3\text{min}$，待双金属片复位后，才能重新"再扣"。

⑨ 定期检修应在不带电的情况下进行。

7.5 接触器

7.5.1 接触器的用途与分类

(1) 接触器的用途

接触器是指仅有一个起始位置，能接通、承载和分断正常电路条件（包括过载运行条件）下的电流的一种非手动操作的机械开关电器。它可用于远距离频繁地接通和分断交、直流主电路和大容量控制电路，具有动作快、控制容量大、使用安全方便、能频繁操作和远距离操作等优点，主要用于控制交、直流电动机，也可用于控制小型发电机、电热装置、电焊机和电容器组等设备，是电力拖动自动控制电路中使用最广泛的一种低压电器元件。

接触器能接通和断开负载电流，但不能切断短路电流，因此接触器常与熔断器和热继电器等配合使用。

（2）接触器的分类

接触器的种类繁多，有多种不同的分类方法。

① 按操作方式分，有电磁接触器、气动接触器和液压接触器。

② 按接触器主触头控制电流种类分，有交流接触器和直流接触器。

③ 按灭弧介质分，有空气式接触器、油浸式接触器和真空接触器。

④ 按主触头的极数，还可分为单极、双极、三极、四极和五极等。

7.5.2　交流接触器

（1）交流接触器的基本结构

交流接触器的结构主要由触头系统、电磁机构、灭弧装置和其他部分等组成。交流接触器的结构如图 7-12 （a）所示。

触头是接触器的执行元件，用来接通或分断所控制的电路。根据用途的不同，触头分为主触头和辅助触头两种，其中，主触头是用于通断电流较大的主电路，且一般由接触面较大的常开触头组成。辅助触头用以通断小电流控制电路，它由常开触头和常闭触头成对组成。当接触器未工作时，处于断开状态的触头称为常开（或动合）触头；当接触器未工作时，处于接通状态的触头称为常闭（或动断）触头。

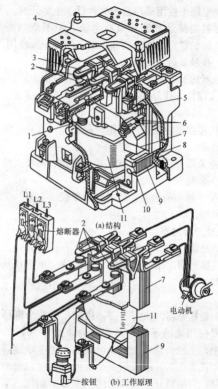

图 7-12 交流接触器的结构和工作原理

1—释放弹簧；2—主触头；3—触头压力弹簧；4—灭弧罩；
5—常闭辅助触头；6—常开辅助触头；7—动铁芯；8—缓冲弹簧；
9—静铁芯；10—短路环；11—线圈

（2）工作原理

交流接触器的工作原理如图 7-12（b）所示。当线圈通电后，线圈中因有电流通过而产生磁场，静铁芯在电磁力的作用下，克服弹簧的反作用力，将动铁芯吸合，从而使动、静触头接触，主电路接通；而当线圈断电时，静铁芯的电磁吸力消失，动铁芯在弹簧的反作用力下复位，从而使动触头与静触头分离，切断主电路。

7.5.3　直流接触器

（1）直流接触器的基本结构

直流接触器的结构和工作原理与交流接触器基本相同，直流接触器主要由触头系统、电磁系统和灭弧装置三大部分组成。其结构原理如图 7-13 所示。

（2）交流接触器与直流接触器的区别

交流接触器与直流接触器的区别如下。

① 交流接触器的铁芯由彼此绝缘的硅钢片叠压而成，并做成双 E形；直流接触器的铁芯多由整块软铁制成，多

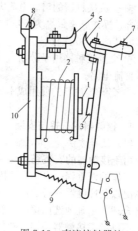

图 7-13　直流接触器的
结构原理图

1—静铁芯；2—线圈；3—动铁芯；
4—静触头；5—动触头；6—辅助触头；
7,8—接线柱；9—弹簧；10—底板

为 U 形。

② 交流接触器一般采用栅片灭弧装置，而直流接触器采用磁吹灭弧装置。

③ 交流接触器由于线圈通入的是交流电，为消除电磁铁产生的振动和噪声，在静铁芯上嵌有短路环，而直流接触器不需要。

④ 交流接触器的线圈匝数少，电阻小，而直流接触器的线圈匝数多，电阻大。

⑤ 交流接触器的启动电流大，不适于频繁启动和断开的场合，操作频率最高为 600 次/h，而直流接触器的操作频率可高达 2000 次/h。

⑥ 交流接触器用于分断交流电路，而直流接触器用于分断直流电路。

⑦ 交流接触器的使用成本低，而直流接触器的使用成本高。

7.5.4　接触器的选择与安装

（1）选择方法

由于接触器的安装场所与控制的负载不同，其操作条件与工作的繁重程度也不同。因此，必须对控制负载的工作情况以及接触器本身的性能有一个较全面的了解，力求经济合理、正确地选用接触器。也就是说，在选用接触器时，不仅考虑接触器的铭牌数据，因铭牌上只规定了某一条件下的电流、电压、控制功率等参数，而具体的条件又是多种多样的，因此，在选择接触器时应注意以下几点。

① 选择接触器的类型。接触器的类型应根据电路中负载电流的种类来选择。也就是说，交流负载应使用交流接

触器，直流负载应使用直流接触器。若整个控制系统中主要是交流负载，而直流负载的容量较小，也可全部使用交流接触器，但触头的额定电流应适当大些。

② 选择接触器主触头的额定电流。主触头的额定电流应大于或等于被控电路的额定电流。在频繁启动、制动和频繁正反转的场合，主触头的额定电流可稍微降低使用。

③ 选择接触器主触头的额定电压。接触器的额定工作电压应不小于被控电路的最大工作电压。

④ 接触器的额定通断能力应大于通断时电路中的实际电流值；耐受过载电流能力应大于电路中最大工作过载电流值。

⑤ 应根据系统控制要求确定主触头和辅助触头的数量和类型，同时要注意其通断能力和其他额定参数。

⑥ 如果接触器用来控制电动机的频繁启动、正反转或反接制动时，应将接触器的主触头额定电流降低使用，通常可降低一个电流等级。

(2) 安装前的准备

① 接触器在安装前应认真检查接触器的铭牌数据是否符合电路要求；线圈工作电压是否与电源工作电压相配合。

② 接触器外观应良好，无机械损伤。活动部件应灵活，无卡滞现象。

③ 检查灭弧罩有无破裂、损伤。

④ 检查各极主触头的动作是否同步。触头的开距、超程、初压力和终压力是否符合要求。

⑤ 用万用表检查接触器线圈有无断线、短路现象。

⑥ 用绝缘电阻表（兆欧表）检测主触头间的相间绝缘电阻，一般应大于 $10M\Omega$。

（3）安装方法与注意事项

① 安装时，接触器的底面应与地面垂直，倾斜度应小于 $5°$。

② 安装时，应注意留有适当的飞弧空间，以免烧损相邻电器。

③ 在确定安装位置时，还应考虑到日常检查和维修方便性。

④ 安装应牢固，接线应可靠，螺钉应加装弹簧垫和平垫圈，以防松脱和振动。

⑤ 灭弧罩应安装良好，不得在灭弧罩破损或无灭弧罩的情况下将接触器投入使用。

⑥ 安装完毕后，应检查有无零件或杂物掉落在接触器上或内部，检查接触器的接线是否正确，还应在不带负载的情况下检测接触器的性能是否合格。

⑦ 接触器的触头表面应经常保持清洁，不允许涂油。

7.5.5 接触器的维护

（1）接触器的维护方法

接触器经过一段时间使用后，应进行维护。维护时，应在断开主电路和控制电路的电源情况下进行。

① 应定期检查接触器的外观是否完好，绝缘部件有无破损、脏污现象。

② 定期检查接触器的螺钉是否松动，可动部分是否灵活可靠。

③ 检查灭弧罩有无松动、破损现象，灭弧罩往往较脆，拆装时注意不要碰坏。

④ 检查主触头、辅助触头及各连接头有无过热、烧蚀现象，发现问题及时修复。当触头磨损到 1/3 时，应更换。

⑤ 检查铁芯极面有无变形、松开现象，交流接触器的短路环是否破裂，直流接触器的铁芯非磁性垫片是否完好。

（2）直流接触器使用注意事项

因为交流接触器的线圈匝数较少，电阻较小，当线圈通入交流电时，将产生一个较大的感抗，此感抗值远大于线圈的电阻，线圈的励磁电流主要取决于感抗的大小。如果将直流电流通入时，则线圈就成为纯电阻负载，此时流过线圈的电流会很大，使线圈发热，甚至烧坏。所以，在一般情况下，不能将交流接触器作为直流接触器使用。

（3）真空接触器维护注意事项

① 真空接触器的真空管灭弧室的维护工作与真空断路器基本相同，可结合被控设备同时进行维护。

② 真空接触器应进行定期检查。

a. 每半年检查一次真空管的开距和超距；

b. 每年检查一次其动作性能；

c. 每季度应检查一次辅助触头有无损伤脱落；

d. 每 1～2 年用耐压试验法检测真空灭弧管的真空度。

③ 真空接触器的维护工作除真空灭弧管外，其他项目均与电磁式接触器相同。

7.6 继电器

7.6.1 继电器的用途与分类

(1) 继电器的用途

继电器是一种自动和远距离操纵用的电器，广泛地用于自动控制系统、遥控、遥测系统、电力保护系统以及通信系统中，起着控制、检测、保护和调节的作用，是现代电气装置中最基本的器件之一。

继电器定义为：当输入量（或激励量）满足某些规定的条件时，能在一个或多个电气输出电路中产生预定跃变的一种器件。即继电器是一种根据电气量（电压、电流等）或非电气量（热、时间、转速、压力等）的变化闭合或断开控制电路，以完成控制或保护的电器。电气继电器是当输入激励量为电量参数（如电压或电流）的一种继电器。

继电器的用途很多，一般可以归纳如下：

① 输入与输出电路之间的隔离；

② 信号转换（从断开到接通）；

③ 增加输出电路（即切换几个负载或切换不同电源负载）；

④ 重复信号；

⑤ 切换不同电压或电流负载；

⑥ 保留输出信号；

⑦ 闭锁电路；

⑧ 提供遥控。

（2）继电器的分类（见表7-3）

表7-3　继电器的用途与分类

项目	特点与分类
1. 按对被控电路的控制方式分类	①有触头继电器　靠触头的机械运动接通与断开被控电路 ②无触头继电器　靠继电器元件自身的物理特性实现被控电路的通断
2. 按应用领域、环境分类	继电器按应用领域、环境可分为电气系统继电保护用继电器、自动控制用继电器、通信用继电器、船舶用继电器、航空用继电器、航天用继电器、热带用继电器、高原用继电器等
3. 按输入信号的性质分类	继电器按输入信号的性质可分为直流继电器、交流继电器、电压继电器、电流继电器、中间继电器、时间继电器、热继电器、温度继电器、速度继电器、压力继电器等
4. 按工作原理分类	继电器按工作原理可分为电磁式继电器、感应式继电器、双金属继电器、电动式继电器、电子式继电器等

（3）继电器与接触器的区别

不论继电器的动作原理、结构形式如何千差万别，它们都是由感测机构（又称感应机构）、中间机构（又称比较机构）和执行机构三个基本部分组成，感测机构把感测得到的电气量或非电气量传递给中间机构，将它与预定值（整定值）进行比较，当达到整定值（过量或欠量）时，中间机构便使执行机构动作，从而闭合或断开电路。

虽然继电器与接触器都是用来自动闭合或断开电路，但是它们仍有许多不同之处，其主要区别如下。

① 继电器一般用于控制小电流的电路，触头额定电流

不大于 5A，所以不加灭弧装置，而接触器一般用于控制大电流的电路，主触头额定电流不小于 5A，有的加有灭弧装置。

② 接触器一般只能对电压的变化作出反应，而各种继电器可以在相应的各种电量或非电量作用下动作。

7.6.2 电流继电器

(1) 电流继电器的原理与分类

电流继电器是一种根据线圈中（输入）电流大小而接通或断开电路的继电器，即触头的动作与否与线圈动作电流大小有关的继电器。电流继电器按线圈电流的种类可分为交流电流继电器和直流电流继电器，按用途可分为过电流继电器和欠电流继电器。

电流继电器的线圈与被测量电路串联，以反映电路电流的变化，为不影响电路的工作情况，其线圈的匝数少、导线粗、线圈阻抗小。

继电器由模拟电路及数字电路构成，输入电流经过整流、滤波，将过电流信号分别送到过电流启动、速断启动回路及反时限延时回路。输入电流达到动作电流整定值时，触发器翻转，启动回路工作，达到预定的时间后，继电器动作，其常开触头闭合、常闭触头断开，并发出过电流信号。如果输入电流达到或超过速断电流整定值，达到预定的时间后，继电器动作，其常开触头闭合、常闭触头断开，并发出速断信号。

(2) 电流继电器的用途

① 过电流继电器 过电流继电器的任务是，当电路发生短路或严重过载时，必须立即将电路切断。因此，当电

路在正常工作时，即当过电流继电器线圈通过的电流低于整定值时，继电器不动作，只有超过整定值时，继电器才动作。瞬动型过电流继电器常用于电动机的短路保护；延时动作型常用于过载兼具短路保护。过电流继电器复位分自动和手动两种。

② 欠电流继电器 欠电流继电器的任务是，当电路电流过低时，必须立即将电路切断。因此，当电路在正常工作时，即欠电流继电器线圈通过的电流为额定电流（或低于额定电流一定值）时，继电器是吸合的。只有当电流低于某一整定值时，继电器释放，才输出信号。欠电流继电器常用于直流电动机和电磁吸盘的失磁保护。

(3) 电流继电器的选择

① 过电流继电器的选择 过电流继电器的额定电流应当大于或等于被保护电动机的额定电流，其动作电流一般为电动机额定电流的 1.7～2 倍，频繁启动时，为电动机额定电流的 2.25～2.5 倍；对于小容量直流电动机和绕线式异步电动机，其额定电流应按电动机长期工作的额定电流选择。

② 欠电流继电器的选择 欠电流继电器的额定电流应不小于直流电动机的励磁电流，释放动作电流应小于励磁电路正常工作范围内可能出现的最小励磁电流，一般为最小励磁电流的 0.8 倍。

7.6.3 电压继电器

(1) 电压继电器的特点与分类

电压继电器用于电力拖动系统的电压保护和控制，使用时电压继电器的线圈与负载并联，为不影响电路的工作情况，其线圈的匝数多、导线细、线圈阻抗大。

一般来说，过电压继电器在电压升至 1.1～1.2 额定电压时动作，对电路进行过电压保护；欠电压继电器在电压降至 0.4～0.7 额定电压时动作，对电路进行欠电压保护；零电压继电器在电压降至 0.05～0.25 额定电压时动作，对电路进行零压保护。

(2) 电压继电器的用途

① 过电压继电器　过电压继电器线圈在额定电压时，动铁芯不产生吸合动作，只有当线圈电压高于其额定电压的某一值（即整定值）时，动铁芯才产生吸合动作，所以称为过电压继电器。因为直流电路不会产生波动较大的过电压现象，所以在产品中没有直流过电压继电器。交流过电压继电器在电路中起过电压保护作用。当电路一旦出现过高的电压现象时，过电压继电器就马上动作，从而控制接触器及时分断电气设备的电源。

② 欠电压继电器　与过电压继电器比较，欠电压继电器在电路正常工作（即未出现欠电压故障）时，其衔铁处于吸合状态。如果电路出现电压降低至线圈的释放电压（即继电器的整定电压）时，则衔铁释放，使触头动作，从而控制接触器及时断开电气设备的电源。

(3) 电压继电器的选择

① 电压继电器的线圈电流的种类和电压等级应与控制电路一致。

② 根据继电器在控制电路中的作用（是过电压或欠电压）选择继电器的类型，按控制电路的要求选择触头的类型（动合或动断）和数量。

③ 继电器的动作电压一般为系统额定电压的 1.1～1.2 倍。

④ 欠电压和零电压继电器常用一般电磁式继电器或小型接触器，因此选用时，只要满足一般要求即可，对释放电压值无特殊要求。

7.6.4 中间继电器

(1) 中间继电器的特点

中间继电器是一种通过控制电磁线圈的通断，将一个输入信号变成多个输出信号或将信号放大（即增大触头容量）的继电器。中间继电器是用来转换控制信号的中间元件，其输入信号为线圈的通电或断电信号，输出信号为触头的动作。它的触头数量较多，触头容量较大，各触头的额定电流相同。

(2) 中间继电器的用途

中间继电器的主要作用是，当其他继电器的触头数量或触头容量不够时，可借助中间继电器来扩大它们的触头数或增大触头容量，起到中间转换（传递、放大、翻转、分路和记忆等）作用。中间继电器的触头额定电流比其线圈电流大得多，所以可以用来放大信号。将多个中间继电器组合起来，还能构成各种逻辑运算与计数功能的线路。

(3) 中间继电器的结构

图 7-14 为 JZ7 系列中间继电器的结构，其结构与工作原理与小型直动式接触器基本相同，只是它的触头系统中没有主、辅之分，各对触头所允许通过的电流大小是相等的。由于中间继电器触头接通和分断的是交、直流控制电路，电流很小，所以一般中间继电器不需要灭弧装置。中

间继电器线圈在加上 85％～105％额定电压时应能可靠工作。

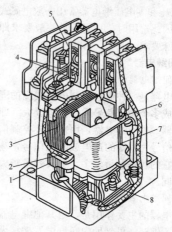

图 7-14 JZ7 系列中间继电器的结构

1—静铁芯；2—短路环；3—衔铁（动铁芯）；4—常开（动合）触头；

5—常闭（动断）触头；6—释放（复位）弹簧；

7—线圈；8—缓冲（反作用）弹簧

（4）中间继电器与接触器的区别

① 接触器主要用于接通和分断大功率负载电路，而中间继电器主要用于切换小功率的负载电路。

② 中间继电器的触头对数多，且无主辅触头之分，各对触头所允许通过的电流大小相等。

③ 中间继电器主要用于信号的传送，还可以用于实现

多路控制和信号放大。

④ 中间继电器常用以扩充其他电器的触头数目和容量。

(5) 中间继电器的选择

① 中间继电器线圈的电压或电流应满足电路的需要。

② 中间继电器触头的种类和数目应满足控制电路的要求。

③ 中间继电器触头的额定电压和额定电流也应满足控制电路的要求。

④ 应根据电路要求选择继电器的交流或直流类型。

7.6.5 时间继电器

(1) 时间继电器的用途

时间继电器是一种自得到动作信号起至触头动作或输出电路产生跳跃式改变有一定延时，该延时又符合其准确度要求的继电器，即从得到输入信号（线圈的通电或断电）开始，经过一定的延时后才输出信号（触头的闭合或断开）的继电器。

时间继电器被广泛应用于电动机的启动控制和各种自动控制系统。

(2) 按动作原理分类

时间继电器按动作原理可分为有电磁式、同步电动机式、空气阻尼式、晶体管式（又称电子式）等。

① 电磁式时间继电器结构简单、价格低廉，但延时较短（例如 JT3 型延时时间只有 $0.3 \sim 5.5 s$），且只能用于直流断电延时。电磁式时间继电器作为辅助元件用于保护及自动装置中，使被控元件达到所需要的延时，在保护装置

中用以实现主保护与后备保护的选择性配合。

② 同步电动机式时间继电器（又称电动机式或电动式时间继电器）的延时精确度高、延时范围大（有的可达几十小时），但价格较昂贵。

③ 空气阻尼式时间继电器又称气囊式时间继电器，其结构简单、价格低廉，延时范围较大（0.4～180s），有通电延时和断电延时两种，但延时准确度较低。

④ 晶体管式时间继电器又称电子式时间继电器，其体积小、精确度高、可靠性好。晶体管式时间继电器的延时可达几分钟到几十分钟，比空气阻尼式长，比电动机式短；延时精确度比空气阻尼式高，比同步电动机式略低。随着电子技术的发展，其应用越来越广泛。

（3）按延时方式分类

时间继电器按延时方式可分为通电延时型和断电延时型。

① 通电延时型时间继电器接受输入信号后延迟一定的时间，输出信号才发生变化；当输入信号消失后，输出瞬时复原。

② 断电延时型时间继电器接受输入信号时，瞬时产生相应的输出信号；当输入信号消失后，延迟一定时间，输出才复原。

（4）空气阻尼式时间继电器的基本结构与工作原理

① 基本结构　空气阻尼式时间继电器的结构主要由电磁系统、延时机构和触头系统等三部分组成，如图 7-15 所示。它是利用空气的阻尼作用进行延时的。其电磁系统为直动式双 E 型，触头系统是借用微动开关，延时机构采用

气囊式阻尼器。

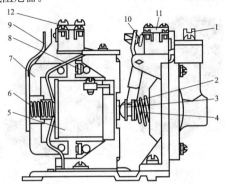

图 7-15 JS7-A 系列空气阻尼式时间继电器结构

1—调节螺钉；2—推板；3—推杆；4—塔形弹簧；5—线圈；
6—反力弹簧；7—衔铁；8—铁芯；9—弹簧片；10—杠杆；
11—延时触头；12—瞬时触头

空气阻尼式时间继电器又称气囊式时间继电器，其结构简单、价格低廉，延时范围较大（0.4～180s），有通电延时和断电延时两种，但延时准确度较低。

② 类型与特点 空气阻尼式时间继电器的电磁机构有交流、直流两种。延时方式有通电延时型和断电延时型。当动铁芯（衔铁）位于静铁芯和延时机构之间位置时为通电延时型；当静铁芯位于动铁芯和延时机构之间位置时为断电延时型。

（5）晶体管时间继电器的基本结构与工作原理

① 结构 晶体管时间继电器的种类很多，常用晶体管

时间继电器的外形如图 7-16 所示。

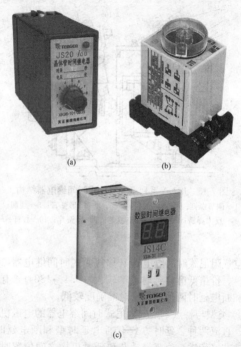

(a)　　　　　　　　(b)

(c)

图 7-16　晶体管时间继电器外形

② 类型　晶体管时间继电器的分类如下。

a. 晶体管时间继电器按构成原理可分为阻容式和数字式两类。

b. 晶体管时间继电器按延时的方式可分为通电延时型、断电延时型、带瞬动触头的通电延时型等。

③ 特点　晶体管时间继电器也称为半导体式时间继电器或电子式时间继电器。它除了执行继电器外，均由电子元件组成，没有机械零件，因而具有寿命和精度较高、体积小、延时范围宽、控制功率小等优点。

晶体管式时间继电器体积小、精度高、可靠性好。晶体管式时间继电器的延时可达几分钟到几十分钟，比空气阻尼式长，比电动机式短；延时精确度比空气阻尼式高，比同步电动机式略低。随着电子技术的发展，其应用越来越广泛。

注意：晶体管时间继电器一般采用 晶体管与 *RC*（电阻与电容）构成延时电路，通过调节 *R* 的阻值来预置时间。电子式时间继电器采用秒脉冲计时并用数字方式显示，数码拨盘预置时间。数字式电子时间继电器的延时精度和稳定性高于晶体管时间继电器。

(6) 时间继电器的选择方法

① 时间继电器延时方式有通电延时型和断电延时型两种，因此选用时应确定采用哪种延时方式更方便组成控制线路。

② 凡对延时精度要求不高的场合，一般宜采用价格较低的电磁阻尼式（电磁式）或空气阻尼式（气囊式）时间继电器；若对延时精度要求较高，则宜采用电动机式或晶体管式时间继电器。

③ 延时触头种类、数量和瞬动触头种类、数量应满足

控制要求。

(7) 选用注意事项

① 应注意电源参数变化的影响。例如，在电源电压波动大的场合，采用空气阻尼式或电动机式比采用晶体管式好；而在电源频率波动大的场合，则不宜采用电动机式时间继电器。

② 应注意环境温度变化的影响。通常在环境温度变化较大处，不宜采用空气阻尼式和晶体管式时间继电器。

③ 对操作频率也要加以注意。因为操作频率过高不仅会影响电气寿命，还可能导致延时误动作。

(8) 数字式时间继电器的使用方法

① 把数字开关及时段开关预置在所需的位置后接通电源，此时数显从零开始计时，当到达所预置的时间时，延时触点实行转换，数显保持此刻的数字，实现了定时控制。

② 复零功能可作断开延时使用：在任意时刻接通复零端子，延时触点将回复到初始位置，断开后数显从 0 处开始计时。利用此功能，将复零端接外控触点可实现断开延时。

③ 在任意时刻接通暂停端子，计时暂停，显示将保持此刻时间，断开后继续计时（利用此功能作累时器使用）。

④ 在强电场环境中使用，并且复零暂停导线较长时，应使用屏蔽导线。必须注意：复零及暂停端子切勿从外输

入电压。

7.6.6 热继电器

(1) 热继电器的用途

热继电器是热过载继电器的简称，它是一种利用电流的热效应来切断电路的一种保护电器，常与接触器配合使用，热继电器具有结构简单、体积小、价格低和保护性能好等优点，主要用于电动机的过载保护、断相及电流不平衡运行的保护及其他电气设备发热状态的控制。

(2) 热继电器的分类

① 按动作方式分，有双金属片式、热敏电阻式和易熔合金式三种。

a. 双金属片式：利用双金属片（用两种膨胀系数不同的金属，通常为锰镍、铜板轧制成），受热弯曲去推动执行机构动作。这种继电器因结构简单、体积小、成本低，同时选择合适的热元件的基础上能得到良好的反时限特性（电流越大越容易动作，经过较短的时间就开始动作）等优点被广泛应用。

b. 热敏电阻式：利用电阻值随温度变化而变化的特性制成的热继电器。

c. 易熔合金式：利用过载电流发热使易熔合金达到某一温度时，合金熔化而使继电器动作。

② 按加热方式分，有直接加热式、复合加热式、间接加热式和电流互感器加热式四种。

③ 按极数分，有单极、双极和三极三种，其中三极的又包括带有和不带断相保护装置两类。

④ 按复位方式分，有自动复位和手动复位两种。

（3）双金属片式热继电器的基本结构与工作原理

双金属片式热继电器由双金属片、加热元件、触头系统及推杆、弹簧、整定值（电流）调节旋钮、复位按钮等组成，其结构如图 7-17 所示。

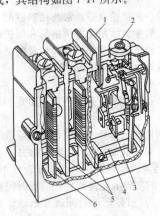

双金属片是热继电器中最关键的一个部件，它将两种不同线胀系数的金属片，以机械碾压方式使之形成一体。通常在室温下（即受热前），这个整体呈平板状。当负载发生过载时，过载电流通过串联在供电电路中的热元件（电阻丝），使之发热过量。双金属片的温度随之升高，线胀系数大的

图 7-17 双金属片式热继电器的结构
1—复位按钮；2—电流调节旋钮；3—触头；
4—推杆；5—加热元件；6—双金属片

金属片（称主动层）力图向外作较大的延伸，而线胀系数小的金属片（称为从动层）只能作较小的延伸，由于两层材料紧密贴合不能自由延伸，双金属片就从平板状态转变为弯曲状态，从而驱动推杆，于是热继电器的动断（常闭）触头断开。在控制电路中，常闭静触头串在接触器的线圈回路中，当常闭静触头断开时，接触器的线圈断电

接触器的主触头分断，从而切断过载线路。

(4) 特点

① 热继电器动作后的复位，有手动和自动两种复位方式。

② 图 7-17 所示的热继电器均为两个发热元件（即两相结构）。此外，还有装有三个发热元件的三相结构，其外形及原理与两相结构类似。

③ 因为热继电器是利用电流热效应，使双金属片受热弯曲，推动动作机构切断控制电路起保护作用的，双金属片受热弯曲需要一定的时间。当电路中发生短路时，虽然短路电流很大，但热继电器可能还未来得及动作，就已经把热元件或被保护的电气设备烧坏了，因此，热继电器不能用作短路保护。

(5) 热继电器的选择

热继电器选用是否得当，直接影响对电动机进行过载保护的可靠性。通常选用时应按电动机型式、工作环境、启动情况及负载情况等几方面综合加以考虑。

① 原则上热继电器（热元件）的额定电流等级一般略大于电动机的额定电流。热继电器选定后，再根据电动机的额定电流调整热继电器的整定电流，使整定电流与电动机的额定电流相等。对于过载能力较差的电动机，所选的热继电器的额定电流应适当小一些，并且将整定电流调到电动机额定电流的 60%~80%。当电动机因带负载启动而启动时间较长或电动机的负载是冲击性的负载（如冲床等）时，则热继电器的整定电流应稍大于电动机的额定电流。

② 一般情况下可选用两相结构的热继电器。对于电网电压均衡性较差、无人看管的电动机或与大容量电动机共用一组熔断器的电动机，宜选用三相结构的热继电器。定子三相绕组为三角形连接的电动机，应采用有断相保护的三元件热继电器作过载和断相保护。

③ 热继电器的工作环境温度与被保护设备的环境温度的差别不应超出 15～25℃。

④ 对于工作时间较短、间歇时间较长的电动机（例如摇臂钻床的摇臂升降电动机等），以及虽然长期工作，但过载可能性很小的电动机（例如排风机电动机等），可以不设过载保护。

⑤ 双金属片式热继电器一般用于轻载、不频繁启动电动机的过载保护。对于重载、频繁启动的电动机，则可用过电流继电器（延时动作型的）作它的过载和短路保护。因为热元件受热变形需要时间，故热继电器不能作短路保护。

(6) 热继电器的安装和使用

① 热继电器必须按产品使用说明书的规定进行安装。当它与其他电器装在一起时，应将其装在其他电器的下方，以免其动作特性受到其他电器发热的影响。

② 热继电器的连接导线应符合规定要求。

③ 安装时，应清除触头表面等部位的尘垢，以免影响继电器的动作性能。

④ 运行前，应检查接线和螺钉是否牢固可靠，动作机构是否灵活、正常。

⑤ 运行前，还要检查其整定电流是否符合要求。

⑥ 若热继电器动作后必须对电动机和设备状况进行检查，为防止热继电器再次脱扣，一般采用手动复位；而对于易发生过载的场合，一般采用自动复位。

⑦ 对于点动、重载启动，连续正反转及反接制动运行的电动机，一般不宜使用热继电器。

⑧ 使用中，应定期清除污垢，双金属片上的锈斑，可用布蘸汽油轻轻擦拭。

⑨ 每年应通电校验一次。

（7）热继电器的维护和检修

① 应定期检查热继电器的零部件是否完好，有无松动和损坏现象，可动部分有无卡碰现象，发现问题及时修复。

② 应定期清除触头表面的锈斑和毛刺，若触头严重磨损至其厚度的 1/3 时，应及时更换。

③ 热继电器的整定电流应与电动机的情况相适应，若发现其经常提前动作，可适当提高整定值；而若发现电动机温升较高，且热继电器动作滞后，则应适当降低整定值。

④ 对重要设备，在热继电器动作后，应检查原因，以防再次脱扣，应采用手动复位；若其动作原因是电动机过载所致，应采用自动复位。

⑤ 应定期校验热继电器的动作特性。

7.7 控制按钮

7.7.1 控制按钮的用途与种类

（1）控制按钮的用途

控制按钮又称按钮开关或按钮，是一种短时间接通或断开小电流电路的手动控制器，一般用于电路中发出启动或停止指令，以控制电磁启动器、接触器、继电器等电器线圈电流的接通或断开，再由它们去控制主电路。按钮也可用于信号装置的控制。

（2）控制按钮的分类

随着工业生产的需求，按钮的规格品种也在日益增多。驱动方式由原来的直接推压式，转化为旋转式、推拉式、杠杆式和带锁式（即用钥匙转动来开关电路，并在将钥匙抽走后不能随意动作，具有保密和安全功能）。传感接触部件也发展为平头、蘑菇头以及带操纵杆式等多种形式。带灯按钮也日益普遍地使用在各种系统中。按钮的具体分类如下。

① 按按钮的用途和触头的结构分，有启动按钮（动合按钮）、停止按钮（动断按钮）和复合按钮（动合和动断组合按钮）三种。

② 按按钮的结构形式、防护方式分，有开启式、防水式、紧急式、旋钮式、保护式、防腐式、钥匙式和带指示灯式等。

为了标明各个按钮的作用，通常将按钮做成红、绿、黑、黄、蓝、白等不同的颜色加以区别。一般红色表示停止按钮，绿色表示启动按钮。

7.7.2 控制按钮的结构与工作原理

（1）基本结构

控制按钮的结构如图7-18所示，它主要由按钮帽、复位弹簧、触头、接线柱和外壳等组成。

（2）工作原理

按钮的工作原理是，当用手按下按钮帽时，常闭（动断）触头断开，常开（动合）触头接通；而当手松开后，复位弹簧便将按钮的触头恢复原位，从而实现对电路的控制。

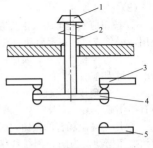

图 7-18　控制按钮的结构

1—按钮帽；2—复位弹簧；3—常闭静触头；4—动触头；5—常开静触头

当按下按钮时，先断开常闭触头，后接通常开触头。当松开按钮时，常开触头先断开，常闭触头后闭合。

7.7.3　控制按钮的选择、使用与维护

（1）选择方法

① 应根据使用场合和具体用途选择按钮的类型。例如，控制台柜面板上的按钮一般可用开启式；若需显示工作状态，则用带指示灯式；在重要场所，为防止无关人员误操作，一般用钥匙式；在有腐蚀的场所一般用防腐式。

② 应根据工作状态指示和工作情况的要求选择按钮和指示灯的颜色。如停止或分断用红色；启动或接通用绿色；应急或干预用黄色。

③ 应根据控制回路的需要选择按钮的数量。例如，需要作"正（向前）"、"反（向后）"及"停"三种控制处，可用三只按钮，并装在同一按钮盒内；只需作"启动"及"停止"控制时，则用两只按钮，并装在同一按钮盒内。

（2）使用与维护

① 按钮应安装牢固，接线应正确。通常红色按钮作停止用，绿色或黑色表示启动或通电。

② 应经常检查按钮，及时清除它上面的尘垢，必要时采取密封措施。

③ 若发现按钮接触不良，应查明原因；若发现触头表面有损伤或尘垢，应及时修复或清除。

④ 用于高温场合的按钮，因塑料受热易老化变形，而导致按钮松动，为防止因接线螺钉相碰而发生短路故障，应根据情况在安装时增设紧固圈或给接线螺钉套上绝缘管。

⑤ 带指示灯的按钮，一般不宜用于通电时间较长的场合，以免塑料件受热变形，造成更换灯泡困难，若欲使用，可降低灯泡电压，以延长使用寿命。

⑥ 安装按钮的按钮板或盒，若是采用金属材料制成的，应与机械总接地母线相连，悬挂式按钮应有专用接地线。

7.8 行程开关与接近开关

7.8.1 行程开关

（1）行程开关的用途

在生产机械中，常需要控制某些运动部件的行程，或运动一定行程使其停止，或在一定行程内自动返回或自动循环。这种控制机械行程的方式叫"行程控制"或"限位控制"。

行程开关又叫限位开关，是实现行程控制的小电流

（5A 以下）主令电器，其作用与控制按钮相同，只是其触头的动作不是靠手按动，而是利用机械运动部件的碰撞使触头动作，即将机械信号转换为电信号，通过控制其他电器来控制运动部件的行程大小、运动方向或进行限位保护。

（2）行程开关的分类

行程开关按用途不同可分为两类。

① 一般用途行程开关（即常用的行程开关）。它主要用于机床、自动生产线及其他生产机械的限位和程序控制。

② 起重设备用行程开关。它主要用于限制起重机及各种冶金辅助设备的行程。

（3）基本结构

直动式（又称按钮式）行程开关结构如图

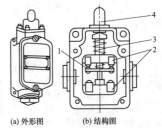

(a) 外形图　　(b) 结构图

图 7-19　直动式行程开关
1—动触头；2—静触头；
3—复位弹簧；4—推杆

7-19 所示；旋转式行程开关结构如图 7-20 所示，它主要由滚轮、杠杆、转轴、凸轮、撞块、调节螺钉、微动开关和复位弹簧等部件组成。

（4）工作原理

当运动机械的挡铁撞到行程开关的滚轮上时，行程开关的杠杆连同转轴一起转动，使凸轮推动撞块，当撞块被压到一定位置时，便推动微动开关快速动作，使其动断触

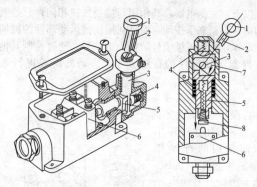

图 7-20　旋转式行程开关的结构

1—滚轮；2—杠杆；3—转轴；4—复位弹簧；

5—撞块；6—微动开关；7—凸轮；8—调节螺钉

头（常闭触头）断开，动合触头（常开触头）闭合；当滚轮上的挡铁移开后，复位弹簧就使行程开关的各部件恢复到原始位置，这种单轮旋转式行程开关能自动复位，在生产机械的自动控制中被广泛应用。

（5）选择方法

① 根据使用场合和控制对象来确定行程开关的种类。当生产机械运动速度不是太快时，通常选用一般用途的行程开关；而当生产机械行程通过的路径不宜装设直动式行程开关时，应选用凸轮轴转动式的行程开关；而在工作效率很高、对可靠性及精度要求也很高时，应选用接近开关。

② 根据使用环境条件，选择开启式或防护式等防护

形式。

③ 根据控制电路的电压和电流选择系列。

④ 根据生产机械的运动特征，选择行程开关的结构形式（即操作方式）。

(6) 使用与维护

① 检查行程开关的安装使用环境。若环境恶劣，应选用防护式，否则易发生误动作和短路故障。

② 行程开关安装时，应注意滚轮的方向，不能接反。与挡铁碰撞的位置应符合控制电路的要求，并确保能与挡铁可靠碰撞。

③ 应经常检查行程开关的动作是否灵活或可靠，螺钉有无松动现象，发现故障要及时排除。

④ 应定期清理行程开关的触头，清除油垢或尘垢，及时更换磨损的零部件，以免发生误动作而引起事故的发生。

7.8.2 接近开关

(1) 接近开关的用途

接近开关是一种非接触式检测装置，也就是当某一物体接近它到一定的区域内，它的信号机构就发出"动作"信号的开关。当检测物体接近它的工作面达到一定距离时，不论检测体是运动的还是静止的，接近开关都会自动地发出物体接近而"动作"的信号，而不像机械式行程开关那样需施以机械力，因此，接近开关又称为无接触行程开关。

接近开关可以代替有触头行程开关来完成行程控制和限位保护，还可用于高频计数、测速、液位控制、零件尺寸检测、加工程序的自动衔接等的非接触式开关。由于它具有非接触式触发、动作速度快、可在不同的检测距离内动作、发出的信号稳定无脉动、工作稳定可靠、寿命长、重复定位精度高以及能适应恶劣的工作环境等特点，所以在机床、纺织、印刷、塑料等工业生产中应用广泛。

（2）**接近开关的分类**

接近开关的种类很多，常用接近开关有以下几种类型：

① 涡流式接近开关；

② 电容式接近开关；

③ 霍尔接近开关；

④ 光电式接近开关；

⑤ 热释电式接近开关；

⑥ 超声波接近开关。

（3）**基本结构**

接近开关由接近信号辨识机构、检波、鉴幅和输出电路等部分组成。接近开关按辨识机构工作原理不同分为高频振荡型、感应型、电容型、光电型、永磁及磁敏元件型、超声波型等，其中以高频振荡型最为常用。图 7-21 是晶体管停振型接近开关的框图。

（4）**工作原理**

高频振荡型接近开关由感应头、振荡器、检波器、鉴幅器、输出电路、整流电源和稳压器等部分组成。当装在运动部件上的金属检测体（铁磁件）接近感应头（感辨头）时，由于感应作用，使处于高频振荡器线圈磁场中的物体内部产生涡流损耗（如果是铁磁金属物体，还有磁滞

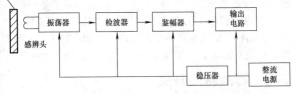

图 7-21 晶体管停振型接近开关的框图

损耗），这时振荡回路电阻增大，能量损耗增加，以致振荡减弱，甚至停止振荡。这时，晶体管开关就导通，并经输出器输出信号，从而起到控制作用。因此，接在振荡电路后面的开关动作，发出相应的信号，即能检测出金属检测体的存在。当金属检测体离开感应头后，振荡器即恢复振荡，开关恢复为原始状态。

（5）选择方法

① 接近开关较行程开关价格高，因此仅用于工作频率高、可靠性及精度要求均较高的场合。

② 按有关距离要求选择型号、规格。

③ 按输出要求是有触头还是无触头以及触头数量，选择合适的输出形式。

（6）使用与维护

① 接近开关应按产品使用说明书的规定正确安装，注意引线的极性、规定的额定工作电压范围和开关的额定工作电流极限值。

② 对于非埋入式接近开关，应在空间留有一非阻尼区（即按规定使开关在空间偏离铁磁性或金属物一定距

离）。接线时，应按引出线颜色辨别引出线的极性和输出形式。

③ 在调整动作距离时，应使运动部件（被测工件）离开检测面轴向距离在驱动距离之内，例如，对于 LJ5 系列接近开关的驱动距离为约定动作距离的 0～80％之间。

7.9 万能转换开关

7.9.1 万能转换开关的用途与分类

（1）万能转换开关的用途

万能转换开关是由多组相同结构的触头组件叠装而成的多回路控制电器，主要用于各种控制线路的转换，电气测量仪表的转换，以及配电设备（高压油断路器、低压空气断路器等）的远距离控制，也可用于控制小容量电动机的启动、制动、正反转换向及双速电动机的调速控制。由于它触头挡数多、换接的线路多且用途广泛，所以常被称为"万能"转换开关。

（2）万能转换开关的分类

① 按手柄形式分，有旋钮、普通手柄、带定位可取出钥匙的和带信号灯指示的等。

② 按定位形式分，有复位式和定位式。定位角分 30°、45°、60°、90°等数种，它由具体系列规定。

7.9.2 万能转换开关的结构与工作原理

（1）基本结构

图 7-22 为转换开关的结构原理图，它主要由操作机构、定位装置和触头三部分组成。其中，触头为双断点桥式结构，动触头设计成自动调整式以保证通断时的同步

性。静触头装在触头座内。每个由胶木压制的触头座内可安装 2~3 对触头，而且每组触头上均装有隔弧装置。

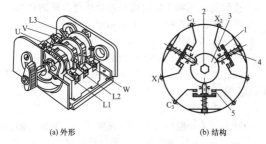

(a) 外形　　　　　　　　(b) 结构

图 7-22　万能转换开关的结构

1—动触头；2—转轴；3—凸轮；4—触头压力弹簧；5—静触头

（2）工作原理

万能转换开关的定位装置采用滚轮卡棘轮辐射形结构。操作时滚轮与棘轮之间的摩擦为滚动摩擦，故所需操作力小、定位可靠、寿命长。另外，这种机构还起一定的速动作用，既有利于提高分断能力，又能加强触头系统动作的同步性。

触头的通断由凸轮控制。由于凸轮与触头支架之间为塑料与塑料或塑料与金属滚动摩擦副，所以有助于减小摩擦力和提高使用寿命。

在操作转换开关时，手柄带动转轴和凸轮一起旋转。当手柄在不同的操作位置，利用凸轮顶开和靠弹簧力恢复动触头，控制它与静触头的分与合，从而达到对电路断开和接通的目的。

7.9.3 万能转换开关的选择、使用与维护

(1) 选择方法

① 按额定电压和工作电流等参数选择合适的系列。

② 按操作需要选择手柄形式和定位特征。

③ 选择面板形式及标志。

④ 按控制要求，确定触头数量和接线图编号。

⑤ 因转换开关本身不带任何保护，所以，必须与其他保护电器配合使用。

(2) 使用与维护

① 转换开关一般应水平安装在屏板上，但也可倾斜或垂直安装。应尽量使手柄保持水平旋转位置。

② 转换开关的面板从屏板正面插入，并旋紧在面板双头螺栓上的螺母，使面板紧固在屏板上，安装转换开关要先拆下手柄，安装好后再装上手柄。

③ 有些型号（如 LW2-Y 等）的转换开关固定在屏板上时，必须预先从开关上拆下面板和固定垫板，为此旋出三个固定法兰盘与触头盒圆形凸缘连接的螺栓，然后松开三个压紧螺栓和转动固定垫板，使得在面板圆柱部分的四个凸楔旋出对应冲口，此后固定垫板就很容易脱离面板了。将已拆下的面板，从屏板的正面插入到已开好的孔内。从屏板的后面在面板的圆柱体部分先套上木质垫圈，然后旋在法兰盘上。同时将螺栓按水平方向旋紧，并装牢转换开关。

④ 转换开关应注意定期保养，清除接线端处的尘垢，检查接线有无松动现象等，以免发生飞弧短路事故。

⑤ 当转换开关有故障时，必须立即切断电路。检验有

无妨碍可动部分正常转动的故障、检验弹簧有无变形或失效、触头工作状态和触头状况是否正常等。

⑥ 在更换或修理损坏的零件时，拆开的零件必须除去尘垢，并在转动部分的表面涂上一层凡士林，经过装配和调试后，方可投入使用。

7.10 漏电保护器

7.10.1 漏电保护器概述

（1）漏电保护器的功能

漏电保护电器（通称漏电保护器）是在规定的条件下，当漏电电流达到或超过给定值时，能自动断开电路的机械开关电器或组合电器。

漏电保护器的功能是，当电网发生人身（相与地之间）触电或设备（对地）漏电时，能迅速地切断电源，可以使触电者脱离危险或使漏电设备停止运行，从而可以避免因触电、漏电引起的人身伤亡事故、设备损坏以及火灾的一种安全保护电器。漏电保护器通常安装在中性点直接接地的三相四线制低压电网中，提供间接接触保护。当其额定动作电流在 30mA 及以下时，也可以作为直接接触保护的补充保护。

注意：装设漏电保护器仅是防止发生人身触电伤亡事故的一种有效的后备安全措施，而最根本的措施是防患于未然。不能过分夸大漏电保护器的作用，而忽视了根本安全措施，对此应有正确的认识。

（2）按所具有的保护功能与结构特征分类

① 漏电继电器　漏电继电器由零序电流互感器（又称

漏电电流互感器）和继电器组成。它只具备检测和判断功能，由继电器触头发出信号，控制断路器（或交流接触器）切断电源或控制信号元件发出声光信号。

② 漏电开关　漏电开关由零序电流互感器、漏电脱扣器和主开关组成，装在绝缘外壳内，具有漏电保护和手动通断电路的功能。

③ 漏电断路器　漏电断路器具有漏电保护和过载保护功能，有些产品就是在断路器上加装漏电保护部分而成。

④ 漏电保护插座　漏电保护插座由漏电断路器或漏电开关与插座组合而成。

⑤ 漏电保护插头　漏电保护插头由漏电断路器或漏电开关与插头组合而成。

(3) 按工作原理分类

① 电压动作型　电压动作型漏电保护器检测的信号是对地电压的大小，因其存在难以克服的缺点，目前在电网上已基本不使用，只在个别用电设备上还有一定的应用价值。

② 电流动作型　电流动作型漏电保护器是以检测漏电、触电电流信号为基本工作原理的。其检测元件是零序电流互感器。该保护器可以方便地装设在电网的任何地方，而又不改变电网的运行特性，性能优越、动作可靠、不易损坏，是目前普遍推广使用的漏电保护器。

(4) 按动作时间分类

① 瞬时型（又称快速型）漏电保护器　即动作时间为快速，一般动作时间不超过 0.2s。

② 延时型漏电保护器　在漏电保护器的控制电路中增加了延时电路，使其动作时间达到一定的延时，一般规定

一个延时级差为 0.2s。

③ 反时限漏电保护器 漏电保护器的动作时间随着动作电流的增大而在一定范围内缩短。一般电子式漏电保护器都具有一定的反时限特性。

7.10.2 漏电保护器的结构与原理

(1) 漏电保护器的组成

漏电保护器的种类繁多、形式各异，下面以电流动作型漏电保护器为例，介绍其基本结构。

漏电保护器主要由三个基本环节组成，即检测元件、中间环节和执行机构，其组成方框图如图 7-23 所示。

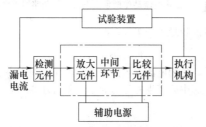

图 7-23 电流动作型漏电保护器组成方框图

(2) 漏电断路器的工作原理

电磁式电流动作型剩余电流保护断路器工作原理图如图 7-24 所示。其结构是在普通的塑料外壳式断路器中增加一个零序电流互感器和一个剩余电流脱扣器（又称漏电脱扣器）。

在正常运行时，即当被保护电路无触电、漏电故障时，由基尔霍夫电流定律可知，通过零序电流互感器一次

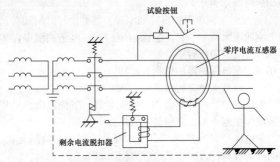

图 7-24　电磁式电流动作型剩余电流保护断路器工作原理图

侧的电流的相量和等于零，即

$$\dot{I}_{L1} + \dot{I}_{L2} + \dot{I}_{L3} = 0$$

这样，各相电流（包括中性线电流）在零序电流互感器环形铁芯中所产生的磁通的相量和也为零，即

$$\dot{\Phi}_{L1} + \dot{\Phi}_{L2} + \dot{\Phi}_{L3} = 0$$

因此，零序电流互感器的二次侧线圈没有感应电动势产生，漏电保护器不动作，系统保持正常供电。

当被保护电路出现漏电故障或人身触电时，由于漏电电流的存在，使得通过零序电流互感器一次侧的电流的相量和不再为零，即

$$\dot{I}_{1L} + \dot{I}_{2L} + \dot{I}_{3L} = \dot{I}_{\triangle}$$

此时，称各相电流（包括中性线电流）的相量和 $\dot{I}_{\triangle}$ 为漏电电流（或剩余电流）。因而，在零序电流互感器的

环形铁芯中所产生的磁通的相量和也不再为零，即

$$\dot{\Phi}_{1L} + \dot{\Phi}_{2L} + \dot{\Phi}_{3L} = \dot{\Phi}_{\triangle}$$

因此，零序电流互感器的二次线圈在交变磁通 $\dot{\Phi}_{\triangle}$ 的作用下，就有感应电动势 $\dot{E}_2$ 产生。当加到剩余电流脱扣器上的电流达到额定漏电动作电流时，剩余电流脱扣器就动作，使断路器脱扣而迅速切断被保护电路的供电电源，从而达到防止触电事故的目的。

7.10.3 漏电保护器的选择

(1) 必须选用符合国家技术标准的产品

漏电保护电器是一种关系到人身、设备安全的保护电器，因而国家对其质量的要求非常严格，用户在使用时必须选用符合国家技术标准，并具有国家认证标志的产品。

(2) 根据保护对象合理选用

漏电保护器的保护对象主要是为了防止人身直接接触或间接接触触电。

① 直接接触触电保护 直接接触触电保护是防止人体直接触及电气设备的带电体而造成触电伤亡事故。直接接触触电电流就是触电保护电器的漏电动作电流，因此，从安全角度考虑，应选用额定漏电动作电流为 30mA 以下的高灵敏度、快速动作型的漏电保护器。如对于手持电动工具、移动式电气设备、家用电器等，其额定漏电动作电流一般应不超过 30mA；对于潮湿场所的电气设备，以及在发生触电后可能会产生二次性伤害的场所，如高空作业或河岸边使用的电气设备，其额定漏电动作电流一般为 10mA；对于医院中的医疗电气设备，由于病人触电时，

其心室纤颤阈值比健康人低，容易发生死亡，因此建议选用额定漏电动作电流为6mA的漏电保护器。

②间接接触触电保护 间接接触触电保护是为了防止电气设备在发生绝缘损坏时，在金属外壳等外露导电部件上出现持续带有危险电压而产生触电的危险。漏电保护器用于间接接触触电保护时，主要是采用自动切断电源的保护方式。如对于固定式的电气设备、室外架空线路等，一般应选用额定漏电动作电流为30mA及以上，快速动作型或延时动作型（对于分级保护中的上级保护）的漏电保护器。

（3）根据使用环境要求合理选用

漏电保护器的防护等级应与使用环境条件相适应。

（4）根据被保护电网不平衡泄漏电流的大小合理选用

由于低压电网对地阻抗的存在，即使在正常情况下，也会产生一定的对地泄漏电流，并且这个对地泄漏电流的大小还会随着环境气候，如雨雪天气的变化影响而在一定范围内发生变化。

从保护的观点，漏电保护器的漏电动作电流选择得越小，无疑可以提高安全性。但是，任何供电电路和电气设备都存在正常的泄漏电流，当触电保护器的灵敏度选取过高时，将会导致漏电保护器的误动作增多，甚至不能投入运行。因此，在选择漏电保护器时，其额定漏电动作电流一般应大于被保护电网的对地不平衡泄漏电流的最大值的4倍。

（5）根据漏电保护器的保护功能合理选用

漏电保护器按保护功能分，有漏电保护专用、漏电保护和过电流保护兼用以及漏电、过电流、短路保护兼用等多种类型产品。

① 漏电保护专用的保护器适用于有过电流保护的一般住宅、小容量配电箱的主开关，以及需在原有的配电电路中增设漏电保护器的场合。

② 漏电、过电流保护兼用的保护器适用于短路电流比较小的分支电路。

③ 漏电、过电流和短路保护兼用的保护器适用于低压电网的总保护或较大的分支保护。

(6) 根据负载种类合理选用

低压电网的负载有照明负载、电热负载、电动机负载（又称动力负载）、电焊机负载、电解负载、电子计算机负载等。

① 对于照明、电热等负载可以选用一般的漏电保护专用或漏电、过电流、短路保护兼用的漏电保护器。

② 漏电保护器有电动机保护用与配电保护用之分。对于电动机负载应选用漏电、电动机保护兼用的漏电保护器，保护特性应与电动机过载特性相匹配。

③ 电焊机负载与电动机不同，其工作电流是间歇脉冲式的，应选用电焊设备专用漏电保护器。

④ 对于电力电子设备负载，应选用能防止直流成分有害影响的漏电保护器。

⑤ 对于一旦发生漏电切断电源时，会造成事故或重大经济损失的电气装置或场所，如应急照明、用于消防设备的电源、用于防盗报警的电源以及其他不允许停电的特殊设备和场所，应选用报警式漏电保护器。

（7）根据电网特点选用

① 对于中性点接地电网，无论是直接接地电网，还是高阻抗或低阻抗接地电网，只要配电变压器中性点与"地"有人为联系，均可选用漏电电流动作式漏电保护器。

② 中性点不接地电网有对地电容变化的供电电路（如矿井挖掘设备的供电电缆）和对地电容相对稳定的供电电路两种。对于前者，应选用可进行电容跟踪补偿的专用漏电保护器；对于后者，则应选用装有对地电容补偿电路的漏电电流动作式漏电保护器。

（8）额定电压与额定电流的选用

漏电保护器的额定电压和额定电流应与被保护线路（或被保护电气设备）的额定电压和额定电流相吻合。

（9）极数和线数的选用

漏电保护器的极数和线数形式应根据被保护电气设备的供电方式来选用。

单相220V电源供电的电气设备，应选用二极或单极二线式漏电保护器；三相三线380V电源供电的电气设备，应选用三极式漏电保护器；三相四线380V电源供电的电气设备，应选用三极四线或四极式漏电保护器。

7.10.4　漏电保护器的安装

（1）安装前的检查

① 检查漏电保护器的外壳是否完好，接线端子是否齐全，手动操作机构是否灵活有效等。

② 检查漏电保护器铭牌上的数据是否符合使用要求，发现不相符时应停止安装使用。

（2）安装与接线时的注意事项

① 应按规定位置进行安装，以免影响动作性能。在安装带有短路保护的漏电保护器时，必须保证在电弧喷出方向有足够的飞弧距离。

② 注意漏电保护器的工作条件，在高温、低温、高湿、多尘以及有腐蚀性气体的环境中使用时，应采取必要的辅助保护措施，以防漏电保护器不能正常工作或损坏。

③ 注意漏电保护器的负载侧与电源侧。漏电保护器上标有负载侧和电源侧时，应按此规定接线，切忌接反。

④ 注意分清主电路与辅助电路的接线端子。对带有辅助电源的漏电保护器，在接线时要注意哪些是主电路的接线端子，哪些是辅助电路的接线端子，不能接错。

⑤ 注意区分工作中性线和保护线。对具有保护线的供电线路，应严格区分工作中性线和保护线。在进行接线时，所有工作相线（包括工作中性线）必须接入漏电保护器，否则，漏电保护器将会产生误动作。而所有保护线（包括保护零线和保护地线）绝对不能接入漏电保护器，否则，漏电保护器将会出现拒动现象。因此，通过漏电保护器的工作中性线和保护线不能合用。

⑥ 漏电保护器的漏电、过载和短路保护特性均由制造厂调整好，用户不允许自行调节。

⑦ 使用之前，应操作试验按钮，检验漏电保护器的动作功能，只有能正常动作方可投入使用。

（3）对被保护电网的要求

安装漏电保护器后，对被保护电网应提出以下要求。

① 凡安装漏电保护器的低压电网，必须采用中性点直接接地运行方式。电网的零线在漏电保护器以下不得有保护接零和重复接地，零线应保持与相线相同的良好绝缘。

② 被保护电网的相线、零线不得与其他电路共用。

③ 被保护电网的负载应均匀分配到三相上，力求使各相泄漏电流大致相等。

④ 漏电保护器的保护范围较大时，宜在适当地点设置分段开关，以便查找故障，缩小停电范围。

⑤ 被保护电网内的所有电气设备的金属外壳或构架必须进行保护接地。当电气设备装有高灵敏度漏电保护器时，其接地电阻最大可放宽到 500Ω，但预期接触电压必须限制在允许的范围内。

⑥ 安装漏电保护器的电动机及其他电气设备在正常运行时的绝缘电阻值应不小于 $0.5M\Omega$。

⑦ 被保护电网内的不平衡泄漏电流的最大值应不大于漏电保护器的额定漏电动作电流的 25%。当达不到要求时，应整修线路、调整各相负载或更换绝缘良好的导线。

7.10.5 漏电保护器的使用与维护

(1) 漏电保护器的使用

漏电保护器能否起到保护作用及其使用寿命的长短，除决定于产品本身的质量和技术性能以及产品的正确选用外，还与产品使用过程中的正确使用与维护有关。在正常情况下，一般应尽量做到以下几点。

① 对于新安装及运行一段时间（通常是相隔一个月）

后的漏电保护器，需在合闸通电状态下按动试验按钮，检验漏电保护动作是否正常。检验时不可长时间按住试验按钮，且每两次操作之间应有 10s 以上的间隔时间。

② 使用漏电动作电流能分级可调的漏电保护器时，要根据气候条件、漏电流的大小及时调整漏电动作电流值。切忌调到最大一挡便了事，因为这样将失去它应有的作用。

③ 有过载保护的漏电保护器在动作后需要投入时，应先按复位按钮使脱扣器复位，不应按漏电指示器，因为它仅指示漏电动作。

④ 漏电保护器因被保护电路发生过载、短路或漏电故障而打开后，若操作手柄仍处于中间位置，则应查明原因，排除故障，然后方能再次闭合。闭合时，应先将操作手柄向下扳到"分"位置，使操作机构给予"再扣"后，方可进行闭合操作。

（2）漏电保护器的维护

① 应定期检修漏电保护器，清除附在保护器上的灰尘，以保证其绝缘良好。同时应紧固螺钉，以免发生因振动而松脱或接触不良的现象。

② 漏电保护器因执行短路保护而分断后，应打开盖子作内部清理。清理灭弧室时，要将内壁和栅片上的金属颗粒和烟灰清除干净。清理触头时，要仔细清理其表面上的毛刺、颗粒等，以保证接触良好。当触头磨损到原来厚度的 1/3 时，应更换触头。

③ 大容量漏电保护器的操作机构在使用一定次数（约 1/4 机械寿命）后，其转动机构部分应加润滑油。

7.11 启动器

7.11.1 启动器的功能与分类

（1）启动器的功能

启动器是一种供控制电动机启动、停止、反转用的电器。除少数手动启动器外，一般由通用的接触器、热继电器、控制按钮等电器元件按一定方式组合而成，并具有过载、失电压等保护功能。在各种启动器中，电磁启动器应用最广。

（2）启动器的分类

① 按启动方式可分为全压直接启动和减压启动两大类。其中，减压启动器又可再分为星-三角（Y-△）启动器、自耦减压启动器、电抗减压启动器、电阻减压启动器、延边三角形启动器等。

② 按用途可分为可逆电磁启动器和不可逆电磁启动器。

③ 按外壳防护形式可分为开启式和防护式两种。

④ 按操作方式可分为手动、自动和遥控三种。手动启动器是采用不同外缘形状的凸轮或按钮操作的锁扣机构来完成电路的分、合、转换。可带有热继电器、失压脱扣器、分励脱扣器。

7.11.2 电磁启动器

（1）用途

电磁启动器又称磁力启动器，是一种直接启动器。电磁启动器一般由交流接触器、热继电器等组成，通过按钮操作可以远距离直接启动、停止中小型的笼型三相异步电动机。

电磁启动器不具有短路保护功能，因此在使用时还要在主电路中加装熔断器或低压断路器。

（2）**分类**

电磁启动器分为可逆型和不可逆型两种。

① 可逆电磁启动器具有两只接线方式不同的交流接触器以分别控制电动机的正、反转。

② 不可逆电磁启动器只有一只交流接触器，只能控制电动机单方向旋转。

（3）**结构特点**

电磁启动器由交流接触器、热继电器及有关附件等组成，其结构如图 7-25 所示。其中可逆启动器除有电气联锁外，还有机械联锁装置。

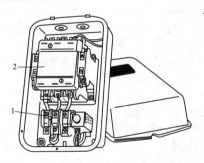

图 7-25　电磁启动器的结构

1—热继电器；2—接触器

7.11.3　**星-三角启动器**

（1）**用途与特点**

对于正常运行时定子绕组为三角形连接的笼型三相异

步电动机，若启动时将定子绕组接成星形，待启动完毕后再接成三角形，就可以降低启动电流，减轻电动机对电网的冲击。这样的启动方式称为星-三角减压启动，或简称为星-三角（Y-△）启动。

星-三角启动器是改变三相异步电动机定子绕组的接线方式，使启动时电动机接成星形连接，启动完毕后接成三角形连接，从而达到减压启动目的的启动器。

星-三角启动方式的主要优点有：

① 启动电流小（启动电流为直接启动时的 1/3），对电网的冲击小；

② 星-三角启动器结构简单，价格便宜；

③ 当负载较轻时，可以让电动机就在星形连接下运行，从而实现额定转矩与负载间的匹配，提高电动机的运行效率。

星-三角启动方式的缺点在于启动转矩为直接启动时的 1/3，所以不能胜任重载启动。

（2）分类

星-三角启动器按操作方式可分为手动和自动两种。

① 手动星-三角启动器　手动星-三角启动器主要由四个结构相似的触头元件和一个定位机构组成，并且有开启式和防护式两种结构。启动器有启动（Y）、停止（0）和运行（△）三个位置，且利用双滚轮卡棘轮的方式定位。四个触头元件的触头部分完全相同，是双断点形式的银触头，其分合动作由不同外缘形状的凸轮控制。

手动星-三角启动器不带任何保护，所以要与熔断器等配合使用。当电动机因失压停转后，应立即将手柄扳到停止位置上，以免电压恢复时电动机自行全压启动。

常用的手动星-三角启动器产品有 QX1、QX2 系列和 QXS 系列等。

② 自动星-三角启动器　自动星-三角启动器主要由接触器、热继电器、时间继电器和按钮等组成，能自动控制电动机定子绕组的星-三角换接，并具有过载和失电压保护。

常用的自动星-三角启动器产品有 QX3、QX4 两个系列。

（3）手动星-三角启动器工作原理

星-三角（Y-△）启动只适用于在正常运行时定子绕组为三角形连接且三相绕组首尾六个端子全部引出来的电动机。Y-△启动的控制电路如图 7-26 所示。

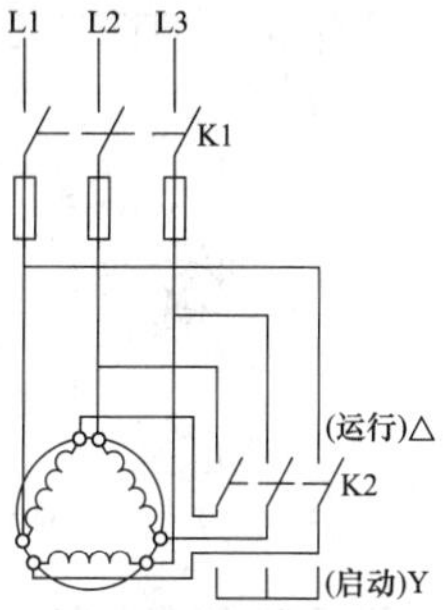

以图 7-26 为例，启动时先合上电源开关 K1，再把转换开关 K2 投向"启动"位置（Y），此时定子绕组为星形连接（简称 Y 接），加在定子每相绕组上的电压为电动机的额定电压 U_{1N} 的 $\frac{1}{\sqrt{3}}$ 倍，当电动机的转速升到接近额定转速时，再把转换开关 K2 投向"运行"位置（△），此时定子绕组换为三角形连接（简称△接），电动机定子

图 7-26　手动星-三角
启动器原理图

每相绕组加额定电压 U_{1N} 运行，故这种启动方法称为 Y-△换接降压启动，简称 Y-△启动。由于切换时电动机的转速已接近正常运行时的转速，所以冲击电流就不大了。

（4）时间继电器控制星-三角启动器工作原理

时间继电器控制星-三角启动器由 3 只交流接触器、1只热继电器、1 只时间继电器等元件组成。图 7-27 是时间继电器控制星-三角启动器的原理电路图。

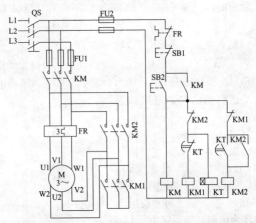

图 7-27　时间继电器控制星-三角启动器原理图

图 7-27 具有短路、过载、失电压保护。星-三角启动电流不超过额定电流的 2.5 倍，启动转矩为全压启动的1/3，Y/△转换由时间继电器控制自动转换，时间继电器的时间调整可以改变 Y/△的转换时间。

7.11.4 自耦减压启动器

（1）用途与特点

自耦减压启动器又称启动补偿器，是一种利用自耦变压器降低电动机启动电压的控制电器。对容量较大或者启动转矩要求较高的三相异步电动机可采用自耦减压启动。

自耦减压启动器的优点如下。

① 由于自耦减压启动器有多种抽头降压，故可适应不同负载启动的需要，又能得到比星-三角启动更大的启动转矩。

② 因设有热继电器和低电压脱扣器，故具有过载和失电压保护功能。

自耦减压启动器的主要缺点是：体积大、重量大、价格昂贵及维修不便。

（2）分类

自耦减压启动器按操作方式可分为手动和自动两种。

手动式自耦减压启动器由箱体、自耦变压器、操作机构、接触系统和保护系统五部分组成。箱体是由薄钢板制成的防护外壳。

常用的空气式手动自耦减压启动器有 QJ10、QJ10D 等系列。

QJ10 系列空气式手动自耦减压启动器适用于电压 220～440V 的三相异步电动机作不频繁启动

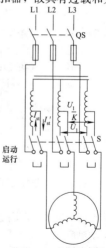

图 7-28　手动自耦减压启动器控制电路

和停止控制用。QJ10D 系列空气式手动自耦减压启动器是改进型产品。

(3) 手动自耦减压启动器控制电路

自耦变压器降压启动又称为启动补偿器降压启动。这种启动方法只利用一台自耦变压器来降低加于三相异步电动机定子绕组上的端电压，其控制电路如图 7-28 所示。

采用自耦变压器降压启动时，应将自耦变压器的高压侧接电源，低压侧接电动机。设自耦变压器的二次电压 U_2 与一次侧电压 U_1 之比为 a，则

$$a = \frac{U_2}{U_1} = \frac{N_2}{N_1} = \frac{1}{K}$$

式中 N_1——自耦变压器一次绕组的匝数；

N_2——自耦变压器二次绕组的匝数；

K——自耦变压器的变比。

采用自耦变压器降压启动时，与直接启动相比较，电压降低为原来的 $\dfrac{N_2}{N_1}$，启动电流与启动转矩降低为原来直接启动时的 $\left(\dfrac{N_2}{N_1}\right)^2$。

(4) 时间继电器控制自耦减压启动控制电路

时间继电器控制自耦减压启动控制电路如图 7-29 所示。其由自耦变压器、接触器、操作机构、保护装置和箱体等部分组成。自耦变压器的抽头电压有多种，可以根据电动机启动时的负载大小选择不同的启动电压。启动时，利用自耦变压器降低定子绕组的端电压；当电动机的转速接近额定转速时，切除自耦变压器，将电动机直接接入电

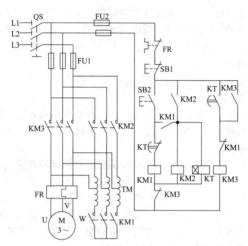

图 7-29 时间继电器控制自耦减压启动控制电路

源全电压正常运行。

7.11.5 启动器的选择

选用启动器时，首先应对各种启动器的特点进行分析比较，先确定启动器的型号。然后再根据被控电动机的功率决定启动器的容量等级。最后再按电动机的额定电流选择热元件的规格。

选用启动器时，还应注意以下几点。

① 选用时应考虑启动器的操作频率。

② 选用时还应考虑启动器与短路保护电器的协调配合。通常选用熔断器作为短路保护电器，熔断器应安装于

启动器的电源侧（综合启动器除外，其内已装有熔断器，一般启动器应按制造厂要求选配合适的熔断器）。通常按启动器额定电流的 2.5 倍左右选择熔断器，以保证电动机启动时不发生误动作。

③ 选用星-三角启动器时，要求被控电动机正常运行时应为三角形连接。

④ 选用延边三角形启动器时，不仅要求被控电动机正常运行时应为三角形连接，而且要求被控电动机必须具备 9 个接线端头。

⑤ 选用电磁启动器时，应先根据使用环境确定启动器是开启式（无外壳）的还是防护式（有外壳）的。再根据线路要求确定启动器是可逆式的还是不可逆式的，是有热保护的还是无热保护的。电磁启动器（其他装有热继电器的启动器也是一样）是否具有断相保护功能，取决于其所配用的热继电器是否具有这项功能。

⑥ 选用自耦减压启动器（柜）时应注意其转换方式。开路转换在转换过程中电流有短暂中断，会产生电流冲击，造成转矩的突变和产生较高的过电压；闭路转换在转换过程中电流连续，电动机加速平滑，无转矩突变，可避免出现过电压。

7.11.6 启动器的安装与维护

（1）启动器的安装

① 安装前，应对启动器内各组成元件进行全面检查与调整，保证各参数合格。

② 检查内部接线是否正确，螺钉是否拧紧。

③ 清除元件上的油污与灰尘，将极面上的防锈油脂

擦拭干净。

④ 在转动部分加上适量的润滑油，以保证各元器件动作灵活，无卡住与损坏现象。

⑤ 应按产品使用说明书规定的安装方式进行安装。手动式启动器一般应安装在墙上，并保持一定高度，以利操作。

⑥ 充油式启动器的油箱倾斜度不得超过允许值，而且油箱内应充入质量合格的变压器油，并在运行中保持清洁，油面高度应维持在油面线以上。

⑦ 启动器的箱体应可靠接地，以免发生触电事故。

⑧ 若自装启动设备，应注意各元器件的合理布局，如热继电器宜放在其他元器件下方，以免受其他元器件的发热影响。

⑨ 安装时，必须拧紧所有的安装与接线螺钉，防止零件脱落，导致短路或机械卡住事故。

⑩ 安装完毕后，应核对接线是否有误。

⑪ 对于自耦减压启动器，一般先接在65％抽头上，若发现启动困难、启动时间过长时，可改接至80％抽头。

⑫ 按电动机实际启动时间调节时间继电器的动作时间，应保证在电动机启动完毕后及时地换接线路。

⑬ 根据被控电动机的额定电流调整热继电器的动作电流值，并进行动作试验。应使电动机既能正常启动，又能最大限度地利用电动机的过载能力，并能防止电动机因超过极限容许过载能力而烧坏。

(2) 启动器的维护

① 定期清理启动器，可用压缩空气或小毛刷清除污垢，并在活动部位加注适量润滑油。在灭弧罩未装上前切勿操作启动器。

② 定期检查触头表面状况，若发现触头表面粗糙，应以细锉修整，切忌以砂纸打磨。对于充油式产品的触头，应在油箱外修整，以免油污染，使其绝缘强度降低。

③ 定期检查触头的行程、超程和接触压力是否符合规定。注意触头接触是否良好，三相是否同时接触。

④ 定期对热继电器进行校验。线路发生短路事故后，应对各元器件逐个检查，及时更换已发生永久变形的零部件。即使热元件未发生永久变形，也应经检验调试合格后，方可继续使用。

⑤ 对于手动式减压启动器，当电动机运行时因失电压而停转时，应及时将手柄扳回停止位置，以防电压恢复后电动机自行全压启动。因此，最好另装一个失电压脱扣器作保护。

⑥ 手动式启动器的操作机械应保持灵活，并定期添加润滑剂。

⑦ 若启动器长期搁置不用，应密封后放置于干燥处，防止污染及受潮。

第8章

电气控制电路

8.1 电气控制电路概述

8.1.1 电气控制电路的功能与分类

（1）电气控制电路的功能

为了使电动机能按生产机械的要求进行启动、运行、调速、制动和反转等，就需要对电动机进行控制。控制设备主要有开关、继电器、接触器、电子元器件等。用导线将电机、电器、仪表等电气元件连接起来并实现某种要求的线路，称为电气控制电路，又称电气控制线路。

不同的生产机械有不同的控制电路，不论其控制电路多么复杂，但总可找出它的几个基本控制环节，即一个整机控制电路是由几个基本环节组成的。每个基本环节起着不同的控制作用。因此，掌握基本环节，对分析生产机械电气控制电路的工作情况，判断其故障或改进其性能都是很有益的。

生产机械电气控制电路图包括电气原理图、接线图和电气设备安装图等。电气控制电路图应该根据简明易懂的原则，用规定的方法和符号进行绘制。

（2）电气控制电路的分类

① 电气控制电路根据通过电流的大小可分为主电路和控制电路。

a. 主电路是流过大电流的电路，一般指从供电电源到电动机或线路末端的电路。

b. 控制电路是流过较小电流的电路，如接触器、继电器的吸引线圈以及消耗能量较少的信号电路、保护电路、联锁电路等。

② 电气控制电路按功能分类，可分为电动机基本控制电路和生产机械控制电路。一般说来，电动机基本控制电路比较简单；生产机械的控制电路一般指整机控制电路，比较复杂。

8.1.2 电气控制电路图的种类与特点

(1) 电气原理图

电气原理图简称原理图或电路图。原理图并不按元件的实际位置来绘制，而是根据工作原理绘制的。在原理图中，一般根据各个元件在电路中所起的作用，将其画在不同的位置上，而不受实物位置所限。有些不影响电路工作的元件，如插接件、接线端子等，大多可略去不画。原理图中所表示的状态，除非特别说明外，一般是按未通电时的状态画出的。图 8-1 所示为三相异步电动机正反转控制原理图。

原理图具有简单明了、层次分明、易阅读等特点，适于分析生产机械的工作原理和研究生产机械的工作过程和状态。

(2) 接线图

接线图又称敷线图。接线图是按元件实际布置的位置绘制的，同一元件的各部件是画在一起的。它能表明生产机械上全部元件的接线情况，连接的导线、管路的规格、

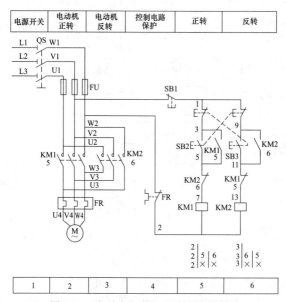

图 8-1 三相异步电动机正反转控制原理图

尺寸等。图 8-2 和图 8-3 所示为三相异步电动机正反转控制接线图。

接线图对于实际安装、接线、调整和检修工作是很方便的。但是，从接线图来了解复杂的电路动作原理较为困难。

(3) 电气设备安装图

电气设备安装图表明元件、管路系统、基本零件、紧

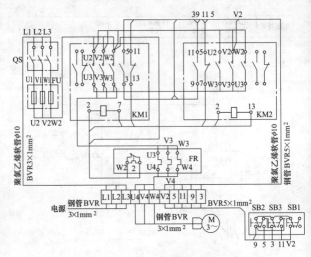

图 8-2 三相异步电动机正反转控制接线图（1）

固件、锁控装置、安全装置等在生产机械上或机柜上的安装位置、状态及规格、尺寸等。图中的元件、设备多用实际外形图或简化的外形图，供安装时参考。

8.1.3 绘制电气控制电路图的方法

电气控制电路图上的内容有时是很多的，对于幅面大且内容复杂的图，需要分区，以便在读图时能很快找到相应的部分。图幅分区的方法是将相互垂直的两边框分别等分，分区的数量视图的复杂程度而定，但要求必须为偶数，每一分区的长度一般为 25～75mm。分区线用细实线。每个分区内，竖边方向分区代号用大写拉丁字母和数字表

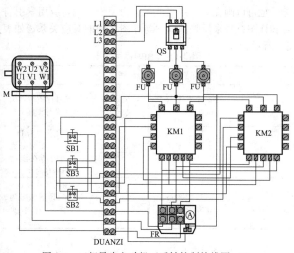

图 8-3　三相异步电动机正反转控制接线图（2）

示，字母在前，数字在后，如 B4、C5 等。图 8-4 为图幅分区示例。

　　电气设备中某些零部件、连接点等的结构、做法、安装工艺要求无法表达清楚时，通常将这些部分用较大的比例放大画出，称为详图。详图可以画在同一张图纸

图 8-4　图幅分区法示例

上。也可以画在另一张图纸上。为便于查找，应用索引符号和详图符号来反映基本图与详图之间的对应关系，如表8-1所示。

表 8-1 详图的标示方法

图例	示意	图例	示意
(2/—)	2号详图与总图画在一张图上	(5/2)	5号详图被索引在第2号图样上
(2/3)	2号详图画在第3号图样上	D××× (4/6)	图集代号为D×××，详图编号为4，详图所在图集页码编号为6
(5)	5号详图被索引在本张图样上	D××× (8/—)	图集代号为D×××，详图编号为8，详图在本页（张）上

（1）连接线的表示法

连接线在电气图中使用最多，用来表示连接线或导线的图线应为直线，且应使交叉和折弯最少。图线可以水平布置，也可以垂直布置。只有当需要把元件连接成对称的格局时，才可采用斜交叉线。连接线应采用实线，看不见的或计划扩展的内容用虚线。

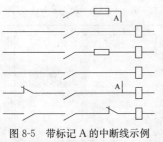

图 8-5 带标记 A 的中断线示例

1）中断线 为了图面清晰，当连接线需要穿越图形稠密区域时，可以中断，但应在中断处加注相应的标记，以便迅速查到中断点。中断点可用相同文字标注，也可以按图幅分区标记。对于连接到另一张图纸上的连接线，应在中断处注明图号、张次、图幅分区代号等。如图 8-5、图 8-6 所示。

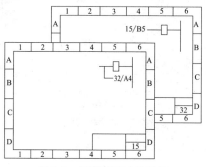

图 8-6　中断线标记方法示例

2）单线表示法　当简图中出现多条平行连接线时，为了使图面保持清晰，绘图时可用单线表示法。单线表示法具体应用如下。

① 在一组导线中，如导线两端处于不同位置时，应在导线两端实际位置标以相同的标记，可避免交叉线太多，如图 8-7 所示。

② 当多根导线汇入用单线表示的线组时，汇接处应能斜线表示，斜线的方向应能使看图者易于识别导线汇入或离开线组的方向，并且每根导线的两端要标注相同的标记，如图 8-8 所示。

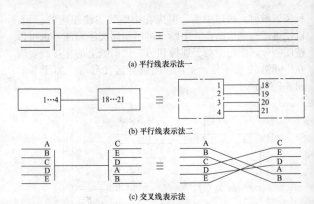

(a) 平行线表示法一

(b) 平行线表示法二

(c) 交叉线表示法

图 8-7　单线表示法示例

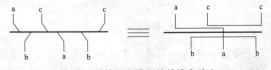

图 8-8　导线汇入线组的单线表示法

③ 用单线表示多根导线时，如果有时还要表示出导线根数，可用图 8-9 所示的表示方法。

（2）项目的表示法

项目是指在图上通常用一个图形符号表示的基本件、部件、组件、功能单元、设备、系统等。项目表示法主要分为集中表示法、半集中表示法和分开表示法。

1）集中表示法　把一个项目各组成部分的图形符号

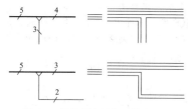

图 8-9　单线图中导线根数表示法

在简图上绘制在一起的方法称为集中表示法，如图 8-10 所示。

2）半集中表示法　把一个项目某些组成部分的图形符号在简图上分开布置，并用机械连接符号来表示它们之间关系的方法称为半集中表示法，如图 8-11 所示。

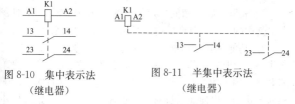

图 8-10　集中表示法　　　　　图 8-11　半集中表示法
　　（继电器）　　　　　　　　　　（继电器）

3）分开表示法　把一个项目某些组成部分的图形符号在简图上分开布置，仅用项目代号来表示它们之间关系的方法称为分开表示法，如图 8-12 所示。

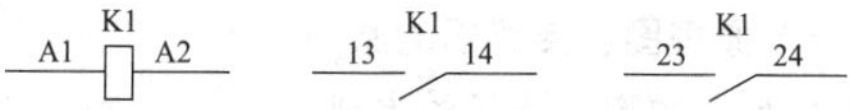

图 8-12　分开表示法

（3）电路的简化画法

1）并联电路　多个相同的支路并联时，可用标有公共连接符号的一个支路来表示，同时应标出全部项目代号和并联支路数，见图 8-13。

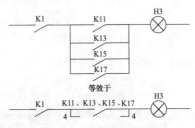

图 8-13　并联电路的简化画法

2）相同电路　相同的电路重复出现时，仅需详细表示出其中的一个，其余的电路可用适当的说明来代替。

3）功能单元　功能单元可用方框符号或端子功能图来代替，此时应在其上加注标记，以便查找被其代替的详细电路。端子功能图应表示出该功能单元所有的外接端子和内部功能，以便能通过对端子的测量从而确定如何与外部连接。其排列应与其所代表的功能单元的电路图的排列相同，内部功能可用下述方式表示：①方框符号或其他简化符号；②简化的电路图；③功能表图；④文字说明。

8.1.4　绘制原理图、接线图的原则

（1）绘制原理图应遵循的原则

在绘制电气原理图时一般应遵循以下原则：

① 图中各元件的图形符号均应符合最新国家标准，当标准中给出几种形式时，选择图形符号应遵循以下原则：

a. 尽可能采用优选形式；

b. 在满足需要的前提下，尽量采用最简单的形式；

c. 在同一图号的图中使用同一种形式的图形符号和文字符号，如果采用标准中未规定的图形符号或文字符号时，必须加以说明。

② 图中所有电气开关和触点的状态，均以线圈未通电、手柄置于零位、无外力作用或生产机械在原始位置的初始状态画出。

③ 各个元件及其部件在原理图中的位置根据便于阅读的原则来安排，同一元件的各个部件（如线圈、触点等）可以不画在一起。但是，属于同一元件上的各个部件均应用同一文字符号和同一数字表示。如图 8-1 中的接触器 KM1，它的线圈和辅助触头画在控制电路中，主触头画在主电路中，但都用同一文字符号标明。

④ 图中的连接线、设备或元件的图形符号的轮廓线都应使用实线绘制。屏蔽线、机械联动线、不可见轮廓线等用虚线绘制。分界线、结构围框线、分组围框线等用点画线绘制。

⑤ 原理图分主电路和控制电路两部分，主电路画在左边，控制电路画在右边，按新的国家标准规定，一般采用竖直画法。

⑥ 电动机和电器的各接线端子都要编号。主电路的接线端子用一个字母后面附加一位或两位数字来编号。如 U1、V1、W1。控制电路的接线端子只用数字编号。

⑦ 图中的各元件除标有文字符号外，还应标有位置编号，以便寻找对应的元件。

(2) 绘制接线图应遵循的原则

在绘制接线图时，一般应遵循以下原则。

① 接线图应表示出各元件的实际位置，同一元件的各个部件要画在一起。

② 图中要表示出各电动机、电器之间的电气连接，可用线条表示（见图 8-2 和图 8-3），也可用去向号表示。凡是导线走向相同的可以合并画成单线。控制板内和板外各元件之间的电气连接是通过接线端子来进行的。

③ 接线图中元件的图形符号和文字符号及端子编号应与原理图一致，以便对照查找。

④ 图中应标明导线和走线管的型号、规格、尺寸、根数等，例如图 8-2 中电动机到接线端子的连接线为 BVR3×1mm²，表示导线的型号为 BVR，共有 3 根，每根截面积为 1mm²。

8.1.5 绘制电气原理图的有关规定

要正确绘制和阅读电气原理图，除了应遵循绘制电气原理图的一般原则外，还应遵守以下的规定。

① 为了便于检修线路和方便阅读，应将整张图样划分成若干区域，简称图区。图区编号一般用阿拉伯数字写在图样下部的方框内，如图 8-1 所示。

② 图中每个电路在生产机械操作中的用途，必须用文字标明在用途栏内，用途栏一般以方框形式放在图面的上部，如图 8-1 所示。

③ 原理图中的接触器、继电器的线圈与受其控制的触头的从属关系应按以下方法标记。

a. 在每个接触器线圈的文字符号（如 KM）的下面画两条竖直线，分成左、中、右三栏，把受其控制而动作的触头所处的图区号，按表 8-2 规定的内容填上。对备而未用的触头，在相应的栏中用记号"×"标出。

表 8-2　接触器线圈符号下的数字标志

左　栏	中　栏	右　栏
主触头所处的图区号	辅助动合（常开）触头所处的图区号	辅助动断（常闭）触头所处的图区号

b. 在每个继电器线圈的文字符号（KT）的下面画一条竖直线，分成左、右两栏，把受其控制而动作的触头所处的图区号，按表 8-3 规定的内容填上，同样，对备而未用的触头，在相应的栏中用记号"×"标出。

表 8-3　继电器线圈符号下的数字标志

左　栏	右　栏
动合（常开）触头所处的图区号	动断（常闭）触头所处的图区号

c. 原理图中每个触头的文字符号下面表示的数字为它的线圈所处的图区号。

例如在图 8-1 中，接触器 KM1 线圈下面竖线的左边（左栏中）有三个 2，表示在 2 号图区有它的三副主触头；在第二条竖线左边（中栏中）有一个 5 和一个"×"，则表示该接触器共有两副动合（常开）触头，其中一副在 5 号图区，而另一副未用；在第二条竖线右边（右栏中）有一个 6 和一个"×"，则表示该接触器共有两副动断（常闭）触头，其中一副在 6 号图区，而另一副未用；在触头 KM1 下面有一个 5，表示它的线圈在 5 号图区。

8.1.6 电气原理图的识读

阅读电气原理图的步骤一般是从电源进线起，先看主电路电动机、电器的接线情况，然后再查看控制电路，通过对控制电路分析，深入了解主电路的控制程序。

(1) 电气原理图中主电路的阅读

① 先看供电电源部分　首先查看主电路的供电情况，是由母线汇流排或配电柜供电，还是由发电机组供电。并弄清电源的种类，是交流还是直流；其次弄清供电电压的等级。

② 看用电设备　用电设备指带动生产机械运转的电动机，或耗能发热的电弧炉等电气设备。要弄清它们的类别、用途、型号、接线方式等。

③ 看对用电设备的控制方式　如有的采用闸刀开关直接控制；有的采用各种启动器控制；有的采用接触器、继电器控制。应弄清并分析各种控制电器的作用和功能等。

(2) 电气原理图中控制电路的阅读

① 先看控制电路的供电电源　弄清电源是交流还是直流；其次弄清电源电压的等级。

② 看控制电路的组成和功能　控制电路一般由几个支路（回路）组成，有的在一条支路中还有几条独立的小支路（小回路）。弄清各支路对主电路的控制功能，并分析主电路的动作程序。例如当某一支路（或分支路）形成闭合通路并有电流流过时，主电路中的相应开关、触点的动作情况及电气元件的动作情况。

③ 看各支路和元件之间的并联情况　由于各分支路之间和一个支路中的元件，一般是相互关联或互相制约的。所以，分析它们之间的联系，可进一步深入了解控制电路对主电路的控制程序。

8.1.7　电气控制电路的一般设计方法

一般设计法（又称经验设计法），它是根据生产工艺要求，利用各种典型的电路环节，直接设计控制电路。这种设计方法比较简单，但要求设计人员必须熟悉大量的控制线路。在设计过程中往往还要经过多次反复地修改、试验，才能使线路符合设计的要求。即使这样，所得出的方案不一定是最佳方案。

一般设计法没有固定模式，通常先用一些典型线路环节拼凑起来实现某些基本要求，然后根据生产工艺要求逐步完善其功能，并加以适当的联锁与保护环节。由于是靠经验进行设计的，因而灵活性很大。

用一般方法设计控制电路时，应注意以下几个原则。

① 应最大限度地实现生产机械和工艺对电气控制电路的要求。

② 在满足生产要求的前提下，控制线路应力求简单、经济。

a. 尽量先用标准的、常用的或经过实际考验过的电路和环节。

b. 尽量缩短连接导线的数量和长度。特别要注意电气柜、操作点和限位开关之间的连接线，如图 8-14 所示。图 8-14（a）所示的接线是不合理的，因为按钮在操作台上，而接触器在电气柜内，这样接线就需要由电气柜二次引出

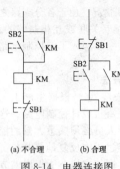

(a) 不合理　　(b) 合理

图 8-14　电器连接图

连接线到操作台上的按钮上。因此，一般都将启动按钮和停止按钮直接连接，如图 8-14 (b) 所示，这样可以减少一次引出线。

c. 尽量缩减电器的数量、采用标准件，并尽可能选用相同型号。

d. 应减少不必要的触点，以便得到最简化的线路。

e. 控制线路在工作时，除必要的电器必须通电外，其余的尽量不通电以节约电能。以三相异步电动机串电阻降压启动控制电路为例，如图 8-15 (a) 所示，在电动机启动后接触器 KM1 和时间继电器 KT 就失去了作用。若接成图 8-15 (b) 所示的电路时，就可以在启动后切除 KM1 和 KT 的电源。

③ 保证控制线路的可靠性和安全性。

a. 尽量选用机械和电气寿命长、结构坚实、动作可靠、抗干扰性能好的电器元件。

b. 正确连接电器的触点。同一电器的动合和动断辅助触点靠得很近，如果分别接在电源的不同相上，如图 8-16 (a) 所示，由于限位开关 S 的动合触点与动断触点不是等电位，当触点断开产生电弧时，很可能在两触点间形成飞弧而造成电源短路。如果按图 8-16 (b) 接线，由于两触点电位相同，就不会造成飞弧。

c. 在频繁操作的可逆电路中，正、反转接触器之间不仅

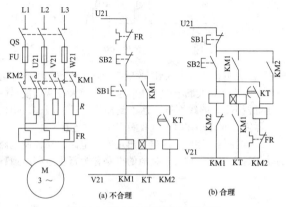

图 8-15 减少通电器的控制电路

要有电气联锁，而且要有机械联锁。

d. 在电路中采用小容量继电器的触点来控制大容量接触器的线圈时，要计算继电器触点断开和接通容量是否足够。如果继电器触点容量不够，必须加小容量接触器或中间继电器。

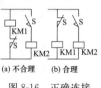

图 8-16 正确连接电器的触点的电路

e. 正确连接电器的线圈。在交流控制电路中，不能串联接入两个电器的线圈，如图 8-17 所示。即使外加电压是两个线圈额定电压之和，也是不允许的。因为交流电路中，每个线圈上所分配到的电压与线圈阻抗成正比，两个电器动作总是有先有后，不可能同时吸合。假如交流接触

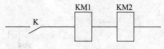

图 8-17 线圈不能串联连接

器 KM1 先吸合，由于 KM1 的磁路闭合，线圈的电感显著
增加，因而在该线圈上的电压降也相应增大，从而使另一
个接触器 KM2 的线圈电压达不到动作电压。因此，当两
个电器需要同时动作时，其线圈应该并联连接。

f. 在控制电路中，应避免出现寄生电路。在控制电路
的动作过程中，那种意外接通的电路称为寄生电路（或称

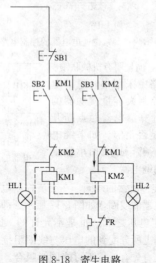

图 8-18 寄生电路

假回路)。例如，图8-18所示是一个具有指示灯和热保护的正反向控制电路。在正常工作时，能完成正反向启动、停止和信号指示。但当热继电器FR动作时，电路中就出现了寄生电路，如图8-18中虚线所示，使正转接触器KM1不能释放，不能起到保护作用。因此，在控制电路中应避免出现寄生电路。

g. 应具有完善的保护环节，以避免因误操作而发生事故。完善的保护环节包括过载、短路、过流、过压、欠压、失压等保护环节，有时还应设有合闸、断开、事故等必需的指示信号。

④ 应尽量使操作和维修方便。

8.2 常用电气控制电路

8.2.1 三相异步电动机的单向启动、停止控制电路

三相异步电动机单向启动、停止电气控制电路应用广泛，也是最基本的控制电路，如图8-19所示。该电路能实现对电动机启动、停止的自动控制、远距离控制、频繁操作，并具有必要的保护，如短路、过载、失压等保护。

启动电动机时，合上刀开关QS，按下启动按钮SB2，接触器KM线圈得电，其三副常开（动合）主触点闭合，电动机启动，与SB2并联的接触器常开（动合）辅助触点KM也同时闭合，起自锁（自保持）作用。这样，当松开SB2时，接触器线圈KM通过其辅助触点可以继续保持通电，维持其吸合状态，电动机继续运转。这个辅助触点通常称为自锁触点。

使电动机停转时，按下停止按钮SB1，接触器KM的

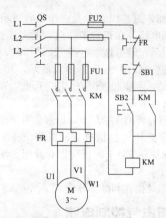

图 8-19 三相异步电动机单方向启动、停止控制电路

线圈失电释放，其常开（动合）触点断开，电动机停止运转。

8.2.2 电动机的电气联锁控制电路

一台生产机械有较多的运动部件，这些部件根据实际需要应有互相配合、互相制约、先后顺序等各种要求。这些要求若用电气控制来实现，就称为电气联锁。常用的电气联锁控制有以下几种。

（1）互相制约

互相制约联锁控制又称互锁控制。例如当拖动生产机械的两台电动机同时工作会造成事故时，要使用互锁控制；又如许多生产机械常常要求电动机能正反向工作，对于三相异步电动机，可借助正反向接触器改变定子绕组相序来实现，而正反向工作时也需要互锁控制，否则，当误操作同时使正反向接触器线圈得电时，将会造成短路故障。

互锁控制线路构成的原则：将两个不能同时工作的接触器 KM1 和 KM2 各自的动断触点相互交换地串接在彼此的线圈回路中，如图 8-20 所示。

（2）按先决条件制约

在生产机械中，要求必须满足一定先决条件才允许开动某一电动机或执行元件时（即要求各运动部件之间能够实现按顺序工作时），就应采用按先决条件制约的联锁控制线路（又称按顺序工作的联锁控制线路）。例如车床主轴转动时要求油泵先给齿轮箱供油润滑，即要求保证润滑泵电动机启动后主拖动电动机才允许启动。

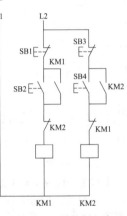

图 8-20 互锁控制电路

这种按先决条件制约的联锁控制线路构成的原则如下。

① 要求接触器 KM1 动作后，才允许接触器 KM2 动作时，则需将接触器 KM1 的动合触点串联在接触器 KM2 的线圈电路中，如图 8-21（a）、（b）所示。

② 要求接触器 KM1 动作后，不允许接触器 KM2 动作时，则需将接触器 KM1 的动断触点串联在接触器 KM2 的线圈电路中，如图 8-21（c）所示。

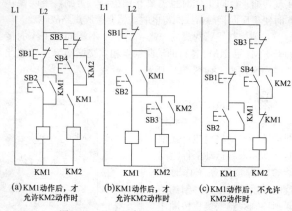

(a)KM1动作后，才
允许KM2动作时

(b)KM1动作后，才
允许KM2动作时

(c)KM1动作后，不允许
KM2动作时

图 8-21 按先决条件制约的联锁控制电路

（3）选择制约

某些生产机械要求既能够正常启动、停止，又能够实现调整时的点动工作时（即需要在工作状态和点动状态两者间进行选择时），必须采用选择联锁控制线路。其常用的实现方式有以下两种。

① 用复合按钮实现选择联锁，如图 8-22（a）所示。

② 用继电器实现选择联锁，如图 8-22（b）所示。

工程上通常还采用机械互锁，进一步保证正反转接触器不可能同时通电，提高可靠性。

8.2.3 两台三相异步电动机的联锁控制电路

当拖动生产机械的两台电动机同时工作会造成事故时，应采用互锁控制电路，图 8-23 是两台电动机互锁控制

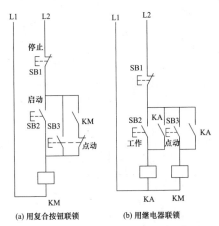

(a) 用复合按钮联锁　　(b) 用继电器联锁

图 8-22　选择制约的联锁控制电路

电路的原理图。将接触器 KM1 的动断辅助触点串接在接触器 KM2 的线圈回路中，而将接触器 KM2 的动断辅助触点串接在接触器 KM1 的线圈回路中即可。

8.2.4　用接触器联锁的三相异步电动机正反转控制电路

许多生产机械常常要求具有上下、左右、前后等相反方向的运动，这就要求电动机可以正反转控制（又称可逆控制）。对于三相异步电动机，可借助正反转接触器将接至电动机的三相电源进线中的任意两相对调，达到反转的目的。而正反转控制时需要一种联锁关系，否则，当误操作同时使正反转接触器线圈得电时，将会造成短路故障。

图 8-24 是用接触器辅助触点作联锁（又称互锁）保护

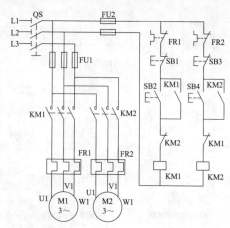

图 8-23 两台电动机互锁控制电路

的正反转控制电路的原理图。图中采用两个接触器，当正转接触器 KM1 的三副主触点闭合时，三相电源的相序按 L1、L2、L3 接入电动机。而当反转接触器 KM2 的三副主触点闭合时，三相电源的相序按 L3、L2、L1 接入电动机，电动机即反转。

控制线路中接触器 KM1 和 KM2 不能同时通电，否则它们的主触点就会同时闭合，将造成 L1 和 L3 两相电源短路。为此在接触器 KM1 和 KM2 各自的线圈回路中互相串联对方的一副动断辅助触点 KM2 和 KM1，以保证接触器 KM1 和 KM2 的线圈不会同时通电。这两副动断辅助触点在电路中起联锁或互锁作用。

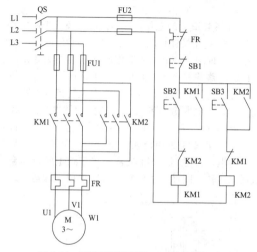

图 8-24　用接触器联锁的正反转控制电路

　　当按下启动按钮 SB2 时，正转接触器的线圈 KM1 得电，正转接触器 KM1 吸合，使其动合辅助触点 KM1 闭合自锁，其三副主触点 KM1 的闭合使电动机正向运转，而其动断辅助触点 KM1 的断开，则切断了反转接触器 KM2 的线圈电路。这时如果按下反转启动按钮 SB3，线圈 KM2 也不能得电，反转接触器 KM2 就不能吸合，可以避免造成电源短路故障。欲使正向旋转的电动机改变其旋转方向，必须先按下停止按钮 SB1，待电动机停下后再按下反转按钮 SB3，电动机就会反向运转。

　　这种控制电路的缺点是操作不方便，因为要改变电动机的转向时，必须先按停止按钮。

8.2.5　用按钮联锁的三相异步电动机正反转控制电路

图 8-25 是用按钮作联锁（又称互锁）保护的正反转控制电路的原理图。该电路的动作原理与用接触器联锁的正反转控制电路基本相似。但是，由于采用了复合按钮，当按下反转按钮 SB3 时，首先使串接在正转控制电路中的反转按钮 SB3 的动断触点断开，正转接触器 KM1 的线圈断电，接触器 KM1 释放，其三副主触点断开，电动机断电；接着反转按钮 SB3 的动合触点闭合，使反转接触器 KM2 的线圈得电，接触器 KM2 吸合，其三副主触点闭合，电动机反向运转。同理，由反转运行转换成正转运行时，也

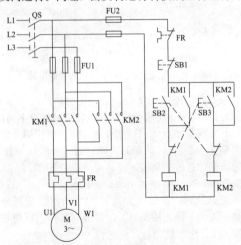

图 8-25　用按钮联锁的正反转控制电路

无需按下停止按钮 SB1，而直接按下正转按钮 SB2 即可。

这种控制电路的优点是操作方便。但是，当已断电的接触器释放的速度太慢，而操作按钮的速度又太快，且刚通电的接触器吸合的速度也较快时，即已断电的接触器还未释放，而刚通电的接触器却也吸合时，则会产生短路故障。因此，单用按钮联锁的正反转控制电路还不太安全可靠。

8.2.6 用按钮和接触器复合联锁的三相异步电动机正反转控制电路

用按钮、接触器复合联锁的正反转控制电路的原理图如图 8-26 所示。该电路的动作原理与上述正反转控制电路基本

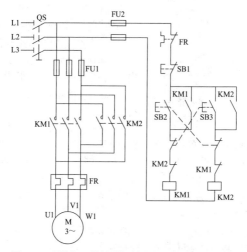

图8-26 用按钮、接触器复合联锁的正反转控制电路

相似。这种控制电路的优点是操作方便，而且安全可靠。

8.2.7 用转换开关控制的三相异步电动机正反转控制电路

除采用按钮、接触器控制三相异步电动机正反转运行外，还可采用转换开关或主令控制器等实现三相异步电动机的正反转控制。

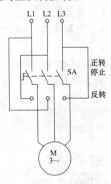

图 8-27　用转换开关控制的正反转控制电路

转换开关又称倒顺开关，属组合开关类型，它有三个操作位置：正转、停止和反转，是靠手动完成正反转操作的。图 8-27 是用转换开关控制的三相异步电动机正反转控制电路。欲改变电动机的转向时，必须先把手柄扳到"停止"位置，待电动机停下后，再把手柄扳至所需位置，以免因电源突然反接，产生很大的冲击电流，致使电动机的定子绕组受到损坏。

这种控制电路的优点是所用电器少、简单；缺点是在频繁换向时，操作人员劳累、不方便，且没有欠压和失压保护。因此，在被控电动机的容量小于 5.5kW 的场合，有时才采用这种控制方式。

8.2.8 采用点动按钮联锁的电动机点动与连续运行控制电路

某些生产机械常常要求既能够连续运行，又能够实现点动控制运行，以满足一些特殊工艺的要求。点动与连续运行的主要区别在于是否接入自锁触点，点动控制加入自锁后就可以连续运行。采用点动按钮联锁的三相异步电动机点动与连续运行的控制电路的原理图如图 8-28 所示。

图 8-28（c）所示的电路是将点动按钮 SB3 的动断触点作为联锁触点串联在接触器 KM 的自锁电路中。当正常工作时，按下启动按钮 SB2，接触器 KM 得电并自保。当点动工作时，按下电动按钮 SB3，其动合触点闭合，接触器 KM 通电。但是，由于按钮 SB3 的动断触点已将接触器 KM 的自锁电路切断，手一离开按钮，接触器 KM 就失电，从而实现了点动控制。

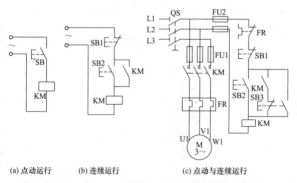

(a) 点动运行　　(b) 连续运行　　　　(c) 点动与连续运行

图 8-28　采用点动按钮联锁的点动与连续运行控制电路

值得注意的是，在图 8-28（c）所示电路中，若接触器 KM 的释放时间大于按钮 SB3 的恢复时间，则点动结束，按钮 SB3 的动断触点复位时，接触器 KM 的动合触点尚未断开，将会使接触器 KM 的自锁电路继续通电，电路就将无法正常实现点动控制。

8.2.9 采用中间继电器联锁的电动机点动与连续运行控制电路

采用中间继电器 KA 联锁的点动与连续运行的控制电路的原理图如图 8-29 所示。当正常工作时，按下按钮 SB2，中间继电器 KA 得电，其动合触点闭合，使接触器 KM 得电并自锁（自保）。当点动工作时，按下点动按钮 SB3，接触器 KM 得电，由于接触器 KM 不能自锁（自保），从而能可靠地实现点动控制。

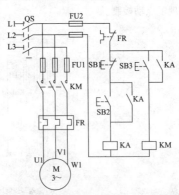

图 8-29 采用中间继电器联锁的点动与连续运行控制电路

8.2.10 电动机的多地点操作控制电路

在实际生活和生产现场中，通常需要在两地或两地以上的地点进行控制操作。因为用一组按钮可以在一处进行控制，所以，要在多地点进行控制，就应该有多组按钮。这多组按钮的接线原则是：在接触器 KM 的线圈回路中，将所有启动按钮的动合触点并联，而将各停止按钮的动断触点串联。图 8-30 是实现两地操作的控制电路。根据上述原则，可以推广于更多地点的控制。

8.2.11　多台电动机的顺序控制电路

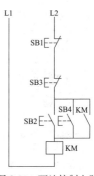

图 8-30　两地控制电路

在装有多台电动机的生产机械上，各电动机所起的作用不同，有时需要按一定的顺序启动才能保证操作过程的合理和工作的安全可靠。例如，机械加工车床要求油泵先给齿轮箱供油润滑，即要求油泵电动机必须先启动，待主轴润滑正常后，主轴电动机才允许启动。这种顺序关系反映在控制电路上，称为顺序控制。

图 8-31 所示是两台电动机 M1 和 M2 的顺序控制电路的原理图。

图 8-31（a）中所示控制电路的特点是，将接触器 KM1 的一副动合辅助触点串联在接触器 KM2 线圈的控制线路中。这就保证了只有当接触器 KM1 接通，电动机 M1 启动后，电动机 M2 才能启动，而且，如果由于某种原因（如过载或失压等）使接触器 KM1 失电释放而导致电动机 M1 停止时，电动机 M2 也立即停止，即可以保证电动机 M2 和 M1 同时停止。另外，该控制电路还可以实现单独停止电动机 M2。

图 8-31（b）中所示控制电路的特点是，电动机 M2 的

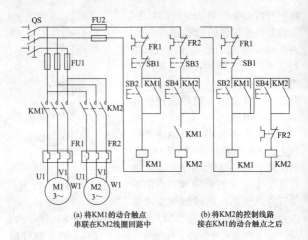

(a) 将KM1的动合触点
串联在KM2线圈回路中

(b) 将KM2的控制线路
接在KM1的动合触点之后

图 8-31　两台电动机的顺序控制电路

控制线路是接在接触器 KM1 的动合辅助触点之后，其顺序控制作用与图 8-31（a）相同。而且还可以节省一副动合辅助触点 KM1。

8.2.12　行程控制电路

行程控制就是用运动部件上的挡铁碰撞行程开关而使其触点动作，以接通或断开电路，来控制机械行程。

行程开关（又称限位开关）可以完成行程控制或限位保护。例如，在行程的两个终端处各安装一个行程开关，并将这两个行程开关的动断触点串接在控制电路中，就可以达到行程控制或限位保护。

行程控制或限位保护在摇臂钻床、万能铣床、桥式起重机及各种其他生产机械中经常被采用。

图 8-32（a）所示为小车限位控制电路的原理图，它是行程控制的一个典型实例。该电路的工作原理如下：先合上电源开关 QS；然后按下向前按钮 SB2，接触器 KM1 因线圈得电而吸合并自锁，电动机正转，小车向前运行；

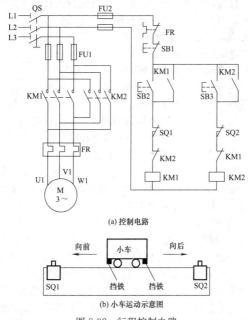

(a) 控制电路

(b) 小车运动示意图

图 8-32　行程控制电路

当小车运行到终端位置时，小车上的挡铁碰撞行程开关 SQ1，使 SQ1 的动断触点断开，接触器 KM1 因线圈失电而释放，电动机断电，小车停止前进。此时即使再按下向前按钮 SB2，接触器 KM1 的线圈也不会得电，保证了小车不会超过行程开关 SQ1 所在位置。

当按下向后按钮 SB3 时，接触器 KM2 因线圈得电而吸合并自锁，电动机反转，小车向后运行，行程开关 SQ1 复位，触点闭合。当小车运行到另一终端位置时，行程开关 SQ2 的动断触点被撞开，接触器 KM2 因线圈失电而释放，电动机断电，小车停止运行。

8.2.13　自动往复循环控制电路

有些生产机械，要求工作台在一定距离内能自动往复，不断循环，以使工件能连续加工。其对电动机的基本要求仍然是启动、停止和反向控制，所不同的是当工作台运动到一定位置时，能自动地改变电动机工作状态。

常用的自动往复循环控制电路如图 8-33 所示。

先合上电源开关 QS，然后按下启动按钮 SB2，接触器 KM1 因线圈得电而吸合并自锁，电动机正转启动，通过机械传动装置拖动工作台向左移动，当工作台移动到一定位置时，挡铁 1 碰撞行程开关 SQ1，使其动断触点断开，接触器 KM1 因线圈断电而释放，电动机停止，与此同时行程开关 SQ1 的动合触点闭合，接触器 KM2 因线圈得电而吸合并自锁，电动机反转，拖动工作台向右移动。同时，行程开关 SQ1 复位，为下次正转做准备。当工作台向右移动到一定位置时，挡铁 2 碰撞行程开关 SQ2，使其动断触点断开，接触器 KM2 因线圈断电而释放，电动机停止，

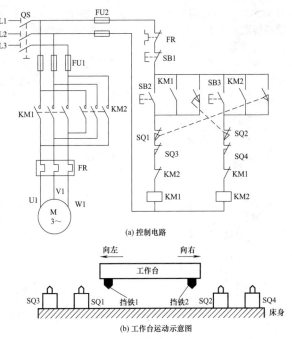

(a) 控制电路

(b) 工作台运动示意图

图 8-33 自动往复循环控制电路

与此同时行程开关 SQ2 的动合触点闭合，使接触器 KM1 线圈又得电，电动机又开始正转，拖动工作台向左移动。如此周而复始，使工作台在预定的行程内自动往复移动。

工作台的行程可通过移动挡铁（或行程开关 SQ1 和 SQ2）的位置来调节，以适应加工零件的不同要求。行程开关 SQ3 和 SQ4 用来作限位保护，安装在工作台往复运动的极限位置上，以防止行程开关 SQ1 和 SQ2 失灵，工作台继续运动不停止而造成事故。

带有点动的自动往复循环控制电路如图 8-34 所示，它是在图 8-33 中加入了点动按钮 SB4 和 SB5，以供点动调整工作台位置时使用。其工作原理与图 8-33 基本相同。

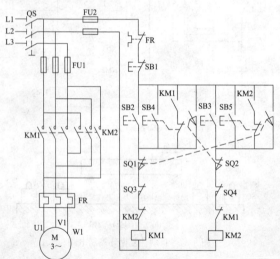

图 8-34 带有点动的自动往复循环控制电路

8.2.14 无进给切削的自动循环控制电路

为了提高加工精度，有的生产机械对自动往复循环还提出了一些特殊要求。以钻孔加工过程自动化为例，钻削加工时刀架的自动循环如图 8-35 所示。其具体要求是：刀架能自动地由位置 1 移动到位置 2 进行钻削加工；刀架到达位置 2 时不再进给，但钻头继续旋转，进行无进给切削以提高工件加工精度，短暂时间后刀架再自动退回位置 1。

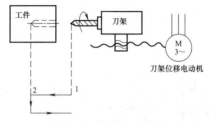

图 8-35　刀架的自动循环

　　无进给切削的自动循环控制电路如图 8-36 所示。这里采用行程开关 SQ1 和 SQ2 分别作为测量刀架运动到位置 1 和 2 的测量元件，由它们给出的控制信号通过接触器控制刀架位移电动机。按下进给按钮 SB2，正向接触器 KM1 因线圈得电而吸合并自锁，刀架位移电动机正转，刀架进给，当刀架到达位置 2 时，挡铁碰撞行程开关 SQ2，其动断触点断开，正转接触器 KM1 因线圈断电而释放，刀架位移电动机停止工作，刀架不再进给，但钻头继续旋转（其拖动电动机在图 8-36 中未绘出）进行无进给切削。与此同时，行程开关 SQ2 的动合触点闭合，接通时间继电器 KT 的线圈，开始计算无进给切削时间。到达预定无进给切削时间后，时间继电器 KT 延时闭合的动合触点闭合，使反转接触器 KM2 因线圈得电而吸合并自锁，刀架位移

电动机反转，于是刀架开始返回。当刀架退回到位置 1
时，挡铁碰撞行程开关 SQ1，其动断触点断开，反转继电
器 KM2 因线圈断电而释放，刀架位移电动机停止，刀架
自动停止运动。

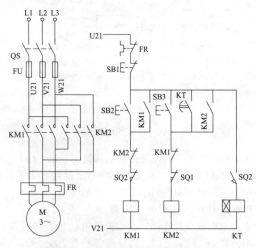

图 8-36 无进给切削的自动循环控制电路

8.2.15 交流电源驱动直流电动机控制电路

图 8-37 是一种最简单的交流电源驱动直流电动机控制
电路，该控制电路是用 24V 交流电源经二极管桥式整流变
为直流后，加到直流电动机上。这种控制电路比较简单，
但是由于直流电压脉动比较大，使直流电动机的转矩波动
较大，影响转动特性，但对于高速旋转的直流电动机，这

些影响都非常小，因此应用范围很广。

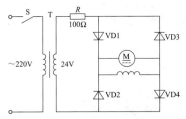

图 8-37 交流电源驱动直流电动机控制电路

8.2.16 串励直流电动机刀开关可逆运行控制电路

由直流电动机的工作原理可知，将电枢绕组（或励磁绕组）反接，即改变电枢绕组（或励磁绕组）的电流方向，可以改变直流电动机的旋转方向。也就是说，改变直流电动机的旋转方向有以下两种方法：一是改变电枢电流的方向；二是改变励磁电流的方向。但是不能同时改变这两个电流的方向。

串励直流电动机刀开关可逆运行控制电路如图 8-38 所示。图中，S 为双刀双掷开关，切换刀开关 S 时，由于只改变电枢绕组的电流方向，而励磁绕组的电流方向始终不变，因此可以改变串励直流电动机的旋转方向。这种电路可用在电瓶车上。

8.2.17 并励直流电动机可逆运行控制电路

因为并励和他励直流电动机励磁绕组的匝数多，电感量大，若要使励磁电流改变方向，一方面，在将励磁绕组从电源上断开时，绕组中会产生较大的自感电动势，很容

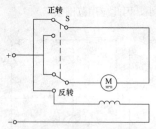

图 8-38　串励直流电动机刀开关可逆运行控制电路

易把励磁绕组的绝缘击穿；另一方面，在改变励磁电流方向时，由于中间有一段时间励磁电流为零，容易出现"飞车"现象。所以一般情况下，并励和他励直流电动机多采用改变电枢绕组中电流的方向来改变电动机的旋转方向。

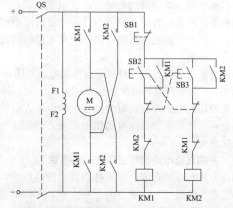

图 8-39　并励直流电动机可逆运行控制电路

　　并励直流电动机正反向（可逆）运行控制电路如图8-39所示，其控制部分与交流异步电动机正反向（可逆）运行控制电路相同，故工作原理也基本相同。

8.2.18　串励直流电动机可逆运行控制电路

　　因为串励直流电动机励磁绕组的匝数少，电感量小，而且励磁绕组两端的电压较低，反接较容易。所以一般情况下，串励直流电动机多采用改变励磁绕组中电流的方向来改变电动机的旋转方向。图8-40是串励直流电动机正反向（可逆）运行控制电路，其控制部分与图8-39完全相同，故动作原理也基本相同。

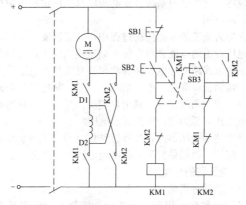

图8-40　串励直流电动机可逆运行控制电路

第9章

变　压　器

9.1　变压器概述

9.1.1　变压器的用途

　　变压器是利用电磁感应原理将一种电压等级的交流电能变换为另一种同频率且不同电压等级的交流电能的静止电气设备，它在电力系统、变电所以及工厂供配电中得到了广泛的应用。

　　在电力系统的电能传输过程中，通常需要电力变压器把发电厂发出的电能进行升压至高压输电电压，目的是为了减小输电线路上的电压降和功率损耗，从而也减小了输电线的截面积，降低了投资费用。但是，从电气设备的绝缘与安全使用角度出发，到用户端又需要电力变压器将高压输电电压降低为用户所需要的电压。

　　除上述的变压器外，各种特殊用途的变压器也得到了广泛的应用，以提供特种电源或满足特殊场合的需要。

9.1.2　变压器的分类

　　变压器的种类繁多，分类方法也有多种形式，可按照用途、绕组数目、相数、铁芯结构、绕组绝缘及冷却方式、调压方式以及容量系列等形式来划分。

　　按用途分为电力变压器和特种变压器。用于电力系统升压、降压的变压器统称为电力变压器。电力变压器又可分为升压变压器、降压变压器、配电变压器、联络变压器以及厂用电变压器等。在工业生产中有特殊用途或专门用途的变压器称为特种变压器，如电炉变压器、试验变压器、中频变压器、电焊变压器、电源变压器、仪用互感器等。

按绕组数目分为单绕组变压器（自耦变压器）、双绕组变压器、三绕组变压器和多绕组变压器。

按相数分为单相变压器、三相变压器和多相变压器。

按铁芯结构分为芯式变压器和壳式变压器。

按绕组绝缘及冷却方式分为油浸式、干式等变压器，其中油浸式变压器又分为油浸自冷式、油浸风冷式、油浸水冷式和强迫油循环冷却式等。

按调压方式分为无载调压（又称无励磁调压）和有载调压变压器。

9.1.3 变压器的工作原理

单相双绕组变压器的工作原理如图 9-1 所示。通常两个绕组中一个接到交流电源，称为一次绕组（又称原绕组

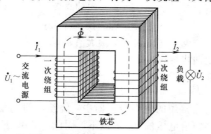

图 9-1 单相双绕组变压器的工作原理

或初级绕组），另一个接到负载，称为二次绕组（又称副绕组或次级绕组）。

当一次绕组接上交流电压 $\dot{U}_1$ 时，一次绕组中就会有交流电流 $\dot{I}_1$ 通过，并在铁芯中产生交变磁通 $\dot{\Phi}$，其频率和外施电压的频率一样。这个交变磁通同时交链一、二次绕组，根据电磁感应定律，便在一、二次绕组中分别感应出电动势 $\dot{E}_1$ 和 $\dot{E}_2$。此时，如果二次绕组与负载接通，便有二次电流 $\dot{I}_2$ 流入负载，二次绕组端电压 $\dot{U}_2$ 就是变压器的输出电压，于是变压器就有电能输出，实现了能量传递。在这一过程中，一、二次绕组感应电动势的频率都等于磁通的交变频率，亦即一次侧外施电压的频率。根据电磁感应定律，感应电动势的大小与磁通、绕组匝数和频率成正比，即

$$E_1 = 4.44 f N_1 \Phi_\mathrm{m}$$
$$E_2 = 4.44 f N_2 \Phi_\mathrm{m}$$

式中　E_1、E_2——一、二次绕组的感应电动势，V；

　　　N_1、N_2——一、二次绕组的匝数；

　　　f——交流电源的频率，Hz；

　　　Φ_m——主磁通的最大值，Wb。

以上两式相除，得

$$\frac{E_1}{E_2} = \frac{N_1}{N_2}$$

因为在常用的电力变压器中，绕组本身的电压降很小，仅占绕组电压的 0.1% 以下，因此，$U_1 \approx E_1$、$U_2 \approx E_2$，代入上式得

$$\frac{U_1}{U_2} = \frac{E_1}{E_2} = k$$

上式表明，一、二次绕组的电压比等于一、二次绕组的匝数比。因此，只要改变一、二次绕组的匝数，便可达到改变电压的目的。这就是利用电磁感应作用，把一种电压的交流电能转变成频率相同的另一种电压的交流电能的基本工作原理。

通常把一、二次绕组匝数的比值 k 称为变压器的电压比（或变比）。只要使 k 不等于 1，就可以使变压器原、副边的电压不等，从而起到变压的作用。如果 $k>1$，则为降压变压器；若 $k<1$，则为升压变压器。

对于三相变压器来说，变比是指相电压（或相电动势）的比值。

9.1.4 变压器的额定值

变压器的铭牌数据是变压器安全、正常运行的重要依据，铭牌上标有变压器的型号、额定值、相数、接线方式以及生产日期等。

为确保变压器能够长期安全可靠地工作，变压器应尽量在铭牌标注的额定值下运行。铭牌上标注的额定值主要有以下几个。

（1）额定电压 U_{1N} 和 U_{2N}

变压器一次侧额定电压 U_{1N} 是指变压器在绝缘强度和散热条件规定的情况下能保证其正常运行时，一次侧所允许加的电压。变压器二次侧额定电压 U_{2N} 是指变压器一次侧加额定电压，二次侧开路（或空载）时的电压。对于三相变压器，额定电压是指线电压，其单位为 V 或 kV。

(2) 额定电流 I_{1N} 和 I_{2N}

额定电流 I_{1N} 和 I_{2N} 是指变压器在规定的额定容量下运行，一、二次绕组长期允许通过的最大电流。对于三相变压器，额定电流是指线电流，其单位为 A 或 kA。

(3) 额定容量 S_N

额定容量 S_N 是指变压器在额定条件下输出的视在功率。对于三相变压器，额定容量是指三相容量之和，其单位为 V·A 或 kV·A。

对于单相变压器，不计内部损耗时，$S_N = U_{1N} I_{1N} = U_{2N} I_{2N}$

对于三相变压器，不计内部损耗时，$S_N = \sqrt{3} U_{1N} I_{1N} = \sqrt{3} U_{2N} I_{2N}$

(4) 额定频率 f_N

额定频率 f_N 是指变压器正常稳定工作时的频率。我国规定的标准工业用电频率为 50Hz，即工频 50Hz。

(5) 温升

温升指变压器在额定状态下运行时，所考虑部位的温度与外部冷却介质温度之差。

(6) 阻抗电压 u_k

阻抗电压曾称短路电压，指变压器二次绕组短路（稳态），一次绕组流过额定电流时所施加的电压。

(7) 空载损耗

空载损耗指当把额定交流电压施加于变压器的一次绕组上，而其他绕组开路时的损耗，单位以 W 或 kW 表示。

(8) 负载损耗

负载损耗指在额定频率及参考温度下，稳态短路时所产生的相当于额定容量下的损耗，单位以 W 或 kW 表示。

(9) 连接组标号

连接组标号指用来表示变压器各相绕组的连接方法以及一、二次绕组线电压之间相位关系的一组字母和序数。

此外，铭牌上还标有变压器的型号、相数、接线图、运行方式和冷却方式等。

9.2 电力变压器

9.2.1 油浸式电力变压器的结构

变压器的结构虽然因它的类型、容量大小和冷却方式等不同而有所不同，但是变压器的主要部件是铁芯和绕组，它们构成了变压器的器身。下面以三相双绕组油浸式电力变压器为例来介绍变压器的结构。图 9-2 是三相双绕组油浸式电力变压器的外部结构示意图，其主要由下列部分组成：

变压器 {
　器身 {铁芯；绕组；引线和绝缘}
　油箱 {油箱本体(箱盖、箱壁和箱底)；油箱附件(放油阀门、小车、接地螺栓、铭牌等)}
　调压装置——无励磁分接开关或有载分接开关
　冷却装置——散热器或冷却器
　保护装置——储油柜、油位计、安全气道、释放阀、吸湿器、测温元件、气体继电器等
　出线装置——高、中、低压套管，电缆出线等
　变压器油
}

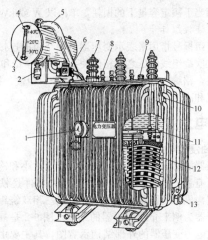

图 9-2　三相双绕组油浸式电力变压器外部结构示意图
1—信号式温度计；2—吸湿器；3—储油柜；4—油位计；5—安全气道；
6—气体继电器；7—高压套管；8—低压套管；9—分接开关；
10—油箱；11—铁芯；12—绕组；13—放油阀门

图 9-3 是油浸式电力变压器的器身装配后的外观图，它主要由铁芯和绕组两大部分组成。在铁芯和绕组之间、高低压绕组之间及绕组中各匝之间均有相应的绝缘。图中可看到高压侧的引线 A、B、C，低压侧的引线 a、b、c、N。另外，在高压侧设有调节电压用的无励磁分接开关。

(1) 变压器铁芯的结构与特点

铁芯既是变压器的磁路，又是它的机械骨架。铁芯由铁芯柱和铁轭两部分组成。铁芯柱上套装绕组，铁轭将铁

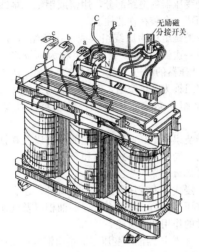

图 9-3　油浸式电力变压器的器身

芯柱连接起来，使之形成闭合磁路。铁轭又分为上铁轭、下铁轭和旁铁轭（简称旁轭）。

　　为了减少铁芯中的磁滞损耗和涡流损耗，铁芯一般用高磁导率的硅钢片叠成。硅钢片分热轧和冷轧两种，其厚度有 0.35mm 和 0.5mm 两种。硅钢片的两面涂以绝缘漆，使片与片之间绝缘。

　　根据结构形式和工艺特点，变压器铁芯可分为叠片式和渐开线式两种。

(2) 变压器绕组的形式与特点

绕组是变压器的电路部分，用铜或铝绝缘扁线（或圆线）绕制而成，套装在铁芯柱上。

接电源的绕组称为原绕组（或一次绕组），即变压器的原边（一次侧）；接负载的绕组称为副绕组（或二次绕组），即变压器的副边（或二次侧）。一、二次绕组中电压较高的绕组称为高压绕组，电压较低的绕组称为低压绕组。高压绕组匝数多，导线细；低压绕组匝数少，导线粗。

变压器绕组根据高、低压绕组的形状以及在铁芯柱上排列方式的不同分为同心式绕组和交叠式两种。

(3) 其他附件

对于油浸式电力变压器，除了器身外，还有一些其他附件，如变压器油箱、绝缘套管、储油柜以及气体继电器等，各附件的作用如下所述。

① 油箱和变压器油　变压器油箱用钢板焊接而成，一般做成椭圆形，油箱的结构与变压器的容量和发热情况有关。对于小容量变压器常采用平板式油箱；为增大油箱的散热面积，容量稍大的变压器采用排管式油箱，在油箱侧壁上焊接许多散热管，以改善散热效果。

油浸式变压器的器身浸在充满变压器油的油箱里，变压器油既保护器身不受潮，又起绝缘和散热的作用，通过变压器油受热后的对流将器身的热量带到油箱壁及散热管，再由油箱壁和散热管将热量散发到周围空气中去。

② 绝缘套管　为了保证变压器绕组的引线与油箱绝缘，当变压器绕组的引线引到油箱外部时，则需用绝缘套

管，套管不仅使引线与油箱绝缘，而且还起到固定引线的作用。绝缘套管通常装在油箱盖上，中间穿有导电杆，套管下端伸进油箱与绕组引线相连接，套管上部露出油箱外，与外电路相连接。低压引线可用实心瓷套管，高压引线则用充油式或空心充气式瓷套管。

③ 储油柜　储油柜又称油枕（或称膨胀器），也就是水平固定在油箱顶部的圆筒形状的容器，储油柜通过管道与油箱相连，储油柜中的油面高度会随着变压器油的热胀冷缩而升降，从而保证油箱内充满变压器油。为了避免变压器油受潮且保持储油柜中的空气干燥，在储油柜进气管的端部装有一个吸湿器（或称呼吸器），其里面装有硅胶，可吸收空气中的水分，若发现硅胶受潮由蓝色变为红色时，应及时更换。同时还可通过储油柜侧面的油位计查看油面的高低程度。

④ 气体继电器　气体继电器又称瓦斯继电器，为反映变压器油箱内部故障而增设的非电量保护继电器，它安装在连接油箱和储油柜之间的管道上。当变压器内部发生轻微故障时，气体继电器动作并发出报警信号；当变压器内部发生严重故障时，气体继电器动作，发出报警信号且使断路器跳闸。

⑤ 分接开关　为了将变压器的输出电压控制在允许的电压偏差内，通常在变压器的高压侧装分接开关。分接开关分为无载调压（又称为无励磁调压）和有载调压两种形式。无载调压分接开关只能在变压器一次侧断开电源后才能进行调压；有载调压分接开关可以在变压器二次侧带负载时进行调压。

此外，变压器还有安全气道、测温装置、放油阀门、引线接地螺栓以及压力释放阀等。

9.2.2 变压器的连接组别

三相变压器绕组的连接不仅是构成电路的需要，还关系到一次侧、二次侧绕组电动势谐波的大小及并联运行等问题。例如多台变压器并联运行时，需要知道变压器一、二次绕组的连接方式和一、二次绕组对应的线电动势（或线电压）之间的相位关系，连接组别就是表征上述相位差的一种标志。

在电力系统中，有时需要多台变压器并联运行，并联运行的条件之一就是要求各台并联运行的变压器具有相同的连接组别，否则会损坏变压器。因此，正确地分析三相变压器的连接组别是十分必要的。

三相变压器一、二次绕组的连接方式、绕组标志的不同，都使一、二次绕组对应的线电动势之间相位差不同，连接组标号是用来反映三相变压器绕组的连接方式及对应线电动势之间相位关系的。

一、二次绕组的连接方式不同、绕组标志不同，对应的线电动势相位关系也不同，但是它们总是相差 $30°$ 的整数倍。由于时钟一周为 12 个小时，表盘一圈为 $360°$，所以一个小时对应圆周角的 $30°$。因此可以采用时钟法来表示三相变压器绕组的连接组标号和相位关系。

新旧电力变压器绕组连接组标号的对照见表 9-1。双绕组三相变压器常用连接组见表 9-2。

表 9-1 新旧电力变压器绕组连接标号的对照

名　称	旧标准(GB 1094—1979)			新标准(GB 1094.1~5—1996)		
	高压	中压	低压	高压	中压	低压
星形连接	Y	Y	Y	Y	y	y
星形连接并有中性点引出	Y_0	Y_0	Y_0	YN	yn	yn
三角形连接	△	△	△	D	d	d
曲折形连接	Z	Z	Z	Z	z	z
曲折形连接并有中性点引出	Z_0	Z_0	Z_0	ZN	zn	zn
自耦变压器	连接组代号前加 0			有公共部分两绕组额定电压较低的用 a		
组别数	用 1~12,且前加横线			用 0~11		
连接符号间	连接符号间用斜线			连接符号间不加逗号		
连接组标号举例	$Y_0/\triangle$-11			YNd11		

表 9-2 双绕组三相变压器常用连接组

绕组连接		相量图		连接组标号
高压	低压	高压	低压	
				Yyn0（即以前的 Y/Y_0-12）
				Yd11（即以前的 Y/△-11）

续表

绕组连接		相量图		连接组标号
高压	低压	高压	低压	
N 1U1 1V1 1W1 1U2 1V2 1W2	2U1 2V1 2W1 2U2 2V2 2W2	$\dot{U}_{1U}$ $\dot{U}_{1W}$ $\dot{U}_{1V}$	$\dot{U}_{2V}$ $\dot{U}_{2U}$ $\dot{U}_{2W}$	YNd11 （即以前的 Y_0／ △-11）

9.2.3 变压器的并联运行

在大容量的变电站中，常采用几台变压器并联的运行方式。所谓并联运行（又称并列运行），即将这些变压器的一次侧、二次侧的端子分别并联到一次侧、二次侧的公共母线上，共同对负载供电，如图 9-4 所示。

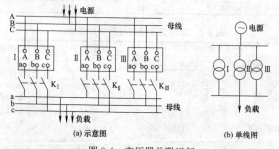

图 9-4 变压器并联运行

（1）并联运行的优点

变压器采用并联运行方式有以下优点。

① 提高供电可靠性：并列运行时，如果并联运行中的

某一台变压器发生故障，可以把它从电网切除检修，而负载由其余各台变压器分担，不用中断供电，必要时仅需对某些用户限电。采用并列运行，也可以有计划地安排轮流检修。

② 提高运行经济性：可以根据负载的大小调整投入并联运行的变压器台数，保证变压器有较高的负载系数，从而可减少空载损耗，提高效率，改善电网的功率因数。

③ 减少一次性投资：变压器并联运行，可以减少总的备用容量，并可随着用电量的增加，而分批增加新的变压器。

当然，台数太多也是不经济的，因为一台大容量变压器的造价要比总容量相同的几台小变压器的造价低、占地面积小，所以要合理考虑并联台数。

（2）理想并联运行的条件

要达到上述理想并联运行，并联运行的各变压器需满足下列条件。

① 各台变压器的一次侧和二次侧额定电压分别相等，即各台变压器的电压比应相等，否则会产生环流，环流的大小与电压比之差成正比。

② 各台变压器的连接组标号必须相同，否则二次绕组存在电动势差，将会产生非常大的环流。

③ 各变压器的短路阻抗标幺值 Z_k^*（或阻抗电压，又称短路电压 u_k）要相等，否则各台变压器的负载不能按它们的额定容量成比例分配，会使阻抗电压标幺值小的变压器过载，而阻抗电压标幺值大的变压器欠载，变压器容量得不到充分合理的利用。

在上述三个条件中，满足条件①、②，可以保证并联合闸后，并联变压器间无环流，条件③决定了并联变压器间的负载分配。上述三个条件中，条件②必须严格满足，条件①、③允许有一定误差。

9.3 变压器的使用与维护

9.3.1 变压器熔体的选择

中小型配电变压器高压侧通常采用高压跌落式熔断器进行保护。这种熔断器特点是结构简单、体积小、重量轻、维护方便、价格低廉、断开点明显。当变压器绕组或引出线发生短路故障时，其熔体熔断，熔管自动跌开，切断电源，从而起到保护作用。

跌落式熔断器的熔体（熔丝）的选择方法如下。

① 变压器容量在 125kV·A 及以下者，熔体的额定电流应为变压器高压侧额定电流的 2～3 倍。

② 变压器容量在 125～400kV·A 之间者，熔体的额定电流应为变压器高压侧额定电流的 1.5～2.0 倍。

③ 变压器容量在 400kV·A 以上者，熔体的额定电流应为变压器高压侧额定电流的 1.5 倍。

熔体直径不可过细，考虑机械强度关系，低于 5A 时，均按 5A 选用熔体。

熔断器本身的额定电压应按被保护的变压器的额定电压来选用。

低压侧多采用低压熔断器作为低压侧出线上发生短路或过载的保护。熔断器额定电压可按被保护的变压器低压侧额定电压来选择。

9.3.2 变压器投入运行前的检查

新装或检修后的变压器，投入运行前应进行全面检查，确认符合运行条件时，方可投入试运行。

① 检查变压器的铭牌与所要求选择的变压器规格是否相符。例如各侧电压等级、连接组标号、容量、运行方式和冷却条件等是否与实际要求相符。

② 检查变压器的试验合格证是否在有效期内。

③ 检查储油柜上的油位计是否完好，油位是否在与当时环境温度相符的油位线上，油色是否正常。

④ 检查变压器本体、冷却装置和所有附件及油箱各部分有无缺陷、渗油、漏油情况。

⑤ 检查套管是否清洁、完整、有无破裂、裂纹，有无放电痕迹及其他异常现象，检查导电杆有无松动、渗漏现象。

⑥ 检查温度计指示是否正常，温度计毛细管有无硬度弯、压扁、裂开等现象。

⑦ 检查变压器顶上有无遗留杂物。

⑧ 检查吸湿器是否完好，呼吸应畅通、硅胶应干燥。

⑨ 检查安全气道及其保护膜是否完好。

⑩ 检查变压器高、低压两侧出线管以及引线、母线的连接是否良好，三相的颜色标记是否正确无误，引线与外壳及电杆的距离是否符合要求。

⑪ 气体继电器内应无残存气体，其与储油柜之间连接的阀门应打开。

⑫ 检查变压器的报警、继电保护和避雷等保护装置工作是否正常。

⑬ 检查变压器各部位的阀门位置是否正确。

⑭ 检查分接开关位置是否正确，有载调压切换装置的远方操作机构动作是否可靠。

⑮ 检查变压器外壳接地是否牢固可靠，接地电阻是否符合要求。

⑯ 检查变压器的安装是否牢固，所有螺栓是否紧固。

⑰ 对于油浸风冷式变压器，应检查风扇电动机转向是否正确，电动机是否正常。经过一定时间的试运转，电动机有无过热现象。

⑱ 对于采用跌落式熔断器保护的，应检查熔丝是否合适，有无接触不良现象。

⑲ 对于采用断路器和继电器保护的，要对继电保护装置进行检查和核实，保护装置动作整定值要符合规定；操作和联动机构动作要灵活、正确。

⑳ 对大、中型变压器要检查有无消防设施，如1211灭火器、黄沙箱等。

9.3.3 变压器的试运行

试运行就是指变压器开始送电并带上一定负载，运行24h所经历的全部过程。试运行中应做好以下几方面的工作。

（1）试运行的准备

① 变压器投入试运行前，再一次对变压器本体工作状态进行复查，没有发现安装缺陷，或在全部处理完安装缺陷后，方可进行试运行。

② 变压器试运行前，应对电网保护装置进行试验和整定合格，动作准确可靠。

(2) 变压器的空载试运行

① 变压器投入前，必须确认变压器符合运行条件。

② 试运行时，先将分接开关放在中间一挡位置上，空载试运行；然后再切换到各挡位置，观察其接触是否良好，工作是否可靠。

③ 变压器第一次投入运行时，可全压冲击合闸，如有条件时，应从零逐渐升压。冲击合闸时，变压器一般由高压侧投入。

④ 变压器第一次带电后，运行时间不应少于 10min，以便仔细监听变压器内部有无不正常杂声（可用干燥细木棒或绝缘杆一端触在变压器外壳上，一端放耳边细听变压器送电后的声响是否轻微和均匀）。若有断续的爆炸或突发的剧烈声响，应立即停止试运行（切断变压器电源）。

⑤ 不论新装或大修后的变压器，均应进行 5 次全电压冲击合闸，应无异常现象发生，励磁涌流不应引起继电保护装置误动作，以考验变压器绕组的绝缘性能、机械性能、继电保护、熔断器是否合格。

⑥ 对于强风或强油循环冷却的变压器，要检查空载下的温升。具体做法是：在不开动冷却装置的情况下，使变压器空载运行 12~24h，记录环境温度与变压器上部油温；当油温升至 75℃时，启动 1~2 组冷却器进行散热，继续测温并记录油温，直到油温稳定为止。

(3) 变压器的负载试运行

变压器空载运行 24h 无异常后，可转入负载试运行。具体做法是

① 负载的加入要逐步增加，一般从 25％负载开始投

运，接着增加到 50%、75%，最后满负载试运行。这时各密封面及焊缝不应有渗漏油现象。

② 在带负载试运行中，随着变压器温度的升高，应陆续启动一定数量的冷却器。

③ 带负载试运行中，尤其是满负载试运行中，应检查变压器本体及各组件、附件是否正常。

9.3.4 变压器运行中的监视与检查

(1) 日常监视与检查

对运行中的变压器应经常进行仪表监视和外部检查，以便及时发现异常现象或故障，避免发生严重事故。

① 检查变压器的声响是否正常，是否有不均匀的响声或放电声等。均匀的"嗡嗡"声为正常声音。

② 检查变压器的油位是否正常，有无渗、漏油现象。

③ 检查变压器的油温是否正常。变压器正常运行时，上层油温一般不应超过 85℃，另外用手抚摸各散热器，其温度应无明显差别。

④ 检查变压器的套管是否清洁，有无裂纹、破损和放电痕迹。

⑤ 检查各引线接头有无松动和过热现象（用示温蜡片检查）。

⑥ 检查安全气道有无破损或喷油痕迹，防爆膜是否完好。

⑦ 检查气体继电器是否漏油，其内部是否充满油。

⑧ 检查吸湿器有无堵塞现象，吸湿器内的干燥剂（吸湿剂）是否变色。如硅胶（带有指示剂）由蓝色变成粉红色，则表明硅胶已失效，需及时处理与更换。

⑨ 检查冷却系统是否运行正常。对于风冷油浸式变压器，检查风扇是否正常，有无过热现象；对于强迫油循环水冷却的变压器，检查油泵运行是否正常、油的压力和流量是否正常，冷却水压力是否低于油压力，冷却水进口温度是否过高。对于室内安装的变压器，检查通风是否良好等。

⑩ 检查变压器外壳接地是否良好，接地线有无破损现象。

⑪ 检查各种阀门是否按工作需要，应打开的都已打开，应关闭的都已关闭。

⑫ 检查变压器周围有无危及安全的杂物。

⑬ 当变压器在特殊条件下运行时，应增加检查次数，对其进行特殊巡视检查。

（2）变压器的特殊巡视检查

当变压器过负载或供电系统发生短路事故，以及遇到特殊的天气时，应对变压器及其附属设备进行特殊巡视检查。

① 在变压器过负载运行的情况下，应密切监视负载、油温、油位等的变化情况；注意观察接头有无过热、示温蜡片有无熔化现象。应保证冷却系统运行正常，变压器室通风良好。

② 当供电系统发生短路故障时，应立即检查变压器及油断路器等有关设备，检查有无焦臭味、冒烟、喷油、烧损、爆裂和变形等现象，检查各接头有无异常。

③ 在大风天气时，应检查变压器引线和周围线路有无摆动过近引起闪弧现象，以及有无杂物搭挂。

④ 在雷雨或大雾天气时，应检查套管和绝缘子有无放电闪络现象，变压器有无异常声响，以及避雷器的放电记录器的动作情况。

⑤ 在下雪天气时，应根据积雪融化情况检查接头发热部位，并及时处理积雪和冰凌。

⑥ 在气温异常时，应检查变压器油温和是否有过负载现象。

⑦ 在气体继电器发生报警信号后，应仔细检查变压器的外部情况。

⑧ 在发生地震后，应检查变压器及各部分构架基础是否出现沉陷、断裂、变形等情况；有无威胁安全运行的其他不良因素。

（3）变压器重大故障的紧急处理

当发现变压器有下列情况之一时，应停止变压器运行。

① 变压器内部响声过大，不均匀，有爆裂声等。

② 在正常冷却条件下，变压器油温过高并不断上升。

③ 储油柜或安全气道喷油。

④ 严重漏油，致使油面降到油位计的下限，并继续下降。

⑤ 油色变化过甚或油内有杂质等。

⑥ 套管有严重裂纹和放电现象。

⑦ 变压器起火（不必先报告，立即停止运行）。

9.3.5 变压器使用注意事项

（1）变压器注油时的注意事项

① 绝缘油必须按规定试验合格后，方可注入变压

器中。

②　不同牌号的绝缘油或同牌号的新油与旧油不宜混合使用，如必须混合时，应进行混油试验。

③　绝缘油取样应在晴天、无风沙时进行，温度应在0℃以上。取样用的玻璃杯应洗刷干净，取样前用烘箱烘干。

④　混油试验取样应标明实际比例。油样应取自箱底或桶底。取样时，先开启放油阀，冲去阀口脏物，再将取样瓶冲洗两次，然后取样封好瓶口（如运往外地检验，瓶口宜蜡封）。

⑤　绝缘油检验后，如绝缘强度（耐压）不合格，应进行过滤。

⑥　为防止注油时在变压器芯部凝结水分，要求注入绝缘油的温度在10℃左右，芯部的温度与油温之差不宜超过5℃，并应尽量使芯部温度高于油温。

⑦　注油应从油箱下部油阀进油，加补充油时应通过储油柜（油枕）注入。对导向强迫油循环的变压器，注油应按制造厂的规定执行。

⑧　胶囊式储油柜注油应按制造厂规定进行，一般采取油从变压器油箱逐渐注入，慢慢将胶囊内空气排出，然后放油使储油柜内油面下降至规定油位。如果油位计也带小胶囊结构时，应先向油表内注油，然后进行储油柜的排气和注油。

⑨　冷却装置安装完毕后即应注油，以免由于阀门渗漏造成变压器绝缘部分露出油面。

⑩　油注到规定油位，应从油箱、套管、散热器、防爆

筒、气体继电器等处多次排气，直到排尽为止。

⑪ 注油完毕，在施加电压前，变压器应进行静置，静置时间规定为：110kV 及以下的变压器静置 12h。静置完毕后，应从变压器的套管、升高座、冷却装置、气体继电器及压力释放装置等有关部位进行多次放气。

（2）切换分接开关的注意事项

如果电源电压高于变压器额定电压，则对变压器本身及其负载都会产生不良后果。通常，变压器在额定电压下运行时，铁芯中的磁通密度已接近饱和状态。如果电源电压高于额定电压，则励磁电流将急剧增大，功率因数随之降低。此外，电压过高还可能烧坏变压器的绕组。当电源电压超过额定电压的 105％时，变压器绕组中感应电动势的波形就会发生较大的畸变，其中含有较多的高次谐波分量，会使感应电动势最大值增高，从而损坏绕组绝缘。

另一方面，电源电压过高，变压器的输出电压也会相应增高，这不但会导致用电设备过电压，而且还将降低用电设备的寿命，严重时甚至击穿绝缘，烧坏设备。

因此，为了保证变压器和用电设备安全运行，规定变压器的输入电压，即电源电压不得高于变压器额定电压的 105％。

用户对电源电压的要求，总是希望能稳定一些，以免对用电设备产生不良影响。而电力系统的电压是随运行方式和负载的增减而变动的。因此，通常在变压器上安装分接开关，以便根据系统电压的变动进行适当调整，从而使送到用电设备上的电压保持相对稳定。

普通变压器通常采用无励磁调压。切换分接开关时，应首先将变压器从高、低压电网中退出运行，然后进行切换操作。由于分接开关的接触部分在运行中可能烧蚀，或者长期浸入油中产生氧化膜造成接触不良，所以在切换之后还应测量各相的电阻。对大型变压器尤应做好这项测量工作。

装有有载调压装置的变压器，无需退出运行就可以进行切换，但也要定期进行检查。

（3）变压器并列运行的注意事项

变压器并列运行时，除应满足并列运行条件外，还应该注意安全操作，一般应考虑以下几方面。

① 新投入运行和检修后的变压器，并列运行前应进行核相，并在空载状态下试验并列运行无问题后，方可正式并列运行带负载。

② 变压器的并列运行，必须考虑并列运行的经济性，不经济的变压器不允许并列运行。同时还应注意，不宜频繁操作。

③ 进行变压器并列或解列操作时，不允许使用隔离开关和跌落式熔断器。要保证操作正确，不允许通过变压器倒送电。

④ 需要并列运行的变压器，在并列运行前应根据实际负载情况，预计变压器负载电流的分配，在并列后立即检查两台变压器的电流分配是否合理。在需解列变压器或停用一台变压器时，应根据实际负载情况，预计是否有可能造成一台变压器过负载。而且解列后也应检查实际负载电流，在有可能造成变压器过负载的情况下，不准进行解列操作。

9.3.6 变压器的干燥处理

(1) 需要干燥处理的条件

凡遇以下情况之一者，变压器必须进行干燥处理。

① 经绝缘测试证明变压器绝缘受潮者。

② 经全部或局部更换绕组或绝缘修理者。

③ 在大修或安装前吊芯检查中，器身暴露在空气中的时间超过规定（空气相对湿度不大于65%下，超过16h；相对湿度不大于75%下，超过12h）时。

④ 在检修期间所测的绝缘电阻与检修前相同条件下所测的绝缘电阻的数值相比，其降低值超过40%者。

(2) 干燥处理的一般要求

变压器干燥处理的一般要求如下。

① 变压器干燥可分无油干燥和带油干燥两种。在无油干燥时，器身温度不得高于95℃；在带油干燥时，油温不得高于80℃，以免油质老化；热风干燥时，进风温度不得高于100℃。如果带油干燥使绝缘电阻达不到要求，则应换用无油干燥。

② 变压器干燥时，可以在油箱外采用保温层，保温层可用石棉布、玻璃布等绝热材料，但不得使用木屑、麻布、毛毡等可燃材料。干燥处理场所严禁烟火，周围应有防火措施和消防设备。

③ 除真空干燥外，干燥时应在箱盖上开通气孔（可利用套管孔、油门孔等），以便水蒸气逸出。如有安全气道，则应将安全气道上的玻璃板取下。

④ 带油干燥时，每隔4h测一次绕组的绝缘电阻和油的击穿电压，当油的击穿电压呈稳定状态，绝缘电阻值亦

连续 6h 保持稳定，即可停止干燥。

9.3.7 变压器油的检查与补充

(1) 变压器油的简易鉴别方法

通常，变压器油只有经过耐压试验，才能鉴别其优劣。但是，油质不佳的油，也可大致从外观上鉴别出来。一般可以从以下几个方面进行鉴别。

① 颜色：新油一般为浅黄色，长期运行后呈深黄色或浅红色。如果油中有沉淀物，油色变为深暗色，并带有不同颜色，则表明油不合格。如果油色发黑，则表明油碳化严重，不宜继续使用。

② 透明度：将变压器油盛在直径 30～40mm 的玻璃试管中观察，在−5℃以上时应该是透明的。如果透明度低，说明油中杂质多，有游离碳。

③ 荧光：装在试管中的新油，迎着光线看时，在两侧会呈现出乳绿或蓝紫色反射光线，称为荧光。如果荧光很微弱或完全没有，说明油中有杂质和分解物。

④ 气味：合格的油没有气味或只有一点煤油味。如果有焦味，则表示油不干燥；若油有酸味，则表示油已严重老化。鉴别气味时，应将油样搅匀并微微加热；也可滴几滴油在清洁的手上研磨，鉴别其气味。

(2) 补充变压器油的注意事项

如果变压器缺油，可能产生以下后果。

① 油面下降到油位计监视线以下，可能造成气体保护装置误动作，并且也无法对油位和油色进行监视。

② 油面下降到变压器顶盖之下，将增大油与空气的接触面积，使油极易吸收水分和氧化，从而加速油的劣化。

潮气进入油中，会降低绕组的绝缘强度，使铁芯和其他零部件生锈。

③ 因渗漏而导致严重缺油时，变压器的导电部分对地和相互间的绝缘强度将大大降低，遭受过电压时极易击穿。

④ 变压器油不能浸没分接开关时，分接头之间会泄漏放电而造成高压绕组短路。

⑤ 油面低于散热管的上管口时，油就不能循环对流，使变压器温升剧增，甚至烧坏变压器。

如果变压器出现缺油现象，通常可采取以下措施。

① 如因天气突变、温度下降造成缺油，可关闭散热器并及时补充油。

② 若大量渗、漏油，可根据具体情况，按规程采取相应的补油措施。

在变压器运行中，如果需要补油，应注意以下几点。

① 防止混油，新补入的油应经试验合格。

② 补油前应将气体保护装置改接信号位，以防止误动掉闸。

③ 补油后要检查气体继电器，及时放出气体，运行24h后如果无异常现象，再将其接入跳闸位置。

④ 补油量不得过多或不足，油位应与变压器当时的油温相适应。

⑤ 禁止从变压器下部阀门补油，以防止将变压器底部的沉淀物冲入绕组内而影响绝缘和散热。

9.3.8 变压器常见故障的处理方法

（1）变压器过负载的处理方法

运行中的变压器如果过负载，可能出现电流指示超过额定值，有功、无功功率表指针指示增大，或出现变压器"过负载"信号、"温度高"信号和音响报警等信号。

值班人员若发现上述异常现象或信号。应按下述原则进行处理。

① 向有关负责人汇报，并做好记录。

② 及时调整变压器的运行方式，若有备用变压器，应立即投入运行。

③ 及时调整负载的分配，与用户协商转移负载。

④ 如属正常过负载，可根据正常过负载的倍数确定允许时间，若超过时间应立即减小负载。同时，要加强对变压器温度的监视，不得超过允许温度值。

⑤ 如属事故过负载，则过负载的允许倍数和时间应根据制造厂的规定执行。

⑥ 对变压器及其有关系统进行全面检查，若发现异常，应立即汇报调度员并进行处理。

(2) 变压器自动跳闸的处理方法

变压器自动跳闸后，一般应按以下步骤进行处理。

① 变压器自动跳闸后，值班人员应投入备用变压器，调整负载和运行方式，保持运行系统及其设备处于正常状态。

② 检查属于何种保护动作及动作是否正确。

③ 了解系统有无故障和故障性质。

④ 属于下述情况，又经调度员同意，可不经外部检查进行试送电：人员误碰、误操作和保护装置误动作；仅变压器的低压过电流或限时过电流保护装置动作，同时跳闸变压器的下一级设备发生故障而保护装置未动作，且故障点已隔离，但只允许试送电一次。

⑤ 如属重瓦斯或速断等保护装置动作，故障时又有冲击作用，则需对变压器及其系统停电进行详细检查，并测定绝缘电阻。在未查清原因以前，禁止将变压器投入运行。

⑥ 详细记录故障情况、时间和处理过程。

⑦ 查清和处理故障后，应迅速恢复正常运行方式。

(3) 变压器运行中常见的异常现象及其处理方法

变压器运行中常见的异常现象及其处理方法见表 9-3。

表 9-3　变压器运行中常见的异常现象及其处理方法

异常现象	判　断	可能原因	处理方法
温度过高、温度指示正确	温度不正常	①过载 ②Yyn0 变压器三相负载不平衡 ③环境温度过高 ④冷却系统故障 ⑤变压器接线，如三角形连接外、对外一相断线、对内类组有环流通过，发生局部过负载 ⑥漏油引起油温不足 ⑦变压器内部不正常，如夹紧的螺栓松动、线圈短路、损坏、油质不良 ⑧温度计损坏	①降低负载，要求中性线电流不超过低压绕组额定电流的 25% ②调整三相负载 ③降低负载；强迫冷却；改善通风 ④修复冷却系统 ⑤立即修复接线处 ⑥补油；处理漏油处 ⑦用感官、油试验等进行综合分析判断，然后再作处理和检修 ⑧校对温度计；把样块温度计贴在变压器外壁上校核。若温度计损坏，应更换

续表

异常现象	判断	可能原因	处理方法
不正常的响声或噪声、振动	用听音棒触到油箱上听内部发生的情况。只要记住正常时的响磁声和振动情况，便可区分异常声音和振动	①电压过高或频率波动 ②紧固部件松动 ③铁芯的紧固零件松动 ④铁芯中缺片或多片 ⑤铁芯油道内或夹件下面有未夹紧的自由端 ⑥分接开关的动作不正常 ⑦冷却风扇、输油泵的动作不平衡，振动 ⑧油箱、散热器附件共振 ⑨接地不良或未接地的金属部件产生静电放电 ⑩大功率晶闸管负荷引起高次谐波 ⑪电晕闪络放电声，如套管、绝缘子污脏或裂损	①把电压分接开关调到与负荷电压相适应的部位，加以紧固 ②检查并紧固部件 ③应补片或抽片，并关紧铁芯 ④检查紧固部件，加以紧固 ⑤修理或紧固 ⑥检查分接开关 ⑦修理或更换，应降低负荷时，应停止使用 ⑧检查外部接地情况，如外部正常则应进行内部检查 ⑨按周次谐波程度，有的可以照常使用，有的不能使用 ⑩清扫或更换套管和绝缘子
臭味、变色	①温度过高 ②导电部分、端子过热，引起变色、臭味 ③外壳局部过热、变色、发臭 ④焦臭味 ⑤干燥剂变色	①过负荷 ②紧固螺钉松动，使接触面氧化 ③涡流及杂散磁通 ④油、输油泵烧毁 ⑤受潮	①降低负荷 ②修理接触面、紧固螺钉 ③及早进行内部检查 ④清扫或换油泵 ⑤换上新的干燥剂或将作再生处理

续表

异常现象	判　断	可　能　原　因	处　理　方　法
渗、漏油	油位计的指示低于正常位置	①密封垫圈未变或老化 ②焊接不良 ③瓷套破损 ④油缓冲器磨损、胶套增大，隔油构件破损 ⑤因内部故障引起喷油	①重新装配或更换垫圈 ②查出不良部位，重新焊好 ③更换套管，处理好密封件、紧固法兰部分 ④检修好油缓冲器 ⑤停用检修
气体异常	气体继电器的气体内有无气体，气体继电器轻瓦斯动作	①绝缘材料老化 ②铁芯不正常 ③导电部分局部过热 ④误动作 ⑤密封件老化 ⑥管道及管道接头松动	①～④采集气体分析后再作处理（如停止运行，吊芯检修等） ⑤更换密封件 ⑥检修管道及管道接头
套管、绝缘子裂痕或破损	目测或用绝缘电阻表检查	外力损伤或过电压引起	根据裂损的严重程度处理，必要时予以更换；检查避雷器是否良好
防爆装置不正常	防爆板有龟裂、破损	①内部故障（根据继电保护动作情况加以判断） ②吸湿器不能正常呼吸而使内部压力升高引起	①停止运行，进行检测和检修 ②疏通呼吸孔道

9.4 弧焊变压器

9.4.1 弧焊变压器的用途与特点

（1）弧焊变压器的用途

交流弧焊变压器（简称弧焊变压器或电焊变压器）又称交流弧焊机，其外形如图 9-5 所示。弧焊变压器的结构如图 9-6 所示。弧焊变压器是具有陡降的外特性的交流弧焊电源，它是通过增大主回路电感量来获得陡降的外特性，以满足焊接工艺的需要。它实际上是一种特殊用途的降压变压器，在工业中应用极为广泛。

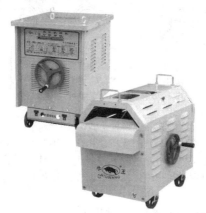

图 9-5 弧焊变压器的外形

（2）弧焊变压器的特点

弧焊变压器按结构特点主要可分为动铁芯式、串联电

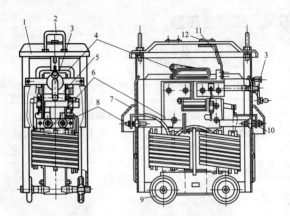

图 9-6 BX-550 型弧焊变压器

1—外壳；2—牵引手柄；3—调节手柄；4—电抗绕组；
5—可动铁芯；6—固定铁芯；7—安全罩；8—二次接线板；
9—滚轮；10——一次接线板；11—电流指示器；12—电流指示牌

抗器式、动线圈式和变换抽头式。

　　弧焊变压器与普通变压器相比，其基本工作原理大致相同，都是根据电磁感应原理制成的。但是为了满足焊接工艺的要求，弧焊变压器与普通变压器仍有不同之处，如以下几点。

　　① 普通变压器是在正常状态下工作的，而弧焊变压器则在短路状态下工作。

　　② 普通变压器在带负载运行时，其二次侧电压随负载变化很小，而弧焊变压器则要求在焊接时具有一定的引弧

电压（60～75V）。当焊接电流增大时，输出电压急剧下降，当电压降到零时，二次侧电流也不致过大。

③ 普通变压器的一、二次绕组是同心地套在同一个铁芯柱上，而弧焊变压器的一、二次绕组则分别装在两个铁芯柱上，这样就可以通过调节磁路间隙，使二次侧得到焊接所需要的工作电流。

9.4.2 弧焊变压器的工作原理与焊接电流的调节

（1）弧焊变压器的工作原理

图 9-7 是弧焊变压器原理电路图。它是由变压器 T 在二次侧回路串入电抗器 L 构成的。焊接时，焊钳夹持的电焊条与工件间产生电弧，该电弧的高温熔化焊条和工件金属，对工件实现焊接。焊接过程中，焊接电流在变压器二次侧回路中流通，电抗器起限流作用。

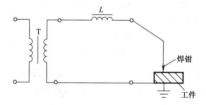

图 9-7 弧焊变压器原理电路图

未进行焊接时，变压器二次侧开路电压为 60～75V。开始焊接时，焊工用焊条迅速地轻敲工件，焊条接触工件后，随即较缓地离开，当焊条离开工件约 5mm 时，将产生电弧（起弧）。在电弧稳定燃烧进行焊接的过程中，焊钳与工件间电压约为 20～40V。要停止焊接，只需把焊条与工件间的距离拉长，电弧即可熄灭。

（2）弧焊变压器焊接电流的调节

焊接不同的工件，要采用不同直径的电焊条，也就需要不同大小的焊接电流。由图 9-7 可知，要调节变压器二次侧回路中流通的焊接电流，一种方法是改变变压器二次绕组的匝数，另一种是改变电抗器的电抗值的大小。通常改变电抗器的电抗值可通过改变它的铁芯状况、线圈匝数、绕组位置等方法来实现。

9.4.3 常用弧焊变压器

（1）动铁芯式弧焊变压器

动铁芯式弧焊变压器的电抗器是变压器二次绕组的一部分。它对电抗器的调节由可动铁芯的移动来完成，故又称为磁分路动铁芯式弧焊变压器。常用动铁芯式弧焊变压器的型号有 BX 系列、BX1 系列等。

动铁芯式弧焊变压器的结构示意如图 9-8 所示。它是一台有三个铁芯柱的变压器，中间的铁芯是可以移动的。为了增加变压器的漏抗，其铁芯窗口特别高而宽。它的一次绕组绕在一个主铁芯柱上；二次绕组分成两部分，一部分绕在一次绕组的外面（像普通层式绕组那样）；另一部分绕在另一个主铁芯柱上，兼作电抗线圈。

需调节焊接电流时，可转动弧焊变压器中部的调节螺杆，使活动铁芯进入或退出主铁芯（对应图 9-8 中，活动铁芯 2 在垂直于纸面的方向上移动）。活动铁芯退出时，电抗线圈磁路的磁阻增大，电抗值减小，将使焊接电流增加；反之，活动铁芯进入主铁芯，将使电抗值增大，焊接电流减小。

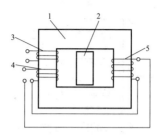

图9-8 动铁芯式弧焊变压器结构示意图

1—主铁芯；2—活动铁芯；3—一次绕组；4—二次绕组；5—电抗线圈

实用中的动铁芯式弧焊变压器，把活动铁芯的移动作为焊接电流的细调；而把电抗器绕组、二次绕组都分成两部分，通过它们的不同组合来实现焊接电流的粗调。

动铁芯式弧焊变压器体积小、重量轻、成本低、振动较小。同时，它在小电流焊接时，稳定性好。适用于经常移动的场合。

（2）串联电抗器式弧焊变压器

串联电抗器式（又称组合电抗式）弧焊变压器又分为同体式和分体式两种。同体式弧焊变压器的结构示意如图9-9所示。常用同体式弧焊变压器的型号有BX2系列等。

同体式弧焊变压器的特点是，整台弧焊变压器由降压变压器和电抗器两部分组合而成，其铁芯呈"日"字形，上部为电抗器，下部为变压器。降压变压器的一次绕组和二次绕组分绕在两侧的铁芯柱上；电抗线圈绕在铁芯上部，与变压器二次绕组串联。通过摇动手柄，改变动铁芯与静铁芯的相对位置，可改变铁芯中气隙的大小，从而改

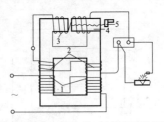

图 9-9　串联电抗器式（同体式）弧焊变压器的结构示意图

1——次绕组；2—二次绕组；3—电抗线圈；4—动铁芯；5—手柄

变电抗器的电抗值，实现对焊接电流的调节。当气隙增加时，磁阻增大，电抗值减小，焊接电流增加；反之，当气隙减小时，磁阻减小，电抗值增大，焊接电流减小。

分体式弧焊变压器与同体式弧焊变压器的不同之处只是降压变压器与电抗器是分开的，其工作原理完全相同。

串联电抗器式弧焊变压器的特点是较易振动，小电流焊接时不够稳定，一般适用于大容量的场合。

（3）动线圈式弧焊变压器

动线圈式（简称动圈式，又称动绕组式）弧焊变压器的结构示意图如图 9-10 所示。这种弧焊变压器没有专门设置电抗线圈，它是靠二次绕组本身的漏电抗来限制焊接电流的。常用动圈式弧焊变压器的型号有 BX3 系列等。

动线圈式弧焊变压器的一、二次绕组重叠地套在铁芯柱上。一次绕组在下面，是固定的；二次绕组叠在上面，可以随调节机构而上下移动。由于铁芯柱较长，窗口较大，为二次绕组提供了较大的调节余地。焊接时，转动调节机构的手柄，便可改变变压器一、二次绕组的距离。当

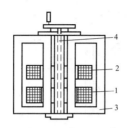

图 9-10　动线圈式弧焊变压器的结构示意图
1—固定的一次绕组；2—可动的二次绕组；
3—铁芯；4—调节机构

两绕组之间的距离增大时，使二次回路内的漏电抗增加，焊接电流减小；反之，当两绕组之间的距离减小时，则焊接电流增大，从而实现了对焊接电流的细调节。粗调则是通过改变一次绕组的接法（串联或并联）来实现的。

图 9-10 所示的弧焊变压器是使用"日"字形铁芯，在实际应用中，也常采用"口"字形铁芯。这时，一、二次绕组均分成两部分，叠放在两个铁芯柱上，仍一上、一下呈交叠式布置。二次绕组仍可随调节机构上下移动。

动线圈式弧焊变压器振动很小，电流调节范围大，小电流焊接时电弧也稳定。缺点是重心偏高，不利于搬运。

（4）变换抽头式弧焊变压器

变换抽头式弧焊变压器的结构原理如图 9-11 所示。其铁芯为两铁芯柱结构的"口"字形。其一次绕组分为同侧及分置绕组两部分，分别套在两个铁芯柱上。二次绕组与同侧的一次绕组套在同一铁芯柱上。常用抽头式弧焊变压器的型号有 BX5 系列、BX6 系列等。

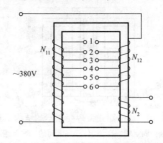

图 9-11　变换抽头式弧焊变压器的结构原理图

由图 9-11 可知，变换抽头式弧焊变压器的一次绕组为多抽头的绕组，分置在两个铁芯柱上，它是通过一次绕组分置来增大漏抗，以获得焊接所需要的陡降外特性，通过更换分接挡位改变两铁芯柱上的一次绕组的串联匝数比（即分置比）K_i 来改变漏抗的大小，从而实现有效调节焊接电流的。$K_i = N_{11}/(N_{11} + N_{12})$，即分置绕组匝数与一次绕组匝数比。

如图 9-11 在分接挡位 1 时，$K_i = 1$，漏抗最大，焊接电流最小；在分接挡位 6 时，漏抗最小，焊接电流最大。依次接通各分挡位时，K_i 由最大变为最小，漏抗也由最大变为最小，焊接电流则由最小变为最大。变换抽头式弧焊变压器的特点是结构紧凑、体积小、轻便可提。

9.4.4　弧焊变压器的使用与维护

（1）弧焊变压器的使用

① 弧焊变压器应放在通风良好、避雨的地方。

② 弧焊变压器不允许在高温（周围空气温度超过40℃），高湿（空气中的相对湿度超过90％）环境中工作，更不应在有害工业气体、易燃、易爆场合下工作。

③ 在弧焊变压器接入电网前，应注意检查其铭牌上的一次侧额定电压是否与电源电压一致，并检查接线是否正确。

④ 弧焊变压器的外壳必须有牢固接地，应采用单独导线与接地网络连接在一起，多台弧焊变压器向一个接地装置连接时，应采取单独直接与地线网连接的方式。在焊机全部工作过程中不得随意拆除接地线。

⑤ 要注意配电系统的开关、熔断器是否合格，导线绝缘是否完好，电源容量是否够用。

⑥ 弧焊变压器的电源应由电力网供给，弧焊变压器的电源导线，可采用 BXR 型橡胶绝缘铜线或橡胶套电缆，弧焊变压器的焊接线采用 YHH 型焊接用橡套铜芯软电缆（或 YHHR 型），必须有良好绝缘，必要时应加保护，不要有任何损伤及高温不良影响。

⑦ 根据工作需要合理选择电缆截面，使电缆电压降不大于 4V。否则电弧不能稳定燃烧，影响焊接质量。

⑧ 工作中不能用铁板、铁管线搭接代替电缆使用。

⑨ 有时因生产需要，使用多台电焊机时，应考虑将电焊机接在三相交流电源网络上，使三相网络负载尽量平衡。

⑩ 弧焊变压器在使用前，应认真检查初级绕组的额定电压与电源电压是否相同，检查弧焊变压器接线端子上的接线是否正确。如新弧焊变压器或长期停用的弧焊变压器

重新使用时应用 500V 摇表摇测绝缘电阻，不应小于 $0.5M\Omega$。

⑪ 按照焊接对象的需要，正确选用端子连接方式，以获得合适的焊接电流。切忌使绕组过载。

⑫ 应按弧焊变压器的额定焊接电流和负载持续率进行工作，不得超载使用。在工作过程中，应注意弧焊变压器的温升不要超过规定值，以防烧坏弧焊变压器绕组的绝缘。

⑬ 焊机一、二次接线端子，应紧固可靠，不得有松动现象。否则因接触不良端子过热，甚至把接线板烧损，造成事故。电缆接头应坚固可靠，保持接触面清洁、平整。

⑭ 在焊接过程中，如发现接线松动或发热、发红时，应立即停止焊接，停电后进行处理。

⑮ 常用强制排风或电机传动调整电抗器铁芯的电焊机，在通电后应注意转动方向是否正确。

⑯ 弧焊变压器不得过载运行，以免破坏绕组绝缘。在户外漏天使用时，应防雨水侵入和太阳曝晒等。

⑰ 在焊接过程中，焊钳与工件相接触的时间不能过长，以免烧坏弧焊变压器。

⑱ 工作完毕后，应及时切断弧焊变压器的电源，以确保安全。

（2）弧焊变压器的维护

弧焊变压器的日常检查和维护内容如下。

① 检查弧焊变压器的使用环境是否清洁、干燥，及时对弧焊变压器进行除尘和干燥处理。

② 检查弧焊变压器一、二次侧接线端子的接头是否牢

固可靠，以免接头接触不良。

③ 弧焊变压器不得过载运行，以免破坏绕组的绝缘。

④ 在露天使用弧焊变压器时，应采取防雨水进入和太阳曝晒等。

⑤ 采用强制排风或电机传动调整电抗器铁芯的弧焊变压器，在通电后应注意转动方向是否正确。

⑥ 注意检查一次侧电缆绝缘是否良好，发现绝缘损坏应及时包扎或更换。

第10章

可编程控制器

10.1 可编程控制器概述

10.1.1 可编程控制器的主要特点和分类

（1）可编程控制器的特点

可编程控制器（PLC）是一种数字式运算操作的电子系统，是专为在工业环境下应用而设计的。它采用可编程序的存储器，用来在其内部存储执行逻辑运算、顺序控制、定时、计数和算术操作等面向用户的指令，并通过数字式或模拟式的输入/输出，控制各种类型的机械或生产过程。可编程控制器及其有关外围设备，都是按易于与工业控制系统联成一个统一整体、易于扩充其功能的原则设计的，具有很强的抗干扰能力、广泛的适应能力和应用范围。

可编程控制器主要特点如下。

① 可靠性高，抗干扰能力强。

② 适应性强，应用灵活。

③ 编程方便，易于使用。

④ 控制系统设计、安装、调试方便。

⑤ 维修方便、维修工作量小。

⑥ 功能完善。

（2）可编程控制器的分类

可编程控制器的类型多，型号各异，不同的生产企业的产品规格也各不相同。一般可按 I/O 点数和结构形式来分类。

① 按 I/O 点数分类　可编程控制器按 I/O 总点数可分为小型、中型和大型。

② 按结构形式分类　可编程控制器按结构形式可分整体式和模块式。有的可编程控制器将整体式和模块式结合起来，称为叠装式。

10.1.2　可编程控制器的基本组成

（1）可编程控制器的外形

可编程控制器外形的种类非常多，常用可编程控制器的外形如图 10-1 所示。

图 10-1　可编程控制器的外形

(2) 可编程控制器的基本组成

可编程控制器实质上是一种工业控制计算机，只不过它比一般的计算机具有更强的与工业过程相连接的接口和更直接的适应于控制要求的编程语言，故 PLC 与计算机的组成十分相似。从硬件结构看，它也有中央处理器（CPU）、存储器、输入/输出（I/O）接口、电源等，如图 10-2 所示。

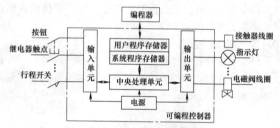

图 10-2　PLC 的基本组成

PLC 的工作电源一般为单相交流电源，也有用直流 24V 供电的。PLC 对电源的稳定度要求不高，一般可允许电源电压波动率在 ±15% 的范围内。PLC 内部有一个稳压电源，用于对 CPU 板、I/O 板及扩展单元供电。有的 PLC，其电源与 CPU 合为一体；有的 PLC，特别是大中型 PLC，备有专用电源模块。有些 PLC，电源部分还提供有 24VDC 稳压输出，用于对外部传感器等供电。

PLC 的外设除了编程器，还有 EPROM 写入器、盒式磁带录音机、打印机、软盘甚至硬盘驱动器以及高分辨率大屏幕彩色图形监控系统。其中有的是与编程器连接的，有的则通过接口直接与 CPU 等相连。

有的 PLC 可以通过通信接口，实现多台 PLC 之间及其上位计算机的联网，从这个意义上说，计算机也可以看作是 PLC 是一种外设。

10.1.3 可编程控制器各部分的功能

（1）中央处理单元

中央处理单元（CPU）是 PLC 的核心部件。它能按 PLC 中系统程序赋予的功能指挥 PLC 有条不紊地进行工作，其主要任务有：控制从编程器键入的用户程序和数据的接收与存储；用扫描的方式通过 I/O 部件接收现场的状态或数据，并存入输入映像寄存器或数据存储器中；诊断 PLC 内部电路的工作故障和用户程序中的语法错误等；当 PLC 进入运行状态后，从存储器逐条读取用户指令，经过命令解释后按指令规定的任务进行数据传送、逻辑或算术运算等；根据运算结果，更新有关标志位的状态和输出映像寄存器的内容，再经输出部件实现输出控制、制表打印或数据通信等功能。

（2）存储器

PLC 常用的存储器的类型如下。

① RAM 是一种读/写存储器（随机存储器），其存取速度最快，由锂电池支持。

② EPROM 是一种可擦除的只读存储器，在断电情况下，存储器内的所有内容保持不变（在紫外线连续照射下可擦除存储器内容）。

③ EEPROM 是一种电可擦除的只读存储器。使用编程器就很容易地对其所存储的内容进行修改。

PLC 的存储器包括系统存储器和用户存储器两部分。

1) 系统存储器 系统存储器用来存放由 PLC 生产厂家编写的系统程序,并固化在只读存储器(ROM)内,用户不能直接更改。它使 PLC 具有基本的智能,能够完成 PLC 设计者规定的各项工作。系统程序质量的好坏,很大程度上决定了 PLC 的性能,其内容主要包括以下三部分。

① 系统管理程序。它主管控制 PLC 的运行,使整个 PLC 按部就班地工作。

② 用户指令解释程序。通过用户指令解释程序,将 PLC 的编程语言变为机器语言指令,再由 CPU 执行这些指令。

③ 标准程序模块与系统调用。它包括许多不同功能的子程序及其调用管理程序,如完成输入、输出及特殊运算等的子程序。PLC 的具体工作都是由这部分程序来完成的,这部分程序的多少,决定了 PLC 性能的强弱。

2) 用户存储器 用户存储器包括用户程序存储器(程序区)和功能存储器(数据区)两部分。

① 用户程序存储器。它用来存放用户针对具体控制任务,用规定的 PLC 编程语言编写的各种用户程序。用户程序存储器中的内容可以由用户任意修改或增删。

② 用户功能存储器。它用来存放(记忆)用户程序中使用的 ON/OFF 状态、数值数据等,它构成 PLC 的各种内部器件,也称"软元件"。

用户存储器容量的大小关系到用户程序容量的大小和内部器件的多少,是反映 PLC 性能的重要指标之一。

（3）输入/输出单元

① 输入单元　输入单元是各种输入信号（操作信号及反馈来的检测信号）的输入接口。通常有直流输入、交流输入及交直流输入三种类型。输入单元用来接收和采集两种类型的输入信号，一类是由按钮、选择开关、行程开关、继电器触点、接近开关、光电开关等来的开关量输入信号；另一类是由电位器、测速发电机和各种变压器等来的模拟量输入信号。

② 输出单元　输出单元是把 PLC 处理结果即输出信号送给控制对象的输出接口。通常有继电器输出、晶体管输出及双向晶闸管输出三种类型。输出单元用来连接被控对象中各种执行元件，如接触器、电磁阀、指示灯、调节阀（模拟量）、调速装置（模拟量）等。

（4）编程器

编程器的作用是输入、修改、检查及显示用户程序；调试用户程序；监视程序运行情况；查找故障、显示错误信息。

编程器有简易型和智能型两类。简易型的编程器只能在线（联机）编程，且往往需要将梯形图转化为机器语言助记符（指令表）后才能输入。智能型的编程器又称图形编程器，它可以在线（联机）编程，也可以离线（脱机）编程，可以直接输入梯形图和通过屏幕对话。也可以利用微机作为编程器，这时微机应有相应的软件包，若要直接与可编程控制器通信，还要配有相应的通信电缆。

10.1.4　可编程控制器的工作原理

PLC 是一种工业控制计算机，故其工作原理是建立在计算机工作原理基础上的，是通过执行反映控制要求的用户程序来实现的。由于 CPU 是以分时操作方式来处理各项任务的，计算机在每一瞬间只能做一件事，所以程序执行时是按程序顺序依次完成相应各电器的动作的。由于运算速度极高，各电器的动作似乎是同时完成的，但实际输入/输出的响应是滞后的。

PLC 采用循环扫描的工作方式。每一次扫描所用的时间称为扫描周期或工作时间。CPU 从第一条指令开始，按顺序逐条地执行用户程序，直到用户程序结束，然后返回第一条指令，开始新的一轮扫描。PLC 就是这样周而复始地重复上述循环扫描的。

PLC 工作的全过程可用图 10-3 所示的运行框图来表示。整个运行可分为上电处理、扫描过程和出错处理三部分。

10.1.5 可编程控制器的扫描工作过程

当 PLC 处于正常运行时，它将不断重复图 10-3 中的扫描过程，不断循环扫描地工作下去。如果对远程 I/O 特殊模块和其他通信服务暂不考虑，则扫描工作过程一般分为三个阶段进行，即输入采样、程序执行和输出刷新三个阶段。完成上述三个阶段称为一个扫描周期。PLC 的扫描工作过程如图 10-4 所示（此处 I/O 采用集中输入、集中输出方式）。

（1）输入采样阶段

PLC 在输入采样阶段，首先扫描所有输入端子，并将各输入状态存入输入映像寄存器中。此时，输入映像寄存器被刷新。接着转入程序执行阶段，在程序执行阶段和输

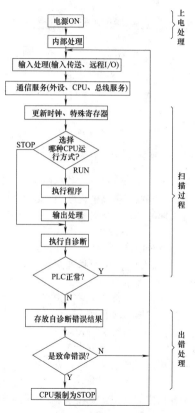

图 10-3　PLC 运行框图

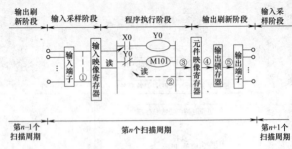

图 10-4 PLC 的扫描工作过程

出刷新阶段，输入映像寄存器与外界隔离，即使输入状态发生变化，输入映像寄存器的内容也不会发生改变，直到下一个扫描周期的输入采样阶段，才能重新读入输入端的新内容。

（2）程序执行阶段

根据 PLC 梯形图程序扫描原则，PLC 按先左后右，先上后下的步序，逐条执行程序指令，但遇到程序跳转指令，则根据跳转条件是否满足来决定程序的跳转地址。当指令中涉及输入、输出状态时，PLC 就从输入映像寄存器中读入上一阶段采入的对应输入端子状态，从元件映像寄存器中读入对应元件（"软继电器"）的当前状态。然后，进行相应的运算，运算结果再存入有关的元件映像寄存器中。即在程序执行过程中，每一个元件（"软继电器"）在元件映像寄存器内的状态会随着程序的进程而变化。

（3）输出刷新阶段

在所有指令执行完毕后，将输出映像寄存器（即元件映像寄存器中的 Y 寄存器）中所有输出继电器的状态（接通/断开），在输出刷新阶段转存到输出锁存器中，通过隔离电路、驱动功率放大电路、输出端子，向外输出控制信号，形成 PLC 的实际输出。

10.1.6 可编程控制器的输入输出方式

（1）集中刷新控制方式

集中刷新控制方式如图 10-5（a）所示。在 PLC 执行程序前，PLC 先把所有输入的状态集中读取并保存。程序执行时，所需的输入状态就从存储器中读取，要输出的处理结果也都暂存起来，直到程序执行完毕后，才集中让输出产生动作，然后再进入下一个扫描周期。这种方式的特点是集中读取输入后，在该扫描周期内即使外部输入状态发生了变化，内部保存着的状态值也不会改变。

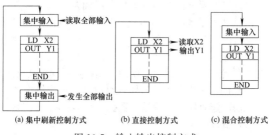

图 10-5　输入输出控制方式

（2）直接控制方式

直接控制方式如图 10-5（b）所示。在 PLC 执行程序时，随程序的执行需要哪一个输入信号就直接从输入端或输入模块取用这个输入状态。在执行程序的过程中，将该输出的结果立即向输出端或输出模块输出。

(3) 混合控制方式

混合控制方式如图 10-5 (c) 所示。混合控制方式只对输入进行集中读取，在执行程序时，对输出则采用的是直接输出方式。由于该控制方式对输入采用的是集中刷新，所以在一个扫描周期内输入状态也是不会变化的，同一输入在程序中有几处出现时，也不会像直接控制方式那样出现不同的值。因为该控制方式对输出采用的是直接控制方式，所以又具有了直接控制方式输出响应快的优点。

10.1.7 可编程控制器内部器件的功能

PLC 内部器件的种类和数量随产品而不同，功能越强，其内部器件的种类和数量就越多。内部器件虽然沿用了传统电气控制电路中的继电器、线圈及接点（触点）等名称，但 PLC 内部并不存在这些实际的物理器件，与它对应的只是内存单元的一个基本单元，其中装有 2 进制数的 1 位，该位为 1 表示线圈得电，该位为 0 表示线圈失电，使用常开接点即直读其值，使用常闭接点则读取其反。

PLC 的基本内部器件有输入继电器、输出继电器、内部继电器、定时器、计数器、数据寄存器和状态元件等。

(1) 输入继电器

输入继电器是 PLC 与外部输入点对应的内存单元。它由外设送来的输入信号驱动，使其为 0 或 1。用编程的方法不能改变输入继电器的状态，即不能对继电器对应的基本单元改写。输入继电器的接点可以无限制地多次使用。无输入信号对应的输入继电器只能空着，不能挪作他用。

输入继电器编号用的标识符有 X、I 等。

（2）输出继电器

输出继电器是 PLC 与外部输出点对应的内存基本单元。它可以由输入继电器接点、内部其他器件的接点以及其自身的接点驱动。通常它用一个常开接点接通外部负载，而输出继电器的其他接点，也像输入继电器的接点一样可以无限制地多次使用。无输出对应的输出继电器，它是空着的，如果需要，它可以当作内部继电器使用。输出继电器编号用的标识符有 Y、O、Q 等。

（3）内部继电器

内部继电器（又称辅助继电器）与外部没有直接联系。它是 PLC 内部的一种辅助继电器，其功能与电气控制电路中的中间继电器一样。每个内部继电器也对应着内存的一个基本单元。内部继电器可以由输入继电器的接点、输出继电器的接点以及其他内部器件的接点驱动。内部继电器的接点也可以无限制地多次使用。

内部继电器的线圈与接点状态，有的在断电后可以保持，有的则不能保持。使用时必须参照说明书加以区别。

还有一类内部继电器叫特殊继电器。它们的线圈由 PLC 自身自动驱动，用户在编程时，不能像普通内部继电器一样使用其线圈，只能使用其接点。不过，有的机型的特殊继电器，用户也可以驱动使用其线圈，编程时要注意区别。

除上述各种内部继电器外，有些 PLC 配置有另外一些内部继电器，如暂存继电器、辅助记忆继电器、链接继电器等。

内部继电器编号用标识符有 M、HR、TR、L 等。

（4）定时器

定时器用来完成定时操作，其作用相当于电气控制电路中的时间继电器。定时器有一个启动输入端，当这一端 ON 时，定时器开始定时工作，其线圈得电，等到达预定时间，它的接点便动作；当启动输入端 OFF 或断电时，定时器立即复位，线圈失电，常开接点打开，常闭接点闭合。定时器的定时值由设定值给定。每种定时器都有规定的时钟周期，如 0.01s、0.1s、1s 等，比如用 0.01s 时钟周期的定时器，想定时 1s，则设定值为 1/0.01＝100。设定值在编程时一般用十进制数，有的在数字前还要加♯号或 K 等标识，有的允许用十六进制数，但数字前要加 H 等。定时器的当前值，断电时一般都不能保持，但设定值能保持。有的定时器除启动输入端外，还配有专门的复位输入端。

有的机型除上述一般定时器外，还配有积算定时器（或称累积定时器），这种定时器在工作过程中，启动输入端 OFF 或断电时，当前值能保持，启动输入端再次 ON 或复电时，它能在原来的基础上接着完成定时工作，直至到达预定时间，其接点才动作。

定时器的编号标识符有 T、TIM、TIMH 等。不同的编号范围，对应不同的时钟周期。而且它与计数器常用同一个编号范围，同一个编号定时器使用了，计数器就不能再使用。

（5）计数器

计数器用来实现计数操作。使用计数器要事先给出计数的预置值（设定值），即要计的脉冲数。计数器一般有两个输入端，一个是计数脉冲输入端，一个是复位输入端。在复位输入端为 OFF 时，计数器才能实现计数，当输入的脉冲数等于预置值时，计数器线圈得电，其接点动作，且一直保持这样的状态，即使接着还有脉冲输入，这样的状态也不会改变。在计数过程中，若发生断电，计数器的当前值能够保持。不论何时，若复位端出现 ON，计数器便立即停止计数，当前值恢复成初值。

有些机型配有高速计数器（有的是提供可另购的高速计数模块），以满足对高频脉冲信号的计数要求。

计数器的编号标识符用 C、CNT、CNTR 等表示。

在有的机型中，计数器的预置值与定时器的设定值，不仅可用程序设定，还可以通过 PLC 外部的拨码开关，方便直观地随时更改。

（6）数据寄存器

PLC 在进行输入输出处理、模拟量控制、位置控制以及与定时值、计数值有关的控制时，常常要作数据处理和数值运算，所以一般 PLC 都安排有专门存储数据或参数的区域，构成所谓数据寄存器。每一个数据寄存器都是 16 位（最高位为符号位），可用两个数据寄存器合并起来存放 32 位数据（最高位为符号位）。

除普通（通用）数据寄存器外，还有断电保持数据寄存器、特殊数据寄存器和文件寄存器等。

数据寄存器编号的标识符多用 D 表示。

（7）状态元件

状态元件是步进顺控程序中的重要元件，与步进顺控指令组合使用。状态元件有初始状态、回零、通用、保持和报警（可用于外部故障诊断输出）5 种类型。

状态元件的动合、动断触点在 PLC 中可以自由使用，且使用次数不限。不需步进顺控时，状态元件可以作为辅助继电器在程序中作用。

状态元件编号的标识符多用 S 表示。

10.2 PLC 的编程

10.2.1 PLC 使用的编程语言

PLC 使用的编程语言，随生产厂家及机型的不同而不同。这些编程语言大致分类如表 10-1 所示。其中的梯形图及助记符指令（语句表）用得最为广泛。

表 10-1 PLC 编程语言分类

类型	语 言	功能特点		
		逻辑	顺序	高级
文本型	布尔代数	0		
	助记符(IL)	0		
	高级语言		0	◎
图示型	梯形图(LD)	◎		0
	功能块图(FBD)	◎		◎
	流程图		◎	
	顺序功能图(SFC)		◎	
表格型	判定表等		◎	

注：0—普通功能；◎—较强功能。

10.2.2 梯形图的绘制

梯形图是在原电气控制系统中常用的接触器、继电器线路图的基础上演变而来的，所以它与电气控制原理图相呼应。由于梯形图形象直观，因此极易为熟悉电气控制电路的技术人员接受。

梯形图使用的基本符号，随生产厂家及机型的不同而不同。梯形图使用的基本符号如表 10-2 所示。

表 10-2　梯形图使用的基本符号

名称	符　号
母线	
连线	
常开触点	
常闭触点	
线圈	
其他	

绘制梯形图的基本规则如下。

采用梯形图的编程语言要有一定的格式。每个梯形图网络由多个梯级组成，每个输出元素可构成一个梯级，每个梯级可由多个支路组成，每个支路中可容纳的编程元素个数，不同机型有不同的数量限制。

编程时要一个梯级、一个梯级按从上至下的顺序编制。梯形图两侧的竖线类似电气控制图的电源线，称作母线。梯形图的各种符号，要以左母线为起点，右母线为终点（有的允许省略右母线），从左向右逐个横向写入。左侧总是安排输入接点，并且把接点多的串联支路置于上边,把并联接点多的支路靠近最左端,使程序简洁明了。分别如图 10-6 (a)、(b) 所示。而且接点不能画在垂直分支上,如图 10-7 (a) 所示的桥式电路应改为图 10-7 (b)。输出线圈、内部继电器线圈及运算处理框必须写在一行的最右端,它们的右边不许再有任何接点存在,如图 10-8 (a) 应改为图 10-8 (b)。线圈一般不许重复使用。

在梯形图中,每个编程元素应按一定的规则加标字母

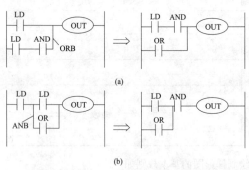

(a)

(b)

图 10-6　梯形图画法之一

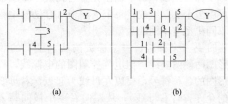

(a)　　　　　　　(b)

图 10-7　梯形图画法之二

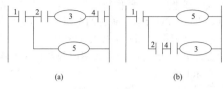

图 10-8　梯形图画法之三

数字串，不同的编程元素常用不同的字母符号和一定的数字串来表示。

　　梯形图格式中的继电器不是物理继电器，每个继电器和输入接点均为存储器中的一位，相应位为"1"态时，表示继电器线圈通电或常开接点闭合或常闭接点断开。图中流过的电流不是物理电流，而是"概念"电流（又称想象信息流或能流），是用户程序解算中满足输出执行条件的形象表示方式。"概念"电流只能从左向右流动。梯形图中的继电器接点可在编制程序时多次重复使用。

　　梯形图中用户逻辑解算结果，马上可为后面用户程序的解算所用。梯形图中的输入接点和输出线圈不是物理接点和线圈。用户程序的解算是根据 PLC 内 I/O 映像区每位的状态，而不是解算时现场开关的实际状态。输出线圈只对应输出映像区的相应位，不能用该编程元素直接驱动现场机构，该位的状态必须通过 I/O 模块上对应的输出单元才能驱动现场执行机构。

10.2.3　常用助记符

　　这种指令类似于计算机汇编语言的代码指令。PLC 的助记符指令都包含两个部分：操作码和操作数。操作码表示哪一种操作或者运算；操作数内包含为执行该操作所必需的信息，告诉 CPU 用什么地方的东西来执行此操作。

操作码用助记符如 LD、AND、OR 等表示（各机型部分常用记符见表 10-3），操作数用内部器件及其编号等来表示。每条指令都有它特定的功能。用这种助记符指令，根据控制要求可编出程序，这种程序是一批指令的有序集合，所以有的把它称作指令表或语句表。

表 10-3 各机型部分常用助记符

操作性质	对应助记符
取常开接点状态	LD、LOD、STR…
取常闭接点状态	LDI、LDNOT、LODNOT、STRNOT、LDN…
对常开接点逻辑与	AND、A…
对常闭接点逻辑与	ANI、AN、ANDNOT、ANDN…
对常开接点逻辑或	OR、O
对常闭接点逻辑或	ORI、ON、ORNOT、ORN…
对接点块逻辑与	ANB、ANDLD、ANDSTR、ANDLOD…
对接点块逻辑或	ORB、ORLD、ORSTR、ORLOD…
输出	OUT、=…
定时器	TIM、TMR、ATMR…
计数器	CNT、CT、UDCNT、CNTR…
微分命令	PLS、PLF、DIFU、DIFD、SOT、DF、DFN、PD…
跳转	JMP-JME、CJP-EJP、JMP-JEND…
移位指令	SFT 、SR、SFR、SFRN、SFTR…
置复位	SET、RST、S、R、KEEP…
空操作	NOP…
程序结束	END…
四则运算	ADD、SUB、MUL、DIV…
数据处理	MOV、BCD、BIN…
运算功能符	FUN、FNC…

10.2.4 常用指令的使用

(1) 逻辑取及线圈驱动指令 LD、LDI、OUT

下面以梯形图及语句表对照来说明主要指令的使用。由于不同 PLC 内部器件的编号、梯形图的符号以及助记符有所不同，为了不拘泥于某种 PLC，因此重点介绍编程思路。

LD：取指令，用于编程元件的动合触点（常开触点）与母线的起始连接。

LDI：取反指令，用于编程元件的动断触点（常闭触点）与母线的起始连接。

LD 和 LDI 的操作元件是输入继电器 X、输出继电器 Y、辅助继电器 M、状态元件 S、定时器 T、计数器 C 的接点，用于将接点连接到母线上，也可用于下述的 ANB、ORB 等分支电路的起点。

OUT：输出指令，用于驱动编程元件的线圈，其操作元件是 Y、M、S、T、C、但不能是 X。OUT 用于定时器 T、计数器 C 时需跟常数 K。图 10-9 为 LD、LDI、OUT 指令梯形图，其对应的指令表见表 10-4。其中 T0 是定时器元素号，语句 4、5 表示延时 55s。

表 10-4 LD、LDI 和 OUT 指令表

语句号	指令	元素	语句号	指令	元素
0	LD	X0	5		K55
1	OUT	Y0	6	LD	T0
2	LDI	X1	7	OUT	Y2
3	OUT	Y1	10	END	—
4	OUT	T0			

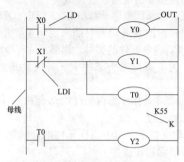

图 10-9　LD、LDI、OUT 指令梯形图

（2）接点串联指令 AND、ANI

AND：与指令，用于动合触点的串联。

ANI：与非指令，用于动断触点的串联。

接点串联指令的操作元件是 X、Y、M、S、T、C 的接点。串联接点的个数没有限制。图 10-10 为 AND、ANI 指令梯形图，其对应的指令表见表 10-5。

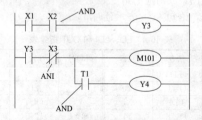

图 10-10　AND、ANI 指令梯形图

表 10-5　AND 和 ANI 指令表

语句号	指令	元素	语句号	指令	元素
0	LD	X1	5	OUT	M101
1	AND	X2	6	AND	T1
2	OUT	Y3	7	OUT	Y4
3	LD	Y3	10	END	
4	ANI	X3			

（3）接点并联指令 OR、ORI

OR：或指令，用于动合触点的并联。

ORI：或非指令，用于动断触点的并联。

OR 和 ORI 的操作元件是 X、Y、M、S、T、C 的接点。图 10-11 为 OR、ORI 指令梯形图，其对应的指令表见表 10-6。

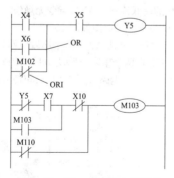

图 10-11　OR、ORI 指令梯形图

表 10-6　OR 和 ORI 指令表

语句号	指令	元素	语句号	指令	元素
0	LD	X4	6	AND	X7
1	OR	X6	7	OR	M103
2	ORI	M102	10	ANI	X10
3	AND	X5	11	ORI	M110
4	OUT	Y5	12	OUT	M103
5	LDI	Y5	13	END	—

（4）ORB 和 ANB 指令

① 串联电路块的并联指令 ORB。2 个或 2 个以上的接点串联连接的电路称之为串联电路块。ORB 用于串联电路块的并联连接。ORB 指令无操作元件。

② 并联电路块的串联指令 ANB。2 个或 2 个以上的接点（或分支）并联连接的电路称之为并联电路块。ANB 用于并联电路块的串联连接。ANB 指令无操作元件。

ORB、ANB 指令梯形图如图 10-12 所示，其对应的指令表见表 10-7。表中可见 A、B 两个串联电路块用 ORB 语句使其并联；C、D 两个串联电路块也用 ORB 语句使其并联。而 E、F 两个并联电路块用 ANB 语句使其串联。

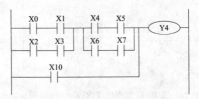

图 10-12　ORB、ANB 指令梯形图

表 10-7 ORB 和 ANB 指令表

语句号	指　令	元　素
0	LD	X0
1	AND	X1
2	LD	X2
3	AND	X3
4	ORB	—
5	LD	X4
6	AND	X5
7	LD	X6
10	AND	X7
11	ORB	—
12	ANB	—
13	OR	X10
14	OUT	Y4
15	END	

（5）置位与复位指令 SET、RST

SET 是置位指令，令元件自保持为 ON，操作元件为 Y、M、S。

RST 是置位的复位指令，令元件自保持为 OFF，操作元件为 Y、M、S 及数据寄存器（D）和变址寄存器（V/Z）。

利用置位指令 SET 与置位的复位指令 RST 可以维持辅助继电器的吸合状态，如图 10-13 所示，其对应的指令表见表 10-8。当 X0 接通，即使再断开，Y0 也保持接通。当 X1 接通后，即使再断开，Y0 也保持断开。

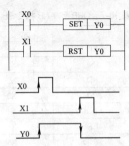

图 10-13 SET、RST 指令的使用说明

表 10-8 SET 和 RST 指令表

语句步	指令	元素
0	LD	X0
1	SET	Y0
⋮ 其他程序可中间插入		
n	LD	X1
n+1	RST	Y0

利用 RST 指令也可以将定时器、计数器、数据寄存器、变址寄存器的内容清零。

图 10-14 是一个计数器电路。RST 是将计数器中现时

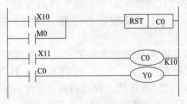

图 10-14 计数器电路

值回复到设定值。其对应的指令表见表 10-9。

表 10-9 计数器电路指令表

语句号	指令	元素	语句号	指令	元素
0	LD	X10	5		K10
1	OR	M0	6	LD	C0
2	RST	C0	7	OUT	Y0
3	LD	X11	10	END	—
4	OUT	C0			

（6）脉冲输出指令 PLS、PLF

PLS 在输入信号的上升沿产生脉冲输出，而 PLF 在输入信号的下降沿产生脉冲输出，操作元件都是 Y、M，但不能是特殊辅助继电器。图 10-15 是 PLS 和 PLF 指令的使用说明。操作元件 Y、M 只在驱动输入接通（PLS）或断开（PLF）后的第一个扫描周期内动作。

（7）程序结束指令 END

PLC 反复进行输入处理、程序执行、输出处理。END 指令使 PLC 直接执行输出处理，程序返回第 0 步。另外，在调试用户程序时，也可以将 END 指令插在每一个程序的末尾，分段调试用户程序，每调试完一段，将其末尾的 END 指令删除，直至全部用户程序调试完毕。

10.2.5 梯形图编程前的准备工作

梯形图编程前需要做以下准备工作。

① 熟悉 PLC 的指令。

② 仔细阅读 PLC 说明书，清楚如何分配存储器中的地址和一些特殊地址的功能。

③ 了解硬件接线和与 PLC 连接的输入、输出设备的

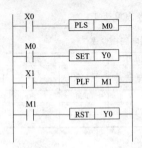

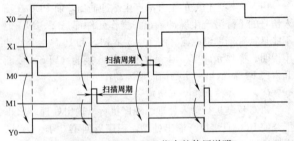

图 10-15 PLS、PLF 指令的使用说明

工作原理。

④ 在 PLC 存储器中，给输入、输出设备分配存储器地址。

⑤ 为 PLC 梯形图中需要的中间量（如计数器、定时器等元素）分配地址。

⑥ 清楚控制原理，确认每一个输出量、中间量和指令的得电条件和失电条件，即确认每一个输出量、中间量和指令在什么时候什么条件下执行。

10.2.6　梯形图的等效变换

对于某种机型的 PLC，可以实现的梯形图等级是有明确规定的。遇到本机型 PLC 不许可的梯形图时，必须使其进行等效变换。

（1）含交叉的梯形图

多数 PLC 是不允许梯形图中有交叉的，例如图 10-16 （a）所示的含交叉的梯形图应该改为图 10-16（b）。

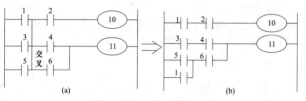

图 10-16　含交叉的梯形图

（2）含接点多分支输出

有些 PLC 不允许梯形图中有含接点的多分支输出。如图 10-17（a）所示的含接点多分支输出的梯形图应改为图 10-17（b）。

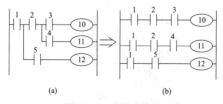

图 10-17　多分支输出

（3）桥式电路

有些 PLC 的梯形图中不允许有桥式电路。所以图 10-18（a）所示的桥式电路应等效变换成图 10-18（b），由于图 10-18（a）所示的梯形图中接点 3 上不允许有从右向左的信息流，所以图 10-18（b）所示的等效梯形图中不应含 5→3→2→10 的支路。

如果这个桥式电路不是梯形图，而是一个电气控制线路图，则接点 3 上允许电流双方向流通，若想把其功能用梯形图实现，但使用的 PLC 的梯形图中不允许有桥式电路，这样的情况下，等效的梯形图则应如图 10-18（c）所示。

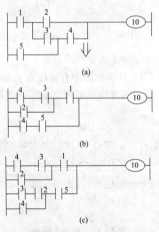

图 10-18 桥式电路

10.3 编程器的使用

10.3.1 FX-20P-E 型编程器简介

图 10-19 是 FX-20P-E 型简易（手持）编程器面板布置示意图。面板的上方是一个 16×4（列×行）字符的液晶显示屏。面板的下部共有 35 个键（包括功能键、指令键、数字键、专用键等）。其功能键、指令键、数字键、

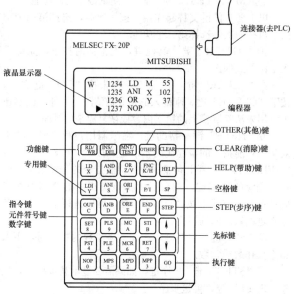

图 10-19 FX-20P-E 型简易编程器面板布置示意图

专用键和液晶显示器功能如下。

（1）功能键

功能键共有 11 个，具体功能如下。

① "RD/WR" 键　读出/写入键，是双功能键。各功能键交替起作用，按一次时，选择第一个功能，再按一次，选择第二个功能。

② "INS/DEL" 键　插入/删除键，是双功能键。

③ "MNT/TEST" 键　监视/测试键，是双功能键。以上各功能键交替起作用，按一次时，选择第一个功能，再按一次，选择第二个功能。

④ "OTHER" 键　其他键，无论何时按下，立即进入工作方式的选择。

⑤ "CLEAR" 键　清除键，在未按 "GO" 键之前，按下 "CLEAR" 键，刚键入的指令被清除，另外，此键还可以用来清除屏幕上的错误内容或恢复原来的画面。

⑥ "HELP" 键　帮助键，在编制用户程序时，如果对某条功能指令的编程代码不清楚，按下 "FNC" 键后按 "HELP" 键，屏幕上会显示特殊功能指令的分类菜单，再按下相应的数字键，就会显示出该类指令的全部编程代码；在监视方式下按 "HELP" 键，可以进行十进制数和十六进制数之间的转换。

⑦ "SP" 键　空格键，在输入多参数的指令时，用来指定操作数或常数。

⑧ "STEP" 键　步序键，如果需要显示某步指令，先按 "STEP" 键，再送步序号。

⑨ "↑"、"↓" 键　光标键，可使光标上移或下移。

用此键移动光标和提示符，指定当前元件的前一个或后一个元件，作行滚动。

⑩ "GO" 键　执行键，可用于对指令的确认和执行命令。在键入某指令后再按 "GO" 键，编程器就将该指令写入 PLC 的用户程序存储器中。该键还用来选择工作方式。

（2）指令、元件符号和数字键

这些按键都是双功能键，键的上面是指令助记符号，下面是元件符号或数字，上面和下面的功能是根据当前执行的操作自动进行切换，其中下面的元件符号 Z/V、K/H、P/I 交替作用，反复按键时，相互切换。

（3）液晶显示器

液晶显示器有 4 行 16 列字符显示，具体如下。

第 1 行，第 1 列代表编程器的工作方式；第 2 列为光标显示；第 3～6 列为指令步序号；第 7 列为空格；第 8～11 列为指令助记符；第 12 列为操作数或元件的类型；第 13～16 列为操作数或元件号。

10.3.2　编程器的工作方式的选择

FX-20P-E 型编程器具有在线（或称联机）编程和离线（或称脱机）编程两种工作方式。在线编程时，编程器与 PLC 直接相连，编程器可直接对 PLC 的用户程序存储器进行读写操作。如果 PLC 内装 EEPROM 卡盒，程序写入卡盒；如果 PLC 内没装 EEPROM 卡盒，程序可写入 PLC 内的 RAM 中。在脱机编程时，编制的程序首先写入编程器内的 RAM 中，然后再成批地传入 PLC 的存储器。

(1) 工作方式的选择

FX-20P-E 型编程器加电（上电）后，液晶屏幕上显示内容如图 10-20 所示。

```
PROGRAM    MODE
■ ONLINE    (PC)
  OFFLINE  (HPP)
```

图 10-20　工作方式选择

其中，闪烁的符号"■"指明编程器目前所处的工作方式。用"↑"或"↓"键将"■"移动到选中的方式上，然后再按"GO"键，就进入所选定的编程方式。

在联机方式下，用户可用编程器直接对可编程控制器（PLC）的用户程序存储器进行读/写操作，在执行写操作时，若可编程控制器内没有安装 EEPROM 存储器卡盒，程序写入可编程控制器的 RAM 存储器内；反之则写入 EEPROM 内。此时，EEPROM 存储器的写保护开关必须处于"OFF"的位置。只有用 FX-20P-RWM 型 ROM 写入器才能将用户程序写入 EEPROM。

按"OTHER"键，进入工作方式选择的操作。此时，液晶屏幕显示的内容如图 10-21 所示。

```
ONLINE   MODE  FX
■ 1. OFFLINE  MODE
  2. PROGRAM   CHECK
  3. DATA   TRANSFER
```

图 10-21　液晶显示屏显示内容

闪烁的符号"■"表示编程器所选的工作方式，按"↑"或"↓"键，"■"上移或下移，移到所需位置上，再按"GO"键，就进入选定的工作方式。在联机编程方式下，可供选择的工作方式共有 7 种。

① OFFLINE　MODE（脱机方式）：进入脱机编程方式。

② PROGRAM　CHECK：程序检查，若没有错误，显示"NO ERROR"（没有错误）；若有错，显示出错指令的步序号及出错代码。

③ DATA　TRANSFER：数据传送，若可编程控制器内安装有存储器卡盒，在可编程控制器的 RAM 和外装的存储器之间进行程序和参数的传送；反之则显示"NO MEM CAS SETTE"（没有存储器卡盒），不进行传送。

④ PARAMETER：对可编程控制器的用户程序存储器容量进行设置，还可以对各种具有断电保持功能的编程元件的范围以及文件寄存器的数量进行设置。

⑤ "XYM..NO.CONV."：修改 X，Y，M 的元件号。

⑥ BUZZER　LEVEL：蜂鸣器的音量调节。

⑦ LATCH　CLEAR：复位有断电保持功能的编程元件。

对文件寄存器的复位与它使用的存储器类别有关，只能对 RAM 和写保护开关处于 OFF 位置的 EEPROM 中的文件寄存器复位。

（2）用户程序存储器初始化

在写入程序之前，一般需要将存储器中原有的内容全部清除，先按"RD/WR"键，使编程器处于 W 工作方式，接着按以下顺序按键：

NOP → A → GO → GO

10.3.3 指令的读出

（1）根据步序号读出

读出指令按以下顺序按键：

先按"RD/WR"键，使编程器处于 R（读）工作方式，如果要读出步序号为 100 的指令，按下列的顺序操作，该步的指令就显示在屏幕上。

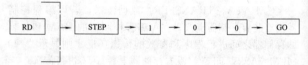

RD → STEP → 1 → 0 → 0 → GO

若还需要显示该指令之前或之后的其他指令，可以按"↑"、"↓"或"GO"。按"↑"或"↓"键可显示上一条或下一条指令；按"GO"键可显示下面四条指令。

（2）根据指令读出

基本操作如图 10-22 所示，先按"RD/WR"键，使编程器处于 R 工作方式，然后根据 10-22 和图 10-23 所示的操作步骤依次按相应的键，该指令就显示在屏幕上。

例 10-1 指定指令 LD　X10，从可编程控制器中读出

图 10-22　根据指令读出的基本操作

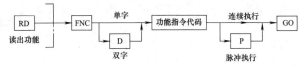

图 10-23 功能指令的读出

并显示该指令。

按 "RD/WR" 键, 使编程器处于 R (读) 工作方式, 然后按下列顺序按键:

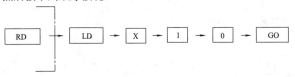

按 "GO" 键后屏幕上显示出指定的指令和步序号。接着再按功能键 "GO", 屏幕上显示出下一条相同的指令及其步序号。如果用户程序中没有该指令, 在屏幕的最后一行显示 "NOT FOUND"(未找到)。按 "↑" 或 "↓" 键可读出上一条或下一条指令。按 "CLEAR" 键, 屏幕显示原来的内容。

(3) 根据元件读出指令

基本操作如图 10-24 所示, 按 "RD/WR" 键, 使编程器处于 R (读) 工作方式, 在 R 工作方式下, 读出含有 X0 的指令的操作步骤如下:

这种方法只限于基本逻辑指令，不能用于功能指令。

图 10-24　根据元件读出的基本操作

（4）根据指针读出指令

基本操作如图 10-25 所示，按"RD/WR"键，使编程器处于 R（读）工作方式，在 R 工作方式下，读出 10 指针的操作步骤如下：

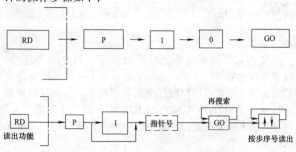

图 10-25　根据指针读出的基本操作

10.3.4　指令的写入

按"RD/WR"键，使编程器处于 W（写）工作方式，然后根据该指令所在的步序号，按"STEP"键后键入相应的步序号，接着按功能键"GO"，使"▶"移动到指定的步序号，这时，可以开始写入指令。如果需要修改刚写入的指令，在未按"GO"键之前，按下"CLEAR"键，刚键入的操作码或操作数被清除。按了"GO"键之后，可按"↑"键，回到刚写入的指令，再作修改。

（1）写入基本逻辑指令

写入指令"LD X10"时，先使编程器处于 W（写）工作方式，将光标"▶"移动到指定的步序号位置，然后按以下顺序按键：

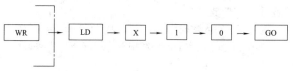

（2）写入功能指令

基本操作如图 10-26 所示，按"RD/WR"键，使编程器处于 W（写）工作方式，将光标"▶"移动到指定的步序号位置，然后按"FNC"键，接着按该功能指令的指令代码对应的数字键，然后按"SP"键，再按相应的操作数

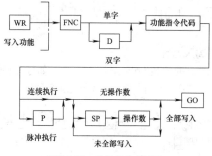

图 10-26　功能指令的写入

键。如果操作数不止一个，每次键入操作数之前，先按一下"SP"键，键入所有操作数后，再按"GO"键，该指令就被写入可编程控制器的存储器内。如果操作数为双字，按"FNC"键后，再按"D"键；如果仅当其控制电路由"断开"到"闭合"（上升沿）时才执行该功能指令的操作（脉冲执行方式），在键入其编程代码的数字键后，接着再按"P"键。

例 10-2 写入数据传送指令 MOV D0 D4。

MOV 指令的功能指令编号为 12，写入的操作步骤如下：

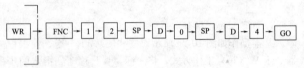

例 10-3 写入数据传送指令 (D) MOV (P) D0 D4。

操作步骤如下：

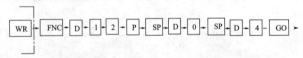

（3）写入指针

写入指针的基本操作如图 10-27 所示。如写入中断用的指针，应按了"P"键后按"I"键（即连续按两次"P/I"键）。

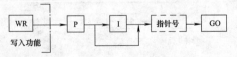

图 10-27 写入指针的基本操作

10.3.5 指令的修改

（1）修改指定步序号的指令

在指定的步序上改写指令举例如下。

例 10-4 将 100 步原有的指令改写为 OUT T0 K15。

按步序号读出原指令后，按"RD/WR"键，使编程器处于 W（写）工作方式，然后按下列操作步骤按键：

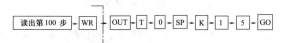

如果要修改功能指令中的操作数，读出该指令后，将光标"▶"移到欲修改的操作数所在的行，然后修改该行的参数。

（2）指令的插入

如果需要在某条指令之前插入一条指令，按照前述指令读出的方法，先将某条指令显示在屏幕上，此时令光标"▶"指向该指令。然后按"INS/DEL"键，使编程器处于 I（插入）工作方式，接着按照指令写入的方法，将该指令写入，按"GO"键后写入的指令插在原指令之前，后面的指令依次向后推移。

如要在 200 步之前插入指令"AND X4"，在 I（插入）工作方式下首先读出 200 步的指令，然后按以下顺序按键：

（3）指令的删除

① 单条指令或单个指针的删除　如果需要将某条指令或某个指针删除，按照指令读出的方法，先将该指令或指针显示在屏幕上，此时按"▶"指向该指令，然后按"INS/DEL"键，使编程器处于 D（删除）工作方式，接着按功能键"GO"，该指令或指针就被删除。

② 将用户程序中间的 NOP 指令全部删除　按"INS/DEL"键，使编程器处于 D（删除）工作方式，依次按"NOP"和"GO"键，执行完毕后，用户程序中间的 NOP 指令被全部删除。

③ 删除指定范围内的指令　按"INS/DEL"键，使编程器处于 D（删除）工作方式，接着按下列操作步骤依次按相应的键，该范围内的指令就被删除。

```
INS → DEL → STEP → 起始步序号 → SP → STEP → 终止步序号 → GO
```

10.3.6　对编程元件的监视和修改

（1）对定时器和 16 位计数器的监视

以监视 C99 的运行情况为例，首先按"MNT/TEST"键，使编程器处于 M（监视）工作方式，接着按下面的顺序按键：

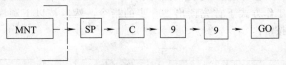

```
MNT → SP → C → 9 → 9 → GO
```

屏幕上显示的内容如图 10-28 所示。图中第三行末尾显示的数据 K20 是 C99 的当前计数值，第四行末尾显示的

数据 K100 是 C99 的设定值。第四行中的字母 P 表示 C99
输出触点的状态，当其右侧显示"■"时，表示其常开触
点闭合；反之则表示其常开触点断开。第四行中的字母 R
表示 C99 复位电路的状态，当其右侧显示"■"时，表示
其复位电路闭合，其复位位为"ON"状态；反之则表示
其复位电路断开，复位位为"OFF"状态。

图 10-28　对定时器计数器的监视

（2）通/断检查

在监视状态下，根据步序号或指令读出指令，可监视
指令中元件触点的通/断和线圈的状态，基本操作如图
10-29所示。

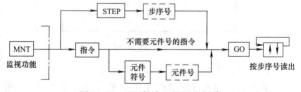

图 10-29　通/断检查的基本操作

按"GO"键后显示 4 条指令，第一行是指定的指令。
若某一行的第 11 列（即元件符号的左侧）显示空格，表
示该行指令对应的触点断开，对应的线圈"断电"；若第

11列显示"■"，表示该行指令对应的触点接通，对应的线圈"通电"。

例如，读出第126步，在M（监视）工作方式下，作通/断检查，按以下顺序按键：

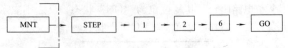

屏幕上显示的内容如图10-30所示。根据各行是否显示"■"，就可以知道触点和线圈的状态。但是对定时器和计数器来说，若"OUT T"或"OUT C"指令所在行显示"■"，仅表示定时器或计数器分别处于定时或计数工作状态（其线圈"通电"），并不表示其输出常开触点接通。

M ▶	126	LD		X	013
	127	ORI	■	M	100
	128	OUT	■	Y	005
	129	LDI		T	15

图10-30　通/断检查

（3）修改定时器和计数器的设定值

修改定时器和计数器的设定值基本操作如图10-31所示。先按"MNT/TEST"键，使编程器处于M（监视）工作方式，然后按照前述监视定时器和计数器的操作步骤，显示出待监视的定时器和计数器指令后，再按"TEST"键，使编程器处于T工作方式，将定时器T2的设定值修改为 K414 的操作步骤为：

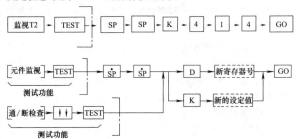

图 10-31　修改定时器、计数器设定值的基本操作

第一次按"SP"键后，提示符"▶"出现在当前值前面，这时可以修改其当前值；第二次按"SP"键后，提示符"▶"出现在设定值前面，这时可以修改其设定值；键入新的设定值后按"GO"键，设定值修改完毕。

将 T7 存放设定值的数据寄存器的元件号修改为 D125 的键操作如下：

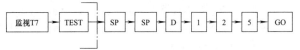

另外一种修改方法是先对"OUT T7"（以修改 T7 的设定值为例）指令作通/断检查，然后按功能键"↓"使"▶"指向设定值所在行，接着再按"MNT/TEST"键，使编程器处于 T（测试）工作方式，键入新的设定值，最后按"GO"键，便完成了设定值的修改。将 100 步的"OUT T7"指令的设定值修改为 K225 的键操作如下：

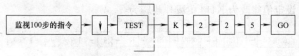

10.3.7 脱机编程方式

(1) 概述

脱机方式编制的程序存放在简易编程器内部的 RAM 中，联机方式键入的程序存放在可编程控制器内的 RAM 中，编程器内部 RAM 中的程序不变。编程器内部 RAM 中写入的程序可成批地传送到可编程控制器的内部 RAM，也可成批地传送到装在可编程控制器上的存储器卡盒。往 ROM 写入器的传送，在脱机方式下进行。

简易编程器内 RAM 的程序用超级电容器作断电保护，充电 1h（小时），可保持 3d（天）以上。因此，可将在实验室里脱机生成的装在编程器 RAM 内的程序，传送给安装在现场的可编程控制器。

(2) 进入脱机编程方式的方法

有两种方法可以进入脱机（OFFLINE）编程方式。

① FX-20P-E 型编程器上电后，按"↓"键，将闪烁的符号"■"移动到 OFFLINE 位置上，然后再按"GO"键，就进入脱机编程方式。

② FX-20P-E 型编程器处于联机（ONLINE）编程方式时，按功能键"OTHER"，进入工作方式选择，此时闪烁的符号"■"处于"OFFLINE MODE"位置上，接着按"GO"键，就进入脱机编程方式。

(3) 工作方式

FX-20P-E 型编程器处于脱机编程方式时，所编制的用户程序存入编程器内的 RAM 中，与可编程控制器内的用户程序存储器以及可编程控制器的运行方式都没有关系。除了联机编程方式中的 M 和 T 两种工作方式不能使用以外，其余的工作方式（R、W、I、D）及操作步骤均适用于脱机编程。按 "OTHER" 键后，即进入工作方式选择的操作。此时，液晶屏幕显示的内容如图 10-32 所示。

```
OFFLINE   MODE  FX
■ 1. ONLINE    MODE
  2. PROGRAM    CHECK
  3. HPP < - > FX
```

图 10-32　屏幕显示

在脱机编程方式下，可供选择的工作方式共有 7 种，它们依次是：

① ONLINE MODE；
② PROGRAM CHECK；
③ HPP〈—〉FX；
④ PARAMETER；
⑤XYM‥NO. CONV. ；
⑥ BUZZER LEVEL；
⑦ MODULE。

选择 "ONLINE MODE" 时，编程器进入联机编程方式。"PROGRAM CHECK"、"PARAMETER"、"XYM‥NO. CONV. "和 "BUZZER LEVEL" 的操作与联机编程方式下的相同。

(4) 程序传送

选择"HPP〈一〉FX"时，若可编程控制器内没有安装存储器卡盒，屏幕显示的内容如图 10-33 所示。按功能键"↑"或"↓"键将"■"移到需要的位置上，再按功能键"GO"键，就执行相应的操作。其中"→"表示将编程器的 RAM 中的用户程序传送到可编程控制器内的用户程序存储器中去，这时，可编程控制器必须处于"STOP"状态。"←"表示将可编程控制器内存储器中的用户程序读入编程器内的 RAM 中。":"表示将编程器内 RAM 中的用户程序与可编程控制器的存储器中的用户程序进行比较。可编程控制器处于"STOP"或"RUN"状态都可以进行后两种操作。

```
3. HPP < - > FX
■ HPP → RAM
  HPP ← RAM
  HPP: RAM
```

图 10-33　屏幕显示

若可编程控制器内安装了 RAM、EEPROM 或 EPROM 扩展存储器卡盒，屏幕显示的内容类似图 10-33，但图中的 RAM 分别为 CSRAM、EEPROM 和 EPROM，且不能将编程器内 RAM 中的用户程序传送到可编程控制器内的 EPROM 中去。

(5) MODULE 功能

MODULE 功能用于 EEPROM 和 EPROM 的写入，先将 FX-20P-RWM 型 ROM 写入器插在编程器上，开机后进入 OFFLINE（脱机）方式，选中 MODULE 功能，按功能键 "GO" 后屏幕显示的内容如图 10-34 所示。

```
[ROM    WRITE]
■ HPP → ROM
  HPP ← ROM
  HPP: ROM
```

图 10-34　屏幕显示

在 MODULE 方式下，共有 4 种工作方式可供选择。

① HPP→ROM　将编程器内 RAM 中的用户程序写入插在 ROM 写入器上的 EPROM 或 EEPROM 内。写操作之前必须先将 EPROM 中的内容全部擦除或先将 EEPROM 的写保护开关置于 "OFF" 的位置。

② HPP←ROM　将 EPROM 或 EEPROM 中的用户程序读入编程器内的 RAM。

③ HPP: ROM　将编程器内 RAM 中的用户程序与插在 ROM 写入器上的 EPROM 或 EEPROM 内的用户程序进行比较。

④ ERASE CHECK　用来确认存储器卡盒中的 EPROM 是否已被擦除干净。如果 EPROM 中还存有数据，将会显示出现 "ERASE ERROR"（擦除错误）；如果存储器卡盒中是 EEPROM，将会显示出现 "ROM MISCONNECTED"（ROM 连接错误）。

10.3.8　编程器的连接

图 10-35 是简易编程器的连接连线图。FX-20P 简易编程器是用电缆与 PLC 连接的，F_1 或 F_2 系列的 PLC 可直接

安装简易编程器。图 10-35（a）所示是 FX/FX$_{2C}$ 系列的 PLC 的连接，图 10-35（b）所示是 FX$_0$/FX$_{0S}$/FX$_{1S}$/FX$_{0N}$/FX$_{1N}$/FX$_{2N}$/FX$_{2NC}$ 系列的 PLC 的连接。图 10-35（a）所示编程器与电缆连接，编程器右侧面的上方有一个插座编程电缆 FX-20P-CAB 的一端插入插座内，电缆的另一端插到 FX 系列 PLC 的 RS-422 编程器插座内。图 10-35（b）所示编程器与电缆连接，编程电缆可以是 FX-20P-CABO 或者是 FX-20P-CAB＋FX-20P-CADP，在电缆另一端的 FX 系列 PLC 的插座旁还设有调整电位器和运行/编程转换开关。FX-20P-E 型编程器的顶部有一个插座，可以连接 FX-20P-RWM 型 ROM 写入器，编程器底部插有系统程序存

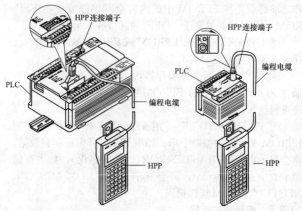

(a) 连接 FX/FX$_{2C}$ 系列 PLC   (b) 连接 FX$_0$/FX$_{0S}$/FX$_{1S}$/FX$_{0N}$/FX$_{1N}$/FX$_{2N}$/FX$_{2NC}$ 系列 PLC

图 10-35　简易编程器的连接连线图

储器卡盒，需要将编程器的系统程序更新时，更换系统程序存储器即可。

10.4　PLC 的使用

10.4.1　PLC 机型的选择

目前国内外生产的 PLC 种类繁多，规模不同，功能各异，价格也有所不同。设计者要根据自己的总体系统方案，选用性能价格比最好的机型。在性能指标上能满足系统的控制要求，在机器功能和容量上又不要造成浪费，做到投资少，收效好。

在选择机型前，首先要对控制对象进行下列估计。

① 有多少个开关量输入，采用何种输入电压。

② 有多少个开关量输出，输出电压、输出功率为多少。

③ 有多少模拟量输入点，采用何种标准。

④ 有多少模拟量输出点，采用何种标准。

⑤ 有哪些特殊功能要求（如高速计数器等），选用何种功能模块。

⑥ 现场对控制响应速度有何要求。

⑦ 机房与现场关系，是分开还是放在一起，有哪些环境干扰，采取何种抗干扰措施。

PLC 手册中一般都会给出以上参数，用户可以根据系统类型来选择机型。

10.4.2　PLC 的安装

（1）安装注意事项

在安装 PLC 时，要避开下列场所。

① 环境温度超过 0~50℃ 的范围。

② 相对湿度超过 85% 或者存在露水凝聚（由温度突变或其他因素所引起的）。

③ 太阳光直接照射。

④ 有腐蚀和易燃的气体，例如氯化氢、硫化氢等。

⑤ 有大量铁屑及灰尘。

⑥ 频繁或连续的振动，振动频率为 10~55Hz、幅度为 0.5mm（峰-峰）。

⑦ 超过 10g（重力加速度）的冲击。

为了使控制系统工作可靠，通常把可编程控制器安装在有保护外壳的控制柜中，以防止灰尘、油污、水溅。为了保证其温度保持在规定环境温度范围内，安装机器应有足够的通风空间，基本单元和扩展单元之间要有 30mm 以上间隔。如果周围环境超过 55℃，要安装电风扇，强迫通风。

为了避免其他外围设备的电干扰，可编程控制器应尽可能远离高压电源线和高压设备，可编程控制器与高压设备和电源线之间应留出至少 200mm 的距离。

（2）电源接线

PLC 供电电源为 50Hz、220V±10% 的交流电。

如果电源发生故障，中断时间少于 10ms，PLC 工作不受影响。若电源中断超过 10ms 或电源下降超过允许值，则 PLC 停止工作，所有的输出点均同时断开。当电源恢复时，若 RUN 输入接通，则操作自动进行。

对于电源线来的干扰，PLC 本身具有足够的抵制能力。如果电源干扰特别严重，可以安装一个变比为 1：1

的隔离变压器，以减少设备与地之间的干扰。

（3）接地

良好的接地是保证 PLC 可靠工作的重要条件，可以避免偶然发生的电压冲击危害。接地线与机器的接地端相接，基本单元接地。如果要用扩展单元，其接地点应与基本单元的接地点接在一起。为了抑制加在电源及输入端、输出端的干扰，应给可编程控制器接上专用地线，接地点应与动力设备（如电机）的接地点分开。若达不到这种要求，也必须做到与其他设备公共接地，禁止与其他设备串联接地。接地点应尽可能靠近 PLC。

（4）直流 24V 接线端

PLC 上的 24V 接线端子，还可以向外部传感器（如接近开关或光电开关）提供电流。24V 端子作传感器电源时，COM 端子是直流 24V 地端。如果采用扩展单元，则应将基本单元和扩展单元的 24V 端连接起来。另外，任何外部电源不能接到这个端子上。

如果发生过载现象，电压将自动跌落，该点输入对可编程控制器不起作用。

每种型号的 PLC 的输入点数量是有规定的。对每一个尚未使用的输入点，它不耗电，因此在这种情况下，24V 电源端子向外供电流的能力可以增加。

（5）输入接线

一般接受行程开关、限位开关等输入的开关量信号。输入接线端子是 PLC 与外部传感器负载转换信号的端口。输入接线，一般指外部传感器与输入端口的接线。

输入器件可以是任何无源的触点或集电极开路的 NPN

管。输入器件接通时，输入端接通，输入线路闭合，同时输入指示的发光二极管亮。

输入端的一次电路与二次电路之间，采用光电耦合隔离。二次电路带 RC 滤波器，以防止由于输入触点抖动或从输入线路串入的电噪声引起 PLC 误动作。

若在输入触点电路串联二极管，在串联二极管上的电压应小于 4V。若使用带发光二极管的舌簧开关，串联二极管的数目不能超过两只。

(6) 输出接线

可编程控制器有继电器输出、晶闸管输出、晶体管输出三种形式。输出端接线分为独立输出和公共输出。当 PLC 的输出继电器或晶闸管动作时，同一号码的两个输出端接通。在不同组中，可采用不同类型和电压等级的输出电压。但在同一组中的输出只能用同一类型、同一电压等级的电源。由于 PLC 的输出元件被封装在印制电路板上，并且连接至端子板，若将连接输出元件的负载短路，将烧毁印制电路板，因此，应用熔丝保护输出元件。

采用继电器输出时，承受的电感性负载大小影响到继电器的工作寿命，因此继电器工作寿命要求长。

10.4.3 PLC 使用注意事项

PLC 是专门为工业生产环境设计的控制装置，一般不需采取什么特殊措施便可直接用于工业环境。但是，为了保证 PLC 的正常安全运行和提高控制系统工作的可靠性和稳定性，在使用中还应注意以下问题。

(1) 工作环境

从 PLC 的一般技术指标中，可知道 PLC 正常工作的环境条件，使用时应注意采取措施满足。例如，安装时应避开大的热源，保证足够大的散热空间和通风条件；当附近有较强振源时，应对 PLC 的安装采取减振措施；在有腐蚀性气体或浓雾、粉尘的环境中使用 PLC 时，应采取封闭安装，或在空气净化间里安装。

(2) 安装与布线

PLC 电源、I/O 电源，一般都采用带屏蔽层的隔离变压器供电，在有较强干扰源的环境中使用时，或对 PLC 工作的可靠性要求很高时，应将屏蔽层和 PLC 浮动地端子接地，接地线截面积不能小于 2mm²，接地电阻不能大于 100Ω。接地线要采取独立接地方式，不能用与其他设备串联接地的方式。

PLC 电源线、I/O 电源线、输入信号线、输出信号线、交流线、直流线都应尽量分开布线。开关量信号线与模拟量信号线也应分开布线，而且后者应采用屏蔽线，并且将屏蔽层接地。数字传输线也要采用屏蔽线，并且要将屏蔽层接地。

(3) 输入与输出端的接线

当输入信号源为感性元件，或输出驱动的负载为感性元件时，为了防止在电感性输入或输出电路断开时产生很高的感应电动势或浪涌电流对 PLC 输入输出端点及内部电源的冲击，可采取以下措施。

① 对于直流电路，应在其两端并联续流二极管，如图 10-36 (a)、(b) 所示。二极管的额定电流一般应选为 1A，额定电压一般要大于电源电压的 3 倍。

② 对于交流电路，应在它们两端并联阻容吸收电路，

如图 10-36 (c)、(d) 所示。

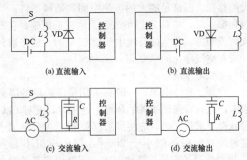

(a) 直流输入　　　(b) 直流输出

(c) 交流输入　　　(d) 交流输出

图 10-36　输入输出端的接线

10.4.4　PLC 应用实例

（1）PLC 控制电动机正向运转电路

PLC 控制三相异步电动机正向运转的电气控制电路图、PLC 端子接线图和梯形图如图 10-37 所示，其对应的指令表见表 10-10。若 PLC 自带 DC24V 电源，则应将外接 DC24V 电源处短接。

表 10-10　与图 10-37 对应的指令表

语句号	指令	元素	语句号	指令	元素
0	LD	X0	3	ANI	X2
1	OR	Y0	4	OUT	Y0
2	ANI	X1	5	END	

应用 PLC 时，常开、常闭按钮在外部接线可都采用常开按钮。PLC 控制三相异步电动机正向运转的工作原理如下。

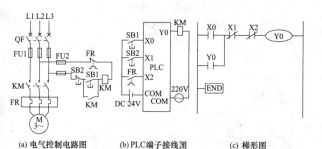

(a) 电气控制电路图　　(b) PLC端子接线图　　(c) 梯形图

图 10-37　三相异步电动机正向运转的电气控制电路图、
PLC 端子接线图和梯形图

　　合上断路器 QF，启动时，按下启动按钮 SB1，端子 X0 经 DC24V 电源与 COM 端连接，PLC 内的输入继电器 X0 得电吸合，其常开触点闭合。PLC 内的输出继电器 Y0 得电吸合并自锁，接触器 KM 得电吸合，电动机启动运转。

　　停机时，按下停止按钮 SB2，端子 X1 经 DC24V 电源与 COM 端连接，PLC 内的输入继电器 X1 得电吸合，其常闭触点断开，PLC 内的输出继电器 Y0 失电释放，接触器 KM 失电释放，电动机停止运行。

　　如果电动机过载，热继电器 FR 动作，其常开触点闭合，端子 X2 经 DC24V 电源与 COM 端连接，PLC 内的输入继电器 X2 得电吸合，其常闭触点断开，PLC 内的输出继电器 Y0 失电释放，接触器 KM 失电释放，电动机停止运行。

（2）PLC 控制电动机正反转运转电路

PLC 控制三相异步电动机正反转运转的电气控制电路图、PLC 端子接线图和梯形图如图 10-38 所示，其对应的指令表见表 10-11。

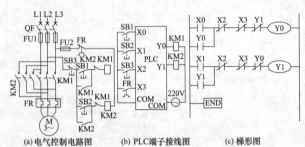

(a)电气控制电路图　　(b) PLC 端子接线图　　(c) 梯形图

图 10-38　三相异步电动机正反转运转的电气控制电路图、
PLC 端子接线图和梯形图

表 10-11　与图 10-38 对应的指令表

语句号	指令	元素	语句号	指令	元素
0	LD	X0	7	OR	Y1
1	OR	Y0	8	ANI	X2
2	ANI	X2	9	ANI	X3
3	ANI	X3	10	ANI	Y0
4	ANI	Y1	11	OUT	Y1
5	OUT	Y0	12	END	
6	LD	X1			

PLC 控制三相异步电动机正反转运转的工作原理如下。

合上断路器 QF，正向启动时，按下正向启动按钮 SB1，端子 X0 与 COM 端连接，PLC 内的输入继电器 X0 通过 PLC 内部的 DC24V 电源得电吸合，其常开触点闭合。PLC 内的输出继电器 Y0 得电吸合并自锁，接触器 KM1 得电吸合，电动机正向启动运转。

反转时，应当先按下停止按钮 SB3，端子 X2 经 PLC 内部的 DC24V 电源与 COM 端连接，PLC 内的输入继电器 X2 得电吸合，其常闭触点断开，PLC 内的输出继电器 Y0 失电释放，接触器 KM1 失电释放，电动机停止运行。然后再按下反向启动按钮 SB2，端子 X1 与 COM 端连接，PLC 内的输入继电器 X1 通过 PLC 内部的 DC24V 电源得电吸合，其常开触点闭合。PLC 内的输出继电器 Y1 得电吸合并自锁，接触器 KM2 得电吸合，电动机反向启动运转。

同理，电动机正在反向运转时，如果需要改为正向运转，也是应当先按下停止按钮 SB3，然后再按下正向启动按钮 SB1。

正、反向运转通过 PLC 内部输出继电器 Y0 和 Y1 的常闭触点实现电气互锁。在图 10-38（a）所示的电气控制电路中，还利用接触器 KM1 和 KM2 的常闭辅助触点进行了互锁。

停机时，按下停止按钮 SB3，端子 X2 经 PLC 内部的 DC24V 电源与 COM 端连接，PLC 内的输入继电器 X2 得电吸合，其常闭触点断开，PLC 内的输出继电器 Y0 或 Y1 失电释放，接触器 KM1 或 KM2 失电释放，电动机停止运行。

如果电动机过载，热继电器 FR 动作，其常开触点闭合，端子 X3 经 PLC 内部的 DC24V 电源与 COM 端连接，PLC 内的输入继电器 X3 得电吸合，其常闭触点断开，PLC 内的输出继电器 Y0 或 Y1 失电释放，接触器 KM1 或 KM2 失电释放，电动机停止运行。

第11章

变 频 器

11.1 变频器基础知识

当直流电源向交流负载供电时，必须经过直流-交流变换，能够实现直流（DC）-交流（AC）变换的电路称为逆变电路。

利用电力半导体器件的通断作用，将工频电源变换为另一频率的电能的控制电路称为变频电路。根据变换方式的不同，可分为交-交和交-直-交两种形式。

把直流变交流、交流变交流的技术称为变频技术。

变频器是一种静止的频率变换器，它可以把电力配电网 50Hz 恒定频率的交流电，变换成频率、电压均可调节的交流电。变频器可以作为交流电动机的电源装置，实现变频调速，还可以用于中频电源加热器、不间断电源（UPS）、高频淬火机等。

变频器的种类非常多，常用变频器的外形如图 11-1 所示。

11.1.1 变频器按变换频率的方法分类及特点

（1）交-直-交变频器

交-直-交变频器又称间接变频器，它是先将工频交流电通过整流器变成直流电，再经过逆变器将直流电变换成频率、电压均可控制的交流电，其基本结构如图 11-2

图 11-1 常用变频器的外形

图 11-2 交-直-交变频器

所示。

(2) 交-交变频器

交-交变频器又称直接变频器，它可将工频交流电直接变换成频率、电压均可控制的交流电。交-交变频器的基本结构如图 11-3 所示，其整个系统由两组晶闸管整流装置反向并联组成，正、反向两组按一定周期相互切换，在负载上就可获得交变的输出电压 u_o。

交-直-交变频器和交-交变频器的主要特点比较见表

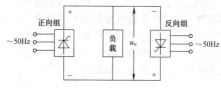

图 11-3　交-交变频器

11-1，目前应用较多的是交-直-交变频器。

表 11-1　交-交变频器与交-直-交变频器主要特点比较

比较内容 ＼ 变频器分类	交-交变频器（电压型）	交-直-交变频器
换能方式	一次换能，效率较高	二次换能，效率较高
换流方式	电源电压换流	强迫换流或负载换流
元件数量	较多	较少
元件利用率	较低	较高
调频范围	输出最高频率为电源频率的 $1/3 \sim 1/2$	频率调节范围宽
电源功率因数	较低	如用晶闸管整流桥调压，则低频低压时，功率因数较低，如用斩波器或 PWM 方式调压，则功率因数较高
适用场合	低速大功率传动	各种传动装置，稳频稳压电源和不间断电源

11.1.2　变频器按主电路工作方式分类及特点

（1）电压型变频器

电压型变频器典型的一种主电路结构形式如图 11-4 所示。在电压型变频器中，整流电路产生逆变所需的直流电压，通过中间直流环节的电容进行滤波后输出。由于采用大电容滤波，故主电路直流电压波形比较平直，在理想情况下可看成一个内阻为零的电压源。变频器输出的交流电压波形为矩形波或阶梯波。电压型变频器多用于不要求正反转或快速加减速的通用变频器中。

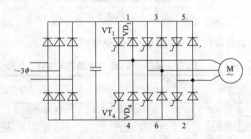

图 11-4　电压型变频器的主电路

（2）电流型变频器

电流型变频器的主电路的典型结构如图 11-5 所示。其特点是中间直流环节采用大电感滤波。由于电感的作用，直流电流波形比较平直，因而直流电源的内阻抗很大，近似于电流源。变频器输出的交流电流波形为矩形波或阶梯波。电流型变频器的最大优点是可以进行四象限运行，将能量回馈给电源，且在出现负载短路等情况时容易处理，故该方式适用于频繁可逆运转的变频器和大容量变频器。

电流型变频器与电压型变频器主要特点的比较见表11-2。

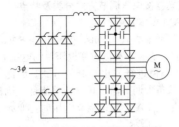

图 11-5　电流型变频器的主电路

表 11-2　电流型变频器与电压型变频器主要特点的比较

变频器分类 比较项目	电 流 型	电 压 型
直流回路滤波环节	电抗器	电容器
输出电压波形[①]	决定于负载,当负载为异步电动机时,近似为正弦波	矩形
输出电流波形[①]	矩形	决定于逆变器电压与电动机的电动势,有较大谐波分量
输出动态阻抗	大	小
再生制动(发电制动)	方便、不需附加设备	需要附加电源侧反并联逆变器
过电流及短路保护	容易	困难
动态特性	快	较慢,用 PWM 则快
对晶闸管要求	耐压高,对关断时间无严格要求	一般耐压较低,关断时间要求短
线路结构	较简单	较复杂
适用范围	单机,多机	多机,变频或稳频电源

① 指三相桥式变频器,既不采用脉冲宽度调制也不进行多重叠加。

11.1.3 变频器按电压调节方式分类及特点

（1）PAM 变频器

脉冲幅值调节方式（Pulse Amplitude Modulation）简称 PAM 方式，它是一种以改变电压源的电压 E_d 或电流源的电流 I_d 的幅值进行输出控制的方式。因此，在变频器中，逆变器只负责调节输出频率，整流部分则控制输出电压或电流。采用 PAM 方式调节电压时，变频器的输出电压波形如图 11-6 所示。

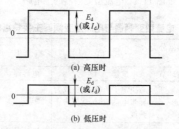

图 11-6 用 PAM 方式调压输出电压波形

（2）PWM 变频器

脉冲宽度调制方式（Pulse Width Modulation）简称 PWM 方式。它在变频器输出波形的一个周期中产生多个脉冲，其等值电压为正弦波，波形平滑且谐波少。图 11-7 为 PWM 变频器的调压原理。在图 11-7（a）中，把三角波（载波）与正弦波（信号波）作比较，通过逻辑控制就可得到相应于信号波幅值的脉宽调制波形，它与正弦波等效，如图 11-7（b）、（c）所示。这种参考信号为正弦波，输出电压平均值近似为正弦波的 PWM 方式，称为正弦

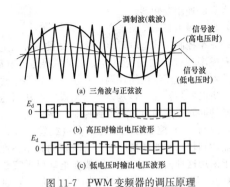

图 11-7 PWM 变频器的调压原理

PWM 方式，简称 SPWM（Sinusoidal Pulse Width Modulation）方式。

11.1.4 变频器按控制方式分类及特点

异步电动机变频调速时，变频器可以根据电动机的特性对供电电压、电流、频率进行适当的控制，不同的控制方式所得到的调速性能、特性及用途是不同的。同理，变频器也可以按控制方式分类。

（1）U/f 控制变频器

U/f（电压 U 和频率 f 的比）控制方式又称为 VVVF（Variable Voltage Variable Freqency）控制方式。它的基本特点是对变频器输出的电压和频率同时进行控制，通过使 U/f 的值保持一定而得到所需的转矩特性。基频以下可以实现恒转矩调速，基频以上则可以实现恒功率调速。采用 U/f 控制方式的变频器控制电路成本较低，多用于对精度要求不太高的通用变频器。

（2）转差频率控制变频器

转差频率控制方式是对 U/f 控制方式的一种改进。在采用转差频率控制方式的变频器中，变频器通过电动机、速度传感器构成速度反馈闭环调速系统。变频器的输出频率由电动机的实际转速与转差频率自动设定，从而达到在调速控制的同时也使输出转矩得到控制。该控制方式是闭环控制，故与 U/f 控制方式相比，在负载发生较大变化时，仍能达到较高的速度精度和具有较好的转矩特性。但是，由于采用这种控制方式时，需要在电动机上安装速度传感器，并需要根据电动机的特性调节转差，故通用性较差。

（3）矢量控制变频器

矢量控制的基本思想是将交流异步电动机的定子电流分解为产生磁场的电流分量（励磁电流）和与其垂直的产生转矩的电流分量（转矩电流），并分别加以控制。由于这种控制方式中必须同时控制电动机定子电流的幅值和相位，即控制定子电流矢量，所以，这种控制方式被称为矢量控制。采用矢量控制方式的交流调速系统能够提高变频调速的动态性能，不仅在调速范围上可以与直流电动机相媲美，而且可以直接控制异步电动机产生的转矩。因此，已经在许多需要进行精密控制的领域得到了应用。

11.1.5 变频器按用途分类及特点

（1）通用变频器

通用变频器的特点是可以对普通的交流异步电动机进行调速控制。通用变频器可以分为低成本的简易型通用变频器和高性能多功能的通用变频器两种类型。

简易型通用变频器是一种以节能为主要目的而减少了一些系统功能的通用变频器。它主要应用于水泵、风机等对于系统的调速性能要求不高的场合，并具有体积小和价格低等方面的优点。

高性能多功能通用变频器为了满足可能出现的各种需要，在系统硬件和软件方面都做了许多工作。在使用时，用户可以根据负载特性选择算法，并对变频器的各种参数进行设定。该变频器除了可以应用于简易型通用变频器的所有应用领域外，还广泛应用于传动带、升降装置以及各种机床、电动车辆等对调速系统的性能和功能有较高要求的场合。

（2）高性能专用变频器

随着控制理论、交流调速理论和电力电子技术的发展，异步电动机的矢量控制方式得到了重视和发展。高性能专用变频器主要是采用矢量控制方式。采用矢量控制方式的高性能专用变频器和变频调速专用电动机所组成的调速系统，在性能上已达到和超过了直流调速系统。此外，高性能专用变频器往往是为了满足特定行业（如冶金行业、数控机床、电梯等）的需要，使变频器在工作中能发挥出最佳性价比而设计生产的。

（3）高频变频器

在超精密机械加工中，常常用到高速电动机。为了满足其驱动的需要，出现了高频变频器。

（4）单相变频器和三相变频器

与单相交流电动机和三相交流电动机相对应，变频器也分为单相变频器和三相变频器。二者的工作原理相同，但电路的结构不同。

11.1.6 变频器的容量的额定值和瞬时过载能力

（1）变频器的容量

大多数变频器的容量均以所适用的电动机的功率（单位用 kW 表示）、变频器输出的视在功率（单位用 kV · A 表示）和变频器的输出电流（单位用 A 表示）来表征。其中，最重要的是额定电流，它是指变频器连续运行时，允许输出的电流。额定容量是指额定输出电流与额定输出电压下的三相视在功率。

至于变频器所适用的电动机的功率，是以标准的 4 极电动机为对象，在变频器的额定输出电流限度内，可以拖动的电动机的功率。如果是 6 极以上的异步电动机，在同样的功率下，由于其功率因数比 4 极异步电动机的功率因数低，故其额定电流比 4 极异步电动机的额定电流大，所以，变频器的额定电流应该相应扩大，以使变频器的电流不超出其允许值。

另外，电网电压下降时，变频器输出电压会低于额定值，在保证变频器输出电流不超出其允许值的情况下，变频器的额定容量会随之减小。可见，变频器的容量很难确切表达变频器的负载能力。所以，变频器的额定容量只能作为变频器负载能力的一种辅助表达手段。

由此可见，选择变频器的容量时，变频器的额定输出电流是一个关键量。因此，采用 4 极以上电动机或者多台电动机并联时，必须以负载总电流不超过变频器的额定输出电流为原则。

（2）变频器的输出电压和输入电压

变频器的输出电压的等级是为适应异步电动机的电压等级而设计的。通常等于电动机的工频额定电压。

变频器的输入电压一般是以适用电压范围给出，它是允许的输入电压变化范围。如果电源电压大幅上升超过变频器内部器件允许电压时，则元（器）件会有被损坏的危险。相反，若电源电压大幅度下降，就有可能造成控制电源电压下降，引起 CPU 工作异常，逆变器驱动功率不足，管压降增加、损耗加大而造成逆变器模块永久性损坏。因此，电源电压过高、过低对变频器都是有害的。

（3）变频器的输出频率

变频器的最高输出频率根据机种不同而有很大的差别，一般有 50Hz、60Hz、120Hz、240Hz 以及更高的输出频率。以在额定转速以下范围内进行调速运转为目的，大容量通用变频器几乎都具有 50Hz 或 60Hz 的输出频率。最高输出频率超过工频的变频器多为小容量，在 50Hz 或 60Hz 以上区域，由于输出电压不变，为恒功率特性，要注意在高速区转矩的减小，而且还要注意，不要超过电动机和负载容许的最高速度。

（4）变频器的瞬时过载能力

基于主回路半导体开关器件的过载能力，考虑到成本问题，通过变频器的电流瞬时过载能力常常设计为 150%额定电流、持续时间 1min 或 120%额定电流、持续时间 1min。与标准异步电动机（过载能力通常为 200%左右）相比较，变频器的过载能力较小，允许过载时间亦很短。因此，在变频器传动的情况下，异步电动机的过载能力常常得不到充分的发挥。此外，如果考虑到通用电动机的散热能力的变化，在不同转速下，电动机的过载能力还要有所变化。

11.2 变频调速的特点

11.2.1 变频调速的应用场合

变频器可以作为交流电动机的电源装置，实现变频调速。变频调速系统的构成如图 11-8 所示。

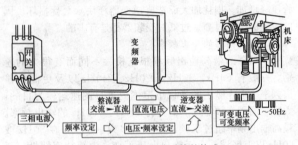

图 11-8 变频调速系统的构成

交流电动机变频调速是利用交流电动机的同步转速随电源频率变化的特点，通过改变交流电动机的供电频率进行调速的方法。

在异步电动机的诸多调速方法中，变频调速的性能最好，它调速范围大、稳定性好、可靠性高、运行效率高、节电效果好，有着广泛的应用范围和可观的社会效益和经济效益。所以，变频调速已成为当今节电、改造传统工业、改善工艺流程、提高生产过程自动化水平、提高产品质量、推动技术进步的主要手段之一，也是国际上技术更新换代最快的领域之一。

11.2.2 变频调速的基本规律

由公式 $n_s = \dfrac{60f_1}{p}$ 可知，当三相异步电动机的极对数 p 不变时，其同步转速（即旋转磁场的转速）n_s 与电源频率 f_1 成正比，因此，若连续改变三相异步电动机电源的频率 f_1，就可以连续改变电动机的同步转速 n_s，从而可以平滑地改变电动机的转速 n，达到调速的目的。

变频调速的调速范围宽，精度高，效率也高，且能无级调速，但是需要有专用的变频电源，应用上受到一定的限制。近年来，随着电力电子技术的发展，变频器的性能提高，价格降低，变频调速的应用越来越广泛。

在改变异步电动机电源频率 f_1 时，异步电动机的参数也在变化。三相异步电动机定子绕组的感应电动势 E_1 为

$$E_1 = 4.44f_1 k_{W1} N_1 \Phi_m$$

式中　E_1——定子绕组的感应电动势，V；

　　　k_{W1}——电动机定子绕组的绕组系数；

　　　N_1——电动机定子绕组每相串联匝数；

　　　Φ_m——电动机气隙每极磁通（又称气隙磁通或主磁通），Wb。

如果忽略电动机定子绕组的阻抗压降，则电动机定子绕组的电源电压 U_1 近似等于定子绕组的感应电动势 E_1，即

$$U_1 \approx E_1 = 4.44f_1 k_{W1} N_1 \Phi_m$$

由上式可以看出，在变频调速时，若保持电源电压 U_1 不变，则气隙每极磁通 Φ_m 将随频率 f_1 的改变而成反比变化。一般电动机在额定频率下工作时磁路已经饱和，如果电源频率 f_1 低于额定频率时，气隙每极磁通 Φ_m 将会增加，电动机的磁路将过饱和，以致引起励磁电流急剧增加，从而使电动机的铁损耗大大增加，并导致电动机的温度升高、功率因数和效率均下降，这是不允许的；如果电源频率 f_1 高于额定频率时，气隙每极磁通 Φ_m 将会减小，因为电动机的电磁转矩与每极磁通和转子电流有功分量的乘积成正比，所以在负载转矩不变的条件下，Φ_m 的减小，势必会导致转子电流增大，为了保证电动机的电流不超过允许值，则将会使电动机的最大转矩减小，过载能力下降。综上所述，变频调速时，通常希望气隙每极磁通 Φ_m 近似不变，这就要求频率 f_1 与电源电压 U_1 之间能协调控制。若要 Φ_m 近似不变，则应使

$$\frac{U_1}{f_1} \approx 4.44 k_{w1} N_1 \Phi_m = 常数$$

另一方面，也希望变频调速时，电动机的过载能力 $\lambda_m = \dfrac{T_{max}}{T_N}$ 保持不变。

由电机理论分析可得，在变频调速时，若要电动机的过载能力不变，则电源电压、频率和额定转矩应保持下列关系：

$$\frac{U_1'}{U_1} = \frac{f_1'}{f_1} \sqrt{\frac{T_N'}{T_N}}$$

式中　U_1、f_1、T_N——变频前的电源电压、频率和电动

机的额定转矩；

U'_1、f'_1、T'_N——变频后的电源电压、频率和电动机的额定转矩。

从上式可得对应于下面三种负载，电压应如何随频率的改变而调节。

（1）恒转矩负载

对于恒转矩负载，变频调速时希望 $T'_N = T_N$，即 $\dfrac{T'_N}{T_N} = 1$，所以要求

$$\frac{U'_1}{U_1} = \frac{f'_1}{f_1}\sqrt{\frac{T_N}{T'_N}} = \frac{f'_1}{f_1}$$

即加到电动机上的电压必须随频率成正比变化，这个条件也就是 $\dfrac{U_1}{f_1} =$ 常数，可见这时气隙每极磁通 Φ_m 也近似保持不变。这说明变频调速特别适用于恒转矩调速。

（2）恒功率负载

对于恒功率负载，$P_N = T_N\Omega = T_N\dfrac{2\pi n}{60} =$ 常数，由于 $n \propto f$，所以，变频调速时希望 $\dfrac{T'_N}{T_N} = \dfrac{n}{n'} = \dfrac{f_1}{f'_1}$，以使 $P_N = T_N\dfrac{2\pi n}{60} = T'_N\dfrac{2\pi n'}{60} =$ 常数。于是要求

$$\frac{U'_1}{U_1} = \frac{f'_1}{f_1}\sqrt{\frac{T'_N}{T_N}} = \frac{f'_1}{f_1}\sqrt{\frac{f_1}{f'_1}} = \sqrt{\frac{f'_1}{f_1}}$$

即加到电动机上的电压必须随频率的开方成正比变化。

（3）风机、泵类负载

风机、泵类负载的特点是其转矩随转速的平方成正比

变化,即 $T_N \propto n^2$,所以,对于风机、泵类负载,变频调速时希望 $\dfrac{T_N'}{T_N} = \left(\dfrac{n'}{n}\right)^2 = \left(\dfrac{f_1'}{f_1}\right)^2$,所以要求

$$\frac{U_1'}{U_1} = \frac{f_1'}{f_1}\sqrt{\frac{T_N'}{T_N}} = \frac{f_1'}{f_1}\sqrt{\left(\frac{f_1'}{f_1}\right)^2} = \left(\frac{f_1'}{f_1}\right)^2$$

即加到电动机上的电压必须随频率的平方成正比变化。

实际情况与上面分析的结果有些出入,主要因为电动机的铁芯总是有一定程度的饱和,其次,由于电动机的转速改变时,电动机的冷却条件也改变了。

三相异步电动机的额定频率称为基频,即电网频率 50Hz。变频调速时,可以从基频向上调,也可以从基频向下调。但是这两种情况下的控制方式是不同的。

11.2.3 变频调速时电动机的机械特性

在生产实践中,变频调速系统一般适用于恒转矩负载,实现在额定频率以下的调速。因此,仅着重于分析恒转矩变频调速的机械特性。

如果忽略电动机的定子电阻 R_1,则在不同频率时,对应于最大转矩 T_{max} 的转速降落 Δn_m 不变。所以,恒转矩变频调速的机械特性基本上是一组平行特性曲线簇,如图 11-9 所示。

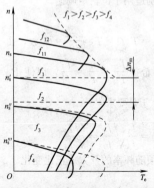

图 11-9　变频调速时的机械特性

显然，变频调速的机械特性类同于他励直流电动机改变电枢电压时的机械特性。

必须指出，当频率 f_1 很低时，由于 R_1 与 $X_{1\sigma} + X'_{2\sigma}$ 相比已变得不可忽略，即使保持 $U_1/f_1 =$ const，也不能维持 Φ_m 为常数，R_1 的作用，相当于定子电路中串入一个降压电阻，使定子感应电动势降低，气隙磁通减小。频率 f_1 越低，R_1 的影响越大，T_{max} 下降越大，为了使低频时电动机的最大转矩不致下降太大，就必须适当地提高定子电压，以补偿 R_1 的压降，维持气隙磁通不变，如图 11-9 中虚线所示。但是，这又将使电动机的励磁电流增大，功率因数下降，所以，下限频率调节是有一定限度的。

对于恒功率变频调速，一般是从基频向上调频。但此时又要保持电压 U_{1N} 不变，由以上分析可知，频率越高，磁通 Φ_m 越低，所以，它可看作是一种降低磁通升速方法，同他励直流电动机的弱磁升速相似，其机械特性如图中 f_{11}、f_{12} 所对应的特性。

11.2.4 从基频向下变频调速

当从基频向下变频调速时，为了保持气隙每极磁通 Φ_m 近似不变，则要求降低电源频率 f_1 时，必须同时降低电源电压 U_1。降低电源电压 U_1 有两种方法，现分述如下。

（1）保持 $\dfrac{E_1}{f_1} =$ 常数

当降低电源频率 f_1 调速时，若保持电动机定子绕组的感应电动势 E_1 与电源频率 f_1 之比等于常数，即 $\dfrac{E_1}{f_1} =$ 常数，则气隙每极磁通 $\Phi_m =$ 常数，是恒磁通控制方式。

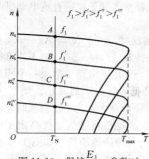

图 11-10　保持 $\dfrac{E_1}{f_1}$＝常数时
变频调速的机械特性

保持 $\dfrac{E_1}{f_1}$＝常数，即恒磁通变频调速时，电动机的机械特性如图 11-10 所示。

从图 11-10 中可以看出，电动机的最大转矩 $T_{\max}$＝常数，与频率 f_1 无关。观察图中的各条曲线可知其机械特性与他励直流电动机降低电枢电源电压调速时的机械特性相似，机械特性较硬，在一定转差率要求下，调速范围宽，而且稳定性好。由于频率可以连续调节，因此变频调速为无级调速，调速的平滑性好。另外电动机在各个速度段正常运行时，转差率较小，因此转差功率较小，电动机的效率较高。

由图 11-10 可以看出，保持 $\dfrac{E_1}{f_1}$＝常数时，变频调速为恒转矩调速方式，适用于恒转矩负载。

（2）保持 $\dfrac{U_1}{f_1}$＝常数

当调低电源频率 f_1 调速时，若保持 $\dfrac{U_1}{f_1}$＝常数，则气隙每极磁通 $\Phi_m \approx$ 常数，这是三相异步电动机变频调速时常采用的一种控制方式。

保持 $\dfrac{U_1}{f_1}$ ＝常数，即近似恒磁通变频调速时，电动机的机械特性如图 11-11 中的实线所示。

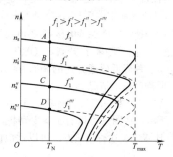

图 11-11 保持 $\dfrac{U_1}{f_1}$ ＝常数的变频调速的机械特性

从图 11-11 中可以看出，当频率 f_1 减小时，电动机的最大转矩 T_{max} 也随之减小，最大转矩 T_{max} 不等于常数。图 11-11 中虚线部分是恒磁通调速时 T_{max} ＝常数的机械特性。显然，保持 $\dfrac{U_1}{f_1}$ ＝常数的机械特性与保持 $\dfrac{E_1}{f_1}$ ＝常数的机械特性有所不同，特别是在低频低速运行时，前者的机械特性变坏，过载能力随频率下降而降低。

由于保持 $\dfrac{U_1}{f_1}$ ＝常数变频调速时，气隙每极磁通近似不变，因此这种调速方法近似为恒转矩调速方式，适用于恒转矩负载。

11.2.5 从基频向上变频调速

在基频以上变频调速时，电源频率 f_1 大于电动机的额定频率 f_N，要保持气隙每极磁通 Φ_m 不变，定子绕组的电压 U_1 将高于电动机的额定电压 U_N，这是不允许的。因此，从基频向上变频调速，只能保持电压 U_1 为电动机的额定电压 U_N 不变。这样，随着频率 f_1 升高，气隙每极磁通 Φ_1 必然会减小，这是一种降低磁通升速的调速方法，类似于他励直流电动机弱磁升速的情况。

保持 $U_1 = U_N =$ 常数，升频调速时，电动机的机械特性如图 11-12 所示，从图中可以看出，电动机的最大转矩 T_{max} 与 f_1^2 成反比减小。这种调速方法可以近似认为属于恒功率调速方式。

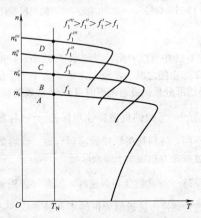

图 11-12　保持 $U_1 = U_N$ 不变的升频调速的机械特性

异步电动机变频调速的电源是一种能调压的变频装置，近年来，多采用晶闸管元件或自关断的功率晶体管器件组成的变频器。变频调速已经在很多领域内获得应用，随着生产技术水平的不断提高，变频调速必将获得更大的发展。

例 11-1 一台笼型三相异步电动机，极数 $2p=4$，额定功率 $P_N=30kW$，额定电压 380V，额定频率 $f_N=50Hz$，额定电流 $I_N=56.8A$，额定转速 $n_N=1470r/min$，拖动 $T_L=0.8T_N$ 的恒转矩负载，若采用变频调速，保持 $\dfrac{U_1}{f_1}=$ 常数，试计算将此电动机转速调为 900r/min 时，变频电源输出的线电压 U_1' 和频率 f_1' 各为多少？

解 电动机的同步转速 n_s 为

$$n_s=\frac{60f_1}{p}=\frac{60f_N}{p}=\frac{60\times50}{2}=1500 \ (r/min)$$

电动机在固有机械特性上的额定转差率 s_N 为

$$s_N=\frac{n_s-n_N}{n_s}=\frac{1500-1470}{1500}=0.02$$

负载转矩 $T_L=0.8T_N$ 时，对应的转差率 s 为

$$s=\frac{T_L}{T_N}s_N=0.8\times0.02=0.016$$

则 $T_L=0.8T_N$ 时的转速降 Δn 为

$$\Delta n=sn_s=0.016\times1500=24 \ (r/min)$$

因为电动机变频调速时的人为机械特性的斜率不变，即转速降落值 Δn 不变，所以，变频以后电动机的同步转速 n_s' 为

$$n'_s = n' + \Delta n = 900 + 24 = 924 \quad (\text{r/min})$$

若使 $n' = 900\text{r/min}$，则变频电源输出的频率 f'_1 和线电压 U'_1 为

$$f'_1 = \frac{pn'_s}{60} = \frac{2 \times 924}{60} = 30.8 \quad (\text{Hz})$$

$$U'_1 = \frac{U_1}{f_1} f'_1 = \frac{U_N}{f_N} f'_1 = \frac{380}{50} \times 30.8 = 234.08 \quad (\text{V})$$

11.3 变频器的选择

11.3.1 变频器类型的选择

根据控制功能，将通用变频器分为三种类型：普通功能型 U/f 控制变频器；具有转矩控制功能的高性能 U/f 控制变频器；矢量控制高性能型变频器。变频器类型的选择，要根据负载的要求来进行。

人们在实践中根据生产机械的特性将其分为恒转矩负载、恒功率负载和风机、泵类负载三种类型。选择变频器时自然应以负载的机械特性为基本依据。对于风机、泵类负载，由于负载转矩正比于转速的平方（$T_L \propto n^2$），低速下负载转矩较小，通常可以选择普通功能型 U/f 控制变频器。

对于恒功率负载特性是依靠 U/f 控制方式来实现的，并没有恒功率特性的变频器。

对于恒转矩负载，则有两种选用情况。采用普通功能型变频器的例子不少，为了实现恒转矩调速，常采用加大电动机和变频器的容量的方法，以提高低速转矩；如果采用具有转矩控制功能的高功能型变频器，来实现恒转矩负载的调速运行，则是比较理想的。因为这种变频器低速转

矩大、静态机械特性硬度大、不怕冲击性负载，具有挖土机特性。

对动态性能要求较高的轧钢、造纸、塑料薄膜生产线，可以采用精度高、响应快的矢量控制的高性能型通用变频器。

11.3.2 变频调速系统电动机容量的选择

在用通用变频器构成变频调速系统时，有时需要利用原有电动机，有时需要增加新电动机，但无论哪种情况，不仅要核算所必需的电动机容量，还要根据电动机的运行环境，选择相应的电动机的防护等级。同时，由于电动机由通用变频器供电，其机械特性与直接电网供电时有所不同，需要按通用变频器供电的条件选择，否则难以达到预期的目的，甚至造成不必要的经济损失。适用于通用变频器供电的电动机类型可分为普通异步电动机、专用电动机、特殊电动机等。下面以最常用的普通异步电动机为例，说明采用通用变频器构成变频调速系统时，如何选择或确定电动机的容量及一般需要考虑的因素。

① 所确定的电动机容量应大于负载所需要的功率，应以正常运行速度时所需的最大输出功率为依据，当环境较差时宜留一定的裕量。

② 应使所选择的电动机的最大转矩与负载所需要的启动转矩相比有足够的裕量。

③ 所选择的电动机在整个运行范围内，均应有足够的输出转矩。当需要拆除原有的减速箱时，应按原来的减速比考虑增大电动机的容量，或另外选择电动机的形式。

④ 应考虑低速运行时电动机的温升能够在规定的温升

范围内，确保电动机的寿命周期。

⑤ 针对被拖动机械负载的性质，确定合适的电动机运行方式。

考虑以上条件，实际的电动机容量可根据电动机的容量＝被驱动负载所需的容量＋将负载加速或减速到所需速度的容量的原则来定。

11.3.3 变频器容量的选择

变频器容量的选择由很多因素决定，例如电动机容量、电动机额定电流、电动机加速时间等。其中，最主要的是电动机额定电流。

（1）一台变频器驱动一台电动机时

当连续恒载运转时，所需变频器的容量必须同时满足下列各项计算公式：

满足负载输出：$P_{CN} \geqslant \dfrac{kP_M}{\eta\cos\varphi}$

满足电动机容量：$P_{CN} \geqslant \sqrt{3}\, kU_M I_M \times 10^{-3}$

满足电动机电流：$I_{CN} \geqslant kI_M$

式中　P_{CN}——变频器的额定容量，$kV \cdot A$；

　　　I_{CN}——变频器的额定电流，A；

　　　P_M——负载要求的电动机的轴输出功率，kW；

　　　U_M——电动机的额定电压，V；

　　　I_M——电动机的额定电流，A；

　　　η——电动机的效率（通常约为 0.85）；

　　$\cos\varphi$——电动机的功率因数（通常约为 0.75）；

　　　k——电流波形的修正系数（对 PWM 控制方式的变频器，取 1.05～1.10）。

（2）一台变频器驱动多台电动机时

当一台变频器同时驱动多台电动机，即成组驱动时，一定要保证变频器的额定输出电流大于所有电动机额定电流的总和。对于连续运行的变频器，当过载能力为 150%、持续时间为 1min 时，必须同时满足下列两项计算公式。

① 满足驱动时容量，即

$$jP_{CN} \geq \frac{kP_M}{\eta\cos\varphi}[N_T + N_S(k_S-1)] = P_{CN1}\left[1 + \frac{N_S}{N_T}(k_S-1)\right]$$

$$P_{CN1} = \frac{kP_M N_T}{\eta\cos\varphi}$$

② 满足电动机电流，即

$$jI_{CN} \geq N_T I_M\left[1 + \frac{N_S}{N_T}(k_S-1)\right]$$

式中　P_{CN}——变频器的额定容量，kV·A；

　　　I_{CN}——变频器的额定电流，A；

　　　P_M——负载要求的电动机的轴输出功率，kW；

　　　I_M——电动机的额定电流，A；

　　　η——电动机的效率（通常约为 0.85）；

　　$\cos\varphi$——电动机的功率因数（通常约为 0.75）；

　　　N_T——电动机并联的台数；

　　　N_S——电动机同时启动的台数；

　　　k——电流波形的修正系数（对 PWM 控制方式的变频器，取 1.05～1.10）；

　　　k_S——电动机启动电流与电动机额定电流之比；

　　P_{CN1}——连续容量，kV·A；

　　　j——系数，当电动机加速时间在 1min 以内时，

$j=1.5$，当电动机加速时间在 1min 以上时，$j=1.0$。

（3）大惯性负载启动时

变频器的容量应满足

$$P_{CN} \geqslant \frac{kn_M}{9550\eta\cos\varphi}\left(T_L + \frac{GD^2 n_M}{375 t_A}\right)$$

式中　P_{CN}——变频器的额定容量，kV·A；

　　　GD^2——换算到电动机轴上的总飞轮力矩，N·m²；

　　　T_L——负载转矩，N·m；

　　　η——电动机的效率（通常约为 0.85）；

　　$\cos\varphi$——电动机的功率因数（通常约为 0.75）；

　　　t_A——电动机加速时间（根据负载要求确定），s；

　　　k——电流波形的修正系数（对 PWM 控制方式的变频器，取 1.05～1.10）；

　　　n_M——电动机的额定转速，r/min。

11.3.4　通用变频器用于特种电动机时的注意事项

上述变频器类型、容量的选择方法，均适用于普通笼型三相异步电动机。但是，当通用变频器用于其他特种电动机时，还应注意以下几点。

① 通用变频器用于控制高速电动机时，由于高速电动机的电抗小，会产生较多的谐波，这些谐波会使变频器的输出电流值增加。因此，选择的变频器容量应比驱动普通电动机的变频器容量稍大一些。

② 通用变频器用于变极电动机时，应充分注意选择变频器的容量，使电动机的最大运行电流小于变频器的额定输出电流。另外，在运行中进行极数转换时，应先停止电

动机工作，否则会造成电动机空载加速，严重时会造成变频器损坏。

③ 通用变频器用于控制防爆电动机时，由于变频器没有防爆性能，应考虑是否将变频器设置在危险场所之外。

④ 通用变频器用于齿轮减速电动机时，使用范围受到齿轮传动部分润滑方式的制约。润滑油润滑时，在低速范围内没有限制；在超过额定转速以上的高速范围内，有可能发生润滑油欠供的情况。因此，要考虑最高转速允许值。

⑤ 通用变频器用于绕线转子异步电动机时，应注意绕线转子异步电动机与普通异步电动机相比，绕线转子异步电动机绕组的阻抗小，因此容易发生由于谐波电流而引起的过电流跳闸现象，故应选择比通常容量稍大的变频器。一般绕线转子异步电动机多用于飞轮力矩（飞轮惯量）GD^2 较大的场合，在设定加减速时间时应特别注意核对，必要时应经过计算。

⑥ 通用变频器用于同步电动机时，与工频电源相比会降低输出容量 $10\%\sim20\%$，变频器的连续输出电流要大于同步电动机额定电流。

⑦ 通用变频器用于压缩机、振动机等转矩波动大的负载及油压泵等有功率峰值的负载时，有时按照电动机的额定电流选择变频器，可能会发生峰值电流使过电流保护动作的情况。因此，应选择比其在工频运行下的最大电流更大的运行电流作为选择变频器容量的依据。

⑧ 通用变频器用于潜水泵电动机时，因为潜水泵电动机的额定电流比普通电动机的额定电流大，所以选择变频器时，其额定电流要大于潜水泵电动机的额定电流。

总之，在选择和使用变频器前，应仔细阅读产品样本和使用说明书，有不当之处应及时调整，然后再依次进行选型、购买、安装、接线、设置参数、试车和投入运行。

值得一提的是，通用变频器的输出端允许连接的电缆长度是有限制的，若需要长电缆运行，或一台变频器控制多台电动机时，应采取措施抑制对地耦合电容的影响，并应放大一、二挡选择变频器的容量或在变频器的输出端选择安装输出电抗器。另外，在此种情况下变频器的控制方式只能为 U/f 控制方式，并且变频器无法实现对电动机的保护，需在每台电动机上加装热继电器实现保护。

11.3.5 变频器选择实例

例 11-2 一台笼型三相异步电动机，极数为 4 极，额定功率为 5.5kW、额定电压 380V、额定电流为 11.6A、额定频率为 50Hz、额定效率为 85.5%、额定功率因数为 0.84。试选择一台通用变频器（采用 PWM 控制方式）。

解 因为采用 PWM 控制方式的变频器，所以取电流波形的修正系数 $k=1.10$，根据已知条件可得

$$P_{CN} \geqslant \frac{kP_M}{\eta cos\varphi} = \frac{1.10 \times 5.5}{0.855 \times 0.84} = 8.424 \text{ (kV·A)}$$

$$P_{CN} \geqslant \sqrt{3} kU_M I_M \times 10^{-3} = \sqrt{3} \times 1.10 \times 380 \times 11.6 \times 10^{-3}$$
$$= 8.398 \text{ (kV·A)}$$

$$I_{CN} \geqslant kI_M = 1.10 \times 11.6 = 12.76 \text{ (A)}$$

根据日立 L100 系列小型通用变频器技术数据（见表 11-3），故可选用 L100-055HFE 型或 L100-055HFU 型通用变频器，其额定容量 $P_{CN} = 10.3\text{kV·A}$，额定输出电流 $I_{CN} = 13\text{A}$，可以满足上述要求。

表11-3 L100系列小型通用变频器主要技术数据

200V级

项目	002NFE 002NFU	004NFE 004NFU	005NFC	007NFE 007NFU	011NFE	015NFE 015NFU	022NFE 022NFU
型号(L100-)	002NFE 002NFU	004NFE 004NFU	005NFC	007NFE 007NFU	011NFE	015NFE 015NFU	022NFE 022NFU
防护等级	IP20						
适用电动机功率/kW	0.2	0.4	0.55	0.75	1.1	1.5	2.2
适用电源容量	0.6	1.0	1.2	1.6	1.9	3	4.2
额定输入电压	单相:200~240V,50/60Hz±5% 三相:220~230(1±10%)V,50/60Hz±5%(037LFR 只有三相) 三相200~240V						
额定输出电流/A	1.6	2.6	3.0	4.0	5.0	8.0	11
质量/kg	0.7	0.8	0.8	1.3	1.3	2.3	2.8
深度 D/mm	107	107	129	129	153	153	164
宽度 W/mm	84	84	110	110	140	140	140
高度 H/mm	120	120	130	130	180	180	180

400V级

项目	004HFE 004HFU	007HFE 007HFU	015HFE 015HFU	022HFE 022HFU	040HFE 040HFU	055HFE 055HFU	075HFE 075HFU
型号(L100-)	004HFE 004HFU	007HFE 007HFU	015HFE 015HFU	022HFE 022HFU	040HFE 040HFU	055HFE 055HFU	075HFE 075HFU
防护等级	IP20						
适用电动机功率/kW	0.4	0.75	1.5	2.2	4.0	5.5	7.5
适用电源容量	1.1	1.9	2.9	4.2	6.6	10.3	12.7
额定输入电压	三相380~460(1±10%)V 三相380~460V(取决于输入电压)						
额定输出电流/A	1.5	2.5	3.8	5.5	8.6	13	16
质量/kg	1.3	1.7	1.7	2.8	2.8	5.5	5.7

续表

项　目	400V 级						
型号(L100-□)	004HFE 004HFU	007HFE 007HFU	015HFE 015HFU	022HFE 022HFU	040HFE 040HFU	055HFE 055HFU	075HFE 075HFU
深度 D/mm	129	156	156	164	164	170	170
宽度 W/mm	110	110	110	140	140	182	182
高度 H/mm	130	130	130	180	180	257	257
控制方法	SPWM 控制						
输出频率范围	0.5～360Hz						
频率设定分辨率	数字设定：最大频率/1000　模拟设定：最大频率·0.1Hz						
电压/频率特性	可选择恒转矩、变转矩特性、无速度传感器矢量控制						
过载电流额定值	150%,持续时间 60s						
加/减速时间	0.1～3000s,可设定直线或曲线加/减速,第一加/减速、第二加/减速						
启动转矩	200%以上				180%以上(0.4～2.2kW)		
再生制动(不用外部制动电阻) 制动转矩	约100%(0.2～0.75kW)　约70%(1.1～1.5kW)　约20%(2.2kW)				约100%(0.4～0.75kW)　约70%(1.5～2.2kW)　约20%(3.0～7.5kW)		
保护功能	过电流、过电压、欠电压、过载、温度过高、温度过低、CPU 错误、启动时接地故障、通信错误						
环境条件 环境/储存温度/湿度	-10～50℃/-10～70℃/20%～90%(无结露)						
环境条件 振动	5.9m/s²(0.6g),10～55Hz						
环境条件 安装地点	海拔 1000m 以下、室内(无腐蚀型气体和灰尘),装饰色						

例 11-3 一台笼型三相异步电动机，极数为 6 极、额定功率为 5.5kW、额定电源为 380V、额定电流为 12.6A、额定频率为 50Hz、额定效率为 85.3%、额定功率因数为 0.78。试选择一台通用变频器（采用 PWM 控制方式）。

解 因为采用 PWM 控制方式，所以取电流波形的修正系数 $k=1.10$，根据已知条件可得

$$P_{CN} \geq \frac{k P_M}{\eta \cos\varphi} = \frac{1.10 \times 5.5}{0.853 \times 0.78} = 9.093 \ (kV \cdot A)$$

$$P_{CN} \geq \sqrt{3} k U_M I_M \times 10^{-3} = \sqrt{3} \times 1.10 \times 380 \times 12.6 \times 10^{-3}$$
$$= 9.122 \ (kV \cdot A)$$

$$I_{CN} \geq k I_M = 1.10 \times 12.6 = 13.86 \ (A)$$

根据表 11-3，故可选用 L100-075HFE 型或 L100-075HFU 型通用变频器，其 $P_{CN} = 12.7 kV \cdot A$，$I_{CN} = 16A$，可以满足上述要求。

11.4 变频器的使用与维护

11.4.1 变频器的外围设备及用途

变频器的外围设备如图 11-13 所示。各外围设备的用途如下。

① 电源变压器 T 用于将电源电压变换到通用变频器所需的电压等级。变频器的输入电流含有一定量的高次谐波，使电源侧的功率因数降低，若再考虑变频器的运行效率，则变压器的容量常按下式计算：

$$变压器的容量 \ (kV \cdot A) = \frac{变频器的输出功率 \ (kW)}{变频器输入功率因数 \times 变频器效率}$$

其中，在有输入交流电抗器 UL1 时，变频器功率因数

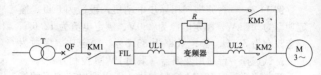

图 11-13　变频器的外围设备

T—电源变压器；QF—电源侧断路器；KM1—电源侧电磁接触器；
FIL—无线电噪声滤波器；UL1—电源侧交流电抗器；R—制动电阻；
KM2—电动机侧电磁接触器；KM3—工频电网切换用接触器；
UL2—电动机侧交流电抗器

取 0.8～0.85；在无输入交流电抗器 UL1 时，变频器功率因数取 0.6～0.8。变频器效率可取 0.95，变频器输出功率应为所接电动机的总功率。

② 电源侧断路器 QF 用于电源回路的通断，并且在出现过流或短路事故时自动切断电源，以防事故扩大。如果需要进行接地保护，也可采用漏电保护式断路器。

③ 电磁接触器 KM1 用于电源的通断，在变频器保护功能起作用时，切断电源。对于电网停电后的复电，可以防止自动再投入，以保护设备的安全及人身安全。

④ 无线电噪声滤波器 FIL 用于限制变频器因高次谐波对外界干扰，可酌情选用。

⑤ 交流电抗器 UL1 用于抑制变频器输入侧的谐波电流，改善功率因数。选用与否视电源变压器与变频器容量的匹配情况及电网电压允许的畸变程度而定，一般情况下采用为好。

⑥ 交流电抗器 UL2 用于改善变频器输出电流的波形，

降低电动机的噪声。

⑦ 制动电阻 R 用于吸收电动机再生制动（又称回馈制动）的再生电能，可以缩短大惯量负载的自由停车时间；还可以在位能负载下放时，实现再生制动。

⑧ 电磁接触器 KM2 和 KM3 用于变频器和工频电网之间的切换运行。在这种方式下，KM2 是必不可少的，它和 KM3 之间的联锁可以防止变频器的输出端接到工频电网上。一旦出现变频器输出端误接到工频电网上的情况，将会损坏变频器。如果不需要变频器与工频电网之间的切换功能，可以不要 KM2。注意，有些机种要求 KM2 只能在电动机和变频器停机状态下进行通断。

11.4.2　对变频器的安装环境的要求

变频器是精密电子设备，为了确保其稳定运行，计划安装时，对其工作的场所和环境必须进行考虑，以使其充分发挥应有的功能。

（1）对变频器的设置场所的要求

① 结构房或电气室应湿气少，无水浸顾虑。

② 无易燃、易爆气体，无腐蚀性气体和液体，粉尘少。

③ 变频器易于搬进、搬出。

④ 定期的变频器维修和检查易于进行。

⑤ 应备有通风口或换气装置，以排出变频器产生的热量。

⑥ 应与易受高次谐波干扰的装置隔离。

（2）长期维持变频器可靠运行的条件

① 环境温度为 $-10 \sim 50 \text{℃}$。

② 相对湿度为 $20\% \sim 90\% \text{RH}$。

③ 海拔要求为 1000m 以下。设置环境海拔为 1000m 以上时，每超过 100m，额定容量减少 10%。

④ 振动。设置场所的振动加速应限制在 5.9m/s² (0.6g) 以内，振动超值时会使变频器的紧固件松动，继电器和接触器等触点部件误动作，可能导致不稳定运行。所以在振动场所应用变频器时，应采取防振措施，并进行定期检查和维护、加固。

（3）变频器长期不用时的存放条件

1）环境温度

① -10~30℃，6 个月以上的存放；

② -10~40℃，3~6 个月的存放；

③ -10~50℃，3 个月以内的存放。

2）相对湿度 20%~90%RH（不结露）。

3）存放场所 无腐蚀气体、无尘埃、无阳光直射处。

4）定期通电 每年通电一次，通电时间保持在 30~60min。因为变频器内有很多电解电容会发生劣化现象，实际运行时会发生漏电增加、耐压降低现象，故必须定期通电，使电解电容自我修复，以改善劣化特性。

11.4.3　变频器的安装

① 用螺栓将变频器垂直安装到坚固的物体上，而且从正面就可以看见变频器正面的文字位置，勿上下颠倒或平放安装。

② 变频器在运行中会发热，为确保冷却风道畅通，变频器的安装方向与周围空间应满足图 11-14 所示的要求（电线、配线槽不要通过这个空间）。

③ 由于变频器内部热量从上部排出，故不要将变频器

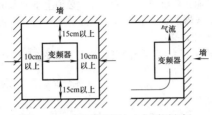

图 11-14　变频器安装方向与周围空间

安装到不耐热的机器下面。

　　④ 变频器在运行中，散热片附近的温度可上升到 90℃，故变频器背面要使用耐温材料。

　　⑤ 将变频器安装在控制箱内时，要充分注意换气，防止变频器周围温度超过额定值。勿将变频器安装在散热不良的小密闭箱内。

　　⑥ 将多台变频器安装在同一装置或控制箱内时，为减

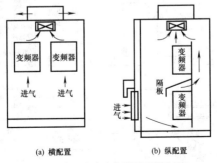

(a) 横配置　　　　　(b) 纵配置

图 11-15　多台变频器的安装方法

少相互影响，建议横向并列安放。必须上下安装时，为了使下部变频器的热量不致影响上部的变频器，应设置隔板等物（见图 11-15）。

⑦ 电动机变频器外围设备的安装如图 11-16 所示。

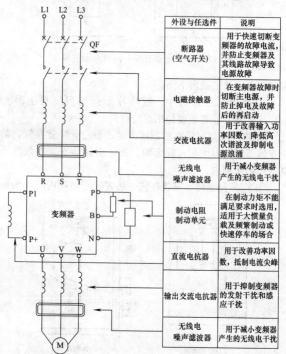

外设与任选件	说明
断路器 (空气开关)	用于快速切断变频器的故障电流，并防止变频器及其线路故障导致电源故障
电磁接触器	在变频器故障时切断主电源，并防止掉电及故障后的再启动
交流电抗器	用于改善输入功率因数，降低高次谐波及抑制电源浪涌
无线电噪声滤波器	用于减小变频器产生的无线电干扰
制动电阻制动单元	在制动力矩不能满足要求时适用，适用于大惯量负载及频繁制动或快速停车的场合
直流电抗器	用于改善功率因数，抑制电流尖峰
输出交流电抗器	用于抑制变频器的发射干扰和感应干扰
无线电噪声滤波器	用于减小变频器产生的无线电干扰

图 11-16　电动机变频器外围设备的安装

11.4.4　变频器通电前的检查与空载通电检验

（1）变频器通电前应进行的检查

① 检查变频器的安装空间和安装环境是否合乎要求。

② 检查铭牌上的数据是否与所控制的电动机相适应。

③ 检查电源电压是否在容许电源电压值以内。

④ 检查变频器的主电路接线和控制电路接线是否合乎要求。在检查接线过程中，主要应注意以下几方面的问题。

a. 交流电源不要加到变频器的输出端上。

b. 变频器与电动机之间的接线不能超过变频器允许的最大布线距离，否则应加交流输出电抗器。

c. 交流电源线不能接到控制电路端子上。

d. 主电路地线和控制电路地线、公共端、中性线的接法是否合乎要求。

e. 在工频与变频相互转换的应用中，应注意电气与机械的互锁。

（2）变频器的空载通电检验

① 将变频器的电源输入端子经过漏电保护开关接到电源上，以使机器发生故障时能迅速切断电源。

② 检查变频器显示窗的出厂显示是否正常。如果不正确，则复位。复位仍不能解决，则要求退换。

③ 熟悉变频器的操作键。关于这些键的定义参照有关产品的说明书。

11.4.5　变频器的运行

（1）变频器带电动机空载运行

① 设置电动机的功率、极数，要综合考虑变频器的工作电流、容量和功率，根据系统的工况要求来选择设定功

率和过载保护值。

② 设定变频器的最大输出频率、基频，设置转矩特性。如果是风机和泵类负载，要将变频器的转矩运行代码设置成变转矩和降转矩运行特性。

③ 将变频器设置为自带的键盘操作模式，按运行键、停止键，观察电动机是否能正常启动、停止。检查电动机的旋转方向是否正确。

④ 熟悉变频器运行发生故障时的保护代码，观察热保护继电器的出厂值，观察过载保护的设定值，需要时可以修改。

⑤ 变频器带电动机空载运行可以在 5、10、15、20、25、35、50（Hz）等几个频率点进行。

（2）变频器带负载试运行

① 手动操作变频器面板的运行、停止键，观察电动机运行、停止过程变频器的显示窗，看是否有异常现象。

② 如果启动/停止电动机过程中变频器出现过电流动作，应重新设定加速/减速时间，当电动机负载惯性较大时，应根据负载特性设置运行曲线类型。

③ 如果变频器仍然存在运行故障，尝试增加最大电流的保护值，但是不能取消保护，应留有至少 10％～20％的保护余量。如果变频器运行故障仍没解除，应更换更大一级功率的变频器。

④ 如果变频器带动电动机在启动过程中达不到预设速度，可能有两种原因。

a. 系统发生机电共振（可以听电动机运转的声音进行判断）。采用设置频率跳跃值的方法，可以避开共振点。

　　b. 电动机的转矩输出能力不够。不同品牌的变频器出厂参数设置不同，在相同的条件下，带载能力不同。也可能因变频器控制方法不同，造成电动机的带载能力不同。或因系统的输出效率不同，造成带载能力有所不同。对于这种情况，可以增加转矩提升量的值。如果仍然不行，应改用新的控制方法。

　　⑤ 试运行时还应该检查以下几点。

　　a. 电动机是否有不正常的振动和噪声；

　　b. 电动机的温升是否过高；

　　c. 电动机轴旋转是否平稳；

　　d. 电动机升降速时是否平滑。

　　试运行正常以后，按照系统的设计要求进行功能单元操作或控制端子操作。

11.4.6　变频器的日常检查和定期检查

　　日常检查和定期检查主要目的是尽早发现异常现象，清除尘埃、紧固检查、排除事故隐患等。在通用变频器运行过程中，可以从设备外部目视检查运行状况有无异常，通过键盘面板转换键查阅变频器的运行参数，如输出电压、输出电流、输出转矩、电机转速等，掌握变频器日常运行值的范围，以便及时发现变频器及电机问题。

　　(1) 日常检查

　　日常检查包括不停止变频器运行或不拆卸其盖板进行通电和启动试验，通过目测变频器的运行状况，确认有无异常情况，通常检查以下内容。

　　① 键盘面板显示是否正常，有无缺少字符。仪表指示是否正确、是否有振动、振荡等现象。

② 冷却风扇部分是否运转正常，是否有异常声音等。

③ 变频器及引出电缆是否有过热、变色、变形、异味、噪声、振动等异常情况。

④ 变频器周围环境是否符合标准规范，温度与湿度是否正常。

⑤ 变频器的散热器温度是否正常。

⑥ 变频器控制系统是否有集聚尘埃的情况。

⑦ 变频器控制系统的各连接线及外围电气元件是否有松动等异常现象。

⑧ 检查变频器的进线电源是否异常，电源开关是否有电火花、缺相、引线压接螺栓松动等，电压是否正常。

⑨ 检查电动机是否有过热、异味、噪声、振动等异常情况。

（2）定期检查

定期检查时要切断电源，停止变频器运行并卸下变频器的外盖。主要检查不停止运转而无法检查的地方或日常难以发现问题的地方，以及电气特性的检查、调整等，都属于定期检查的范围。检查周期根据系统的重要性、使用环境及设备的统一检修计划等综合情况来决定，通常为6～12个月。

开始检查时应注意，变频器断电后，主电路滤波电容器上仍有较高的充电电压，放电需要一定时间，一般为5～10min，必须等待充电指示灯熄灭，并用电压表测试确认充电电压低于 DC25V 以下后才能开始作业。主要的检查项目如下。

① 周围环境是否符合规范。

② 用万用表测量主电路、控制电路电压是否正常。

③ 显示面板是否清楚，有无缺少字符。

④ 框架结构有无松动，导体、导线有无破损。

⑤ 检查滤波电容器有无漏液，电容量是否降低。高性能的变频器带有自动指示滤波电容容量的功能，由面板可显示出电容量，并且给出出厂时该电容的容量初始值，并显示容量降低率，推算出电容器的寿命。普及型通用变频器则需要用电容量测试仪测量电容量，测出的电容量应大于初始电容量的 85%，否则应予以更换。

⑥ 电阻、电抗、继电器、接触器的检查，主要看有无断线。

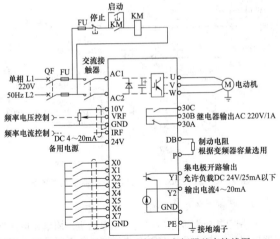

图 11-17　森兰 SB20S（单相）变频器基本接线图

⑦ 印制电路板检查应注意连接有无松动、电容器有无漏液、板上线条有无锈蚀、断裂等。

⑧ 冷却风扇和通风道检查。

11.4.7 变频器的基本接线与应用实例

（1）常用变频器的基本接线

① 森兰 SB20S（单相）变频器基本接线图（见图 11-17）

② 森兰 SB20T（三相）变频器基本接线图（见图 11-18）

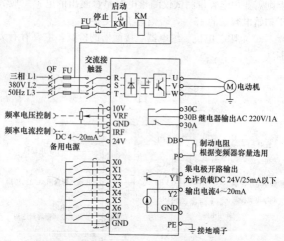

图 11-18 森兰 SB20T（三相）变频器基本接线图

（2）变频器的应用实例

① 用单相电源变频器控制三相电动机 用单相电源变频器控制三相电动机的控制电路如图 11-19 所示。采用该

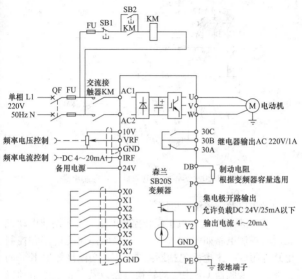

图 11-19 用单相电源变频器控制三相电动机

控制电路，可以用单相电源控制三相异步电动机，进行变频调速。图中，SB2 是启动按钮，SB1 是停止按钮。

② 变频调速电动机正转控制电路 变频调速电动机正转控制电路如图 11-20 所示，该电路由主电路和控制电路等组成。主电路包括断路器 QF、交流接触器 KM 的主触头、变频器 UF 内置的转换电路以及三相交流电动机 M 等。控制电路包括变频器内置的辅助电路、旋转开关 SA、启动按钮 SB2、停止按钮 SB1、交流接触器 KM 的线圈和

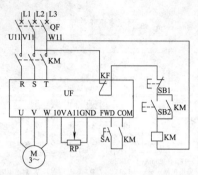

图 11-20　变频调速电动机正转控制电路

辅助触头以及频率给定电路等。

　　③ 变频调速电动机正反转控制电路　变频调速电动机正反转控制电路如图 11-21 所示，该电路由主电路和控制电路等组成。主电路包括断路器 QF、交流接触器 KM 的主触头、变频器 UF 内置的转换电路以及三相交流电动机 M 等。控制电路包括变频器内置的辅助电路、旋转开关 SA、启动按钮 SB2、停止按钮 SB1、交流接触器 KM 的线圈和辅助触头以及频率给定电路等。

　　合上断路器 QF，控制电路得电。按下启动按钮 SB2 后，交流接触器 KM 的线圈得电吸合并自锁，KM 的主触头闭合，与此同时 KM 的常开辅助触头闭合，使旋转开关 SA 与变频器的 COM 端接通，为变频器工作做好准备。操作开关 SA，当 SA 与 FWD 端接通时，电动机正转；当 SA 与 REV 端接通时，电动机反转。需要停机时，先使 SA 位

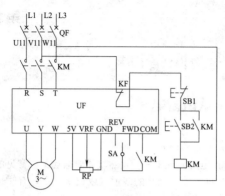

图 11-21　变频调速电动机正反转控制电路

于断开位置，使变频器首先停止工作，再按下停止按钮 SB1，使交流接触器 KM 的线圈失电，其主触头断开三相交流电源。

第12章

防雷与接地装置

12.1 认识雷电

12.1.1 雷电的特点与危害

(1) 雷电的特点

① 雷电是大气中一种自然气体放电现象。常见的有放电痕迹呈线形或树枝状的线形（或枝状）雷，有时也会出现带形雷、片形雷和球形雷。

② 雷电有以下特点：

a. 电压高、电流大、释放能量时间短、破坏性大；

b. 雷云放电速度快，雷电流的幅值大，但放电持续时间极短，所以雷电流的陡度很高；

c. 雷电流的分布是不均匀的，通常是山区多平原少，南方多北方少。

(2) 雷电的危害

① 直击雷的危害　天空中高电压的雷云，击穿空气层，向大地及建筑物、架空电力线路等高耸物放电的现象，称为直击雷。发生直击雷时，特大的雷电流通过被击物，使被击物燃烧，使架空导线熔化。

② 感应雷的危害　雷云对地放电时，在雷击点全放电的过程中，位于雷击点附近的导线上将产生感应过电压，它能使电力设备绝缘发生闪络或击穿，造成电力系统停电事故、

电力设备的绝缘损坏，使高压电串入低压系统，威胁低压用电设备和人员的安全，还可能发生火灾和爆炸事故。

③ 雷电侵入波的危害　架空电力线路或金属管道等，遭受直击雷后，雷电波就沿着这些击中物传播，这种迅速传播的雷电波称为雷电侵入波。它可使设备或人遭受雷击。

12.1.2　防雷的主要措施

防雷的重点是各高层建筑、大型公共设施、重要机构的建筑物及变电所等。应根据各部位的防雷要求、建筑物的特征及雷电危害的形式等因素，采取相应的防雷措施。

（1）防直击雷的措施

安装各种形式的接闪器是防直击雷的基本措施。如在通信枢纽、变电所等重要场所及大型建筑物上可安装避雷针，在高层建筑物上可装设避雷带、避雷网等。

（2）防雷电波侵入的措施

雷电波侵入危害的主要部位是变电所，重点是电力变压器。基本的保护措施是在高压电源进线端装设阀式避雷器。避雷器应尽量靠近变压器安装，其接地线应与变压器低压侧中性点及变压器外壳共同连接在一起后，再与接地装置连接。

（3）防感应雷的措施

防感应雷的基本措施是将建筑物上残留的感应电荷迅速引入大地，常采用的方法是将混凝土屋面的钢筋用引下线与接地装置连接。对防雷要求较高的建筑物，一般采用避雷网防雷。

接闪器是专门用来接受直接雷击的金属导体。接闪器的功能实质上起引雷作用，将雷电引向自身，为雷云放电提供通路，并将雷电流泄入大地，从而使被保护物体免遭雷击、免受雷害的一种人工装置。根据使用环境和作用不同，接闪器有避雷针、避雷带和避雷网三种装设形式。

12.2 防雷装置的安装

12.2.1 避雷针

（1）避雷针的特点

避雷针其顶端呈针尖状，下端经接地引线与接地装置焊接在一起。避雷针通常安装于被保护物体顶端的突出位置。

单支避雷针的保护范围为一近似的锥体空间，如图12-1所示。由图可见应根据被保护物体的高度和有效保护半径确定避雷针的高度和安装位置，以使被保护物体全部处于保护范围之内。

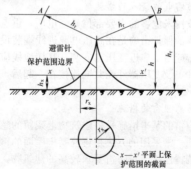

图 12-1　单支避雷针的保护范围

h—避雷针的高度；h_r—滚球半径；h_x—被保护物高度；
r_x—在 x—x' 水平面上的保护半径

避雷针通常装设在被保护的建筑物顶部的凸出部位，由于高度总是高于建筑物，所以很容易把雷电流引入其尖端，再经过引下线的接地装置，将雷电流泄入大地，从而使建筑物、构筑物免遭雷击。

（2）避雷针的安装方法与注意事项

避雷针一般用圆钢或焊接钢管制成，顶端剔尖。针长 1m 以下时，圆钢直径不得小于 12mm，钢管直径不得小于 20mm；针长为 1～2m 时，圆钢直径不得小于 16mm，钢管直径不得小于 25mm；针长 2m 以上时，采用粗细不同的几节钢管焊接起来。

避雷针通常用木杆或水泥杆支撑，较高的避雷针则采用钢结构架杆支撑，有时也采用钢筋混凝土或钢架构成独立避雷针。避雷针装设在烟囱上方时，由于烟气有腐蚀作用，宜采用直径 20mm 以上的圆钢或直径不小于 40mm 的钢管。

采用避雷针时，应按规定的不同建筑物的防雷级别的滚球半径 h_r，用滚球法来确定避雷针的保护范围，建筑物全部处于保护范围之内时就会安全无恙。安装避雷针时应注意以下几点。

① 构架上的避雷针应与接地网连接，并应在其附近装设集中接地装置。

② 屋顶上装设的防雷金属网和建筑物顶部的避雷针及金属物体应焊接成一个整体。

③ 照明线路、天线或电话线等严禁架设在独立避雷针的针杆上，以防雷击时，雷电流沿线路侵入室内，危及到人身和设备安全。

④ 避雷针接地引下线连接要焊接可靠，接地装置安装

要牢固，接地电阻应符合要求（一般不能超过 10Ω）。

图 12-2 为避雷针安装方法，表 12-1 为不同针高时的各节尺寸。

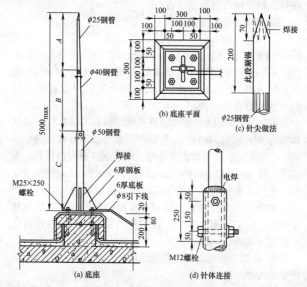

图 12-2　避雷针安装方法

表 12-1　针体各节尺寸

避雷针总高/m		1.0	2.0	3.0	4.0	5.0
各节尺寸/mm	A	1000	2000	1500	1000	1500
	B	—	—	1500	1500	1500
	C				1500	2000

12.2.2 避雷带和避雷网

（1）避雷带和避雷网的特点

避雷带是一种沿建筑物顶部突出部位的边沿敷设的接闪器，对建筑物易受雷击的部位进行保护。一般高层建筑物都装设这种形式的接闪器。

避雷网是用金属导体做成网状的接闪器。它可以看作纵横分布、彼此相连的避雷带。显然避雷网具有更好的防雷性能，多用于重要高层建筑物的防雷保护。

避雷带和避雷网一般采用圆钢制作，也可采用扁钢。

避雷带的尺寸应不小于以下数值：圆钢直径为 8mm；扁钢厚度不小于 4mm，截面积不小于 48mm²。

（2）避雷带和避雷网的安装

① 避雷带 避雷带是水平敷设在建筑物的屋脊、屋檐、女儿墙等位置的带状金属线，对建筑物易受雷击部位进行保护。避雷带的做法如图 12-3 所示。

避雷带一般采用镀锌圆钢或扁钢制成，圆钢直径应不小于 8mm；扁钢截面积应不小于 50mm²，厚度应不小于 4mm，在要求较高的场所也可以采用直径 20mm 的镀锌钢管。

避雷带进行安装时，若装于屋顶四周，则应每隔 1m 用支架固定在墙上，转弯处的支架间隔为 0.5m，并应高出屋顶 100～150mm。若装设于平面屋顶，则需现浇混凝土支座，并预埋支持卡子，混凝土支座间隔 1.5～2m。

② 避雷网 避雷网适用于较重要的建筑物，是用金属导体做成的网格式的接闪器，将建筑物屋面的避雷带（网）、引下线、接地体连接成一个整体的钢铁大网笼。避

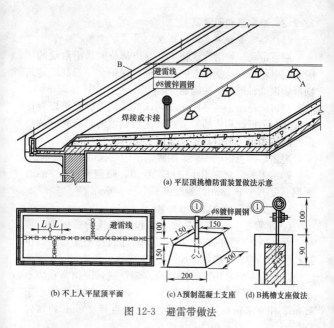

(a) 平层顶挑檐防雷装置做法示意

(b) 不上人平屋顶平面   (c) A预制混凝土支座   (d) B挑檐支座做法

图 12-3 避雷带做法

雷网有全明装、部分明装、全暗装、部分暗装等几种。

　　工程上常用的是暗装与明装相结合起来的笼式避雷网，将整个建筑物的梁、板、柱、墙内的结构钢筋全部连接起来，再接到接地装置上，就成为一个安全、可靠的笼式避雷系统，如图 12-4 所示。它既经济又节约材料，也不影响建筑物的美观。

　　避雷网采用截面积应不小于 $50mm^2$ 的圆钢和扁钢，交

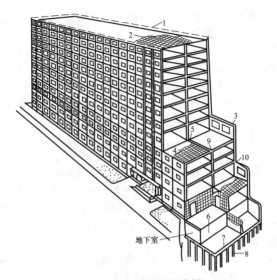

图 12-4　笼式避雷网示意图

1—周圈式避雷带；2—屋面板钢筋；3—外墙板；4—各层楼板；
5—内纵墙板；6—内横墙板；7—承台梁；8—基桩；
9—内墙板连接点；10—内外墙板钢筋连接点

叉点必须焊接，距屋面的高度一般应不大于 20mm。在框架结构的高层建筑中较多采用避雷网。

（3）平屋顶建筑物的防雷措施

目前的建筑物，大多数都采用平屋顶。平屋顶的防雷装置设有避雷网或避雷带，沿屋顶以一定的间距铺设避雷网。屋顶上所有凸起的金属物、构筑物或管道均应与避雷网连接（用 $\phi 8$ 圆钢），避雷网的方格不大于 10m（即屋面上任何一点距避雷带不应大于 10m），施工时应按设计尺寸安装，不得任意增大。引下线应不少于两根，各引下线的距离为：一类建筑不应大于 24m；二类建筑不应大于 30m；三类建筑一般不大于 30m，最大不得超过 40m。

平屋顶上若有灯柱和旗杆，也应将其与整个避雷网（带）连接。

12.2.3 避雷器

（1）避雷器的特点与分类

避雷器主要用于保护发电厂、变电所的电气设备以及架空线路、配电装置等，是用来防护雷电产生的过电压，以免危及被保护设备的绝缘。使用时，避雷器接在被保护设备的电源侧，与被保护线路或设备相并联，避雷器的接线图如图 12-5 所示。当线路上出现危及设备安全的过电压时，避雷器的火花间隙就被击穿，或由高阻变为低阻，使过电压对地放电，从而保护设备免遭破坏。避雷器的形式主要有阀式避雷器和管式避雷器等。

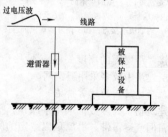

图 12-5 避雷器的接线图

（2）阀式避雷器的安装

阀式避雷器主要由密封在瓷套内的多个火花间隙和一叠具有非线性电阻特性的阀片（又称阀性电阻盘）串联组成，阀式避雷器的结构如图 12-6 所示。

阀式避雷器的工作原理：接于电力系统中运行的避雷器，由于火花间隙具有足够的对地绝缘强度，所以它不会被正常的工频电压所击穿，这时阀片就不会通过电流。当电力系统出现了危险的过电压时，火花间隙很快被击穿，使雷电流很容易通过阀片引入大地。这时作用在被保护设备上的电压只是避雷器的残压，从而达到保护电气设备的作用。

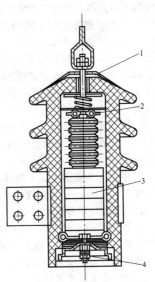

图 12-6　阀式避雷器的结构图
1—瓷套；2—火花间隙；3—阀片电阻；4—接地螺栓

安装阀式避雷器时应注意以下几点。

① 安装前应对避雷器进行工频交流耐压试验、直流泄漏试验及绝缘电阻的测定，达不到标准时，不准投入运行。

② 阀式避雷器的安装，应便于巡视和检查，并应垂直

安装不得倾斜，引线要连接牢固，上接线端子不得受力。

③ 阀式避雷器的瓷套应无裂纹，密封应良好。

④ 阀式避雷器安装位置应尽量靠近被保护设备。避雷器与 3～10kV 变压器的最大电气距离，雷雨季经常运行的单路进线不大于 15m，双路进线不大于 23m，三路进线不大于 27m。若大于上述距离时，应在母线上设阀式避雷器。

⑤ 安装在变压器台上的阀式避雷器，其上端引线（即电源线）最好接在跌落式熔断器的下端，以便与变压器同时投入运行或同时退出运行。

⑥ 阀式避雷器上、下引线的截面都不得小于规定值，铜线不小于 16mm^2，铝线不小于 25mm^2，引线不许有接头，引下线应附杆而下，上、下引线不宜过松或过紧。

⑦ 阀式避雷器接地引下线与被保护设备的金属外壳应可靠地与接地网连接。线路上单组阀式避雷器，其接地装置的接地电阻不应大于 5Ω。

（3）管式避雷器的安装

管式避雷器由产气管、内部间隙和外部间隙三部分组成，如图 12-7 所示。

安装管式避雷器时应注意以下问题。

① 额定断续能力与所保护设备的短路电流相适应。

② 安装时，应避免各管式避雷器排出的电离气体相交而造成短路，但在开口端固定的避雷器，则允许它排出的电离气体相交。

③ 装设在木杆上的管式避雷器，一般采用共用的接地装置，并可与避雷线共用一根接地引下线。

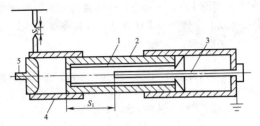

图 12-7　管式避雷器的结构图

1—产气管；2—胶木管；3—棒形电极；4—环形电极；

5—动作指示器；S_1—内部间隙；S_2—外部间隙

④ 管式避雷器及外部间隙应安装牢固可靠，以保证管式避雷器运行中的稳定性。

⑤ 管式避雷器的安装位置应便于巡视和检查，安装地点的海拔高度一般不超过 1000m。

12.3　认识接地装置

12.3.1　接地与接零

接地与接零是保证电气设备和人身安全用电的重要保护措施。

所谓接地，就是把电气设备的某部分通过接地装置与大地连接起来。

接零是指在中性点直接接地的三相四线制供电系统中，将电气设备的金属外壳、金属构架等与零线连接起来。

（1）工作接地

为了保证电气设备的安全运行，将电路中的某一点

（例如变压器的中性点）通过接地装置与大地可靠地连接起来，称为工作接地，工作接地（又称系统接地）如图12-8（a）所示。

（2）保护接地

为了保障人身安全，防止间接触电事故，将电气设备外露可导电部分如金属外壳、金属构架等，通过接地装置与大地可靠连接起来，称为保护接地，如图12-8（b）所示。

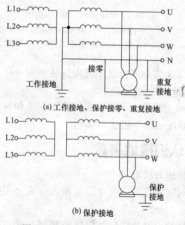

(a)工作接地、保护接零、重复接地

(b)保护接地

图12-8 常用接地方式示意图

对电气设备采取保护接地措施后，如果这些设备因受潮或绝缘损坏而使金属外壳带电，那么电流会通过接地装置流入大地，只要控制好接地电阻的大小，金属外壳的对地电压就会限制在安全数值以内。

（3）重复接地

将中性线上的一点或多点，通过接地装置与大地再次可靠地连接称为重复接地，如图 12-8（a）所示。当系统中发生碰壳或接地短路时，能降低中性线的对地电压，并减轻故障程度。重复接地可以从零线上重复接地，也可以从接零设备的金属外壳上重复接地。

（4）保护接零

在中性点直接接地的低压电力网中，将电气设备的金属外壳与零线连接，称为保护接零（简称接零）。

12.3.2　低压配电系统的接地形式

（1）TN 接地形式

低压配电系统有一点直接接地，受电设备的外露可导电部分通过保护线与接地点连接，按照中性线与保护线组合情况，分为 TN-S、TN-C、TN-C-S 三种接地形式，如图 12-9 所示，图中 PEN 称为保护中性零线，是指中性线 N 和保护零线 PE（又称保护地线或保护线）合用一根导线与变压器中性点相连。

其特点和应用见

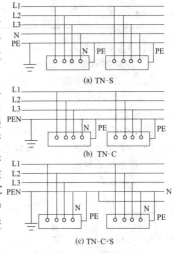

图 12-9　TN 接地形式

表 12-2。

表 12-2　TN 接地形式的特点及应用

序号	接地形式	特　　　点	应　　　用
1	TN-S (五线制)	用电设备金属外壳接到 PE 线上，金属外壳对地不呈现高电位，事故时易切断电源，比较安全。费用高	环境条件差的场所，电子设备供电系统
2	TN-C (四线制)	N 与 PE 合并成 PEN 一线。三相不平衡时，PEN 上有较大的电流，其截面积应足够大。比较安全，费用较低	一般场所，应用较广
3	TN-C-S (四线半制)	在系统末端，将 PEN 线分为 PE 和 N 线，兼有 TN-S 和 TN-C 的某些特点	线路末端环境条件较差的场所

（2）TT 接地形式（直接接地）

TT 接地形式见图 12-10。

特点：用电设备的外露可导电部分采用各自的 PE 接地线；故障电流较小，往往不足以使保护装置自动跳闸，安全性较差。

应用场所：小负荷供电系统。

（3）IT 接地形式（经高阻接地方式）

IT 接地形式见图 12-11。

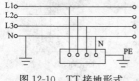

图 12-10　TT 接地形式

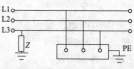

图 12-11　IT 接地形式

　　特点：带电金属部分与大地间无直接连接（或有一点经足够大的阻抗 Z 接地），因此，当发生单相接地故障后，系统还可短时继续运行。

　　应用场所：煤矿及厂用电等希望尽量少停电的系统。

12.3.3　接地体

　　接地体即为埋入地中并直接与大地接触的金属导体。接地体分为自然接地体和人工接地体。人工接地体又可分为垂直接地体和水平接地体两种。

　　接地线即为电气设备金属外壳与接地体相连接的导体。接地线又可分为接地干线和接地支线。接地装置的组成如图 12-12 所示。

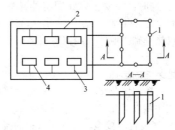

图 12-12　接地装置示意图

1—接地体；2—接地干线；3—接地支线；4—电气设备

　　人工接地体指利用人工方法将专门的金属物体埋设于土壤中，以满足接地要求的接地体。人工接地体绝大部分采用钢管、角钢、扁钢、圆钢制作。人工接地体的最小规格见表 12-3。

　　基础接地体指接地体埋设在地面以下的混凝土基础的

表 12-3　人工接地体的最小规格

材料	建筑物内	室外	地下
圆钢/mm	$\phi6$	$\phi8$	$\phi8$
扁钢/mm²	24	48	48
钢管壁厚/mm	2.5	3.5	3.5
角钢/mm×mm×mm	40×40×4	40×40×4	40×40×4

接地体。它又可分为自然基础接地体和人工基础接地体两种。当利用钢筋混凝土基础中的其他金属结构物作为接地体时，称为自然基础接地体；当把人工接地体敷设于不加钢筋的混凝土基础时，称为人工基础接地体。

由于混凝土和土壤相似，可以将其视为具有均匀电阻率的"大地"。同时，混凝土存在固有的碱性组合物及吸水特性。因此，近几年来，国内外利用钢筋混凝土基础中的钢筋作为自然基础接地体已经取得较多的经验，故应用较为广泛。

12.3.4　接地装置的选择

电气设备的接地体及接地线的总和称为接地装置。选择接地装置应注意以下几点。

① 每个电气装置的接地，必须用单独的接地线与接地干线相连接或用单独接地线与接地体相连，禁止将几个电气装置接地线串联后与接地干线相连接。

② 接地线与电气设备、接地总母线或总接地端子应保证可靠的电气连接，当采用螺栓连接时，应采用镀锌件，并设防松螺母或防松垫圈。

③ 接地干线应在不同的两点及以上与接地网相连接，自然接地体应在不同的两点及以上与接地干线或接地网相连接。

④ 当利用电梯轨（吊车轨道等）作接地干线时，应将其连成封闭回路。

⑤ 当接地体由自然接地体与人工接地体共同组成时，应分开设置连接卡子。自然接地体与人工接地体连接点应不少于两处。

⑥ 当采用自然接地体时，在其自然接地体的伸缩处或接头处加接跨接线，以保证良好的电气通路。

⑦ 接地装置的焊接应采用搭接法，最小搭接长度：扁钢为宽度的 2 倍，并三面焊接；圆钢为直径的 6 倍，并两个侧面焊接；圆钢与扁钢连接时，焊接长度为圆钢直径的 6 倍，两个侧面焊接。焊接必须牢固，焊缝应平直无间断、无气泡、无夹渣；焊缝处应清除干净，并涂刷沥青防腐。接地导体之间的焊接如图 12-13 所示。

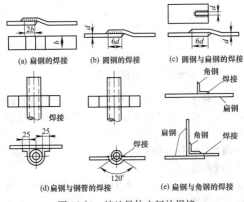

图 12-13　接地导体之间的焊接

12.4 接地体的安装

12.4.1 垂直接地体的安装

垂直接地体可采用直径为 40～50mm 的钢管或用 40mm×40mm×4mm 的角钢,下端加工成尖状以利于砸入地下。垂直接地体的长度为 2～3m,但不能短于 2m。垂直接地体一般由两根以上的钢管或角钢组成,或以成排布置,或以环形布置,相邻钢管或角钢之间的距离以不超过 3～5m 为宜。垂直接地体的几种典型布置如图 12-14 所示。

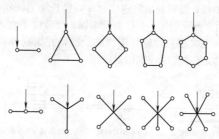

图 12-14　垂直接地体的布置

垂直接地体的安装应在沟挖好后,尽快敷设接地体,以防止塌方。敷设接地体通常采用打桩法将接地体打入地下。接地体应与地面垂直,不得歪斜,有效深度不小于 2m;多级接地或接地网的各接地体之间,应保持在 2.5m 以上的直线距离。

用手锤敲打角钢时,应敲打钢端面角脊处,锤击力会顺着脊线直传到其下部尖端,容易打入、打直,若是钢管，则锤击力应集中在尖端的切点位置。若接地体与接地线在地面下连接，则应先将接地体与接地线用电焊焊接后埋土夯实。

12.4.2　水平接地体的安装

水平接地体多采用 40mm×4mm 的扁钢或直径为16mm 的圆钢制作，多采用放射形布置，也可以成排布置成带形或环形。水平接地体的几种典型布置如图 12-15 所示。

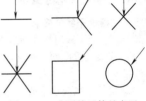

图 12-15　水平接地体的布置

水平接地体的安装多用于环绕建筑四周的联合接地，常用 40mm×4mm 镀锌扁钢，最小截面不应小于 100mm²，厚度不应小于 4mm。当接地体沟挖好后，应垂直敷设在地沟内（不应平放），垂直放置时，散流电阻较小，顶部埋设深度距地面不应小于 0.6m，水平接地体安装如图 12-16 所示。水平接地体多根平行敷设时，

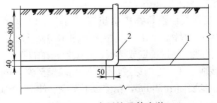

图 12-16　水平接地体安装
1—接地体；2—接地线

水平间距不应小于 5m。

  沿建筑外面四周敷设成闭合环状的水平接地体，可埋设在建筑物散水及灰土基础以外的基础槽边。

  将水平接地体直接敷设在基础底坑与土壤接触是不合适的。由于接地体受土的腐蚀极易损坏，被建筑物基础压在下边，给维修带来不便。

12.5 接地线的安装

12.5.1 接地干线的安装

  安装接地干线时要注意以下问题。

  ① 安装位置应便于检修，并且不妨碍电气设备的拆卸与检修。

  ② 接地干线应水平或垂直敷设，在直线段不应有弯曲现象。

  ③ 接地干线与建筑物或墙壁间应有 15～20mm 间隙。

  ④ 接地线支持卡子之间的距离，在水平部分为 1～1.5m，在垂直部分为 1.5～2m，在转角部分为 0.3～0.5m。

  ⑤ 在接地干线上应按设计图纸做好接线端子，以便连接接地支线。

  ⑥ 接地线由建筑物内引出时，可由室内地坪下引出，也可由室内地坪上引出，其做法如图 12-17 所示。

  ⑦ 接地线穿过墙壁或楼板，必须预先在需要穿越处装设钢管，接地线在钢管内穿过，钢管伸出墙壁至少 10mm，在楼板上面至少要伸出 30mm，在楼板下至少要伸出 10mm，接地线穿过后，钢管两端要做好密封（见图 12-18）。

  ⑧ 采用多股电线作接地线时，连接应采用接线端子，

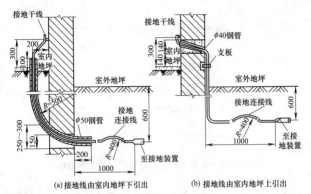

图 12-17　接地线由建筑物内引出安装

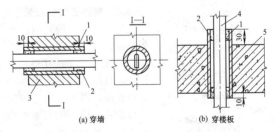

图 12-18　接地线穿越墙壁、楼板的安装

1—沥青棉纱；2—φ40mm 钢管；3—墙；4—接地线；5—楼板

如图 12-19 所示，不可把线头直接弯曲压接在螺钉上，在有振动的地方，要加弹簧垫圈。

⑨ 接地干线与电缆或其他电线交叉时，其间距应不小

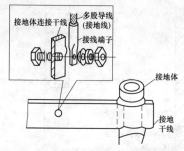

图 12-19　接地干线与接地体之间的连接方法

于 25mm；与管道交叉时，应加保护钢管；跨越建筑物伸缩缝时，应有弯曲，以便有伸缩余地，防止断裂。

12.5.2　接地支线的安装

　　安装接地支线时应注意下列事项。

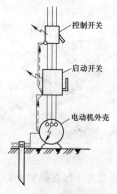

图 12-20　一根接地支线串接多台设备的危害

　　① 每个设备的接地点必须用一根接地线与接地干线单独进行连接，切不可用一根接地支线把几个设备的接地点串接起来后与接地干线连接，因为采用这种接法，万一某个连接点出现松散，而又有一台设备外壳带电，就要使被连在一起的其他设备外壳同时带电，如图 12-20 所示，会增加发生触

电事故的可能性。

②　在户内，容易被人触及的地方，接地支线宜采用多股绝缘绞线，在户外或户内，不易被人触及的地方，一般宜采用多股裸绞线。用于移动用具的电源线，常用的是具有较柔软的三芯或四芯橡胶护套或塑料护套电缆；其中黑色或黄绿色的一根绝缘导线规定作为接地支线。

③　接地支线允许和电源线同时架空敷设，或同时穿管敷设，但必须与相线和中性线有明显的区别，尤其不能与中性线随意并用；明敷设的接地支线，在穿越墙壁或楼板时，应套入套管内加以保护。

④　接地支线经过建筑物的伸缩缝时，如采用焊锡固定，应将接地线通过伸缩缝的一段做成弧形。

⑤　接地支线与接地干线或与设备接地点的连接，一般都用螺钉压接，但接地支线的线头应用接线端子，有振动的地方，应加弹簧垫圈防止松散。

⑥　用于固定敷设的接地支线需要接长时，连接方法必须正确，铜芯线连接处须搪锡加固，用于移动电器的接地支线，不允许中间有接头。

⑦　接地支线同样可以利用周围环境中已有的金属体，在保护接地中，可利用电动机与控制开关之间的导线保护钢管，作为控制开关外壳的接地线，安装时用两个铜夹头分别与两端管口连接，方法如图 12-21 所示。

⑧　凡采用绝缘电线作为接地支线的接地线，连接处应恢复绝缘层。

⑨　接地支线的每个连接处都应置于明显位置，便于检查。

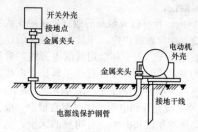

图 12-21　接地支线利用自然金属体

12.6　施工现场应做保护接零的电气设备

在中性点直接接地的低压电力网中，如果电气设备的金属外壳没有保护接零，当电气设备的某相绕组绝缘损坏与金属外壳相碰，将使机壳带上近似 220V 的电压，当人体触及机壳时将承受 220V 的电压，这是极度危险的。

如果电气设备采用了保护接零，当电气设备的绕组绝缘损坏时，将形成壳体对零线的单相短路电流，这个短路电流足以引起线路的漏电保护器动作或熔断器的熔丝熔断，而将电源断开，使该电气设备脱离电源，可以避免触电的危险。

施工现场应做保护接零的电气设备有：

① 电机、变压器、电器、照明用具、手持电动工具的金属外壳；

② 电气设备传动装置的金属部件；

③ 配电屏与控制屏的金属框架；

④ 室内、外配电装置的金属框架及靠近带电部分的金

属围栏和金属门；

⑤ 电力线路的金属保护管，敷线的钢索，起重机轨道滑升模板金属操作平台；

⑥ 安装在电杆上的开关、电容器等电气装置的金属外壳及支架。

12.7　接地电阻的测量

12.7.1　接地电阻的测量方法

测量接地电阻的方法很多，目前用得最广的是用接地电阻测量仪、接地摇表测量。

图 12-22 所示是 ZC-8 型接地摇表外形，其内部主要元件是手摇发电机、电流互感器、可变电阻及零指示器等，另外附接地探测针（电位探测针，电流探测针）两支、导线 3 根（其中 5m 长 1 根用于接地极，20m 长 1 根用于电位探测针，40m 长 1 根用于电流探测针接线）。

图 12-22　ZC-8 型接地摇表外形

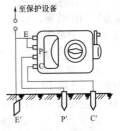

图 12-23　接地电阻测量接线
E′—被测接地体；P′—电位探
测针；C′—电流探测针

用此接地摇表测量接地电阻的方法如下。

① 按图 12-23 所示接线图接线。沿被测接地极 E′，将电位探测针 P′和电流探测针 C′依直线彼此相距 20m，插入地中。电位探测针 P′要插在接地极 E′和电流探测针 C′之间。

② 用仪表所附的导线分别将 E′、P′、C′连接到仪表相应的端子 E、P、C 上。

③ 将仪表放置水平位置，调整零指示器，使零指示器指针指到中心线上。

④ 将"倍率标度"置于最大倍数，慢慢转动发电机的手柄，同时旋动"测量标度盘"，使零指示器的指针指于中心线。在零指示器指针接近中心线时，加快发电机手柄转速，并调整"测量标度盘"，使指针指于中心线。

⑤ 如果"测量标度盘"的读数小于 1 时，应将"倍率标度"置于较小倍数，然后再重新测量。

⑥ 当指针完全平衡指在中心线上后，将此时"测量标度盘"的读数乘以倍率标度，即为所测的接地电阻值。

12.7.2 测量注意事项

在使用接地摇表测量接地电阻时，要注意以下问题。

① 假如"零指示器"的灵敏度过高时，可调整电位探测针插入土壤中的深浅，若其灵敏度不够时，可沿电位探测针和电流探测针注水使其湿润。

② 在测量时，必须将接地线路与被保护的设备断开，以保证测量准确。

③ 当用 0～1/10/100Ω 规格的接地摇表测量小于 1Ω 的接地电阻时，应将 E 的连接片打开，然后分别用导线连

接到被测接地体上，以消除测量时连接导线的电阻造成附加测量误差。

12.7.3　电力装置对接地电阻的要求

低压电力网的电力装置对接地电阻的要求如下。

① 低压电力网中，电力装置的接地电阻不宜超过 4Ω。

② 由单台容量在 100kV·A 的变压器供电的低压电力网中，电力装置的接地电阻不宜超过 10Ω。

③ 使用同一接地装置并联运行的变压器，总容量不超过 100kV·A 的低压电力网中，电力装置的接地电阻不宜超过 10Ω。

④ 在土壤电阻率高的地区，要达到以上接地电阻值有困难时，低压电力设备的接地电阻允许提高到 30Ω。

第13章

安 全 用 电

13.1 认识触电

13.1.1 电流对人体伤害的形式

电流对人体伤害的形式，可分为电击和电伤两类。伤害的形式不同，后果也往往不同。

(1) 电击

电击是指电流通过人体内部，破坏人的心脏、呼吸系统以及神经系统的正常工作，甚至危及生命。由于人体触及带电导线、漏电设备的外壳和其他带电体，以及雷击或电容器放电，都可能导致电击（通称触电）。在低压系统中，通电电流较小，通电时间不长的情况下，电流引起人的心室颤动是电击致死的主要原因；在通电时间较长，通电电流更小的情况下也会形成窒息致死。

(2) 电伤

电伤是电能转化为其他形式的能量作用于人体所造成的伤害。它是高压触电造成伤害的主要形式。

电伤的形成大多是人体与高压带电体距离近到一定程度，使这个间隙中的空气电离，产生弧光放电对人体外部造成局部伤害。电伤的后果，可分为电灼伤、电烙印和皮肤金属化等，电击和电伤的特征及危害见表13-1。

表 13-1 电击和电伤特征及危害

名称		特 征	危 害
电击		人体表面无显著伤痕,有时找不到电流出入人体的痕迹	与人体电阻的变化、通过人体的电流的大小、电流的种类、电流通过的持续时间、电流通过人体的途径、电压频率、电压高低及人体的健康状况等因素有关
电伤	电灼伤	人触电时,人体与带电体的接触不良就会有火花和电弧发生,由于电流的热效应造成皮肤的灼伤	皮肤发红、起泡及烧焦和组织破坏。严重的电伤可致人死亡,严重的电弧伤眼可引起失明
	电烙印	由于电流的化学效应和机械效应引起,通常在人体和导电体有良好接触的情况下发生	皮肤表面留有圆形或椭圆形的肿块痕迹,颜色是灰色或淡黄色,并有明显的受伤边缘、皮肤硬化现象
	皮肤金属化	熔化和蒸发的金属微粒在电流的作用下渗入表面层,皮肤的伤害部分形成粗糙坚硬的表面及皮肤呈特殊颜色	皮肤金属化是局部性的,日久会逐渐脱落
间接伤害		因电击引起的次生人身伤害事故	如高空坠跌、物体打击、火灾烧伤等

在触电伤害中,由于具体触电情况不同,有时主要是电击对人体的伤害,有时也可能是电击和电伤同时发生。触电伤害中,绝大部分触电死亡事故都是电击造成的,而通常所说的触电事故,基本上是对电击而言。

13.1.2 人体触电时的危险性分析

① 人体触电时,致命的因素是通过人体的电流,而不是电压,但是当电阻不变时,电压越高,通过人体的电流

就越大。因此，人体触及到带电体的电压越高，危险性就越大。但不论是高压还是低压，触电都是危险的。

② 电流通过人体的持续时间是影响触电伤害程度的一个重要因素。人体通过电流的时间越长，人体电阻就越低，流过的电流就越大，对人体组织破坏就越厉害，造成的后果就越严重。同时，人体心脏每收缩、扩张一次，中间约有 0.1s 的间隙。这 0.1s 对电流最为敏感。若电流在这一瞬间通过心脏，即使电流很小（零点几毫安）也会引起心室颤动；如果电流不在这一瞬间通过心脏，即使电流较大，也不会引起心脏麻痹。

由此可见，如果电流持续时间超过 0.1s，并且必须与心脏最敏感的间隙相重合，才会造成很大危险。

③ 电流通过人体的途径也与触电程度有直接关系。当电流通过人体的头部时，会使人立即昏迷，或对脑组织产生严重损坏而导致死亡；当通过人体脊髓时，会使人半截肢体瘫痪；当通过人体中枢神经或有关部位时，会引起中枢神经系统强烈失调而导致死亡；当通过心脏时，会引起心室颤动，电流较大时，会使心脏停止跳动，从而导致血液循环中断而死亡。因此，电流通过心脏、呼吸系统和中枢神经系统时，其危害程度比其他途径要严重。

实践证明，电流从一只手到另一只手或从手到脚流过，触电的危害最为严重，这主要是因为电流通过心脏，引起心室颤动，使心脏停止跳动，直接威胁着人的生命安全。因此，应特别注意，勿让触电电流经过心脏。

特别指出的是，通过心脏电流的百分数小，并不等于没有危险。因为，人体的任何部位触电，都可能形成肌肉收缩以及脉搏和呼吸神经中枢的急剧失调，从而丧失知觉，形成触电伤亡事故。

④ 电流的种类和频率对触电的程度有很大影响。电流的种类不同，对触电的危险程度也不同。许多研究者对人身触电电流的类型和频率作过比较和评定，但直到目前，对这个问题仍未取得一致意见。如在同样的电压下，用比较法研究交流和直流的危险性，就未得出确定的倍数关系，说明还存在一些不明原因。

一般情况下，直流的危险性要比交流的危险性要小，这主要是因为人体电气参数有交、直流之分，而且不同类型的电流，作用在活的肌体上，所引起的生理反应也不同。

另外，不同频率的电流对人体的危害也不一样。频率越高，危害越小。多数研究者认为，50～60Hz 是对人体伤害最严重的频率（也有资料表明，200Hz 时最危险），当电流的频率超过 2000Hz 时，对心肌的影响就很小了。所以医生常用高频电流给病人进行理疗。

⑤ 人的健康状况、人体的皮肤干湿等情况对触电伤害程度也有影响。一般情况下，凡患有心脏病、神经系统疾病或结核病的人，由于自身抵抗能力差，触电后引起的伤害程度，要比一般健康人更为严重。另外，皮肤干燥时电阻大，通过的电流小；皮肤潮湿时电阻小，通过的电流就大，触电危险性就大。

13.2 安全电流和安全电压

13.2.1 安全电流

电流对人体是有害的，那么，多大的电流对人体是安

全的？根据科学实验和事故分析得出不同的数值，但确定
50～60Hz的交流电 10mA 和直流电流 50mA 为人体的安全
电流，也就是说人体通过的电流小于安全电流时对人体是
安全的。各种不同数值的电流对人体的危害程度见表 13-2。

表 13-2　电流对人体的危害程度

电流/mA	50Hz 交流电	直　流　电
0.6～1.5	开始感觉手指麻刺	没有感觉
2～3	手指强烈麻刺	没有感觉
5～7	手部疼痛，手指肌肉发生不自主收缩	刺痛并感到灼热
8～10	手难以摆脱电源，但还可以脱开，手感到剧痛	灼热增加
20～25	手迅速麻痹，不能脱离电源，呼吸困难	灼热愈加增高，产生不强烈的肌肉收缩
50～80	呼吸麻痹，心脏开始震颤	强烈的肌肉痛，手肌肉不自主地强烈收缩，呼吸困难
90～100	呼吸麻痹，持续 3s 以上，心脏停止跳动	呼吸麻痹
500 以上	延续 1s 以上有死亡危险	呼吸麻痹，心室震颤，停止跳动

13.2.2　人体电阻的特点

人体触电时，人体电阻是决定人身触电电流大小、人
对电流的反映程度和伤害的重要因素。一般情况下，当电
压一定时，人体电阻越大，通过人体的电流就越小，反
之，则越大。

人体电阻是指电流所经过人身组织的电阻之和。它包
括两个部分，即内部组织电阻和皮肤电阻。内部组织电阻

与接触电压和外界条件无关，而皮肤电阻随皮肤表面干湿程度和接触电压而变化。

皮肤电阻是指皮肤外表面角质层的电阻，它是人体电阻的重要组成部分。由于人体皮肤的外表面角质层具有一定的绝缘性能，因此，决定人体电阻值大小的主要是皮肤外表面角质层。人的外表面角质层的厚薄不同，电阻值也不同。一般人体承受 50V 的电压时，人的皮肤角质外层绝缘就会出现缓慢破坏的现象，几秒钟后接触点即产生水泡，从而破坏了干燥皮肤的绝缘性能，使人体的电阻值降低。电压越高，电阻值降低越快。另外，人体出汗、身体有损伤、环境潮湿、接触带有能导电的化学物质、精神状态不良等情况，都会使皮肤的电阻值显著下降。皮肤电阻还同人体与带电体的接触面积及压力有关，这正如金属导体连接时的接触电阻一样，接触面积越大，电阻则越小。

不同条件下的人体电阻见表 13-3。

表 13-3　不同条件下的人体电阻

接触电压/V	人体电阻/Ω			
	皮肤干燥①	皮肤潮湿②	皮肤特别潮湿③	皮肤浸入水中④
10	7000	3500	1200	600
25	5000	2500	1000	500
50	4000	2000	875	440
100	3000	1500	770	375
250	1500	1000	650	325

① 干燥场合的皮肤，电流途径单手至双脚。
② 潮湿场所的皮肤，电流途径单手至双脚。
③ 有水蒸气，特别潮湿场所的皮肤，电流途径双手至双脚。
④ 游泳池或浴池中的情况，基本为体内电阻。

不同类型的人，皮肤电阻差异很大，因而使人体电阻差异也大。所以，在同样条件下，有人发生触电死亡，而有人能侥幸不受伤害。但必须记住，即使平时皮肤电阻很高，如果受到上述各种因素的影响，仍有触电伤亡的可能。

一般情况下，人体电阻主要由皮肤电阻来决定，人体电阻一般可按 $1\sim2k\Omega$ 考虑。

13.2.3 安全电压

安全电压是为了防止触电事故而采用的有特定电源的电压系列。安全电压是以人体允许电流与人体电阻的乘积为依据而确定的。安全电压一方面是相对于电压的高低而言，但更主要是指对人体安全危害甚微或没有威胁的电压。

我国安全电压标准规定的安全电压系列是 6V、12V、24V、36V 和 42V。当设备采用安全电压作直接接触防护时，只能采用额定值为 24V 以下（包括 24V）的安全电压；当作间接接触防护时，则可采用额定值为 42V 以下（包括 42V）的安全电压。

从安全电压与使用环境的关系来看，由于触电的危险程度与人体电阻有关，而人体电阻与不同使用环境下的接触状况有极大的关系，在不同的状况下，人体电阻是不同的。

人体电阻与接触状况的关系，通常分为三类。

① 干燥的皮肤，干燥的环境，高电阻的地面（此时人体阻抗最大）。

② 潮湿的皮肤，潮湿的环境，低电阻的地面（此时人

体阻抗最小)。

③ 人浸在水中(此时人体电阻可忽略不计)。

13.2.4　使用安全电压的注意事项

① 应根据不同的场合按规程规定选择相应电压等级的安全电压。

② 采取降压变压器取得安全电压时,应采用双绕变压器,而不能采用自耦变压器,以使一、二次绕组之间只有电磁耦合而不直接发生电的联系。

③ 安全电压的供电网络必须有一点接地(中性线或某一相线),以防电源电压偏移引起触电危险。

④ 安全电压并非绝对安全,如果人体在汗湿、皮肤破裂等情况下长时间触及电源,也可能发生电击伤害。因此,采用安全电压的同时,还要采取防止触电的其他措施。

13.3　安全用电常识

13.3.1　用电注意事项

① 严禁用一线一地安装用电器具。

② 在一个电源插座上不允许引接过多或功率过大的用电器具和设备。

③ 未掌握有关电气设备和电气线路知识的专业人员,不可安装和拆卸电气设备及线路。

④ 严禁用金属丝绑扎电源线。

⑤ 严禁用潮湿的手接触开关、插座及具有金属外壳的电气设备,不可用湿布擦拭上述电器。

⑥ 堆放物资、安装其他设备或搬移各种物体时,必须

与带电设备或带电导体相隔一定的安全距离。

⑦ 严禁在电动机和各种电气设备上放置衣物，不可在电动机上坐立，不可将雨具等挂在电动机或电气设备的上方。

⑧ 在搬移电焊机、鼓风机、洗衣机、电视机、电风扇、电炉和电钻等可移动电器时，要先切断电源，更不可拖拉电源线来移动电器。

⑨ 在潮湿的环境下使用可移动电器时，必须采用额定电压 36V 及以下的低压电器。在金属容器及管道内使用移动电器，应使用 12V 的低压电器，并要加接临时开关，还要有专人在该容器外监视。安全电压的移动电器应装特殊型号的插头，以防误插入 220V 或 380V 的插座内。

⑩ 雷雨天气，不可走近高压电杆、铁塔和避雷针的接地导线周围，以防雷电伤人。

13.3.2　短路的危害

断路是指闭合电路的某一部分断开，电流不能导通的状态，也称断路状态。发生断路后，电气设备会不能正常工作，运行中的设备就会处于停止状态或异常状态。

短路是指由电源通向用电设备（也称负载）的导线不经过负载（或负载为零）而相互直接连通的状态，也称短路状态。

短路的危害是：短路所产生的短路电流远远超过导线和设备所允许的电流限度，结果造成电气设备过热或烧损，甚至引起火灾。另外，短路电流还会产生很大的电动力，可能会导致设备严重损坏。所以，应采取相应的保护措施，如装设保护装置，以防止发生短路或限制短路造成烧损。

13.3.3　绝缘材料被击穿的原因

通常，绝缘材料所承受的电压超过一定程度，其某些部位就会发生放电而遭到破坏，这就是绝缘击穿现象。固体绝缘一旦击穿，一般不能恢复绝缘性能。而液体和气体绝缘如果击穿，在电压撤除后，其绝缘性能通常还能恢复。

固体绝缘击穿分热击穿和电击穿两种。

热击穿是绝缘材料在外加电压作用下，产生泄漏电流而发热。如果产生的热量来不及排散，绝缘材料的温度就会升高。由于它具有负的温度系数，所以绝缘电阻随温度的升高而减小，而增大的电流又使绝缘材料进一步发热，甚至熔化和烧穿。热击穿是"热"起主要作用。

电击穿是绝缘材料在强电场的作用下，其内部的离子进行高速运动，从而使中性分子发生碰撞电离，以致产生大量电流而被击穿。电击穿主要决定于电场强度的高低。

通常，用绝缘电阻表来测试绝缘电阻，以判断电气设备的绝缘好坏。如果没有绝缘电阻表，也可用万用表的 $R \times 10k$ 挡进行大概的测试。由于万用表不能产生足够高的电压，所测得的电阻值一般不够准确，只能作为参考。如果万用表测得的电阻值不符合要求，说明电气设备的绝缘水平低，不符合要求；如果万用表测得的电阻值符合要求，也不能据此判断绝缘正常，还应进一步采取其他方法补充测试。

电气设备绝缘电阻的测量，应停电进行，并断开与它有联系的所有电气设备和电路。

13.3.4 预防绝缘材料损坏的措施

① 不使用质量不合格的电气产品；

② 按工作环境和使用条件正确选用电气设备；

③ 按规定正确安装电气设备或线路；

④ 按技术参数使用电气设备，避免过电压和过负荷运行；

⑤ 正确选用绝缘材料；

⑥ 按规定的周期和项目对电气设备进行绝缘预防性试验；

⑦ 适当改善绝缘结构；

⑧ 在搬运、安装、运行和维护中避免电气设备的绝缘结构受机械损伤，受潮湿、污物的影响。

13.4 触电的类型及防止触电的措施

13.4.1 单相触电

图 13-1 单相触电

在中性点接地的电网中，当人体接触一根相线（火线）时，人体将承受 220V 的相电压，电流通过人体、大地和中性点的接地装置形成闭合回路，造成单相触电，如图 13-1 所示。此外，在高压电气设备或带电体附近，当人体与高压带电体的距离小于规定的安全距离时，将发生高压带电体对人体放电，造成触电，这种触电方式也称为单相触电。

在中性点不接地的电网中，如果

线路的对地绝缘不良，也会造成单相触电。

在触电事故中，大部分属于单相触电。

13.4.2 两相触电

人体与大地绝缘的时候，同时接触两根不同的相线或人体同时接触电气设备不同相的两个带电部分时，这时电流由一根相线经过人体到另一根相线，形成闭合回路。这种情形称为两相触电，此时人体上的电压比单相触电时高，后果更为严重，如图13-2所示。

13.4.3 跨步电压触电

当架空线路的一根带电导线断落在地上时，以落地点为中心，在地面上会形成不同的电位。如果此时人的两脚站在落地点附近，两脚之间就会有电位差，即跨步电压。由跨步电压引起的触电，称为跨步电压触电，如图13-3所示。

当发生跨步电压触电时，先感觉到两脚麻木、发生抽

图13-2 两相触电

图13-3 跨步电压触电

筋以致跌倒，跌倒后，由于手、脚之间的距离加大，电压增高，心脏串联在电路中，人就有生命危险。跨步电压的高低决定于人体与导线落地点的距离，距导线落地点越近，跨步电压越高，危险性越大，距导线落地点越远，电流越分散，地面电位也越低。当人体与导线落地点距离达到20m以上，地面电位近似等于零，跨步电压也为零，就不会发生跨步电压触电。因此，遇到这种危险场合，应合拢双脚跳离接地处20m之外，以保障人身安全。

13.4.4　接触电压触电

人体与电气设备的带电外壳相接触而引起的触电，称为接触电压触电。如图13-4所示。当电气设备（如变压器、电动机等）的绝缘损坏而使外壳带电时，电流将通过接地装置注入大地，同时在以接地点为中心的地面上形成不同的电位。如果此时人体触及带电的设备外壳，便会发生接触电压触电。而接触电压又等于相电压减去人体站立点的地面电位，所以人体站立点离接触点越近，接触电压越小；反之，接触电压就越大。

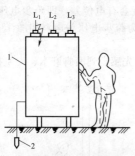

图13-4　接触电压触电
1—变压器外壳；2—接地体

当电气设备的接地线断路时，人体触及带电外壳的触电情况与单相触电情况相同。

13.4.5 防止触电的措施

电工属于特殊工种，除必须熟练掌握正规的电工操作技术外，还应掌握电气安全技术，在此基础上方可参加电工操作，为保证人身安全，应注意以下几点。

① 电工在检修电路时，应严格遵守停电操作的规定，必须拉下总开关，并拔下熔断器，以切断电源，方可操作。电工操作时，严禁任何形式的约时停送电，以免造成人身伤亡事故。

② 在切断电源后，电工操作者必须在停电设备的各个电源端或停电设备的进出线处，用合格的验电笔进行验电。如在闸刀开关或熔断器上验电时，应在断口两侧验电；在杆上电力线路验电时，应先验下层，后验上层，先验距人较近的，后验距人较远的导线。

③ 经验明设备两端确实无电后，应立即在设备工作点两端导线上挂接地线。挂接地线时，应先将地线的接地端接好，然后在导线上挂接地线，拆除接地线的程序与上述相反。

④ 为防止电路突然通电，电工在检修电路时，应采取以下措施。

a. 操作前应穿具有良好绝缘的胶鞋，或在脚下垫干燥的木凳等绝缘物体，不得赤脚、穿潮湿的衣服或布鞋。

b. 在已拉下的总开关处挂上"有人工作，禁止合闸"的警告牌，并进行验电；或一人监护，一人操作，以防他人误把总开关合上。同时，还要拔下用户熔断器上的插盖。注意在动手检修前，仍要进行验电。

c. 在操作过程中，不可接触非木结构的建筑物，如砖墙、水泥墙等，潮湿的木结构也不可触及。同时，不可同没有与大地绝缘的人接触。

d. 在检修灯头时，应将电灯开关断开；在检修电灯开关时，应将灯泡卸下。在具体操作时，要坚持单线操作，并及时包扎接线头，防止人体同时触及两个线头。

以上只是一些基本的电工安全作业要点，在实际工作中，还应根据具体条件，制定符合实际情况的安全规程。国家及有关部门颁发了一系列的电工安全规程规范，维修电工必须认真学习，严格遵守。

13.5 触电急救

13.5.1 使触电者迅速脱离电源的方法

当发现有人触电时，首先应切断电源开关，或用木棒、竹竿等不导电的物体挑开触电者身上的电线，也可用干燥的木把斧头等砍断靠近电源侧电线，砍电线时，要注意防止电线断落到别人或自己身上。

如果发现在高压设备上有人触电时，应立即穿上绝缘鞋，戴上绝缘手套，并使用适合该电压等级的绝缘棒作为工具，使触电者脱离带电设备。

使触电者脱离电源时，千万不能用手直接去拉触电者，更不能用金属或潮湿的物件去挑电线，否则救护人员自己也会触电。在夜间或风雨天救人时，更应注意安全。

触电者脱离电源后，如果神志清醒，只是感到有些心慌、四肢发麻、全身无力；或者触电者在触电过程中曾一度昏迷，但很快就恢复知觉。在这种情况下，应使触电者在空气流通的地方静卧休息，不要走动，让他自己慢慢恢复正常，并注意观察病情变化，必要时可请医生前来诊治或送医院。

13.5.2　对触电严重者的救护

（1）人工呼吸法

具体做法是：先使触电人脸朝上仰卧，头抬高，鼻孔尽量朝天，救护人员一只手捏紧触电人的鼻子，另一只手掰开触电者的嘴，救护人员紧贴触电者的嘴吹气，如图 13-5（a）所示。也可隔一层纱布或手帕吹气，吹气时用力大小应根据不同的触电人而有所区别。每次吹气要以触电人的胸部微微鼓起为宜，吹气后立即将嘴移开，放松触电人的鼻孔使嘴张开，或用手拉开其下嘴唇，使空气呼出，如图 13-5（b）所示。吹气速度应均匀，一般为每 5s 重复一次（吹 2s、放 3s）。触电人如已开始恢复自主呼吸后，还应仔细观察呼吸是否还会停止。如果再度停止，应再进行人工呼吸，但这时人工呼吸要与触电者微弱的自主呼吸规律一致。

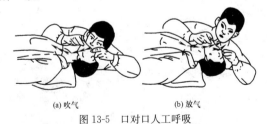

(a) 吹气　　　　　　　　(b) 放气

图 13-5　口对口人工呼吸

（2）胸外心脏挤压法

胸外心脏挤压法是触电者心脏停止跳动后的急救方

法。做胸外心脏挤压法时，应使触电者仰卧在比较坚实的地方，如木板、硬地上。救护人员双膝跪在触电者一侧，将一手的掌根放在触电者的胸骨下端，如图 13-6（a）所示，另一只手叠于其上如图 13-6（b）所示，靠救护人员上身的体重，向胸骨下端用力加压，使其陷下 3cm 左右，如图 13-6（c）所示，随即放松（注意手掌不要离开胸壁），让其胸廓自行弹起如图 13-6（d）所示。如此有节奏地进行挤压，每分钟 100 次左右为宜。

胸外心脏挤压法可以与人工呼吸法同时进行，如果有两人救护，可同时采用两种方法；如果只有一人救护，可交替采用两种方法，先挤压心脏 30 次，再吹两次气，如此反复进行效果较理想。

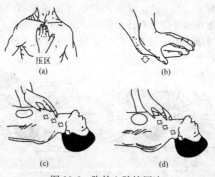

图 13-6　胸外心脏挤压法

在抢救过程中，如果发现触电者皮肤由紫变红，瞳孔由大变小，则说明抢救收到了效果。当发现触电者能够自己呼吸时，即可停止做人工呼吸，如人工呼吸停止后，触电者仍不能自己维持呼吸，则应立即再做人工呼吸，直至其脱离危险。

此外，对于与触电同时发生的外伤，应视情况酌情处理。对于不危及生命的轻度外伤，可放在触电急救之后处理；对于严重的外伤，应与人工呼吸和胸外心脏挤压同时进行处理；如果伤口出血较多，应予以止血，为避免伤口感染，最好予以包扎，使触电者尽快脱离生命危险。

13.6 引起电气火灾和爆炸的原因

13.6.1 火灾和爆炸的特点

（1）火灾和爆炸

火灾是指失去控制并对财产和人身安全造成损害的燃烧现象。燃烧是伴随有热和光同时发生的强烈的化学反应。

爆炸是指物质发生剧烈的物理或化学变化，且在瞬间释放大量能量，产生高温高压气体，使周围空气猛烈振荡而造成巨大声响的现象。

由电气原因形成火源而引燃或引爆的火灾和爆炸称为电气火灾和爆炸。

（2）发生火灾具备的基本条件

① 有可燃物存在。凡能与空气中的氧或其他氧化剂起剧烈化学反应的物质都称可燃物质，如木材、纸张、煤油、汽油、酒精、氢气、橡胶、煤等。

② 有一定量的助燃物质存在。凡能帮助燃烧的物质称为助燃物质，如空气中的氧及强氧化剂等。燃烧时，助燃

物质进行燃烧化学反应。当助燃物质数量不足时，则不会发生燃烧。

③ 有可能导致燃烧的着火源存在。着火源并不参加燃烧，但它是可燃物、助燃物进行燃烧化学反应的起始条件。凡能引起可燃物质燃烧的能源都称为着火源，如高温、明火、电火花、电弧、灼热物体等。

13.6.2 引起电气火灾和爆炸的原因

(1) 电气火灾的特点

① 着火后电气设备和线路可能是带电的，如不注意，会引起触电事故。

② 有些电气设备（如电力变压器、多油断路器等）本身充有大量的绝缘油，一旦起火燃烧，有可能发生喷油，甚至爆炸，造成火势蔓延并危及救护人员的安全。

(2) 引起电气火灾和爆炸的原因

① 各种电气设备、导体或绝缘体超过最高允许的温度或超过最大允许温升的定值，造成电气设备过热。

② 电弧或电火花，不但可点燃可燃物，甚至会使金属熔化，因此，在易燃、易爆场所，严防出现电弧和电火花。

③ 电气设备和线路的绝缘老化、受潮或机械损伤，造成绝缘强度下降或损坏，并导致相间或对地短路；熔断器的熔体熔断、导线接触不良、线路和电气设备严重过负荷等都可能产生火花、电弧或高温，烧毁绝缘引起火灾。

④ 静电火花放电可能引起火灾和爆炸。

⑤ 导线接头连接不良。通常，线路接触部分是电路中的薄弱环节，是发生过热的一个重点部位，导线接头连接

不良引起火灾的主要原因有以下几个。

　　a. 导线互相连接没有绞紧焊好，导线接到电气设备上的接线端子没有使用特制的接头或没有将螺钉旋紧，造成连接处的接触电阻大大增大，而电流的发热量是与电阻的大小成正比的，因此，电阻越大，发热量也越大，而温度升高也越快；当温度升高到导线临界温度时，其绝缘就会击穿引起火灾。

　　b. 导线接头没有用绝缘胶布包缠好，两个接头相互接近，造成碰线短路产生电弧火花，引燃附近的可燃物而发生火灾。

　　c. 导线的接头太松，接触不良，电流就会时断时续，造成连接处发热和产生火花，而引起火灾。

13.7　预防电气火灾的措施

13.7.1　不宜使用铝线电气线路

　　为防止电气火灾，携带式电动工具和移动式电气设备的电源引线，以及有剧烈振动的用电设备的线路，都不宜使用铝芯导线。因为铝芯导线的机械强度低，容易折断，并且导线接头容易氧化，导致接触电阻增大。与铜芯导线相比，使用铝芯导线发生的短路、触电和火灾事故的概率要高很多，所以上述线路不宜使用铝芯导线。

13.7.2　防止线路短路和过负荷引起火灾的措施

　　（1）线路短路引起火灾的原因

　　① 导线选用不当和安装线路时损坏导线的绝缘。如在有酸性蒸气的场所采用普通导线，其绝缘很快腐蚀而发生短路；安装时碰坏导线绝缘或导线与墙壁的距离太小，绝

缘受到损坏，引起接地故障和碰线短路等。

② 导线直接缠绕、钩挂在铁钉和铁丝上，或者把铁丝缠绕、钩挂在导线上，由于磨损和铁锈腐蚀，导线绝缘受到损坏而形成短路。

③ 由于管理不严或维修不及时，导线上积聚可燃纤维和粉尘，一旦绝缘损坏，引起燃烧而短路。

④ 导线在地上拖来拖去，经常受热、受潮、磨损、扎伤以及过负荷等，都会使导线绝缘损坏而发生短路。

⑤ 由于雷击过电压的作用，电气线路的绝缘可能遭到击穿而形成短路。

(2) 防止线路短路和过负荷引起火灾的措施

① 检查线路的安装是否符合安全技术要求。

② 正确选择与导线截面相配合的熔断器，严禁任意调大熔体或用其他金属丝代替熔体。

③ 定期测试线路的绝缘电阻。如果测得的线路导线间和线路对地之间的绝缘电阻小于规定值，应将破损绝缘处修复，破损严重的应予以更换。

④ 线路和电气设备都应严格按照规范要求安装，不得随便乱装乱用，以防止因绝缘损坏而发生漏电和短路事故。

⑤ 经常检查线路的运行情况，发现严重过负荷时，应从线路中切除部分用电设备，或加大导线的截面。

13.7.3 防止低压开关引起火灾的措施

① 根据环境条件、防火要求正确选用开关。如在有爆炸危险场所要采用防爆型开关，有化学腐蚀及火灾危险场所应采用专门型式的开关。否则应装在室外或其他合适的

地方。

② 所选开关的额定电压应与电源电压相符，额定电流应满足负荷需要，且开关的断流容量要满足电力系统短路容量的要求。

③ 闸刀开关应安装在不易燃烧的材料上，开关不能水平安装或倒装，在合闸位置时，开关的手柄应向上，以防误操作合闸或闸刀片自动落下接通电源；电源的进出线不能接反。

④ 三相闸刀开关应安装在远离易燃物的地方，防止刀闸发热或分合闸时产生火花而引起燃烧；将闸刀的相与相之间用绝缘板隔离，防止相间短路。

⑤ 导线与开关接头处的连接要牢固，接触要良好，防止接触电阻过大引起发热或火灾。

⑥ 对于容量较小的负荷，可采用胶盖瓷底闸刀开关；潮湿、多尘等危险场所应采用封闭式负荷开关；容量较大的负荷要采用自动空气开关。

⑦ 自动开关要常检查、勤清扫，防止触头发热、外壳积尘而引起闪络和爆炸；低压开关若有损坏时，应及时更换；安装在环境条件恶劣场所的开关，更应注意除尘和防潮。

13.7.4　防止电源开关、插座引起火灾的措施

① 正确选用电源开关和插座。如在有爆炸危险场所，应选用隔爆型、防爆型开关和插座；在室外应采用防水开关；在潮湿场所应采用拉线开关。在有腐蚀性气体、火灾和爆炸危险场所，要尽可能将开关和插座安装在室外。

② 电源开关和插座的额定电压均应与电源电压相符，

额定电流应满足实际电路的负荷需要。使用时不可随意增加负载，以免因过负荷将电源开关和插座烧坏而造成短路。

③ 开关和插座应安装在清洁、干燥的场所。防止受潮或腐蚀，造成胶木击穿等短路事故。

④ 在单相交流电路中，单极开关要接在相线上。如果误接在中性线上，则开关断开时，用电设备将仍然带电。这不仅会危及人身安全，且一旦相线接地时，还会造成短路，甚至引起火灾。

⑤ 清除事故隐患。及时修理或更换有缺陷或已经损坏的开关和插座。

13.7.5 防止电动机引起火灾的措施

（1）电动机引起火灾的原因

① 电动机过负荷或转动部分卡住。电动机长时间过负载运行，被拖动机械负荷过大或转动部分卡住使电动机停转过电流，引起定子绕组过热而起火。

② 电动机短路故障。电动机定子绕组发生相间、匝间短路或对地绝缘击穿，引起绝缘材料燃烧起火。

③ 电源电压过高。磁路高度饱和，励磁电流急剧上升，使铁芯严重发热引起电动机起火。

④ 电源电压过低。电动机启动时，若电源电压过低，则启动转矩小，使电动机启动时间长或不能启动，引起电动机定子电流增大，绕组过热而起火；运行中的电动机，若电源电压过低，电动机转矩变小而机械负荷不变，则引起定子过流，使绕组过热而起火；若电源电压大幅下降，则运行中的电动机停转而烧毁。

⑤ 电动机缺相运行。电动机运行中一相断线或一相熔断器熔断，造成缺相运行（即两相运行），引起定子绕组过载发热起火。

⑥ 电动机轴承内缺油或润滑油脏污变质，导致轴承烧毁、转子扫膛。造成绕组接地短路或相间短路事故，引起电动机起火燃烧。

⑦ 电动机启动时间长或短时间内连续多次启动，定子绕组温度急剧上升，引起绕组过热起火。

⑧ 电动机接线松动，造成接触电阻增大，通入电流时产生高温和火花，引起绝缘或可燃物体燃烧。

⑨ 电动机吸入纤维、粉尘而堵塞风道，热量不能排放，或转子与定子摩擦，引起绕组温度升高起火。

⑩ 电动机由于年久绝缘老化，绕组受潮或受外力强烈碰撞，造成绕组短路起火。

（2）防止电动机引起火灾的措施

① 应根据工作环境的特征，考虑防潮、防腐蚀、防尘、防爆等要求，正确选择电动机型号；安装电动机时应符合防火要求。

② 电动机及其启动装置与可燃物体或可燃构筑物之间应保持适当距离，并将其安装在不燃材料的基础上；电动机周围不得堆放杂物。

③ 每台电动机必须设设独立的操作开关和适当的保护装置，并根据计算选用合适的熔断器和自动开关；安装启动器时应配以合适的热继电器，必要时可装设断相保护装置。

④ 电缆接入电动机时应直接穿管保护，以免受到机械损伤；电动机电缆接头或电缆套管应直接接入电动机的接

线盒。

⑤ 对运行中的电动机应经常检查、维护，定期清扫和添加润滑油，并注意声音、温升、电流和电压的变化，以便及时发现问题。

⑥ 对长期不使用的电动机，启动前应测量其绝缘电阻。

(3) 电动机在运行中的禁忌

电动机在启动或运行中若发现下列情况时，应立即切断电源，在查明原因和处理之前，禁忌继续运行。

① 启动器内有火花或冒烟；

② 电动机传动装置失灵或损坏；

③ 电动机所带机械发生故障；

④ 电动机内有异常声音；

⑤ 电动机冒烟或起火；

⑥ 电动机有焦糊味；

⑦ 电动机转子和定子相互摩擦；

⑧ 电动机缺相运行（转速低、有"嗡嗡"声）；

⑨ 电动机发生剧烈振动；

⑩ 电动机温升超过允许值；

⑪ 轴承温度超过允许值；

⑫ 在电动机的运行中发生人身安全事故；

⑬ 启动时启动器内火花不断；

⑭ 启动时有"嗡嗡"声，转速很慢，启动很困难（缺相运行）。

13.7.6 防止变压器引起火灾的措施

(1) 变压器引起火灾的原因

① 绕组绝缘老化或损坏产生短路。变压器绕组的绝缘

物，当受到过负荷发热或受到变压器油酸化腐蚀的作用时，其绝缘性能将会产生老化变质，耐受电压能力下降，甚至失去绝缘作用；变压器制造、安装、检修不当也可能碰坏或损坏绕组绝缘。由于变压器绕组的绝缘老化或损坏，可能引起绕组匝间、层间短路，短路产生的电弧使绕组燃烧。同时，电弧分解变压器油产生的可燃气体与空气混合达到一定浓度，便形成爆炸混合物，遇火花会发生燃烧或爆炸。

② 变压器油老化变质引起闪络。变压器常年处于高温状态下运行，如果油中渗入水分、氧气、铁锈、灰尘和纤维等杂质时，会使变压器油逐渐老化变质，降低绝缘性能，当变压器绕组的绝缘也损坏变质时，便形成内部的电火花闪络或击穿绝缘，造成变压器爆炸起火。

③ 变压器绕组的线圈接触不良产生高温或电火花。变压器绕组的线圈与线圈之间、线圈端部与分接头之间、露出油面的接线头等处，如果连接不好，可能松动或断开而产生电火花或电弧；当分接头转换开关位置不正，接触不良时，都会使接触电阻过大，发生局部过热而产生高温，使变压器油分解产生油气引起燃烧或爆炸。

④ 套管损坏爆裂起火。变压器引线套管漏水、渗油或长期积满油垢而发生闪络，电容套管制造不良、运行维护不当或运行年久，都会使套管内的绝缘损坏、老化，产生绝缘击穿，产生高温使套管爆炸起火。

(2) 防止变压器爆炸起火应采取的措施

防止变压器爆炸起火应采取以下技术措施。

① 安装前的绝缘检查。变压器安装之前，必须检查绝

缘，核对使用条件是否符合制造厂的规定。

② 加强变压器的密封。不论变压器运输、存放、运行，其密封均应良好，因此，在进行检查、检修变压器各部密封情况时，应做检漏试验，防止潮气及水分进入。

③ 彻底清理变压器内杂物。变压器安装、检修时，要防止焊渣、铜丝、铁屑等杂物进入变压器内，并彻底清除变压器内的焊渣、铜丝、铁屑等杂物，用合格的变压器油彻底冲洗。

④ 防止绝缘受损。在检修变压器吊罩、吊芯时，应防止绝缘受到损伤，特别是内部绝缘距离较为紧凑的变压器，切记勿使引线、线圈和支架受损。

⑤ 为防止铁芯多点接地及短路，检查变压器时应测试下列项目。

a. 测试铁芯绝缘。通过测试，确定铁芯是否多点接地，如有多点接地，应查明原因，排除后方可投入运行。

b. 测试铁芯螺钉绝缘。穿铁芯螺钉绝缘应良好，各部螺钉应紧固，防止螺钉掉下造成短路。

⑥ 预防引线及分接开关事故。引线绝缘应完整无损，各引线焊接良好；对套管及分接开关的引线接头，如发现有缺陷应及时处理；要去掉裸露引线上的毛刺和尖角，防止运行中发生放电；安装、检修分接开关时，应认真检查，分接开关应清洁，触头弹簧应良好，接触应紧密，分接开关引线螺钉应紧固无断裂。

⑦ 预防套管闪络爆炸。套管应保持清洁，防止积垢闪络，检查套管引出线端子发热情况，防止因接触不良或引线开焊过热引起套管爆炸起火。

⑧ 加强变压器油的监督和管理。对变压器油应定期做预防性试验和色谱分析，防止变压器油劣化变质；变压器油尽可能避免与空气接触。

除了采取上述技术措施防止变压器爆炸起火外，还应采取以下常规措施。

① 加强变压器的运行监视。运行中应特别注意引线、套管、油位、油色的检查和油温、音响的监视，发现异常，要认真分析，及时正确处理。

② 保证变压器的保护装置可靠投入。变压器运行时，全套保护装置应能可靠投入，所配保护装置动作应准确无误，保护用直流电源应完好可靠，确保故障时，保护正确动作跳闸，防止事故扩大。

③ 保持变压器的良好通风。变压器的冷却通风装置应能可靠地投入和保持正常运行，以保证运行温度不超过规定值。

④ 建防火隔墙或防火、防爆建筑。室内变压器应安装在有耐火、防爆的建筑物内，并设有防爆铁门。室内一室一台变压器，且室内通风散热良好。室外变压器周围应设置围墙或栅栏，若相邻间距太小，应建防火隔墙，以防火灾蔓延。

⑤ 设置事故排油坑。室内、室外变压器均应设置事故排油坑，蓄油坑应保持良好状态，蓄油坑应有足够的厚度和符合要求的卵石层。蓄油坑的排油管道应通畅，应能迅速将油排出（如排入事故总储油池），不得将油排入电缆沟。

⑥ 设置消防设备。大型变压器周围应设置适当的消防

设备。

13.7.7 雷雨季节防止电气火灾的措施

① 加强对架空线路的检查，杆基不牢的要夯实，电线弧垂过大的要适当调整，还要剪除电线附近的树枝，更换腐朽的电杆、横担和导线，以防止倒杆、混线、断线、短路和接地故障的发生。

② 严禁在架空线下堆放可燃物品。

③ 安装在露天的电动机、闸刀、开关等电气设备，要采用防水式或采用防雨措施，并安装好避雷装置。

④ 安装在地势较低、房屋内部的电动机，要做好防大雨后，被雨水浸蚀和被水淹没前的准备工作。凡被水浸泡过的电动机，应做绝缘电阻测试，认定合格后，方可使用。

⑤ 对电气线路和设备，应定期检修清扫，并做绝缘电阻测试，发现有缺陷的要及时修复。特别是那些简易建筑物内的电气线路，除要加强检修外，还要保证简易房屋不漏雨水。

⑥ 家用电器，如电扇、电视机等，要放在干燥、通风、无尘的地方，用后要切断电源，电视机在雷雨时应停用。

⑦ 应安装避雷装置的处所要安装避雷装置。已安装的要检测合格。对一些闲置的线路、天线，应予以拆除，以减少受雷目标，免遭雷害。

⑧ 电气设备线路，既要防雨水潮湿，又要防止因高温，使电气设备和线路积蓄的热量过多，破坏电气设备、线路的绝缘而发生火灾。

13.8　发生电气火灾时的处理方法与灭火注意事项

13.8.1　发生电气火灾时的处理方法

发生电气火灾时应首先切断起火设备电源，然后进行扑救。切断电源时应注意以下几点。

① 切断电源时应使用绝缘工具操作。因发生火灾后，开关设备可能受潮或被烟熏，其绝缘强度大大降低，因此拉闸时应使用可靠的绝缘工具，防止操作中发生触电事故，例如可使用绝缘手套、绝缘靴（鞋）及绝缘棒等。

② 切断电源的地点要选择得当，防止切断电源后影响灭火工作。

③ 要注意拉闸的顺序。对于高压设备，应按规定程序进行操作，拉闸时应先断开断路器，后断隔离开关，严防带负荷拉隔离开关；对于低压设备，应先断启动器（如交流接触器、磁力启动器等），后断刀闸开关，以免引起弧光造成短路。

④ 当断路器和电源总开关距火灾现场较远时，可采用剪断导线的方法切断电源。剪断不同相的导线时，断口不应在同一部位，并且要一根一根剪断，以免造成短路；剪断架空线路的导线时，断口应在电源侧的支持物附近，以防止导线剪断后造成接地短路或触电事故。

⑤ 如果线路带有负荷，应尽可能先切除负荷，再切断现场电源。

⑥ 如果电气火灾发生在夜间，切断电源时应考虑事故现场的临时照明问题，以免因切断电源影响灭火工作。

13. 8. 2 灭火方法与注意事项

(1) 不带电灭火时应的注意事项

① 扑救人员应尽可能站在上风侧进行灭火；若电缆燃烧时，扑救人员应戴防毒面具进行灭火，因电缆燃烧时会产生有毒烟气。

② 若在灭火过程中，扑救人员的身上着火，应离开火场就地打滚或撕脱衣服，不得用灭火器直接向扑救人员身上喷射，可用湿麻袋或湿棉被覆盖在扑救人员身上。

③ 在房屋顶上灭火时，扑救人员应注意所处地点是否牢固，以防站立不稳或因房屋坍塌从高空坠落，伤及自身。

④ 发现室内着火时，切勿急于打开门窗，以防空气对流而加重火势。

(2) 带电灭火时应的注意事项

发生电气火灾后，由于情况紧急，为争取灭火时间，来不及断电，或因生产的需要不能断电或无法断电时，就要带电灭火，在这种情况下应注意以下几点：

① 选择合适的灭火器　用于带电灭火的灭火器有四氯化碳灭火器、二氧化碳灭火器、二氟一氯一溴甲烷 (1211) 灭火器或干粉灭火器，因它们的灭火剂是不导电的。

泡沫灭火器不宜用于带电灭火。

② 选择合适的灭火水枪　用于带电灭火的水枪有：喷雾水枪，用喷雾水枪灭火时，通过水柱的泄漏电流较小，比较安全。

若用普通直流水枪灭火，通过水柱的泄漏电流会威胁人身安全。为此，可将水枪喷嘴用编织软导线可靠接地，同时操作人员必须戴绝缘手套、穿绝缘靴或均压服进行操作。

③ 选择必要的安全距离

a. 用水枪灭火时，水枪喷嘴至带电体的距离为：110kV 及以下应大于 3m；220kV 及以上应大于 5m。用不导电灭火剂灭火时，喷嘴至带电体的距离为：10kV 应大于 0.4m；35kV 应大于 0.6m。

b. 对带电的架空线路进行灭火时，人体与带电导线之间的倾角不得超过 45°，并站在带电导线的外侧，以防导线断落伤及灭火人员。

c. 如果高压导线断落地面时，应划出一定的警戒范围，以防止扑救人员进入而发生跨步电压触电。

参 考 文 献

[1] 闫和平. 低压配电线路与电气照明技术问答. 北京：机械工业出版社，2007.

[2] 杨清德等. 零起步巧学巧用电工工具. 北京：中国电力出版社，2009.

[3] 周晓鸣等. 新编电工技能手册. 北京：中国电力出版社，2010.

[4] 王兰君等. 全程图解电工实用技能. 北京：人民邮电出版社，2010.

[5] 陈海波等. 电工入门一点通. 北京：机械工业出版社，2012.

[6] 张应立. 内外线电工必读. 北京：化学工业出版社，2010.

[7] 刘法治. 维修电工实训技术. 北京：清华大学出版社，2006.

[8] 王俊峰等. 电工安装一本通. 北京：机械工业出版社，2011.

[9] 王世锟. 维修电工操作 1000 个怎么办. 北京：中国电力出版社，2010.

[10] 商福恭等. 电工作业安全技巧. 北京：中国电力出版社，2006.

[11] 徐红升等. 图解电工操作技能. 北京：化学工业出版社，2008.

[12] 栗安安. 维修电工（中级）. 北京：化学工业出版社，2009.

[13] 张大彪等. 电子测量仪器. 北京：清华大学出版社，2007.

[14] 李忠文等. 可编程控制器应用与维修. 北京：化学工业出版社，2007.

[15] 周志敏等. 变频调速系统设计与维护. 北京：中国电力出版社，2007.

[16] 张万忠等. 可编程控制器入门与应用实例. 北京：中国电力出版社，2005.

[17] 任致程等. 高级电工实用电路 500 例. 北京：机械工业出版社，2005.

[18] 孙克军. 实用电工技术问答. 北京：金盾出版社，2011.